# BIBLIOGRAPHIE
## AGRONOMIQUE.

SE TROUVE :

CHEZ D. COLAS, Imprimeur-Libr., Editeur de la *Bibliothèque des Propriétaires ruraux*(*), rue du Vieux-Colombier, N° 26 ;

LENORMANT, rue des Prêtres-Saint-Germain-l'Auxerrois, N° 17 ;

Et chez BLANCHARD, Palais-Royal, galeries de bois, N° 149, au Sage Franklin.

(*) Le *Journal d'Economie rurale et domestique*, ou *Bibliothèque des Propriétaires ruraux*; ouvrage périodique publié le 1er de chaque mois, par cahier de six feuilles grand in-8°, avec des gravures. — Prix de l'abonnement, 24 fr. par an ; 12 fr. pour six mois ; et 7 fr. pour trois mois, franc de port.

# BIBLIOGRAPHIE
## AGRONOMIQUE
OU
## DICTIONNAIRE RAISONNÉ
## DES OUVRAGES
### SUR L'ÉCONOMIE RURALE ET DOMESTIQUE
### ET SUR L'ART VÉTÉRINAIRE;

SUIVIE de Notices biographiques sur les Auteurs, et d'une Table alphabétique des différentes parties de l'Art agricole, avec indication des Nos qui renvoient soit à l'Ouvrage, soit à l'Auteur.

*Par un des Collaborateurs du Cours complet d'agriculture-pratique.*

(de Musset-Pathay)

A PARIS,
DE L'IMPRIMERIE DE D. COLAS, rue du Vieux-Colombier, N° 26, faubourg Saint-Germain.

1810.

# DISCOURS PRÉLIMINAIRE.

L'UTILITÉ de l'agriculture n'a point été contestée; mais, tout en la reconnaissant, on a souvent négligé cet art, et jamais il n'a été l'objet de l'ambition ou de la gloire. Le front des laboureurs les plus renommés n'a point été ceint d'une couronne, et ce n'est pas pour ceux qui cultivent la terre que croît le laurier. Les talens militaires, les productions de l'esprit enlèvent presque tous les suffrages; il ne reste plus rien pour ceux qui parent la terre de moissons, qui alimentent les manufactures ou préfèrent les arts utiles aux arts d'agrément.

On s'est plaint de ce que l'agriculture n'occupait que quelques pages dans les annales des nations. Consacrée aux révolutions, aux actions remarquables, l'histoire semble plus particulièrement destinée à retracer le souvenir de ce qui agite et détruit un empire, qu'à rappeler ce qui l'entretient, le conserve ou le fait prospérer. A peine fait-elle mention d'un peuple qui vit en paix avec ses voisins et préfère le bonheur à la célébrité.

On s'est plaint encore que les noms des inventeurs des instrumens agronomiques n'étaient pas connus, et que l'histoire ne les avait pas transmis; mais il n'y a dans cet oubli, ni injustice, ni même de négligence. A l'époque où plusieurs de ces instrumens furent inventés, on n'ambitionnait pas le suffrage des hommes, et l'on n'avait point encore l'idée de cette gloire qui coûte tant de sacrifices. Dispersées sur le globe, les familles qui composaient alors le genre humain, souvent séparées les unes des autres par de grandes distances, et communiquant rarement entr'elles, luttaient contre le besoin, réduites à leurs propres ressources. Elles avaient appris de l'expérience que la terre s'épuisait en peu de tems; qu'il y avait dans l'année des saisons, où dépouillée des productions qui la couvraient, elle n'offrait qu'une surface stérile. Entretenir sa fécondité, faire des approvisionnemens durent être les résultats de cette expérience, et l'homme devint industrieux et prévoyant. Forcé de labourer la terre pour la rendre fertile, il vit avec dépit, peut-être avec découragement, se briser dans ses mains l'instrument dont il se servait. Il parcourut ensuite un cercle immense d'essais infructueux; mais c'était pour lui qu'il travaillait; il était aux prises avec la nécessité. Quelques succès couronnèrent ses efforts, il recueillit pour sa famille le fruit de ses tentatives. L'invention de plusieurs instrumens aratoires précéda nécessairement la civilisation qui dut être lente, puisque ses progrès ne sont rapides que lorsqu'elle est parvenue à un certain degré. Quand les communications s'établirent, quand les familles réunies entr'elles formèrent un peuple qui se choisit un chef, chacun porta à la masse générale son industrie et ses talens. Mais qu'il y a loin de là à l'organisation de la société, telle que nous la voyons aujourd'hui, et que d'institutions il fallut essayer avant d'établir leurs rapports et de connaître les secours mutuels qu'elles pourraient se prêter ! Les arts nés de nos premiers besoins, comme l'agriculture, ayant précédé tous les autres, le souvenir du premier qui inventa un instrument utile, était perdu depuis long-tems, lorsqu'on eut l'idée de transmettre les noms de ceux qui avaient rendu quelque service à la société.

Ajoutons qu'il y a dans plusieurs instrumens une complication de choses dont la réunion exigea des siècles et des individus différens. Telle est la charrue. Le soc, la flèche, le sep, le manche, les coutres, les roues qui la composent, ne furent inventés ni à la même époque, ni par le même individu. Celui qui imagina d'appliquer des roues à cet instrument n'en était point l'inventeur : mais il rendit un grand service en donnant à toutes les parties existantes un assemblage qui rendit leur emploi plus facile et plus prompt.

Le silence gardé par la plupart des historiens sur l'agriculture, ou le laconisme avec lequel ils en parlent, n'a donc rien d'étonnant ni de blâmable. Avouons d'ailleurs qu'il faut à la curiosité des lecteurs une série d'événemens, de guerres, d'actions éclatantes ; soyons justes, ce n'est pas la faute des écrivains si ce que nous estimons le mieux, ce que nous apprécions le plus, n'est pas toujours ce qui nous plaît davantage.

L'estime est un sentiment froid mais durable; l'agriculture le mérite, on ne le lui refuse pas: mais c'est l'enthousiasme qui distribue les couronnes; elles sont dues aux guerriers. La carrière qu'ils parcourent est celle de l'honneur; la défense de la patrie arme leurs bras; la gloire est leur plus douce récompense; c'est celle à laquelle ils attachent le plus de prix; ils ont tout sacrifié pour l'obtenir. Le cultivateur reçoit la sienne dans la tranquillité dont il jouit, dans son indépendance, dans cette paix inaltérable qu'on ne goûte qu'au milieu du spectacle de la nature. Quel sacrifice a-t-il fait? Son tems? Mais il s'est écoulé rapidement dans des jouissances continuelles. Ses travaux? Ils entretinrent sa santé, l'espérance les embellit toujours. Sa fortune? Elle s'est accrue ou tout au moins conservée. Il fut toujours heureux: le bonheur et la gloire habitent rarement ensemble; le plus souvent il faut choisir entre l'un ou l'autre; pourquoi donc exiger qu'ils se trouvent réunis?

Telles sont les réflexions que nous croyons devoir adresser à ceux qui se plaignent du peu d'espace que l'art agronomique occupe dans les annales du monde. On a peu de matériaux pour l'histoire de l'agriculture. Les Romains honorèrent cet art pendant plusieurs siècles, et les Chinois en ont fait une institution politique et religieuse. Il n'eut ensuite chez la plupart des peuples que quelques momens de faveur. Il existe encore plusieurs ouvrages des Romains sur la culture des terres ; mais on n'a point l'histoire proprement dite de l'agriculture, ce qui vient de la nature du sujet même ; cette histoire ne consisterait guère que dans l'exposé des diverses tentatives faites à des époques reculées, par les premières familles du genre humain, pour rendre la terre féconde et perpétuer les productions utiles. Mais si l'on voit, aujourd'hui même où les sociétés sont plus civilisées, où les esprits sont plus éclairés, si l'on voit encore si peu de cultivateurs se rendre compte par écrit de leurs opérations, on ne doit point être étonné du silence gardé par les premiers écrivains, qui étaient totalement étrangers à l'agronomie.

On ne saurait révoquer en doute l'estime qu'avaient les différens peuples pour l'agriculture, les historiens nous en ont transmis des preuves nombreuses. Les Athéniens défendaient, sous peine de mort, de tuer le bœuf qui servait à la charrue. Il n'était pas même permis de l'offrir en sacrifice. A la prise de Carthage, Rome se réserva les vingt-huit livres d'agriculture du capitaine *Magon* ; elle les fit traduire et distribua tous les autres livres. *Constantin* défendit aux créanciers de saisir les esclaves, les bœufs et les instrumens de labour. Il excepta les cultivateurs de l'obligation où étaient les habitans des provinces de fournir des chevaux à ses courriers et des bœufs aux voitures publiques.

L'empereur *Pertinax* voulait que le champ laissé en friche appartînt à celui qui le cultiverait. Il exemptait d'impôt pendant dix ans un champ nouvellement défriché, et l'esclave qui l'ensemençait recouvrait aussitôt sa liberté. Plusieurs de nos rois, et particuliérement Henri IV, Louis XIII, Louis XIV et Louis XV, rendirent des ordonnances favorables à l'agriculture. Avant ces ordonnances, l'art fut long-tems négligé ou plutôt ignoré en France jusqu'au seizième siècle, où la culture fut momentanément améliorée. Les travaux champêtres n'étaient qu'une routine aveugle transmise d'âge en âge.

On n'a peut-être point assez envisagé cette époque sous le rapport qui mérite de l'attention; je veux dire sous celui des connaissances humaines. Elles ont, dans le commencement et vers le milieu de ce siècle, fait tout-à-coup de rapides progrès, et sans les guerres civiles qui les ont arrêtées subitement, elles en auraient probablement fait davantage. Si nous nous reportons idéalement sur le sol français à l'époque dont nous parlons, nous serons obligés de convenir que les sciences avaient un bien plus grand nombre d'obstacles à vaincre qu'elles n'en ont eu depuis. Ce qui contribue à leurs progrès, c'est la facilité et la rapidité des communications. On voit maintenant d'où il faut partir. Une nouvelle découverte est aussitôt connue que faite. L'imprimerie et les journaux la propagent au loin. Dans le seizième siècle les communications étaient moins faciles et plus lentes, les grandes routes plus rares, la navigation moins perfectionnée, l'imprimerie ne faisait que de naître. On avait alors plus de découvertes que de moyens de les publier. Ajoutons à ces obstacles les guerres civiles qui, en forçant tout le monde à se battre pour attaquer ou se défendre, durent nécessairement détruire le goût de l'étude et détourner des recherches utiles. Enfin, les préjugés religieux faisaient traiter un savant de sorcier et le condamnaient au feu. Si l'on veut être de bonne foi et rendre à *Belon*, à *Palissy* et à plusieurs autres, dont les écrits sont encore consultés avec fruit, la justice qui leur est due, on est obligé de convenir que les écrivains du 16e siècle ne méritent rien moins que le mépris ou l'oubli. Quelques-uns de ceux qui leur ont succédé se sont approprié leurs dépouilles. Les plagiats littéraires (1) ont été une source de débats et de querelles. Il n'en est pas de même, à ce qu'il paraît, dans les arts et les sciences, du vol fait, soit d'une méthode, soit d'une invention, et il est probable que l'une et l'autre sont regardées comme étant le patrimoine de tout le monde : du moins aurions-nous quelque raison de le croire.

(1) Voici un exemple singulier d'un plagiat littéraire rapporté par M. *de Landine*. En 1735, l'académie de Marseille proposa de décrire les avantages que le mérite retire de l'envie. Le discours de l'abbé *Moult* fut couronné.

En 1746, Dijon proposa le même sujet. Vingt-deux écrits concoururent ; deux, venus de provinces différentes, se trouvèrent conformes, et chacun des deux était la fidèle copie du discours de l'abbé *Moult*, jusqu'à l'épigraphe.

En parcourant un grand nombre d'ouvrages, nous avons été surpris de voir des pages entières transcrites littéralement par des auteurs qui se sont fait une réputation aux dépens des autres. Nous avons, sans le vouloir, vérifié les titres de cette renommée, et si nous voulions nous en donner la peine, il serait facile de prouver que jamais usurpation ne fut plus complète.

Au commencement du 17ᵉ siècle l'agriculture reprit un peu de faveur, grâces à *Sully* qui la reconnaissait comme une source de la prospérité publique, prétendant que *le labourage et le pâturage étaient les mamelles de l'Etat.* Mais en France, à cette époque, les systèmes changeaient avec les ministres, et la retraite de Sully rendit l'art agronomique à l'obscurité dont ce ministre l'avait tiré. Il en sortit pour un moment sous Louis XIV, y rentra bientôt, et devint, sous le successeur de ce roi, un objet dont on s'occupa par mode autant que par goût. Vers le milieu du 18ᵉ siècle, on vit paraître la secte des économistes, dont nous exposons avec impartialité la doctrine (1). Quand on sut que *Louis XV* imprimait lui-même le *Tableau économique*, que madame *de Pompadour* proclamait les maximes du docteur *Quesnay*, on s'engoua de l'agriculture. Elle fut soumise aux caprices de la mode qui étend son empire sur les arts comme sur les costumes.

---

(1) Voyez, Table raisonnée, articles *Economie politique* et *Economistes*.

On vit des méthodes de défrichement préconisées et bientôt remplacées par d'autres. On vit des productions être tour-à-tour l'objet de la même inconstance. Citons le mûrier pour lequel on eut un tel enthousiasme, qu'il fut ordonné de planter cet arbre dans le plus grand nombre des généralités de France. On voulut faire disparaître les sapins du Maine et les pommiers de Normandie, pour semer le mûrier : mais on ne tarda pas à voir qu'il ne réussissait point dans tous les terrains, et que lorsque le succès avait lieu, il n'entraînait pas celui des vers à soie, objet et cause de l'engouement. On arracha les mûriers et l'on n'y pensa plus.

La révolution qu'éprouva l'agriculture en France, vers l'an 1750, grâces aux économistes, fut avantageuse à cet art utile. Les Sociétés d'agriculture qui se formèrent ensuite de toutes parts, en multipliant les essais, en se communiquant réciproquement les résultats, devinrent comme le dépôt des connaissances agronomiques, qui de là se répandirent dans les campagnes où elles furent l'objet de nouvelles observations de la part des cultivateurs instruits. Alors l'agriculture tint un rang parmi les sciences, et, comme elles, eut sa méthode et un corps de doctrine.

L'influence de la révolution française s'est fait sentir sur les arts, sur les institutions, sur toutes les parties de l'ordre social. L'agriculture n'en fut pas exempte : mais peut-être dut-elle ensuite à cette désastreuse anarchie un plus grand nombre de partisans. Fatigués de troubles, rassasiés de discussions politiques, désabusés des illusions, reconnaissant l'erreur dont ils étaient le jouet, quelques-uns de ceux qui s'étaient jetés dans le tourbillon, cherchèrent le repos à la campagne : d'autres y trouvèrent la paix dans une inappréciable obscurité : tous oublièrent ou leurs propres fautes ou celles des autres, et goûtèrent le bonheur des champs dans toute sa pureté. Obligés de se livrer à des occupations champêtres, ils éprouvèrent un charme inattendu, et ce qu'ils avaient d'abord fait par nécessité, ils le firent bientôt par plaisir et par goût. Telle est peut-être la cause ou l'origine de l'impulsion, presque générale, vers l'agriculture qui se fit remarquer à la fin du dernier siècle.

Un des priviléges de l'agriculture est d'offrir une chaîne continuelle de jouissances, puisque l'espérance en est une, puisque le plaisir qu'elle procure est embelli par l'appât d'un plaisir nouveau. Le propriétaire-cultivateur occupe un grand nombre de bras et nourrit plusieurs familles; le produit de ses récoltes entre dans la circulation générale; la toison de ses troupeaux, la soie qu'il obtient par son industrieuse activité, subissant d'étonnantes métamorphoses, ornent les palais somptueux et couvrent jusqu'aux trônes des rois. Ses plantations préparent ou fournissent les matériaux qui, reproduits sous mille formes, tantôt changés en meubles élégans, décorent nos habitations; tantôt rassemblés en édifices flottans, transportent dans un climat les productions de l'autre ; ou bien enfin, perpétuant la chaleur, alimentent les foyers et du pauvre et du riche. Si la nuit disparaît, si l'on voit succéder à l'éclat du jour une clarté vive et brillante, c'est parce qu'il a cultivé des végétaux oléagineux, c'est parce qu'il a su fixer l'abeille auprès de sa demeure. C'est à lui que l'homme doit les vêtemens qui le couvrent ; la beauté, le tissu délicat qui la voile ; l'Etat, enfin, une partie de sa prospérité. Tous les arts, en un mot, sont ses tributaires, et sans lui, le luxe qui le dédaigne n'existerait pas. Telle est l'imparfaite énumération des services que rend le cultivateur à la société.

Aux avantages qu'elle procure et qui sont donc incontestables, l'agriculture ajoute, en effet, pour ceux qui se livrent à cet art, un attrait inexprimable : il n'est plus pour eux de moment vide ; le tumulte des passions est apaisé ; le tableau des folies ou des crimes est oublié : on vit au milieu de la nature ; le souvenir du travail de la veille ; l'espoir du succès dans l'opération présente, les promesses de l'avenir garanties par le passé, forment une succession de plaisirs rarement interrompus.

Si, par légèreté, par insouciance ou par ton, l'on a voulu répandre quelquefois des ridicules sur cet art, de grands hommes l'ont vengé par leurs discours ou par leurs exemples. Le premier des orateurs romains lui consacra des pages éloquentes ; le plus habile des généraux de la république cultiva son champ après avoir sauvé sa patrie. *Condé*, *Catinat* se plaisaient, l'un à Chantilli, l'autre à Saint-Gratien, à des travaux champêtres. Enfin, le guerrier dont la mort a fait répandre des larmes à un héros et à nos braves, oubliait, à Maison-sur-Seine, au milieu des opérations agronomiques, et ses grandeurs et sa gloire (1).

On a depuis un siècle fait revivre des réputations presque totalement oubliées. *Faujas de Saint-Fond* a rendu à *Bernard Palissy* la célébrité qu'il méritait. La Société d'agriculture du département de la Seine a remis *Olivier de Serres*, plus utile, mais non pas plus étonnant (2) que le premier, et d'ailleurs bien moins oublié que lui, à la place qu'il devait occuper. En publiant une belle édition de ses œuvres, elle vient de lui élever un monument littéraire dont on peut dire *Monumentum ære perennius*, pendant que M. *Caffarelly* lui en érigeait un autre dans le département de l'Ardèche.

Je ne sais par quelle fatalité nous sommes plus disposés à rendre justice aux morts qu'aux vivans :

---

(1) Le maréchal Lasnes, duc de Montébello, qui portait à la cour la franchise des champs, se délassait à *Maison*, en se livrant à des travaux agricoles.

(2) *Palissy*, né dans l'obscurité, sans protections, sans secours, sans autres moyens que ceux qu'il reçut de la nature, devint un des hommes les plus instruits de son siècle. Il précéda *Olivier de Serres* qui naquit dans l'aisance, ayant une propriété dans laquelle il put se livrer à son goût pour l'agriculture ; sa fortune lui donna les moyens de s'instruire, de faire des expériences, etc. *Palissy* se forma tout seul.

encore aimons-nous mieux aller chercher les morts des autres siècles que ceux du nôtre. Peut-être l'envie expliquerait-elle cette singularité, et donnerait-elle le mot de l'énigme : peut-être encore éprouvons-nous quelque répugnance à rendre à ceux qui nous quittent la justice qu'ils méritent, parce que ce serait avouer tacitement qu'on fut injuste envers eux pendant leur vie. Quoi qu'il en soit, pendant que nous exhumions (car les justes applaudissemens donnés à M. *Faujas* et à la Société d'agriculture, semblent associer le public à leur entreprise) et *Palissy* et le *Columelle français*, nous laissions mourir la mémoire de ceux qui, plus rapprochés de nous, sembleraient avoir plus de titres à notre souvenir. Je vais citer deux exemples de cet injuste oubli.

Si je disais qu'en 1737 un officier de cavalerie ayant hérité de ses pères d'une terre située vers le centre de la France, mais presqu'entièrement inculte, forma le projet de la cultiver ; que depuis cette époque il consacra tous les semestres que lui accordaient les réglemens militaires, à l'exécution de ce projet ; que les fermiers de cette propriété étaient si pauvres qu'ils allaient mendier pendant six mois de l'année pour payer le prix de leur fermage ; que le militaire dont je parle commença par supprimer cette honteuse mendicité, en occupant à des défrichemens tous les indigens des paroisses voisines de la sienne, et en donnant des secours gratuits à ceux qui ne pouvaient travailler : si j'ajoutais que pour faire naître une louable et noble émulation, il institua des prix d'agriculture qui consistaient en une somme d'argent et en une médaille, *la première*, comme il le dit lui-même dans ses mémoires, *qui ait jamais paru en France pour une chose aussi utile, quoiqu'il y en ait eu beaucoup de frappées dans ce royaume pour des objets bien moins intéressans* (1); que malgré la guerre de Bohème où le rappelait l'amour de son devoir et l'honneur, malgré l'abandon de sa propriété, il vint à bout de son entreprise, et fit d'une terre inculte et sans revenu, une terre vendue à sa mort 360,000 fr.; enfin, si je terminais par dire qu'il provoqua l'établissement des Sociétés d'agriculture, et la suppression de la féodalité comme nuisible à l'économie rurale, l'institution d'un cadastre, etc. certes, le plus grand nombre des lecteurs croyant qu'il est question de quelque ministre, chercheraient son nom parmi les *Turgot* et les *Malesherbes*. Si, continuant cet énoncé véridique, je disais que cet homme qui devrait être illustre, est totalement oublié; qu'il a fait des mémoires écrits avec simplicité, et dans lesquels il rend un compte naïf et touchant de ses efforts, de ses bienfaits, de ses idées, et sur-tout de ses erreurs, en les faisant remarquer et en notant dans son journal qu'il s'en corrige; que ces mémoires

(1) Cet exemple a été imité depuis par les Sociétés d'agriculture; mais on n'a point cité celui dont je parle, et qui doit être réellement regardé comme l'inventeur, comme le créateur de cette bienfaisante institution.

inconnus, à cause de leurs titres (1), de la plupart des lecteurs, ont été traduits en Angleterre, où l'auteur, oublié dans sa patrie, est inscrit au nombre des hommes les plus utiles à l'humanité : enfin, si je terminais par dire, qu'en 1790, un Anglais enthousiaste de celui dont je parle, venu en France pour connaître l'agriculture de notre pays, chercha le théâtre où le militaire en question s'était exercé, et témoigna le plus juste étonnement de voir qu'il était totalement ignoré dans son pays, et qu'il ne trouva la terre qu'après des recherches opiniâtres ; ne conviendrait-on pas que souvent le public est injuste, et qu'il n'accorde pas toujours son estime à celui qui la mérite le plus ? Le cultivateur dont je viens de tracer les courageux efforts pour l'art agronomique, est M. *de Turbilly* (2).

Le second exemple offre des circonstances plus extraordinaires. Sans avoir autant de rapport que le premier avec notre agriculture, il ne lui est pas cependant étranger, puisqu'il s'agit de la culture d'une production qui ne croissait pas dans la partie du Nouveau Monde appartenant à la France ; de la conquête de cette production et de son introduction dans nos îles. Il manquait à la France,

(1) *Mémoire sur les défrichemens* : d'après ce titre, ce livre n'a pu être lu que de quelques agriculteurs, et seulement du très-petit nombre de ceux qui ont voulu défricher des terres incultes. Mais la seconde partie est l'histoire d'un homme qui vit dans son château, et tient, jour par jour, un journal de la vie agricole qu'il y mène. Cette partie mérite d'être lue avidement et avec le plus grand intérêt.

(2) Voyez l'article *Turbilly*.

pour alimenter ses manufactures, de tirer de ses domaines une des matières colorantes les plus précieuses, et que le peuple qui la possédait exclusivement vendait au poids de l'or. Pour se la procurer, le gouvernement français versait annuellement dans l'étranger des sommes immenses. C'est de la cochenille qu'il est question ; de cet insecte avec lequel on fait les plus belles teintures de toutes les nuances d'écarlate et de pourpre. En 1736, on en apporta en Europe 700 mille livres pesant qui coûtèrent plus de 15 millions de France. Affranchir de cette espèce d'impôt était un service éminent : mais qu'on songe aux difficultés de cette conquête. L'insecte vit sur une plante qui ne se trouve que dans l'intérieur du Mexique. Le sol qui la produit est entouré de postes militaires qui en interdisent l'entrée même aux Espagnols. Il faut tromper la vigilance, éviter les soupçons. Ce n'est pas tout que de pénétrer dans ce pays, il en faut sortir avec les plantes et l'insecte qu'elles nourrissent. Enfin, en supposant que toutes les difficultés sont vaincues, qu'on a triomphé de tous les obstacles, on n'est point sûr de pouvoir naturaliser dans nos colonies la plante qu'on a conquise ; de manière que de tant de peines, de tant de fatigues, de tant de dangers, il est possible qu'il ne résulte que la triste certitude d'avoir fait un essai infructueux. On avouera qu'il faut dans celui qui se dévoue à une pareille entreprise, un courage opiniâtre. Quand on pense que celui qui forme un projet aussi hardi, le conçoit

çoit au milieu de Paris, qu'il part, qu'il s'embarque pour Saint-Domingue, pour Cuba, pour le Mexique, on est tenté de révoquer en doute un pareil fait. Tel est cependant M. *Thiéry de Menonville* (1).

Si, dans la distribution des louanges, des honneurs, et de ces récompenses auxquelles on met tant de prix, il est vrai que l'agriculture ait été moins bien partagée que tant d'autres objets et moins célébrée, elle a trouvé cependant des écrivains sages et modestes qui lui ont consacré leurs talens et leurs veilles. C'est d'eux et de leurs ouvrages que nous voulons entretenir le lecteur. Remettre sous les yeux du public les titres de ces ouvrages, c'est rappeler les droits que leurs auteurs ont à sa reconnaissance; c'est les venger de l'oubli souvent injuste dans lequel plusieurs sont tombés; c'est enfin rassembler des matériaux propres à faire connaître les progrès de l'art agronomique chez les Français (2). A ces

(1) Voyez N° 1881, et l'article de l'auteur dont nous parlons.

(2) L'énumération des ouvrages agronomiques peut être utile à celui qui entreprendrait l'histoire de l'agriculture chez les modernes. Il verrait dans cette énumération de quelle partie de l'économie rurale on s'est occupé à différentes époques. J'en ai commencé le tableau : en voici le résumé. Sur les deux mille soixante-dix-huit articles dont est composée la première partie, il y a vingt-six ouvrages publiés dans le quinzième siècle, cent huit dans le seizième, cent trente dans le dix-septième; douze cent quatorze dans le dix-huitième. Enfin, depuis le premier janvier 1801, jusqu'au même jour 1810, il en a paru trois cent soixante-deux. Si le calcul est exact, il y aurait deux cent trente-huit ouvrages sans date. Je comprends dans ce compte toutes les réimpressions. Il faut conclure que depuis l'année 1600 jusqu'en 1810 on a publié sur l'économie rurale et domestique

motifs indirects, ajoutons le premier de tous, celui d'être de quelqu'utilité aux cultivateurs. Nous avons cru qu'un livre qui les mettait à même de connaître, en un instant, tous les ouvrages écrits sur quelque partie que ce soit de l'économie rurale, devait être acueilli par eux avec quelque indulgence. C'est dans ce but que nous avons essayé de leur présenter une *Bibliographie agronomique*. Mais avant de tracer le plan et les divisions adoptés par nous, hâtons-nous d'entrer dans quelques explications sur ce mot *Bibliographie* dont nous nous servons, et qui, par l'extension que lui donnent plusieurs savans, pourrait inspirer d'avance un préjugé défavorable, et nous faire accuser d'une orgueilleuse témérité.

Dans son Cours élémentaire de Bibliographie, M. *Achard*, bibliothécaire de Marseille (1), fait une énumération décourageante des connaissances préliminaires que l'étude de la Bibliographie exige.

D'après son opinion, un bibliographe devrait être un véritable encyclopédiste. C'est aussi l'avis du laborieux *Peignot*.

Si, pour offrir le titre d'un ouvrage, et quelquefois le jugement qu'en a porté le public, il fallait être profondément versé dans les matières dont s'occupe l'auteur de cet ouvrage, nous avons

---

au moins un ouvrage par mois. Les progrès de l'art sont-ils en raison de cette prodigieuse fécondité ?

(1) Il vient de mourir.

eu tort d'intituler ce livre *Bibliographie ;* mais nous n'avons employé ce mot qu'à défaut d'autres termes. Il en fallait un qui désignât l'indication des livres relatifs à l'agriculture, l'analyse de quelques-uns, des notices sur les auteurs, et l'énumération de tout ce qui a rapport à l'économie rurale et domestique.

Disons un mot du rang qu'occupe l'agriculture dans les systèmes imaginés pour classer les sciences. M. *Parent* de la Nièvre met cet art et le commerce dans la première division de son système bibliographique, classement que l'on a critiqué et tourné en ridicule : il ne nous appartient ni de le blâmer ni de le louer ; contentons-nous de remarquer qu'on est loin d'être d'accord sur le rang que l'on doit assigner aux connaissances humaines, et sur celles qui méritent la prééminence. Dans presque tous les systèmes anciens, la théologie occupait le premier rang ; on en devine facilement les raisons.

M. *Peignot*, qui par l'étendue et la variété de ses connaissances doit faire autorité, rapporte le système de *Bacon*, modifié par d'*Alembert* qui met l'art vétérinaire, la chasse, la pêche, et la fauconnerie, au nombre des divisions de la zoologie. Suivant ce système, la *Botanique*, *qui est la science de l'économie, de la propagation, de la culture et de la végétation des plantes, a deux branches, qui sont l'agriculture et le jardinage.* D'après cette opinion, nous n'aurions point dû présenter les titres des ouvrages écrits sur l'art vétérinaire, sur la chasse et la pêche, tandis qu'il eût été de notre devoir d'offrir tous ceux qui ont la botanique pour objet; mais nous prendrons la liberté de représenter que l'art de connaître méthodiquement les plantes et l'art de les cultiver, ont presque toujours été séparés; la science vétérinaire est étroitement liée à l'économie rurale, ainsi que la chasse et la pêche.

Craignant qu'on ne donnât trop d'étendue à notre projet, nous avons cru devoir aller au-devant des conjectures et donner les éclaircissemens nécessaires, afin que, d'après le titre de cet ouvrage, on ne crût point que notre intention était de l'inscrire au même rang que les productions des savans estimables dont nous avons parlé. Voyons maintenant le but que nous nous sommes proposé. Rassembler les titres des livres écrits sur l'économie rurale et domestique; offrir l'analyse de quelques-uns, les jugemens dont plusieurs autres ont été l'objet; présenter les noms des auteurs agronomes, de manière à rattacher à leurs articles les ouvrages qu'ils ont publiés; enfin terminer par une table raisonnée des matières, au moyen de laquelle rien n'est si facile que de connaître le livre et l'auteur: tel est l'exposé de ce que nous avons voulu faire. Il nous a paru qu'il pouvait être utile de donner au lecteur un moyen facile et prompt d'arriver au résultat qu'il désire, et d'y parvenir avec tant de certitude que (sauf les omissions inévitables), il fût impossible que ce résultat échappât à ses recherches. Deux exemples dissiperont toute obscurité.

Supposons qu'on veuille savoir ce qui a été écrit sur la *garance*. En cherchant ce mot dans la table raisonnée, on trouve, après l'indication des usages auxquels on emploie cette plante et la date de sa culture, des numéros qui renvoient aux titres des ouvrages publiés sur la garance. Ainsi l'on cherche le n° 1131, et l'on voit un mémoire sur cette plante par *Duhamel-Dumonceau*. En ayant recours à l'article de ce célèbre agronome, on verra les numéros qui renvoient aux titres des ouvrages dont il est l'auteur. Veut-on connaître les productions d'un écrivain qui s'est occupé d'agriculture? on cherche son article dans le catalogue biographique, et la série de numéros qu'on y trouve, indique les titres des livres publiés par cet écrivain.

On n'a jamais pu former le projet insensé de faire une bibliographie complète, parce que, rigoureusement parlant, l'entreprise est impossible : personne n'a pu se flatter d'éviter des erreurs inévitables (1). Toute Bibliographie est susceptible d'améliorations et de corrections; la plus

---

(1) J'ai vu et lu des exemplaires du même ouvrage et de la même édition avec des *variantes* dans le titre, particulièrement au 17e siècle. J'en indique queques-uns : aujourd'hui la première édition d'un livre devient la seconde et la troisième, moyennant des changemens dans le titre qu'on réimprime seul. On pourrait croire que cette manœuvre n'est pas nouvelle, mais dans les ouvrages du 17e siècle, où les titres d'une même édition ne sont point parfaitement semblables, rien n'annonce que ce soit une autre édition.

parfaite est celle qui ne pèche que par quelques omissions. Les bibliographes les plus célèbres ont été forcés d'en faire. *Debure*, dont le livre était estimé, s'est vu traité avec rigueur par le savant abbé de *Saint-Léger* qui, à son tour, a été outrageusement critiqué par l'érudit abbé *Rives*, etc. Ce serait donc de notre part une folle prétention que de vouloir éviter l'erreur, et de la part du lecteur une injustice que de l'exiger.

Une bibliographie agronomique était nécessaire. Les cultivateurs n'ont jusqu'à présent aucun moyen de connaître les livres écrits sur la partie de l'économie rurale et domestique, à laquelle ils se livrent de préférence. Nous avons essayé de leur fournir le moyen qui leur manque, en avouant toutefois qu'un pareil ouvrage eût été meilleur, si l'auteur du *Précis de l'Histoire de l'agriculture du seizième siècle*, ou quelqu'un de ceux qui ont enrichi de *Notes* la nouvelle édition du *Théâtre d'agriculture* en avaient formé le projet. Mais, si nous offrons au public un ouvrage moins parfait que n'eût été le leur, c'est parce qu'aucune circonstance ne nous a donné l'espoir de voir cette entreprise remplie par aucun d'eux.

C'est ici l'occasion de témoigner notre reconnaissance aux savans dont les ouvrages nous ont servi dans nos recherches, quoique nous ayons soin de les citer : tels sont MM. *Grégoire* et *François de Neufchâteau* ; MM. *Barbier* et *Peignot*, Bibliographes célèbres. M. *de Lasteyrie* nous a ouvert sa bibliothèque ; mais malheureusement ce volume était presqu'achevé, et les notes que cet agronome distingué a bien voulu nous laisser prendre ne peuvent être que l'objet d'un supplément. Nous avons consulté, toujours avec fruit, un homme de lettres aussi modeste qu'instruit, qui, par son infatigable courage, est parvenu à réunir une multitude de renseignemens historiques et littéraires également précieux. Pensant que l'équité fait quelquefois de l'indiscrétion un devoir, nous lèverons (quelque regret qu'il en éprouve) le voile dans lequel il enveloppe et ses talens et son mérite, et nous remercîrons M. *Beuchot* de l'obligeance avec laquelle il nous a donné les éclaircissemens dont nous avions besoin. Enfin, nous nous sommes adressés à M. *V*...., dont l'érudition et les talens sont connus, pour avoir, sur le doyen des écrivains agronomiques, tous les renseignemens les plus propres à rendre sa notice complète (1).

Cette bibliographie est composée de trois parties. La première offre, dans l'ordre alphabétique, les titres des ouvrages, avec les renseignemens qu'on a pu se procurer, ou une analyse succincte du livre, si on le connaît. La seconde partie présente des notices alphabétiques sur les auteurs dont les ouvrages ont rapport à l'agriculture. Ces notices offrent souvent la date de la naissance et de la mort des écrivains, avec les particularités de leur vie les plus intéressantes.

---

(1) M. *V*..... a rédigé la Notice insérée sous le N° 3075.

Chaque article est terminé par les numéros qui renvoient aux titres des ouvrages insérés dans la première partie. Il y a quelques notices où ces renvois n'ont pas lieu, soit parce que l'auteur n'a écrit que pour les recueils académiques, soit parce qu'il n'est quelquefois question que d'un amateur d'agriculture. Nous avons cru que les personnes qui avaient fait des expériences intéressantes, ou formé des établissemens utiles, ou bien enfin encouragé puissamment l'agriculture, devaient trouver une place dans ce catalogue. La troisième partie est composée de la table raisonnée des différentes branches de l'économie rurale et domestique, avec l'indication des numéros qui renvoient soit à l'ouvrage, soit à l'auteur. Ces trois divisions, qui dépendent essentiellement les unes des autres, forment un tout composé de nombreuses ramifications qu'il est facile de suivre et de rattacher à un centre.

Les observations que l'on voudra bien nous adresser sur les erreurs que nous aurons commises, seront reçues avec reconnaissance et insérées dans un supplément. La bonne foi nous a guidés dans nos recherches, et nous n'avons eu d'autre désir que de composer un ouvrage utile.

# BIBLIOGRAPHIE
## AGRONOMIQUE,
## DOMESTIQUE ET VÉTÉRINAIRE.

## A.

1. ABEILLES (les). Poëme traduit de l'italien de JEAN RUCCELLAI, enrichi de notes historiques et critiques, et suivi d'un Traité théologique et pratique de l'éducation de ces insectes, par M. PINGERON, capitaine d'artillerie et ingénieur au service de Pologne. *Paris*, *in*-12, 1770.

Le Traité qu'a ajouté le traducteur pour corriger la physique peu exacte du poëte, est tiré de la Dissertation de M. *Maraldi* sur les Abeilles; de la nouvelle maison rustique; des Traités de M. *Palteau*, de M. *Simon*, de M. *Mill* et d'autres écrivains; de manière que l'ouvrage est curieux et instructif.

2. Abeilles (les), et leur état royal, par PIERRE CONSTANT. *Paris*, *Dupré*, *in*-8°, 1600.

Cet ouvrage avait paru en 1582 sous ce titre: *La République des abeilles.* C'est un poëme qui commence ainsi:

Je chante l'union, l'état, aussi les mœurs
De ces peuples aislés, etc.

La date de cette édition, qui parut la même année que l'ouvrage d'*Olivier de Serres*, prouve qu'à cette époque (en 1600), le père de l'agriculture française n'était pas le seul qui se fût occupé des mouches à miel.

3. *Abondance (l') rétablie, *ou* Moyens de prévenir en France la disette des bestiaux, en même tems qu'on augmente la fertilité de la terre; *in*-12, 1768.

4. Abrahami Muntingi de curâ et culturâ plantarum. *Amstelodami*, *in*-4°, fig.

5. Abrégé de l'histoire des Plantes usuelles, par

CHOMEL, septième édition, augmentée de la Synonymie de *Linné*, par MAILLARD. 2 vol. *in*-8°, 1803.

6. Abrégé des bons fruits avec la manière de les connaître et de cultiver les arbres, par JEAN MERLET, écuyer. *Paris*, *in*-12, 1675.

Ce n'est qu'à la quatrième édition de cet ouvrage (en 1740) que le nom de l'auteur a été connu.

7. Abrégé des Instructions sur le jardinage, qui font partie de l'*Année champêtre*. *Marseille*, *in*-12, 1769.

Voyez *Année champêtre*, etc.

8. Abrégé des Transactions philosophiques de la Société royale de Londres. Ouvrage traduit de l'anglais et rédigé par M. GIBELIN, docteur en médecine, membre de la Société médicale de Londres, avec des planches en taille-douce. *Paris*, *in*-8°, 2 vol. 1790.

Les Transactions philosophiques de la Société royale de Londres renferment beaucoup de Mémoires précieux sur toutes les parties de nos connaissances. Le second volume de l'Abrégé qu'en a fait le traducteur, présente des objets d'économie rurale. M. *Gibelin* a réuni en un seul livre tous les écrits qui traitent de la même matière : il a abrégé les uns et donné une simple notice de ceux qui présentent les mêmes idées. On aurait désiré qu'après avoir ramassé tous les matériaux relatifs au même objet, l'auteur eût rejeté les écrits qui renferment des assertions démenties postérieurement par l'expérience ; et que, sur chaque partie des sciences il eût offert le précis du corps de doctrine des Transactions philosophiques de Londres, dans un seul Mémoire.

9. Abrégé du Toisé des ouvrages rustiques, *ou* Nouvelle Méthode géométrique, pour avoir le contenu solide des travaux de terre, de maçonnerie, etc., extrait d'un manuscrit du même auteur, intitulé : *Traité des ouvrages de terre*, par DUPAIN DE MONTESSON; *in*-8°, 1787.

10. Abrégé du Traité des jardins, *ou* le petit LA QUINTYNIE, contenant les arbres fruitiers, les plantes potagères, les arbres, les arbrisseaux, fleurs et plantes d'ornement, d'orangerie et de serre chaude. *Paris*, 2 vol. *in*-12, 1793.

11. Abrégé du Traité théorique et pratique sur la culture de la vigne, avec l'Art de faire le vin, les eaux-de-vie, par MM. CHAPTAL, ROZIER, PARMENTIER et

Dussieux, par M. Roard, directeur des teintures des manufactures impériales; *in*-8°, 1805.

12. Abrégé pour les arbres nains et autres, contenant tout ce qui les regarde, tiré en partie des derniers auteurs qui ont écrit sur cette matière, joint une expérience avec application de vingt ans et plus; avec un traité des melons, et aussi un traité général et singulier pour la culture de toutes sortes de fleurs et pour les arbustes, et aussi pour faire et conduire une grosse vigne, et beaucoup d'autres choses pour les autres vignes, par Jean Laurent. *Paris*, *in*-4°, 1675 et 1683.

L'auteur croyait beaucoup aux influences de la lune, et à des pratiques superstitieuses.

13. Absurdité de l'impôt territorial, etc., par MM. de Casaux, propriétaires à la Grenade, de la Société Royale de Londres; *in*-8°, 1790.

14. Administration (de l') provinciale, et de la réforme de l'impôt, par M. Letrône; 2 vol. *in*-8°, 1788.

Cet ouvrage est un Traité complet sur la nature de l'impôt: il avait été d'abord imprimé à Bâle, en 1779. L'auteur fait voir les effets de l'impôt indirect sur les revenus territoriaux, la nécessité de réformer l'impôt, et de supprimer la féodalité.

15. Advertissement et manière d'enter asseurément les arbres en toutes saisons, etc., par Landric. *Bordeaux*, *in*-8°, 1580.

16. Advis. On peut en France élever des chevaux aussi beaux, aussi grands et aussi bons qu'en Allemagne et royaumes voisins. Il y a un secret pour faire aux belles cavales entrer en chaleur et retenir: il y a un autre secret pour faire que les cavales que l'on voudra porteront des mâles quasi toujours: cela est expérimenté et pour toutes sortes d'autres animaux, chiens, pourceaux, etc., présenté au roi par Querbrat-Calloet, ci-devant avocat-général en la Chambre des comptes de Bretagne. *Paris*, *in*-4°, 1666.

17. Agrémens (les) de la campagne, *ou* Remarques particulières sur la construction des maisons de cam-

pagnes, jardins de plaisance, plantages, etc. *Leyde*, *in*-4°, 1750.

Réimprimé à Paris en 1752, 3 vol. *in*-12, fig.

18. Agrémens (les) des campagnards dans la chasse des oiseaux, etc.; *in*-12, 1783.

19. Agriculture (de l') comme source principale du bien-être et de la prospérité d'une nation, trad. de l'allemand, de Guillaume Krantz; *in*-8°, *Vienne*, 1797; *Paris*, 1798.

20. Agriculturæ Encomium, par Robert le Breton. *Parisiis*, *in*-4°, 1539.

21. Agriculture (l'), Poëme, par le présid. N. Rosset. *Paris*, de l'imprimerie royale, *in*-4°, fig. 1774. Seconde partie, 1783.

22. Agriculture (l') complète de Mortimer, *ou* l'Art d'améliorer les terres, traduit par M. Eidous, de Marseille, ingénieur au service d'Espagne; 4 vol. *in*-12, figures, 1765.

23. Agriculture (l') des anciens, par Adam Dixon, traduite de l'anglais, par M. Paris, architecte. *Paris*, *Jansen*, 2 vol. *in*-8°, 1801, 1802.

24. Agriculture (l') du Midi, *ou* Traité d'agriculture propre aux départemens méridionaux, etc., par André-Louis-Esprit Sinety. *Marseille*, 2 vol. *in*-12, 1803, 1804.

25. Agriculture (l') et Maison rustique, de M. Charles Estienne, docteur en médecine; parachevée premièrement, puis augmentée par Jean Liébault, docteur en médecine. *Paris*, *Dupuys*, *in*-4°, 1570.

Meilleure édition que les précédentes imprimées sous le nom seul d'*Estienne*. Il y a encore beaucoup d'absurdités.

26. Agriculture expérimentale à l'usage des agriculteurs, fermiers et laboureurs, par M. Sarcey de Sutières, ancien gentilhomme servant du roi. *Paris*, *in*-12, 1765.

27. Agriculture (l') parfaite, *ou* Nouvelle découverte

touchant la culture et la multiplication des arbres, des arbustes et des fleurs, par G. A. AGRICOLA, traduit de l'allemand. *Amsterdam*, *in*-8°, fig. 1720.

28. Agriculture pratique des différentes parties de l'Angleterre, par MARSHAL. 5 vol. *in*-8°, atlas, 1803.

29. Agriculture (l') simplifiée d'après les règles des anciens; *in*-12, 1749.

Par *Caraccioli*, mort le 29 mai 1803, à plus de 80 ans.

30. Agriculture théorique et pratique, tant des jardins potagers et fruitiers, que de la campagne en général, d'après les principes de la QUINTYNIE, ROZIER, MILLER, DUHAMEL, Mémoires de la Société économique de Berne, etc, avec les planches nécessaires à l'intelligence des cultivateurs. *Paris*, *Dufart*, 4 v. *in*-18, fig.

31. Agrologie, *ou* Méthode nouvelle pour bien connaître la nature de chaque espèce de terres fertilisables, avec cette épigraphe,

« Non omnis fert omnia tellus. » VIRGIL. *Géorg.*

par M. le baron d'ESPULLER, ancien capitaine au rég. de Vierset et chevalier de St.-Louis; *in*-12, 1771.

C'est un petit Traité sur les engrais. Le but de l'auteur est de *faire connaître par principes la gradation des différentes qualités de terre, les moyens qu'il faut employer pour les améliorer.* Il s'est appliqué à combiner différens engrais qu'il nomme généralement *terre végétative.*

32. Agronome (l'), *ou* Dictionnaire portatif du cultivateur, par M. ALLETZ; 2 vol. *in*-8°, 1760 et 1764.

L'édition de Rouen, 1780, également en 2 vol. *in*-8°, est très-complète, et contient toutes les connaissances nécessaires pour gouverner avantageusement les biens de la campagne, d'après la pratique des agronomes les plus célèbres.

33. Agronomie (l'), *ou* Corps complet des principes de l'agriculture, de commerce, et des arts et métiers, réduits en pratique, par M. DE NEUVE-EGLISE; 8 vol. *in*-8°, 1761 et suiv.

34. Agronomie (l') et l'industrie, *ou* Corps général d'observations faites par les Sociétés d'agriculture, de commerce et des arts établies chez diverses nations. *Paris*, chez d'*Expilly*, *in*-8°, 1761.

Quand on songe au nombre de Sociétés d'agriculture qu'il y a en France, aux mémoires ou volumes que chacune d'elles publie annuellement, on est obligé de convenir que la réunion de ces ouvrages (ou plutôt de ce qu'ils contiennent de meilleur), en un seul, était une idée utile, mais d'une exécution difficile. Elle devient presqu'impossible ou chimérique, si l'on embrasse les autres nations. Aussi l'ouvrage qui fait naître ces réflexions a-t-il promptement été interrompu. Il n'en a paru que douze volumes devenus fort rares. Depuis l'interruption de cette *Agronomie*, l'agriculture a changé de face parmi nous.

Il serait très-utile de faire un pareil ouvrage sur ceux publiés par nos Sociétés d'agriculture, et sur les recueils de ce genre qui paraissent en Angleterre, en Allemagne et en Italie. Il faudrait les réduire, si l'on peut ainsi parler, à leur plus simple expression. Mais cette entreprise demanderait le concours de plusieurs hommes instruits qui ajoutassent à cette instruction le talent de bien analyser. Encore l'entreprise serait-elle immense.

35. Albert (l') moderne, *ou* Nouveaux secrets éprouvés et licites, recueillis d'après les découvertes les plus récentes : les uns ayant pour objet de remédier à un grand nombre d'accidens qui intéressent la santé : les autres, quantité de choses utiles à savoir pour différens besoins de la vie : d'autres enfin, tout ce qui concerne le pur agrément, tant aux champs qu'à la ville ; le tout en trois parties et rangé par ordre alphabétique. *Paris*, 1769.

36. Alekikepus, seu auxiliaris hortus, par Mizauld. *Paris*, 1564.

Réimprimé en 1565, et à Cologne en 1576. Traduit en 1578, par le médecin Caille, sous le titre de *Jardin médicinal*, d'Antoine Mizauld.

37. Almanach contenant le précis de l'agriculture du jardinier fleuriste, semaille et récolte, avec tablettes ; *in*-24, 1776.

38. Almanach d'agriculture, nécessaire à tout laboureur, fermier, cultivateur, où l'on expose par chapitres tous les élémens de cette science ; tout ce qui peut concerner les bestiaux, la culture des terres, les engrais, les labours, les semailles, les récoltes, la conservation des grains, et généralement tout ce qui a rapport aux différens travaux de la campagne. 1773, 1774.

Il a paru pendant plusieurs années. Le premier volume porte ces mots, *Premier Cours* : le second volume, *Second Cours*, etc. En 1775 on mit les lettres initiales ; par M. P. D. L. B.

39. Almanach, *ou* Manuel des vignerons de tous les pays, par MAUPIN. *Paris*, *in*-8°, 1789.

Cet ouvrage contient : 1° la méthode la plus simple et la plus économique pour planter la vigne, la cultiver, en augmenter le rapport et avancer la maturité des raisins ; 2° une méthode particulière pour traiter, tailler et gouverner toutes les vignes déjà existantes ; 3° deux procédés pour faire et améliorer les vins ; 4° un préservatif contre les gelées d'hiver, etc.

Cet ouvrage est utile en ce qu'il éclaire le vigneron par des faits et des observations, et lui facilite les moyens de diminuer considérablement les frais de la vigne, en en augmentant les rapports.

40. Almanach du chasseur, contenant un calendrier perpétuel ; remarques sur différentes espèces de chasses ; *in*-12, 1772 *et suiv.*

41. Almanach et tablettes économiques. 1770.

42. Almanach de poche, du jardinier, contenant les méthodes les plus approuvées de cultiver les plantes utiles, et d'ornement pour le jardin potager et le parterre, par THOMAS, maître jardinier du lord évêque de Lincoln, traduit de l'anglais. *Paris*, *in*-12, 1776.

Cet almanach est aussi complet dans son genre qu'on peut le désirer.

43. Almanach jardinier perpétuel, dans lequel on voit mois pas mois tout ce qu'il y a à faire dans les jardins, fort utile à tous ceux qui se plaisent à cultiver les herbes, les fleurs et les arbres fruitiers. *in*-12.

Sine anno et loco.

Le titre porte pour auteur le nom d'EMMANUEL.

44. Almanach perpétuel des cultivateurs, par un professeur d'architecture rurale (COINTERAUX). *Paris*, *in*-12, 1794. (an II.)

Cet almanach contient ce que les cultivateurs et les ménagères ont à faire chaque jour de l'année.

45. Almanach vétérinaire, contenant l'histoire abrégée des progrès de la médecine vétérinaire des animaux,

depuis l'établissement des écoles vétérinaires en France; On y a joint la description et le traitement de plusieurs maladies des bestiaux, la notice de quelques ouvrages sur l'art vétérinaire, par MM. Chabert, Flandrin et Huzard. *Paris*, 1782, 1790.

46. Altération du lait de vache, désignée sous le nom de lait bleu, par MM. Chabert et Fromage; *in*-8°, 1805.

47. Amélioration (de l') générale du sol français dans ses parties négligées ou dégradées, par J. M. Coupé, (de l'Oise). *Paris*, *in*-8°, 1795. (an III.)

Le but de cet écrit est de rétablir la verdure sur les montagnes et les coteaux nus, de prouver la nécessité d'entreprendre et d'étendre les plantations d'arbres. Il est suivi d'une observation sur l'extraction du soufre des terres houilles des environs de l'Oise.

48. Ami (l') des bonnes gens, *ou* Nouvelle Philosophie rurale : instruction destinée aux gens de la campagne; *in*-8°, 1793.

49. Ami (l') des campagnes, *ou* Recueil périodique des observations, des découvertes, des inventions et des nouveautés littéraires, tendant à perfectionner l'éducation physique des enfans, les premiers développemens de la raison; l'hygiène, ou médecine préservatrice; l'agriculture, l'industrie rurale et les arts d'une utilité générale; avec une notice des actes du Gouvernement, par une *Société de Gens de lettres*, et rédigée par le citoyen Pinglin. *Paris*, 2 vol. *in*-8°. (ans VIII et IX.)

50. Ami (l') des cultivateurs, *ou* Moyens simples et mis à la portée de tous les propriétaires, fermiers, laboureurs, vignerons, etc., de tirer le meilleur parti des biens de la campagne de toutes espèces : avec tout ce qu'il est nécessaire de savoir pour faire valoir avantageusement un domaine en bétail, volaille, grains, vins, foins, bois, étangs et autres productions utiles, et de tirer un parti quelconque de tous les terrains, avec le traitement des maladies du bétail et la manière

de faire prospérer les abeilles et les vers à soie, par POINÇOT. *Paris*, 2 vol. *in*-8°, fig. 1806.

51. Ami (l') des jardiniers, *ou* Instruction méthodique à la portée des amateurs et des jardiniers de profession, sur tout ce qui concerne les jardins fruitiers et potagers, parcs, jardins anglais, etc., par M. POINÇOT, de la Société d'émulation et de celle d'agriculture de Lausanne; 2 vol. *in*-8°, 1805.

52. Ami (l') des jardins d'utilité et d'ornement, par FRANÇOIS MÉRIALE, cultivateur. *Liége* et *Paris*, *in*-8°, 1805.

53. Ami (l') des pauvres, *ou* l'Economie politique, ouvrage dans lequel on propose des moyens pour enrichir et pour perfectionner l'espèce humaine. *Paris*, *in*-12, 1766.

L'auteur de ce livre anonyme se nomme JOACHIM FAIGUET, de Moncontour, trésorier de France. Il était né en 1703. Il y a un Mémoire pour la suppression des fêtes, comme nuisibles à l'agriculture.

54. Ami (l') du cultivateur, *ou* Essais sur les moyens d'améliorer en France la condition des laboureurs, des journaliers, des hommes de peine vivant dans les campagnes, et celle de leurs femmes et de leurs enfans, par un Savoyard, avec cette épigraphe :

« Salus populi suprema lex est. »

Ouvrage posthume. *Paris*, 2 vol. *in*-8°, avec figur. 1789.

Ce prétendu savoyard est M. CLIQUOT DE BLERVACHE : et l'ouvrage n'est en grande partie que la réimpression, sous un nouveau titre, du Mémoire de cet auteur, couronné, en 1783, par l'académie de Châlons-sur-Marne.

Ce livre est divisé en deux parties. Dans la première, il est question des institutions féodales que l'auteur envisage comme la cause principale de la gêne qu'éprouvent les habitans de la campagne; on expose leur influence sur l'agriculture et les moyens d'en atténuer les effets : dans la seconde, on traite de la mise en valeur des communes, d'une plus égale répartition des impôts, des corvées, des manufactures. En tête du premier volume est une gravure qui représente la reine Blanche délivrant les habitans de Chastenay que le chapitre de Paris avait emprisonnés.

55. Amours (les) des plantes. Poëme en quatre chants,

traduit de l'anglais de *Darwis*, par M. Deleuze; *in*-12, 1799.

Ce poëme rappelle celui sur le même sujet, rédigé en latin et prononcé dans l'académie de Leyde, en 1776.

56. Ampelographie (l'), par Sachs. *Leipsick*, *in*-8° de sept à huit cents pages, 1661.

Ce sont des considérations physiques, philologiques, historiques, médicales et chimiques, sur la vigne, ses parties, etc. *V.* l'article de l'auteur.

57. Amusemens (les) de la campagne, *ou* Nouvelles ruses innocentes, qui enseignent la manière de prendre aux piéges toutes sortes d'oiseaux et de quadrupèdes, par Liger. *Paris*, 2 vol. *in*-12, 1709, et *Amsterdam*, 1713.

58. Amusemens de la chasse et de la pêche. *Amsterdam*, 2 vol. *in*-12, fig. 1743.

59. Amusemens des dames dans les oiseaux de volière, par M. Buc'hoz; *in*-12, 1782.

60. Amusemens (les) innocens, contenant le traité des oiseaux de volières, *ou* le Parfait oiseleur, par le docteur Buc'hoz; *in*-12, 1774.

Cet ouvrage est traduit de l'italien Olina.

61. Analyse chimique des terres de la province de Touraine, des différens engrais propres à les améliorer, et des semences convenables à chaque espèce de terre: mémoire lu à la société d'agriculture du bureau de Tours, par M. Duvergé, docteur en médecine, agrégé au collége des médecins de Tours et membre de ce bureau. *Tours*, *in*-8°, 1763.

62. Analyse de la législation des grains, par M. Tessier. *Paris*, *in*-4°, 1788.

63. Analyse de la statistique générale de la France, publiée sous l'autorisation du ministre de l'intérieur, par M. Deferrière, chef du bureau de la statistique au ministère de l'intérieur.

Il publie les *Archives statistiques* de la France; ouvrage périodique.

64. Analyse de l'ouvrage (de M. Necker) intitulé : De la législation et du commerce des grains, par M. Morellet. *Pissot; Amsterdam* et *Paris*, *in*-8°, 1775.

65. Analyse d'un mémoire sur l'organisation vasculaire des plantes ligneuses et sur la lignification, par M. Voisin. *Versailles*, *in*-8°.

66. Analyse des bleds, et expériences propres à faire connaître la qualité du froment, et principalement celle du son de ce grain, par M. Sage. *Paris*, Imprimerie royale, *in*-8°, 1776.

Cet ouvrage utile renferme aussi des observations; 1° sur les substances végétales dont les différentes nations font usage au lieu de pain; 2° sur les dangereux effets de quelques substances végétales, que le soldat et le public peuvent être exposés à manger; 3° un moyen aussi simple qu'ingénieux, par lequel on peut s'assurer si la farine de froment est bonne, médiocre ou mauvaise.

67. Analyse historique de la législation des grains, depuis 1692, par Dupont (de Nemours). *Paris*, *in*-8°, 1789.

68. Analyse pratique de la manipulation du chanvre, par Bralle, curé de Tertry près d'Amiens. *Amiens*, *in*-8°, 1790.

69. Anatome plantarum, Marcelli Malpighii. Londini, 1675.

70. Anatomie des plantes, qui contient une description exacte de leurs parties et de leurs usages, et qui fait voir comment elles se forment et comment elles croissent, traduite de l'anglais de M. Grew, de la Société royale, par M. le Vasseur. *Paris*, *in*-12, 1676.

71. Andreæ Baccii de naturali vinorum historiâ, de vinis Italiæ et de conviviis antiquorum, libri VII. Romæ ex officinâ Nicolai Mutii, *in*-fol. 1596.

Cet ouvrage est rare et recherché des bibliomanes.

72. Annales de l'agriculture française, contenant des observations et des mémoires sur toutes les parties de l'agriculture; rédigées par M. Tessier, membre de l'Institut, de la légion d'honneur, etc., et M. Bagot.

Ce dernier n'y travaille plus depuis quelque tems.

Cet ouvrage périodique en est au tome 34. Nous y reviendrons dans la seconde partie.

73. Annales des arts et manufactures, *ou* Mémoires techno-logiques sur les découvertes modernes concernant les arts, les manufactures, l'agriculture et le commerce.

Il y en a, en 1808, 27 vol. *in*-8°, y compris la table des matières analytique et raisonnée qui forme le 27e. Chaque volume est orné de 12 à 13 planches.

M. OREILLY, auteur de ce recueil, avait surpris à l'industrie anglaise, pendant son séjour en Angleterre, un grand nombre de ses procédés dont elle est si jalouse. Suspendue par la mort de l'auteur, cette entreprise a repris au mois d'avril 1808. Elle se continue sous la même forme et dans le même esprit qu'elle a été commencée.

C'est actuellement M. A. DEROUILLAC, ancien directeur des établissemens de Creusot, qui est chargé de tout le travail des Annales.

74. Annales, mémoires et observations de la Société d'agriculture et d'économie rurale de Meillant, département du Cher; *in*-8°.

75. Année champêtre : ouvrage qui traite de ce qu'il convient de faire chaque mois dans le potager, avec cette épigraphe :

« Et prodesse velint et delectare coloni. »

*Paris*, 3 vol. *in*-12, avec figures, 1769. *Lausanne*, 3 vol. *in*-8°, 1770.

Le P. DARDENNE, de l'oratoire, est l'auteur de cet ouvrage estimé qui renferme un extrait bien fait de ce qui se trouve de plus certain et de plus adopté dans les auteurs qui ont traité de ces matières. Le P. DARDENNE fit paraître un abrégé de cet ouvrage.

76. Année du jardinage, par J. F. BASTIEN; 2 vol. *in*-8°, 1799.

77. Année rurale, *ou* Calendrier à l'usage des cultivateurs, par M. BROUSSONET. *Paris*, 2 vol. *in*-12, 1787 et 1788.

78. Annuaire de l'herboriste, contenant le tems de la floraison des plantes suivant les différens mois de l'année; *in*-8°.

79. Annuaire du cultivateur, par G. ROMME. *Paris*, *in*-8°, 1795 (an III.)

80. Annuaire du cultivateur, *ou* Répertoire universel d'agriculture, par Romme, Clez, Parmentier, Vilmorin, Thouin, Daubenton, etc. *in-4°*, 1795.

81. Annuaire du cultivateur du département de l'Aveyron: publié par une Société d'agriculture, séante à Rhodez. Troisième année. *Rhodez*, 1805.

82. Annuaire du département du Bas-Rhin, pour l'an VII, par M. Bottin. *Strasbourg*, *in-12*, 1799.

L'article consacré à l'état de l'agriculture, offre aux praticiens des moyens de la rendre florissante, et des usages propres à augmenter les rapports de la terre, et à suppléer aux disettes qui peuvent se faire sentir quelquefois parmi les denrées indigènes.

83. Anti-économiste (l'), *ou* Moyen de rédimer les personnes et les biens du joug des impositions, par M. Bourdon-des-Planches. *Paris*, *in-8°*, 1791.

L'auteur attaque avec énergie le système des économistes qui prennent pour base de leur théorie le renchérissement des denrées. Il s'attache d'autant plus à la détruire, qu'à cette époque les comités avaient adopté ce système.

84. Anti-maquignonnage, par le baron d'Eisenberg; *Paris*. (sans date.)

Le même est auteur de l'art de monter à cheval, *ou* description du manège moderne. *La Haye*, *in-4°*, avec fig. 1733.

85. Aperçu général des forêts, par d'Ourches, membre de plusieurs Sociétés d'agriculture, 2 vol. *in-8°*, (an XIII.)

86. Aperçu général des mines de houilles exploitées en France, de leurs produits, et des moyens de circulation de ces produits, par le citoyen Lefebvre, membre du Conseil des mines. *Paris*, *in-8°*, avec une carte, 1803.

87. Aperçu général sur la perfectibilité de la médecine vétérinaire, et sur les rapports qu'elle a avec la médecine, par M. Aygalenq. *Paris*, *in-8°*. (an IX.)

88. Arbres (des) fruitiers pyramidaux, vulgairement appelés quenouilles, etc., par Calvel, seconde édition, 1804.

89. Architecture rurale et périodique, *ou* Notice des

travaux et approvisionnemens que chacun peut faire, à peu de frais, chaque mois et chaque année, soit pour améliorer ses fonds, soit pour construire toutes sortes de bâtisses, pour multiplier les engrais, par FR. COINTERAUX. *Paris*, *in*-8°, 1792.

90. Aristotelis Opera omnia gr. lat. ex editione et cùm notis GUILL. DUVAL. *Parisiis*, typis regiis, 2 vol. *in*-folio, 1619.

Nous n'indiquons cette édition que parce qu'étant la plus estimée, elle contient tout ce qu'Aristote écrivit sur l'agriculture, c'est-à-dire, les deux livres sur les plantes (*de plantis*) qui furent imprimés plusieurs fois séparément. La première édition est de Lyon, 1566.

91. Arithmétique politique, adressée aux Sociétés économiques, établies en Europe, par M. YOUNG, suivie d'un Traité sur l'utilité des grandes fermes et des riches fermiers, par M. ARBUTHNOT, et d'un Essai sur l'état présent de l'agriculture des îles Britanniques, traduit de l'anglais, par M. FRÉVILLE, *in*-8°, 1775.

Réimprimé, en 1780, en 1 vol. *in*-8°, sous ce titre : Recueil d'ouvrages d'économie politique et rurale, traduit de l'anglais.

92. Arnoldi a villa nova medici consilium ad regem arragonum de salubri hortensium usu, par MIZAULD. *Paris*, 1654.

Compris dans le *Jardinage de Mizauld*, titre donné par le médecin CAILLE à la traduction qu'il publia en 1578, des ouvrages de Mizauld sur les jardins.

93. Arpenteur (l') forestier, avec un Traité d'arpentage appliqué à la réformation des forêts, avec fig., par M. GUIOT, garde-marteau de la maîtrise des Eaux-et-Forêts de Rambouillet, et géographe de S. A. S. Mgr. le duc de Penthièvre, amiral de France. *Paris*, *in*-8°, 1770.

La méthode de l'auteur est fondée sur la géométrie et garantie de toute erreur. Il a rassemblé toutes les connaissances nécessaires pour former un bon arpenteur.

94. Ars medica, seu ars medendi equos, bonosque cognoscendi. *Basileæ*. (sans date.)

95. Art (l') alimentaire, *ou* Méthode pour préparer les alimens les plus sains pour l'homme, par M. BUC'HOZ; *in*-12, 1783.

96. Art (l') d'améliorer et de conserver les vins; *in*-12, 1781.

97. Art (l') aratoire et du jardinage, de l'Encyclopédie méthodique ou par ordre de matière. *Padoue*, *in*-4°, avec planches, 1798.

C'est un abrégé, fait et imprimé à Padoue, des livraisons de l'Encyclopédie sur l'agriculture.

98. Art (l') d'augmenter et de conserver son bien, *ou* Règles générales pour l'administration d'une terre. Ouvrage absolument nécessaire aux propriétaires de biens fonds, et à ceux qui les régissent, par M. ***. *Paris*, *in*-24, 1784.

Paris, *in*-12, 1793.

99. Art (l') de bâtir les maisons de campagne, par BRISIEUX. 6 vol. *in*-4°, 1743.

100. Art de battre, écraser, piler, moudre et monder les grains, avec de nouvelles machines. Ouvrage traduit en grande partie du danois et de l'italien, par les soins de M. DE NEUVE-EGLISE, ancien officier de cavalerie; *in*-fol. 1769.

101. Art (l') de brasser, traduit de l'anglais de COMBRUNE, renfermant les principes de la théorie et ceux de la pratique; *in*-8°, 1800.

102. Art (l') de composer facilement et à peu de frais les liqueurs de table, etc. BOUILLON-LA-GRANGE; *in*-8°, 1805.

C'est l'ouvrage intitulé *Nouvelle chimie du goût et de l'odorat*, publié sous un titre nouveau.

103. Art (l') de conserver les grains, par BARTHELEMI INTHIERRI, ouvrage traduit de l'italien, par BELLEPIERRE DE NEUVE-EGLISE; *in*-8°, figures, 1770.

Voici une anecdote curieuse sur ce livre, qui fournit à l'abbé *Galiani* l'occasion d'accuser de plagiat, M. *Duhamel-du-Monceau*. Il écrivit à madame d'Epinay cette lettre rapportée par M. *Barbier*, et qui va mettre au fait le lecteur. « J'ai vu avec un grand

» étonnement sur la Gazette de France, du 9 novembre 1770, » qu'on a publié, à Paris, un ouvrage de moi, écrit en italien en » 1754 et traduit en français, et je gage que je n'y suis pas même » nommé, et que vous n'en savez rien vous-même la première. » Voici le fait : En 1726, avant que je vinsse au monde, *Barthe-* » *lemi Inthierri*, toscan, homme de lettres, géomètre, et mé- » canicien du premier ordre, inventa une étuve à blé. En 1754, » il était vieux de 82 ans et presque aveugle. Je souhaitais que le » monde connût cette machine utile. J'écrivis donc un petit livre » intitulé, *Della perfetta Conservazione del grano ;* et comme je » n'ai jamais voulu mettre mon nom sur aucun de mes ouvrages, » je voulus qu'il portât le nom de l'inventeur de la machine. Mais » tout le monde sait qu'il est à moi, et je crois que *Grimm*, » *Diderot*, le baron d'*Olback* et peut-être d'autres l'ont à Paris, » et savent cette histoire aussi bien que l'abbé *Morellet*. Je suis » enchanté à présent qu'il soit traduit en français, d'autant plus » qu'il servira à découvrir un plagiat affreux et malhonnête que » fit M. *Duhamel*, qui s'attribua l'invention de cette machine, » pendant qu'il ne fit que regraver les dessins qu'en avait faits mon » frère, et qu'il lui avait envoyés. Le nom de mon frère est » encore au bas des planches de l'édition italienne. Il y laissa » même des fautes dans le dessin, et certaines variations qui » avaient été ajoutées dans les dessins, par M. *Inthierri*, et qui » se trouvèrent ensuite impraticables. M. *Duhamel* voulut les » faire passer pour des additions et des corrections qu'il y avait » faites. Or, ma belle dame, j'ai tout l'intérêt possible que toute » la France sache, au moyen des folliculaires, que cet ouvrage » m'appartient, chose qui ne m'a jamais été contestée ; et cela » prouvera qu'au vrai je suis l'aîné de tous les économistes, puis- » qu'en 1749 j'écrivis mon livre de la monnaie, et en 1754 celui » des grains. La secte économique n'était pas encore née dans » ce tems-là ». M. Barbier se contente de rapporter cette lettre. Nous observerons que l'abbé *Galiani*, qui *gage n'être pas même nommé* dans cette traduction, justifie quelques lignes après, sans s'en douter, le traducteur, de cette omission, en disant qu'*il n'a jamais voulu mettre son nom sur aucun de ses ouvrages*. Quant à l'accusation de *plagiat affreux* dont le célèbre *Duhamel* est l'objet, on verra dans la seconde partie, aux articles *Duhamel*, *Inthierri* et *Galiani*, des réflexions à ce sujet. L'article *Economiste*, dans la même partie, prouvera que la prétention de l'abbé Galiani n'est pas mieux fondée.

104. Art (l') de convertir en vins fins et d'une beaucoup plus grande valeur, par les procédés particuliers plus inconnus, les vins les plus communs, les plus mats, les plus épais et les plus grossiers ; *in*-8°, 1791.

105. Art (l') de cultiver les fleurs ; *in*-12, 1677.

A la fin de cet ouvrage, on trouve des *Observations sur le livre du curé d'Hénouville ou de l'abbé de Pont-Château de Cambout*, de *Coislin*, jardinier de Port-Royal.

On voit que le voile qui couvrait le prétendu curé d'Hénouville, ne tarda pas à être levé. Mais il est étonnant qu'il y ait eu tant d'opinions différentes sur le véritable auteur. Il faut que les *Observations* et conséquemment l'*Art de cultiver les fleurs*, n'aient pas été connus. M. *Barbier* attribue l'ouvrage à M. de Lamoignon, (Voyez *Manière de cultiver les arbres fruitiers*.) Ces *observations*, qui désignent si bien l'abbé de *Pont-Château*, parurent un an après la publication de son livre, dans le titre duquel ce solitaire avait emprunté le nom de *Le Gendre*. Si l'ouvrage n'était pas de lui, pourquoi ne réclamait-il pas et se laissait-il attribuer un livre dont on parlait beaucoup et dont on faisait un juste éloge? Je soumets cette réflexion au savant *Barbier*, en observant que l'allusion du P. Rapin, et le sentiment de Baillet ne prouvent pas assez pour qu'on ne puisse mettre en balance le silence de l'abbé de Pont-Château qui (d'après la supposition de Baillet) aurait reçu des éloges qu'il ne méritait pas.

A l'article *Pont-Château* on trouvera les numéros de renvoi aux titres des ouvrages relatifs à la discussion élevée sur l'auteur qui a pris le nom de *Le Gendre*.

106. Art (l') de cultiver les mûriers blancs, d'élever les vers-à-soie, par M. Ladmiral. *Paris*, *in*-8°, 1754, 1757.

107. Art (l') de cultiver les pays de montagnes et les climats froids, *ou* Essais sur le commerce et l'agriculture particuliers aux pays de montagnes d'Auvergne, par M. D. B. D. M. B. S. D. et lieuten. général du pays de Carladez. *Londres*, *Paris*, *in*-12, 1774.

108. Art (l') de cultiver les peupliers d'Italie, avec des observations sur les différentes espèces et variétés de peupliers; sur le choix et la disposition des pépinières; leur culture, et sur celle des arbres plantés à demeure, par M. Pelée de Saint-Maurice, membre de la Société royale d'agriculture de la généralité de Paris. *Paris*, *in*-12. (sans date.)

109. Art (l') de cultiver les pommiers, les poiriers et de faire les cidres, selon l'usage de Normandie, par M. le marquis de Chambray. *Paris*, *in*-12, 1765, réimprimé en 1792.

C'est l'ouvrage le plus complet que nous ayons sur cette partie. L'auteur a été copié dans tous les Recueils agronomiques, et *Rozier* s'en est servi pour composer l'article *Cidre* de son Cours d'agriculture.

M. de Chambray commence par l'Histoire abrégée du cidre, dont l'usage passa d'Afrique en Espagne, et d'Espagne en Normandie, il y a trois siècles et demi : ensuite il traite des pépinières, de la greffe, des différentes pommes acides, dont il indique cinquante-deux espèces, divisées en trois classes, suivant le tems de leur maturité ; de la façon des cidres ; des poiriers ; des poires à cidre, dont il y a dix espèces : enfin du poiré.

110. Art (l') d'économiser le bois, *ou* Dix procédés de feux économiques, avec quatorze planches, par J. A. SACHTLEBEN ; traduit de l'allemand, par J. GOY. *Paris*, *in*-8°, 1792.

111. Art (l') de distribuer les jardins, suivant l'usage des Chinois. *Londres*, *in*-8°, 1757.

Ce genre fort rare alors en France est très-commun aujourd'hui. Ces jardins sont appelés par M. *Morel*, qui les a mis à la mode, *les jardins de la nature*, que l'artiste tâche d'imiter dans sa composition.

112. Art (l') de faire, améliorer et conserver les vins, *ou* le Parfait vigneron, par M. P., agronome ; *in*-12, 1782.

Cet ouvrage, dont il a paru, en 1795, une seconde édition, est suivi d'un Recueil d'environ cent cinquante recettes nécessaires à ceux qui veulent faire voyager ou garder long-tems toutes sortes de vins, tant de France que d'Espagne, de Canarie, du Rhin, de Malvoisie, etc. Il contient aussi la manière de prévenir et de remédier aux avaries auxquelles les vins sont sujets, et de reconnaître ceux qui sont frelatés.

113. Art (l') de faire, de gouverner et de guérir les vins, par FR. MANDEL. *Nancy*, *in*-8°, 1804 (an XII.)

L'auteur s'est principalement attaché à mettre son ouvrage à la portée de tous les propriétaires et vignerons. Il ajoute à la saine théorie des Rozier, Bullion et Chaptal, quelques faits de pratique confirmés par l'expérience, notamment pour la partie des maladies, la manière de reconnaître les vins raccommodés et les moyens curatifs à employer lorsqu'ils sont susceptibles de guérison, ce qui avait été négligé dans la plupart des ouvrages qui l'ont précédé.

114. Art (l') de faire le bon cidre, avec la manière de cultiver les pommiers et poiriers selon l'usage de Normandie, par M. le marquis DE CHAMBRAY ; *in*-12, 1781. (Voyez le N° 109.)

115. Art (l') de faire les eaux-de-vie, d'après la doctrine de Chaptal, suivi de l'art de faire les vinaigres, par A. PARMENTIER ; *in*-8°, 1801.

116. Art (l') de faire le vin, par M. J. A. CHAPTAL, membre et trésorier du Sénat. *Paris*, *in*-8°, avec pl. 1807.

117. Art (l') de fertiliser les terres et de préserver de la gelée, commodément et à peu de frais, les arbres et arbrisseaux, les vignes, etc., méthode d'éducation nationale et particulière, par M. TROTHER, *Paris*, 3 vol. *in*-8°, 1773.

118. Art de fertiliser les terres, *ou* Observations sur les prairies artificielles, et sur l'usage du plâtre employé comme engrais. *Lyon*, *in*-8°, 1779.

119. Art (l') de former les jardins modernes, *ou* l'Art des jardins anglais, traduit de l'anglais, avec cette épigraphe :

« Regarde ces coteaux l'un à l'autre enchaînés,
» Et ces riches vallons de pampres couronnés ;
» Vois dans ces champs, ces bois, la nature affranchie,
» Se livrer librement à sa noble énergie. »

Les Saisons, par SAINT-LAMBERT.

*Paris*, *in*-8°, 1771.

L'auteur anglais ni le traducteur ne sont nommés : le premier est *Wathely*, le second, M. *Latapie*. Ce dernier a ajouté un discours sur l'origine de l'art, des notes sur le texte, et une description détaillée des jardins de *Stowe*, appartenant à lord Temple, chez qui le traducteur a passé quelque tems.

120. Art (l') de la cavalerie, *ou* la Manière de dresser les chevaux à tous les usages, accompagné de principes pour le choix des chevaux, avec une idée générale de leurs maladies, et des remarques sur les haras, par SAUNIER. *Amsterdam*, *in*-fol. avec figur. 1756.

121. Art (l') de gouverner les abeilles et de fabriquer le miel et la cire sans méprises : contenant des instructions pour tirer des abeilles tout le profit possible, par LAGRENÉE. *Paris*, *in*-12, fig. Seconde édit. 1795.

122. Art (l') de la multiplication des grains, *ou* Nouvelle méthode de cultiver et d'ensemencer les terres, par M. BERDOULAT. *Toulouse*, *in*-12, 1765.

123. Art (l') de la teinture des fils et étoffes de coton,

précédé d'une théorie nouvelle des causes de la fixité des couleurs de bon teint ; suivi des cultures du pastel, de la gaude et de la garance, à l'usage des cultivateurs et manufacturiers, par LE PILEUR D'APLIGNY, nouvelle édition, *in*-12, 1798.

124. Art (l') de la vigne, contenant une nouvelle méthode économique de cultiver la vigne, par M. MAUPIN ; *in*-8°, 1779.

125. Art (l') de limiter les terres à perpétuité et de manière à retrouver en tout tems la position des limites arrachées, couvertes, ou perdues : ouvrage utile à tous les possesseurs de fonds et sur-tout aux seigneurs, aux décimateurs et aux notaires, par M. VALLET, ancien lieutenant-général à Paris. *Lyon* et *Paris*, *in*-12, figures, 1769.

L'art de limiter les terres et de reconnaître les limites est très-utile, même aux petits propriétaires dont les champs ne sont pas clos : et cet art bien répandu éviterait une multitude de procès.

126. Art (l') de multiplier la soie, *ou* Traité sur les mûriers blancs, l'éducation des vers-à-soie, et le tirage des soies, par CONSTANT CASTELLET. *Aix*, David, *in*-12, 1760.

127. Art (l') de multiplier le vin par l'eau, par M. MAUPIN ; *in*-12, 1768.

128. Art d'orner et d'embellir les jardins, par MASSON, traduit de l'anglais, orné de planches représentant le jardin de Prunay près de Marly. *Paris*, *in*-8°, 1792.

129. Art (l') de s'enrichir promptement par l'agriculture, prouvé par des expériences, par M. DESPOMMIERS, gouverneur de la ville de Chevru ; nouvelle édition, revue, corrigée et augmentée des découvertes de l'auteur, depuis qu'il est employé par le Gouvernement à l'amélioration de l'agriculture. *Paris*, *in*-12, 1762.

Réimprimé en 1770, avec des planches, et en 1776. Il y a quelques articles traités trop superficiellement. Cet ouvrage fut traduit dans plusieurs langues. Cet art de s'enrichir n'est presque autre chose que le secret, déjà très-répandu à l'époque où écrivait l'auteur, de semer du sainfoin. Le titre de l'ouvrage parut avoir une teinte de charlatanisme.

130. Art (l') de tailler les arbres fruitiers, avec un Dictionnaire des mots dont se servent les jardiniers en parlant des arbres : un Traité de l'usage des fruits des arbres, pour se conserver en santé ou pour se guérir, et une liste des fruits fondans pendant toute l'année. *Paris*, *in*-8°, 1683.

131. Art (l') de toutes sortes de chasses et de pêches, avec celui de guérir les chevaux, les chiens et les oiseaux. *Lyon*, 2 vol. *in*-12, 1719.

132. Art (l') des arpenteurs, par M. Didier, premier arpenteur en la maîtrise des Eaux-et-Forêts de Crécy en Brie. *Meaux*, quatrième édition, *in*-4°, 1780.

133. Art (l') du blanchiment des toiles, fils et cotons de tout genre, rendu plus facile et plus général au moyen des nouvelles découvertes, etc., par M. Pajot des Charmes ; *in*-8°, 1798.

134. Art (l') du charbonnier, *ou* Manière de faire du charbon de bois, par M. Duhamel du Monceau; *in*-fol. 1761.

135. Art (l') du cirier, par Duhamel du Monceau ; *in*-fol. 1762.

136. Art (l') du distillateur, par Dubuisson ; 2 vol. *in*-12, 1719.

137. Art (l') du distillateur liquoriste, de M. de Machy; *in*-fol. 1775.

138. Art (l') du maçon piseur, extrait du Journal d'observations sur la physique, par M. l'abbé Rozier ; *in*-12, 1772.

139. Art (l') du meûnier, du vermicellier, et du boulanger, par Malouin ; *in*-fol. 1767.

140. Art (l') du taupier, par Dralet, suivant les principes de M. Aurignac. Neuvième édition, *in*-8°, 1801.

141. Art (l') du tourbier, par M. Roland de la Platière. 1783.

142. Art (l') du trait de charpenterie, *in*-fol. 1768, par M. FOURNEAU, maître charpentier à Rouen, ci-devant conducteur de charpente et démonstrateur du trait à Paris. *Paris*, 3 parties, grand *in*-fol. 1770, 1771.

Très-estimé.

143. Art (l') du treillageur *ou* Menuiserie des jardins, par M. ROUBO; *in*-fol. 1775.

M. Duhamel et l'Académie des sciences ont beaucoup loué cet ouvrage. L'auteur n'a plus rien laissé à dire sur son art.

144. Art (l') du tuilier et du briquetier, *in*-fol. 1763, par MM. DUHAMEL DU MONCEAU, FOURCROY et GALLOS; avec un supplément, par M. JARS.

145. Art (l') du valet de limier, avec la manière la plus simple de dresser un chien de plaine, et diverses recettes pour guérir les chiens des maladies les plus dangereuses. *Paris*, petit *in*-12, 1784.

146. Art (l') du vinaigrier, par M. de MACHY.

147. Art (l') et manière de semer pepins, faire pépinières et sauvageons, enter en toutes sortes d'arbres et faire vergers; avec un autre Traité de la manière de semer graines en jardins, le temps et la saison de planter, replanter, recueillir graines et cultiver toutes sortes d'herbes, par Davy ou David BROSSARD, religieux de l'abbaye de Saint-Vincent, au Mans, 1552.

148. Art et pratique de l'art de faire éclore, en toutes saisons, des oiseaux domestiques de toutes espèces, par RÉAUMUR. *Paris*, Imprim. royale, 3 vol. *in*-12, avec fig. 1749, 1751.

Voyez, dans la troisième partie, l'article *Poulets*.

149. Art (l') nouveau de la peinture en fromage ou en ramequin, par BOUQUET; *in*-12, 1755.

150. Art (l') vétérinaire, *ou* Grande maréchalerie, par MASSÉ. *Paris*, *in*-4°, 1563.

C'est la traduction des vétérinaires grecs retraduits en 1647, *in*-fol. par *Jean Jourdain*, sous ce titre : *La vraie connaissance du cheval*, etc.

151. Art vétérinaire, par René Végèce, traduit du latin par *Saboureux de la Bonneterie.*

Le titre latin de cet ouvrage est : *Artis veterinariæ, sive mulomedicinæ, libri IV*, dont l'édition la plus estimée est de *Basle*, 1528. On le retrouve aussi dans la précieuse collection de Gesner.

152. Assemblée générale de la Société d'agriculture, commerce et arts du département de la Drôme, du 23 brum. *Valence*, *in*-8°. (an XI.)

153. Auctores de re rusticâ, accedunt enarrationes brevissimæ priscarum vocum Catonis, Varronis, Columellæ et Palladii. *Venise*, *in*-fol. 1472.

La 2e édition se publia à Rhegio en 1482, *in*-fol. Merula corrigea ces auteurs et joignit au texte l'explication de certains mots. Ces premières éditions ont été suivies de plusieurs autres, comme celle de Paris en 1533, *in*-fol; celle de Lyon en 1535, *in*-8°; Cologne, 1536; Paris, 1543, etc.

154. Autourserie (l') de P. de Gommer, seigneur de Lusancy, assisté de *F. de Gommer du Breuil*, son frère. *Châlons*, *in*-12, 1594.

155. Aux cultivateurs, *ou* Dialogue peut-être intéressant tiré d'un manuscrit qui a pour titre : *Entretiens d'un vieil agronome et d'un jeune cultivateur*, par M. B. *Paris*, *in*-12, 1788.

156. Avantages du desséchement des marais et manière de profiter des terrains desséchés, par L. E. Beffroy, *Paris*, *in*-8°, 1793.

Cet ouvrage concourut, en 1786, pour le prix proposé par la Société d'agriculture de Laon.

157. Aviceptologie française, *ou* Traité général de toutes les ruses dont on peut se servir pour prendre les oiseaux qui sont en France, par Bulliard. *Paris*, *in*-12, 1778, 1796.

On vient, en 1807, de publier une nouvelle édition, avec une collection considérable de figures et de piéges nouveaux propres à différentes chasses.

158. Avis au peuple de la campagne, touchant l'éducation de la jeunesse, relativement à l'agriculture, traduit de l'allemand. *Paris*, *in*-12, 1781.

159. Avis au peuple sur l'amélioration de ses terres et la santé de ses bestiaux ; 2 vol. *in*-12, 1776.

160. Avis au peuple sur son premier besoin (le pain), par BAUDEAU. *Paris*, *Lacombe*, *in*-12, 1768.

161. Avis important sur l'économie politico-rurale des pays de montagnes, et sur la cause et les effets progressifs des torrens, etc., par P. M. BERTRAND, inspecteur général des Ponts et Chaussées. *Paris*, *in*-8°, 1794 (an II.)

L'auteur retrace avec rapidité et vérité tous les désastres, particuliers et généraux qui, depuis 1764, résultent de la fausse culture des montagnes ; il démontre l'usage pernicieux de brûler pour défricher, et le déplorable effet de l'extinction des forêts.

162. Avis sur la manière de remédier à la végétation surabondante des blés, publié par le Bureau consultatif d'agriculture du ministère de l'intérieur. *Paris*, *in*-8°, 1796 (an IV.)

L'automne avait été des plus favorables à l'ensemencement et à la levée des grains ; l'hiver fut peu sensible ; aussi la végétation eut-elle bientôt un luxe qui fit craindre l'étiolement et le versement, sur-tout dans les terres très-substantielles ou bien amendées. Tel est le motif de cette instruction aussi simple qu'elle est utile.

163. Avis au public sur les moyens de prévenir et de détruire l'épizootie ou la peste des bêtes à cornes, par le docteur FAUST. *Strasbourg*, *in*-fol. (an VIII).

164. Avis aux bonnes ménagères des villes et des campagnes, sur la meilleure manière de faire leur pain, par M. PARMENTIER; *in*-8°, 1777.

En 1794, il a été donné de cet ouvrage une nouvelle édition revue et corrigée.

165. Avis aux cultivateurs et propriétaires de troupeaux, sur l'amélioration des laines, publié par ordre du ministre de l'intérieur. (FRANÇ. DE NEUFCHATEAU). *Paris*, *in*-8°. (an VII)

166. Avis aux cultivateurs, sur la culture du tabac en France, publié par la Société royale d'agriculture. *Paris*, *in*-8°, 1791.

L'auteur de ce Mémoire, destiné à servir de guide aux personnes qui veulent s'adonner à cette branche d'économie rurale, est M. *Tessier*, de l'Institut.

167. Avis aux habitans de la campagne et aux propriétaires, sur la manière d'engraisser les terres et sur le choix des différens engrais, par M. M**. *Paris*, *in*-12, 1787.

168. Avis aux peuples des provinces où la contagion sur le bétail a pénétré, et à ceux des provinces voisines. *Paris*, *in*-8°, 1775.

169. Avis aux propriétaires des terres sur les arbres d'Allemagne, des pépinières, dans le grand parc de Versailles. (sans date.)

170. Avis importans aux seigneurs et propriétaires des terres; *in*-8°, 1779.

171. Avis pour le transport, par mer, des arbres, par MM. Duhamel du Monceau et de la Galissonnière; *in*-12, 1752, 1753.

172. Avis pratique aux laboureurs sur les blés, par M. de Carrouge; *in*-12, 1755.

173. Avis sur la culture et les usages des pommes-de-terre, par M. Parmentier; *in*-8°.

174. Avis sur la maladie épizootique qui se manifeste dans les chevaux, et sur les moyens à prendre pour la prévenir et la combattre avec succès, par Beaumont aîné. *Augsbourg*, *in*-8°, 1800.

175. Avis sur la vigne, les vins et les terres, par Maupin, ancien valet de chambre de la reine; *in*-8°, 1786. [tit. inexact.]

176. Avis sur les avantages et la nécessité du commerce libre des blés; *in*-8°, 1775.

177. Avis sur les blés germés, par M. Cadet-de-Vaux. *in*-8°, 1782.

178. Avis sur les récoltes des grains, publié par le Conseil d'agriculture du ministère de l'intérieur, et rédigé par le citoyen Cels. *Paris*, *in*-8°. (an VII.)

# B.

179. Beauté de la nature, fleurimanie raisonnée, contenant l'art de cultiver toutes les fleurs, par le sieur Robert Xavier Mallet; *in*-12, 1775.

180. Berger (le) des Alpes, *ou* Mémoire sur la manière d'élever, de propager les bêtes à laine d'Espagne, et la race indigène dans le département des Hautes-Alpes, par L. E. Faure, propriétaire-cultivateur, à Briançon; avec cette épigraphe:

> « Les brebis ont des pieds d'or, et partout où elles » les plaçent, la terre devient or.

*Paris*, *in*-12, 1807.

181. Bernardi Sacci Patritii papiensis de Italiacarum rerum varietate et elegantiâ, libri X. *Papiæ*, *in*-4°, 1565.

Détails sur les irrigations, les fenaisons, le battage des grains, le lin, les asperges, l'éducation des vers à soie, etc.

182. Berroi M. Tullii-Rusticorum, lib. X. *Bononiæ*, 1575.

183. Bibliotheca scriptorum venaticorum, Kreysig. *Altenburgi*, *in*-8°, 1750.

Voyez l'école de la chasse aux chiens courans. *Rouen*, *in*-8°, 1763.

184. Bibliothèque britannique.

Excellent ouvrage périodique qui s'imprime à Genève depuis 1796 et paraît régulièrement tous les mois. Il y a, dans chaque volume, une division consacrée à l'agriculture et rédigée par M. Pictet.

185. Bibliothèque de l'homme public, *ou* Analyse raisonnée des principaux ouvrages français et étrangers sur la politique en général, la législation, les finances, la police, l'*agriculture*, le commerce et l'art militaire, par Condorcet, Peyssonel et le Chapelier. *Paris*, *Buisson*, 28 vol. *in*-8°.

186. Bibliothèque des écrits sur l'Histoire naturelle et l'économie, par D. G. R. Boehmer; 2 gros vol. *in*-8°, 1786.

C'est, dit M. François de Neufchâteau, un vaste chaos où les auteurs sont entassés.

187. Bibliothèque des propriétaires ruraux et des cultivateurs de tout genre ; contenant des instructions nécessaires à la culture des terres, des jardins, de la vigne, etc.; les travaux, occupations, économies, et tout ce qui peut être relatif à ces objets, etc., etc. 2 vol. *in*-12, n° II, 1808.

188. Bibliothèque des propriétaires ruraux, *ou* Journal d'économie rurale et domestique ; par une Société de savans et de propriétaires.

Le but des entrepreneurs de ce journal a été de consigner dans un ouvrage périodique, sous la forme et dans le style le plus simple, *les connaissances les plus nécessaires ; de réunir toutes les connaissances acquises jusqu'à ce jour dans les différentes parties de l'économie rurale et domestique ; de réduire les sciences à des élémens faciles, à des principes d'une application usuelle ; enfin, de ne présenter que des méthodes et des pratiques dont l'expérience ait démontré les avantages sous le double rapport de l'utilité et de l'économie.*

Un pareil ouvrage est une espèce d'encyclopédie rurale : c'est un vaste répertoire destiné à recueillir tout ce qui est relatif à l'économie rurale et domestique, et conséquemment à l'agriculture qui en est une partie. On peut juger du plan adopté, mieux par l'exécution que par un prospectus où souvent on promet plus qu'on ne tient. La *Bibliothèque des propriétaires-ruraux* existe depuis le premier germinal an XI (mars 1803), c'est-à-dire, depuis plus de six ans. On a donc des matériaux suffisans pour asseoir son opinion sur ce journal. Il en paraît tous les mois un numéro composé de six feuilles. Dans cet espace, qui se répète douze fois par an, on passe en revue tout ce qui a rapport à l'économie rurale. Une portion est consacrée à la correspondance de manière que les cultivateurs peuvent adresser leurs observations, le résultat de leurs essais, ou des questions agronomiques. On répond à celles-ci, et on insère les autres. Tous les trois ans une table analytique et raisonnée remet sous les yeux du lecteur les titres des chapitres traités dans les douze volumes ou trente-six *numéros*, et facilite ainsi les recherches. Quelquefois on entreprend des traités complets, en ayant soin que les morceaux qui se succèdent, sans être indépendans les uns des autres, soient cependant comme isolés, par la coupure qu'on leur donne et l'espace qu'ils occupent. C'est ainsi que les *bêtes à laine*, les *prairies artificielles*, les *engrais*, sont depuis plus d'une année traités sans interruption. On a recueilli tout ce qui était épars dans un grand nombre de volumes, en y ajoutant les nouveaux faits qu'une correspondance active et suivie a mis à même de connaître. Sous le titre de *Nouvelles agronomiques* on trouve des renseignemens sur les établissemens agronomiques nouveaux, l'analyse des ouvrages dont l'art agricole est l'objet, les découvertes, les efforts de l'industrie, en un mot tout ce qui peut intéresser le cultivateur.

*Philippe Ré*, dans son *Dictionnaire raisonné* d'agriculture, donne beaucoup d'éloges à ce journal (tome I, art. *Bibliothèque des*, etc.). Dans un des numéros du *Monthly Review* de 1808, on rend compte des deux années précédentes, et l'on termine l'analyse qu'on en fait, par cette réflexion : « Nous avons montré aux Français comment il fallait honorer et encourager le premier de tous les arts : il paraîtrait qu'ils sont disposés à profiter de nos leçons : du moins ce journal le ferait croire ». Cette louange que l'auteur anglais se donne, fait supposer qu'il reconnait dans la *Bibliothèque* au moins le mérite de l'imitation. Nous ne voyons pas en quoi il peut exister, à moins que ce ne soit imiter les Anglais que d'écrire sur l'agriculture, parce qu'ils publient beaucoup d'ouvrages sur cet art.

Comme bibliographes, nous aurions bien voulu pouvoir nommer les collaborateurs de ce journal : mais plusieurs gardent l'anonyme : parmi les autres sont des propriétaires-cultivateurs. Enfin l'on trouve souvent des noms connus, tels sont MM. *Cadet-de-Vaux*, *Descemet*, *Tollard*, *Noisette*, *Lombard*, *E. Chevalier*, *Duchesne*, *Vilmorin-Andrieux*, etc. etc., qui tous ont, chacun dans un genre particulier, une célébrité bien méritée.

La Bibliothèque des propriétaires ruraux est au numéro 74 ; au mois de mai 1809.

189. Bibliothèque physico-économique, depuis l'an 1786, jusqu'en 1792, par M. LE BEGUE DE PRESLE, formant 14 vol. *in*-12.

La seizième année, par *Parmentier*, 1798. Elle se continue et est rédigée par M. *Sonnini*.

190. Bibliothèque salutaire *ou* Recueil choisi d'observations sur la physique, la chimie, l'*économie rurale*, etc. etc. Ouvrage composé d'observations faites par les principaux Médecins ou *cultivateurs* de l'Europe, extrait des Mémoires de toutes les compagnies savantes. *Paris*, 4 vol. *in*-12 ; le 1er sous la date de 1787 ; le 2e sous celle de 1788 ; le 3e et 4e en 1789.

191. Bonheur (le) dans les campagnes, poëme en 4 chants, par MARCHANGY ; *in*-8°, avec des notes.

En 1789, il parut un ouvrage portant ce titre : *Le bonheur dans les campagnes, deuxième édition, augmentée de plusieurs chapitres, sur les administrations provinciales, sur la nécessité et l'avantage pour les nobles de revenir dans leurs terres* ; *in*-8°. C'était un ouvrage de circonstances.

192. Bonheur (le) rural, *ou* Tableau de la vie champêtre. Poëme en douze livres et en prose : par Joseph Rosny ; *in*-8°, 1802.

Chaque *livre* du *Poëme* porte le titre d'un des douze mois de l'année, et roule en général sur des descriptions du tems et des occupations auxquelles on se livre dans chaque mois.

Un autre ouvrage, sous le même titre (*Bonheur rural*), est annoncé depuis bien des années, et d'après l'exposé que nous allons offrir on verra qu'il devrait être bien plus utile aux cultivateurs, que le poëme en prose dont nous venons de parler.

Cet ouvrage est de M. *Etienne*, correspondant de la Société d'agriculture de Paris, demeurant à Riaillé, département de la Loire inférieure, canton d'Ancenis. Le premier volume était fait en 1790 ; il était de 600 pages. La Société d'agriculture de Paris, à qui il fut envoyé, donna son approbation. Le second volume traite des différens labours, de l'amélioration des terres, de la culture des grains ; et le troisième, des animaux nécessaires à l'agriculture. Le projet de l'auteur était de passer en revue tous les objets qui concernent l'économie rurale, et de former un traité complet d'agriculture, présenté sous un nouveau jour. Cet ouvrage, qui ne pourrait qu'être utile étant revêtu de l'approbation de la Société d'agriculture de Paris, était à l'impression en 1800. Nous ignorons les raisons pour lesquelles il n'a pas encore paru.

193. Bonne (la) Fermière, *ou* Elémens économiques, par Rose, 4e édition, augmentée du Manuel de la fille de la basse-cour. *Paris*, *in*-12, 1798.

194. Bons Enseignemens d'Agriculture, par Constantin César, traduits en français, par Antoine Pierre. *Lyon*, *in*-16, 1557.

195. Botaniste (le) cultivateur, *ou* Description, culture et usages de la plus grande partie des plantes étrangères, naturalisées et indigènes, cultivées en France et en Angleterre, rangées suivant la méthode de *Jussieu*, par Dumont-Courset, de plusieurs Sociétés d'agriculture. *Paris*, 5 vol. *in*-8°, 1802.

Cet ouvrage, très-utile, est précédé de *Connaissances générales de culture*, dans lesquelles l'auteur, connu depuis long-tems par son zèle pour l'agriculture, rend compte de plusieurs expériences toutes intéressantes.

196. Boussole agronomique, *ou* le Guide des laboureurs, par M. de Neuve-Eglise ; *in*-8°, 1762.

197. Boussole (la) nationale, *ou* Voyages et aventures

historiques d'un laboureur, etc. Ouvrage instructif et politique, en faveur des habitans de la campagne, des manufacturiers et des soldats, par M. POCHET. *Paris*, 3 vol. *in*-8°, 1791.

198. Bref Recueil des chasses du cerf, du sanglier, du lièvre, du renard, du blaireau, du connil et du loup; et de la fauconnerie, par JEAN LIÉBAULT, médecin. *Lunéville*, 1577.

199. Brevis rei rusticæ Descriptio, par M. RIZHAUB, recteur du gymnase d'Idstein. *Giessen*, *in*-12, 1786.

C'est un tableau raccourci de l'agriculture. Cet abrégé est divisé en cinq parties : 1° le bétail; 2° la connaissance des terres, les labours, les engrais, etc.; 3° les jardins; 4° la culture des vignes; 5° les devoirs du père de famille. L'auteur, en se servant des propres expressions des meilleurs écrivains anciens, a présenté leurs opinions, en y joignant un rapprochement des connaissances modernes.

200. Brief Discours contenant la manière de nourrir les vers à soie, etc., avec de belles figures dessinées par *Stradan*, et gravées par P. *Galle*; par LE TELLIER qui, en 1603, publia des *Mémoires et instructions pour l'établissement des meuriers*. *Paris*, *in*-4°, 1602.

201. Brief Traité de la pharmacie provençale et familière, dans lequel on fait voir que la Provence porte dans son sein tous les remèdes qui sont nécessaires pour la guérison des maladies, par ANT. CONSTANTIN, docteur en médecine. *Lyon*, *in*-8°, 1577.

Mentionné ici comme ayant quelque rapport, quant à l'opinion, avec le *Campus elysius*, et le *Hortus gallicus* de Symphorien Champier. (Voyez ces titres).

202. Bucolicorum Authores XXXVIII, quotquot à Virgilii ætate ad nostra usque tempora nancisci licuit, necnon farrago eclogarum CLVI. Basileæ *Oporinus*; *in*-8°, 1546.

Collection estimée et rare.

203. Bulletin de correspondance de la Société d'agriculture de Poitiers. *Poitiers*, *in*-8°. (an II.)

# C.

204. Cadastre (du) et des moyens d'obtenir promptement une répartition juste et égale de la contribution foncière, par Séguret, directeur des contributions directes du département de Vaucluse. *Avignon*, *in*-8°, 1802.

205. Cadastre (le) perpétuel, par MM. Barbeuf et Audiffred. *Paris*, *in*-8°, 1789.

On indique dans cet ouvrage une manière de former un cadastre pour assurer les principes de la répartition et de la perception facile d'une *contribution unique*, tant sur les possessions territoriales que sur les revenus personnels.

206. Calendarium œconomicum et perpetuum, par J. Colerus. *Wittebergæ*, 1591.

207. Calendrier de Flore, des environs de Niort, *ou* Tems approximatif de la floraison, d'à peu près 1100 plantes décrites méthodiquement, suivant le système sexuel de Linnée, par M. Guillemeau. *Niort*, *in*-12, 1801.

208. Calendrier de Flore, *ou* Etude des fleurs d'après nature, par M^me^ de Chastenay-Lenty; 3 vol. 1804.

209. Calendrier du fermier, *ou* Instruction, mois par mois, sur toutes les opérations d'agriculture qui doivent se faire dans une ferme. Ouvrage traduit de l'anglais, avec des notes instructives du traducteur, M. le marquis de Guerchy. *Liége*, Société typographique, *in*-8°, 1789.

Nouvelle édition, en 1798.

210. Calendrier des jardiniers, traduit de l'anglais de *Bradley*, par M. de Puisieux, avec une description des serres. *Paris*, *in*-12, 1750.

En 1799, il y eut, à Paris, une 4e édition de cet ouvrage sous ce titre :

*Calendrier des Jardiniers*, *ou* Conseils de *Bradley* sur les ouvrages à faire tous les jours de chaque mois, dans les jardins potagers, à fleurs, à fruits et les pépinières ; sur la manière de conduire une serre, etc. *in*-8°.

211. 1° Calendrier du jardinier, par J. Fr. Bastien, *in*-18, 1805.

2° Calendrier du jardinier, *ou* Journal de son travail, distribué par chaque mois de l'année : ouvrage utile et nécessaire à toutes les personnes qui veulent cultiver elles-mêmes leurs jardins, ou curieuses de pouvoir suivre et même diriger avec fruit les opérations de leurs jardiniers; *in*-12, 1800.

212. Calendrier intéressant, *ou* Almanach physico-économique, par M. *B*. *in*-12 et *in*-24, 1770 et suiv.

213. Calendrier, *ou* Essai historique et légal sur la chasse; dans lequel on trouve des remarques curieuses et utiles sur les anciennes chasses, et les réglemens anciens et modernes qui ont été faits sur cet objet; *in*-12, 1769.

214. Calendrier perpétuel et tablettes polyptiques et économiques pour 1771, *in*-8°.

215. Caminalogie, *ou* Traité théorique de la fumée : avec différens procédés pour en préserver nos habitations dans tous les cas, par G. Ph. Barret; *in*-8°, 1780.

216. Campus Elysius Galliæ amœnitate refertus, in quo quidquid apud Indos, Arabes et Pœnos reperitur, apud Gallos demonstratur posse reperiri : auctore Symphoriano Campezio, medico, equite aurato. *Lugduni*, *in*-8°, 1533.

On voit que l'opinion qui admet la possibilité de naturaliser sur notre sol les plantes étrangères, n'est pas nouvelle. Cette possibilité est prouvée par le fait, puisque dans le midi de la France on cultivait, il y a deux siècles, des plantes (telles que le cotonnier), dont on renouvelle aujourd'hui la culture. *Symphorien Champier*, auteur du *Campus Elysius*, fit une nouvelle édition de son livre sous ce titre, *Hortus gallicus pro Gallis* : il y ajouta de nouvelles observations pour prouver que les Français pouvaient se passer de tous les médicamens étrangers, et que leur sol en produisait de parfaitement analogues à ceux que nous tirons des autres parties du monde.

En 1783, l'Académie impériale de Bruxelles proposa, pour sujet de prix, cette question : *Quels sont les végétaux indigènes que l'on pourrait substituer dans les Pays-Bas aux végétaux exotiques, relativement aux différens usages de la vie? M. François-Xavier Burtin*, médecin de Charles de Lorraine, remporta le prix. L'auteur croit que la découverte des deux Indes nous a familiarisés

liarisés avec des productions étrangères, au point de nous faire oublier celles qui croissent sur notre sol.

217. Capitularia regum Francorum. Additæ sunt *Marculfi*, monachi et aliorum formulæ veteres et notæ doctissimorum virorum. *Stephanus Balozius*, Tutelensis, in unum collegit, ad vetustissimos codices manuscriptos emendavit, magnam partem nunc primùm edidit, notis illustravit, MUGUET. *Parisiis*, 2. vol. *in-fol.* 1677.

Cette édition est la plus ample et la meilleure. L'auteur commence par *Childebert I*, en 554. Indiquée ici comme contenant des renseignemens précieux sur la culture ancienne, chap. *De villis*. Tome I, pag. 331 et suiv.

218. Caroli Clusii exoticorum libri X, quibus animalium, plantarum, aromatum, aliorumque peregrinorum fructuum, historiæ describuntur : item Petri Bellonii observationes, eodem Clusio interprete : accessere Nicolai Monardi libri tres, scilicet : I. De lapide bezoar et herbâ scorzonerâ. II. De ferro ejusdemque facultatibus. III. De nive ejusdemque commodis, ab eodem Clusio latinitate donati. *Lugd. Bat.*, *in-fol.*, fig., 1605.

On trouve, dans cet ouvrage estimé, l'histoire de quelques fruits ou plantes exotiques, rares alors et communes aujourd'hui.

219. Catalogue d'agriculture, *ou* Bibliothèque des gens de la campagne ; *in*-12, 1773.

220. Catalogue des arbres à fruits les plus excellens, les plus rares et les plus estimés, qui se cultivent dans les pépinières des révérends pères Chartreux de Paris, avec la description tant des arbres que des fruits, et le tems le plus ordinaire de leur maturité : il y a aussi différens autres arbustes et plantes étrangères. *Paris*, *in*-8°, 1767.

221. Catalogue des arbres et arbrisseaux qui se peuvent élever aux environs de Paris, par M. BERNARD DE JUSSIEU. *Paris*, *in*-12, 1735.

222. Catalogue général de livres sur l'agriculture, le jardinage, l'économie rurale et l'art vétérinaire, précédé d'un avis aux cultivateurs et aux amateurs de

livres d'agriculture. *Meurant*, libr. rue des Grands-Augustins; *in*-8°, 1801.

Ce prétendu Catalogue *général* est tout simplement le Catalogue *particulier* des livres sur l'économie rurale et domestique, qui se trouve chez le libraire *Meurant*. L'*Avis aux cultivateurs* et amateurs est tout bonnement, 1° une invitation faite par le Libraire à ceux qui veulent des ouvrages agronomiques, de s'adresser à lui; 2° l'avertissement d'une réduction projettée du Cours de Rozier; 3° la prière aux acheteurs de graines d'avoir recours au libraire qui vend aussi des graines. Quant au Catalogue *général*, il est formé de 26 pages, y compris le titre et les avis qui le précèdent. Enfin, beaucoup de titres sont inexacts et les noms d'auteurs entièrement défigurés. On lit *Fauget* pour *Faujas de Saint-Fond*; *Pattau* pour *Palteau*, etc.

223. Catalogue latin et français des plantes vivaces qu'on peut cultiver en pleine terre, pour la décoration des jardins et des parterres, par BUCH'OZ. *Londres*, *in*-18, 1786.

224. Catalogue nouveau de bons fruits, par M. DE FRANCHEVILLE; *in*-12, 1753.

225. Catalogue des arbres et arbrisseaux qui croissent naturellement dans les Etats-Unis de l'Amérique septentrionale: traduit de l'anglais de M. *Marshall*, avec des notes et observations sur la culture, par LÉZERMES; *in*-8°.

226. Catalogue des arbres fruitiers les plus recherchés et les plus estimés qui peuvent se cultiver dans notre climat, par F. G. BAUMAN; *in*-8°, 1788.

227. Catalogue latin et français de tous les arbres, arbustes et plantes qu'on peut cultiver dans la France, en plein air, dans les orangeries et serres chaudes. *Paris*, *in*-12, 1799.

228. Catalogue raisonné d'après les meilleurs principes économiques, du C. TATIN.

229. Catéchisme agronomique à l'usage des habitans de la campagne, *ou* l'Art de bien cultiver la terre: traduit de l'allemand de M. *Mayer*, avec des notes, par M. MARNÉ, *in*-12, 1803.

230. Catéchisme à l'usage des habitans de la campagne, sur les dangers auxquels leur santé et leur vie sont

exposés, etc., par le P. COTTE de l'Oratoire; *in*-12, 1799.

231. Catéchisme d'agriculture, *ou* Bibliothèque des gens de la campagne, dans laquelle on enseigne, par des procédés très-simples, l'art de cultiver la terre, de la faire fructifier, et de rendre les hommes qui la cultivent, meilleurs et plus heureux : on y a joint l'art de cultiver les fleurs et les jardins potagers. *Paris*, *in*-12, 1773.

Voici, sur ce livre qui a changé de titre et de physionomie, une anecdote contée par M. *François de Neufchâteau*. « En 1770, » on annonça, dans le Journal encyclopédique, un catéchisme » d'agriculture composé en allemand par M. *Meyer*, pasteur près » de Francfort, et dont on se servait dans les écoles du duché de » Saxe-Mainunger. Je fis venir ce catéchisme; j'en demandai » une version française à M. l'abbé *Saulnier*, qui depuis a été » principal du collége de Joigny. Cette traduction littérale n'eut » pas été supportable. Mais tels furent les matériaux sur lesquels » mon ami l'abbé *Bexon* composa son catéchisme en un volume, » publié en 1773.

On verra à l'article suivant, et à celui de la *Fertilisation des terres*, que la traduction de M. *Meyer* n'a plus de rapport avec l'ouvrage original.

232. Catéchisme de l'agriculture, par M. BEXON; *in*-8°, 1773.

Il n'est auteur que du premier mémoire du *Système de fertilisation*. Le reste est du frère de M. *Bexon*.

Ce *système* fut réimprimé sous ce titre : *De la fertilisation des terres; nécessité de conserver et d'améliorer les forêts par rapport à l'agriculture, etc.; des rivières par rapport à l'agriculture. in*-8°, 1797.

233. Catéchisme de l'impôt pour les campagnes, par M. CHALUMEAU, avec cette épigraphe :

« Quoique tu dises, quoique tu fasses, ne crains que d'être » injuste.

*Paris*, *in*-12, 1792.

234. Causes (des) de la dépopulation, et des moyens d'y remédier, par M. l'abbé JAUBERT; *in*-12, 1767.

235. Causes (les) du bonheur public, par M. l'abbé GROS DE BESPLAS; 2 vol. *in*-12, 1782.

236. Cavalerie française, représentant les haras ou races

de chevaux, avec le Traité des mors et cavessons; par Pierre Delanoue. *Genève*, 1643.

237. Chasse (la), d'*Oppien*, traduite en français, par Bellin *de Balues*, avec des remarques; suivie d'un extrait de la grande histoire des animaux d'*Eldémiri*. *Strasbourg*, *in*-8°, 1787.

238. Chasse (la) au fusil, par Magné de Marolles. *Paris*, *Th. Barrois*, *in*-8°, 1788.

Cet ouvrage est divisé en deux parties. La première contient des recherches sur les armes de chasse qui ont précédé les armes à feu; un détail de la fabrication des canons de fusil; l'examen de plusieurs questions relatives à leur portée. Dans la seconde, on trouve les connaissances nécessaires pour chasser utilement les différentes espèces de gibier qui se trouvent en France, et les détails de plusieurs chasses particulières à quelques provinces.

Réimprimé en 1800, formant un vol. *in*-8° de 700 pages.

239. Chasse (la) du loup, par Jean de Clamorgan, seigneur de Saanc, premier capitaine de la marine du Ponant. *Paris*, *in*-12, 1576.

La nature du loup, la manière de dresser les chiens pour cette chasse, tel est l'objet de ce livre. On voit que M. Clamorgan avait étudié l'histoire naturelle; mais on s'aperçoit en même tems que cette science avait fait bien peu de progrès, et que ceux qui l'étudiaient ne consultaient ni Aristote, ni Pline.

240. Chasse (la) royale, composée par le roi Charles IX. *Paris*, *Rousset* et *Alliot*, *in*-8°, 1625.

Il passe pour constant que ce roi a dicté, au secrétaire de *Neuville*, ce traité qui est divisé en vingt-neuf chapitres. Dans le premier est le plan de l'ouvrage: les 2, 3, 4, 5 et 6 sont consacrés au rut, à la retraite, à la mue des cerfs. Dans le 6e on remarque une très-grande érudition; le roi y a rassemblé en partie ce que les anciens ont dit de la nature du cerf. Depuis le 7e chapitre jusqu'au 19e, il est question des chiens et de leurs maladies. Les 10 autres chapitres contiennent une véritable didactique des veneurs. *Charles IX* employa les hommes les plus savans du royaume pour recueillir les matériaux qui devaient entrer dans cet ouvrage moins utile que curieux. C'est le seul roi qui ait joint la théorie à la pratique, et fait un traité en forme sur un plaisir auquel il se livrait avec passion. *Charles IX* a fait quelques vers que l'on peut citer encore, et qui ne sont pas sans poésie. Il est étonnant que ce goût pour les lettres n'ait point adouci les mœurs de ce prince, et fâcheux qu'il ait traité les hommes comme les animaux. Du reste, c'est sur un témoignage hasardé qu'on a prétendu qu'il avait lui-même tiré sur les protestans. *Voltaire* disait tenir ce fait du vieux maréchal de la Feuillade, à qui une autre personne, qui le tenait à son tour d'un page de Charles IX, l'avait conté. Un auteur estimable (M. Coupé, auteur des Soirées littéraires) a combattu cette tradition, qu'il range au nombre des contes. La mémoire de Charles IX est assez entachée par l'ordre d'un massacre, sans y ajouter, à moins que le fait ne soit incontestable, une particularité qui le met au nombre des exécuteurs de cet ordre cruel.

Un autre reproche fait à la mémoire de ce roi, par les agriculteurs, est l'ordre qu'il donna d'arracher les vignes en France. Pareil ordre avait été donné par *Domitien*, à qui les amateurs de comparaisons assimilent *Charles IX*. On se hâte trop de juger les souverains. L'ordre de *Charles* paraît absurde : il est cependant excusable en partie à l'époque où vivait ce prince. L'amour du gain faisait métamorphoser, par les cultivateurs, leurs champs de blé en clos de vignes. De là le motif de cette ordonnance, modifiée en 1577 par *Henri III*, qui enjoignit aux gouverneurs d'empêcher que la culture de la vigne n'acquît une extension préjudiciable au froment.

Nous sommes loin de prétendre que *Charles* fût un bon roi, mais nous exposons seulement les faits tels qu'ils sont, et l'on doit s'interdire toute conjecture hasardée mais injurieuse, quand bien même des actions odieuses lui donneraient quelque probabilité.

241. Chauffage (le) économique, *ou* Examen critique du chauffage qu'on obtient des cheminées à la française et des fourneaux à l'allemande : suivi d'une nouvelle construction de foyers à l'usage du pauvre artisan ; et de *cheminées-fourneaux* économiques, éprouvés, réunissant les avantages des deux chauffages critiqués, sans en avoir les inconvéniens ; avec la manière de faire usage du *charbon de pierre* ou *charbon fossile*, pour le chauffage domestique, la forge, les salpêtriers, etc. Le tout précédé d'une dissertation sur les cheminées des anciens ; avec planches gravées en taille-douce, par M. Cointereaux. *Vienne*, *in*-8°, 1794.

242. Cheminée-poêle, *ou* Poêle français, Mémoire lu à l'Académie des Sciences de Paris, par M. Montalembert. *Paris*, Imprimerie-royale, *in*-4°, fig., 1766.

243. Chemins (des) et des moyens les moins onéreux au peuple et à l'état de les construire et de les entretenir, par M. de Pommereuil. *En France*, *in*-8°, 1781.

244. Chenilles (des), des avoines et des moyens d'empêcher leur ravages, par M. Fromage. *Paris*, 1802.

245. Chimie champêtre et végétale, contenant la manière de faire, avec les plantes, les liqueurs, les ratafias; *in*-12, 1772.

246. Chimie domestique; *in*-8°.

247. Citoyen (le) à la campagne, *ou* Réponse à la question : *Quelles sont les connaisances nécessaires à un propriétaire qui fait valoir son bien pour vivre à la campagne d'une manière utile pour lui et les paysans qui l'environnent : dans le cas où les propriétaires ne demeurent point dans leurs biens, quelles seraient également les connaissances nécessaires pour que les curés, indépendamment de leurs augustes fonctions, pussent être utiles à leurs paroissiens*. Ouvrage qui a partagé le prix de la Société royale d'agriculture de Soissons, du mois de février 1780, par M. J. F. *Bouthier*, avocat à Vienne en Dauphiné, avec cette épigraphe :

> « Venio nunc ad voluptates agricolarum, quibus ego incre-
> » dibiliter delector, quæ nec ullâ impediuntur senectute, et
> » mihi ad sapientis vitam proximi videntur accedere. Cicero,
> » *De Senectute*. »

*Genève*, *in*-8°, 1780.

248. Clavicules du cheval, *ou* Tableau des connaissances relatives à cet animal; 2ᵉ édit., 1778.

249. Clôture productive, *ou* Moyen de tripler en France le nombre des animaux intéressans, par Longuet, *in*-8°.

250. Code de la conservation générale des bois et forêts nationales, par Bonnet; *in*-12, 1800.

251. Code des fermages, *ou* Recueil de toutes les lois concernant les baux à ferme, etc., par le citoyen G. *Paris*, 1800 (an vi).

252. Code pénal des Eaux et Forêts, par Henriquez; 2 vol. *in*-12, 1782.

253. Code rural, *ou* Maximes et réglemens concernant

les biens de campagne, par M. Boucher d'Argis; 2 vol., 1749.

En 1794, il y a eu une édition en 3 vol. *in*-12.

254. Collecteur, *ou* Manière de faire en France, à peu de frais, la répartition et la perception des impôts, par M. Trottier; *in*-8°, 1775.

255. Collection choisie des plantes et arbustes, avec un abrégé de leur culture. *Zurich*, *in*-4°, fig., 1786.

256. Collection de nouveaux bâtimens pour la décoration des grands jardins et des campagnes, composée de 44 planches *in-fol.*

257. Colombière (la) et maison rustique, contenant une description des douze mois et des quatre saisons de l'année, avec enseignement de ce que le laboureur doit faire par chaque mois, par Philibert Hegemon. *Paris*, *in*-8°, 1583.

Cet ouvrage est écrit en rimes.

258. Commentaires de Léonard Fuchsius, touchant l'herberie, par Eloy Maignan. *Lyon*, *in*-8°, 1558.

C'est la traduction du livre de *Fuchs*, intitulé : *De historiâ stirpium commentarii insignes*, et qui parut pour la première fois en 1542. Maignan était médecin à Paris.

259. Commentaires sur l'ordonnance des Eaux et Forêts au mois d'août 1669, par Jousse; *in*-12, 1772.

260. Commerce (le) des vins, réformé, rectifié et épuré. *Lyon*, *in*-8°, 1769.

261. Composition (la) des paysages sur le terrain, *ou* des moyens d'embellir la nature autour des habitations, en y joignant l'utile à l'agréable, par René Girardin, propriétaire à Ermenonville, 4e édition, revue, corrigée et augmentée. *Paris*, *Debray*, *in*-8°.

262. Compost (le) et kalendrier des bergers; l'arbre des vices; l'arbre des vertus, et la tour de sapience figurée : la physique et régime de santé desdits bergers, avec leur astrolcgie et physionomie, par Marchant. *Paris*, *in-fol.* gothiq., avec fig., 1497.

Nouvelle édition en 1499. Elle commence ainsi : *Cy est le compost*, etc.

263. Compte rendu à la Classe des sciences mathématiques et physiques de l'institut national, des améliorations qui se font dans l'établissement rural de Rambouillet, et principalement de celle de bêtes à laine et de la vente qui a eu lieu le 26 prairial an XI, par J. B. Huzard; imprimé par ordre de l'Institut; *in*-4°, 1803.

264. Compte rendu à l'Institut, de la vente des laines, et de 161 bêtes du troupeau national de Rambouillet, faite en prairial an IX, par Tessier et Huzard; *in*-4°, 1801.

Dans les années suivantes il y a eu un pareil compte rendu.

265. Compte rendu à la Société d'agriculture de Paris, de ses travaux, faits, commencés et projetés, depuis le 30 mai 1788, jusques et compris le 30 septembre 1793, par J. L. Lefebvre. *Paris*, *in*-8°, an VII.

266. Conduite (la) assurée du désinfectement des personnes, des maisons, des animaux et des étables en tems de contagion, pour en arrêter le cours et conserver la vie à plusieurs. Dieu y donne sa bénédiction : communiqué au public par Messire Arnaud Baric, prêtre, bachelier en théologie. *Paris*, *in*-16, 1668.

Les remèdes indiqués dans ce livre avaient réussi, en 1631, dans les principales villes du Languedoc, de la Gascogne. L'auteur les tenait, dit-il, de *Louis Ribeyron*, prêtre surnommé l'*Hermite*.

267. Conférence de l'ordonnance de Louis XIV, du mois d'août 1669, sur le fait des Eaux et Forêts, avec les édits, déclarations, coutumes, etc., rendus avant et en interprétation de ladite ordonnance, depuis l'an 1115, par Gallon. Nouvelle édition, augmentée des observations de MM. *Simon*, *Segauld*. *Paris*, 2 vol. *in*-4°, 1752.

268. Confiseur (le) moderne, *ou* l'Art du confiseur et du distillateur, par Machet; *in*-8°.

269. Connaissance et culture parfaite des belles fleurs, des tulipes rares, des anémones extraordinaires, des

œillets fins et des belles oreilles-d'ours panachées. *Paris*, *in*-12, 1696.

Ce livre est dédié au célèbre *Le Nostre*. Il contient de bonnes observations, mais la culture n'est point *parfaite*, comme le promet le titre. L'auteur est N. VALNAY.

270. Connaissance générale de l'économie domestique, par le professeur BUSCHING. *Hambourg*, 1776.

271. Connaissance (la) parfaite des arbres fruitiers et la méthode facile et assurée de les planter, de les enter, de les tailler, et de leur donner toutes les autres façons nécessaires pour leur faire porter de beaux et bons fruits, et pour leur donner des figures agréables, par le sieur de la CHATAIGNERAYE. *Paris*, *in*-12, 1692.

272. Connaissance (la) parfaite des chevaux, avec la manière de les gouverner et les conserver en santé : suivie d'une instruction sur les haras; l'art de monter à cheval; augmentée d'un dictionnaire de manége. 1 gros vol. *in*-8°, fig. 1802.

En 17[illegible], il avait paru, à Paris, un ouvrage intitulé : *La connaissance parfaite des chevaux, contenant la manière de les bien gouverner, nourrir et entretenir en bon corps, etc., jointe à une nouvelle instruction sur les haras, bien plus étendue que celles qui ont paru jusqu'à présent, etc.; tirée non-seulement des meilleurs auteurs qui en ont écrit, mais encore des Mémoires manuscrits de* M. Descampes; *le tout enrichi de fig. en taille-douce*. Cet ouvrage a été réimprimé *in*-8°, en 1730.

273. Conservation des grains, traduite de l'italien *d'Intieri*, par M. de NEUVE-EGLISE, *in*-12, 1766.

Ce petit ouvrage a été la cause d'une accusation de l'abbé Galigliani contre Duhamel. Voyez les articles *Intieri Galigliani* et *Duhamel*, dans le 2^e^ partie.

274. Considérations générales sur l'agriculture de l'Egypte, et observations sur le palmier-dattier et sur sa culture, par M. REYNIER; *in*-8°.

275. Considérations sur l'aliénabilité du domaine, par M. DE VARENNE.

276. Considérations sur la population et la consommation générale du bétail en France, par J. B. F. SAUVEGRAIN, marchand boucher à Paris. *Paris*, *in*-8°, 1806.

277. Considérations sur le glanage, par l'abbé CALVEL; *in*-8°, 1804.

278. Considérations sur le jardinage. *Paris*, *in*-8°, 1778.

279. Considérations sur les établissemens nécessaires à la prospérité de l'agriculture, du commerce et des fabriques, par PAPION, propriétaire à Tours; *in*-8°, 1805.

280. Considérations sur les moyens de rétablir en France les bonnes espèces de bêtes à laine, par l'abbé CARLIER. *Paris*, *Guillyn*, *in*-12, 1762.

L'auteur parle de la qualité des pâturages, des différentes températures de la France, des provinces les plus favorables à l'établissement des bêtes à laine.

M. *Turgot* remit à l'abbé *Carlier* trois cents Mémoires sur les moutons : l'abbé en composa un ouvrage.

281. Constructions rurales. Moyen de perfectionner les toits et de les rendre plus commodes, plus économiques en conciliant l'élégance et la solidité; *ou* Supplément à l'art du charpentier, du tuilier et du chaussumier; par M. MENJOT d'ELBENNE, ex-legislateur, président du conseil d'arrondissement de Mamers, de plusieurs sociétés savantes, etc., etc. *Paris, D. Colas*, *in*-8°, avec 2 planches gravées, 1808.

Retiré dans sa terre, M. *de Menjot*, ancien militaire, ancien membre du corps législatif, a pu se livrer à sès goûts. Effrayé de la rareté du bois, et prévoyant qu'on finirait par en manquer pour les constructions, il s'est occupé des ressources qui nous resteraient dans cette supposition. La manière employée par le célèbre *Philibert Delorme* a fixé son attention. En la modifiant un peu, il a trouvé pour résultats l'économie, l'élégance, et la commodité. Un toit à la *Menjot* coûte beaucoup moins qu'un toit fait d'après la méthode ordinaire; il est beaucoup plus agréable à l'œil : sa grande légèreté permet de déverser sur le plancher soutenu par les murs, le poids qu'ont les massives charpentes dans les constructions ordinaires. Enfin sa forme arrondie laisse beaucoup plus d'espace, et donne au grenier une plus grande étendue. Ce n'était point assez : il fallait faire aller de pair la perfection dans les matériaux employés pour couvrir cette nouvelle charpente. Il est des pays où l'on a de la peine à se procurer de l'ardoise. Les planches ou bardeaux sont sujets à pourrir : les tuiles, telles qu'on les fabrique, sont trop lourdes et ont plusieurs inconvéniens. M. *de Menjot* s'est occupé du soin de les faire disparaitre. Il a construit des fours, essayé plusieurs procédés, gradué la cuisson, etc. : enfin d'essais en essais, il est parvenu à obtenir une tuile plus légère, plus lisse et par conséquent moins susceptible de se couvrir de mousse, etc.; en un mot plus propre à atteindre le but qu'il se proposait, et ayant les qualités qu'on pouvait désirer. Depuis la publication du livre de M. *de Menjot*, des propriétaires ont employé, dans leurs constructions, la méthode qu'il recommande, et profité de ses avis. Le succès le plus complet a répondu à leur attente. Nous apprenons dans ce moment que M. *de Perthuis*, cultivateur instruit et membre de la Société d'agriculture de Paris, vient d'en faire usage.

Tous ces succès ne laissent aucun doute sur l'utilité de l'ouvrage de M. *de Menjot*.

282. Corps d'observations de la Société d'agriculture, de commerce et des arts, établie par les Etats de Bretagne, années 1757 à 1758. *Rennes*, *in*-8°, fig.

C'est la première Société d'agriculture établie en France. M. *de Turbilly* sollicitait pour la ville de Tours un pareil établissement. Les états de Bretagne, instruits de ce projet, l'exécutèrent.

283. Correspondance centrale d'agriculture et d'économie rurale, par une Société de gens de lettres. *Paris*, *in*-8°, an IX.

284. Correspondance des villes et des campagnes, par le C. d'Humières. *Paris*, *in*-12, an XI.

285. Correspondance rurale, contenant des observations sur la culture des terres et des jardins, et sur tous les travaux de la campagne, par M. de la Bretonnière. *Paris*, *in*-12, 1783.

286. Correspondance sur une question politique d'agriculture, par M. d'Esprémenil; *in*-12, 1763.

287. Coup-d'œil politique et économique sur l'état actuel des bois et forêts en France, suivi d'un projet d'institution forestière, par Curtan aîné, architecte et ingénieur des jardins, etc. *Grenoble*, *in*-8°, 1804.

288. Coup-d'œil sur le sol, le climat et l'agriculture de la France, comparée avec les contrées qui l'avoisinent et particuliérement avec l'Angleterre, par Victor Yvart, membre des Sociétés d'agriculture de la Seine, de Boulogne-sur-Mer et de la Haute-Saône, de celle des sciences et arts du Mont-Tonnerre; du

conseil d'administration de la Société d'encouragement pour l'industrie nationale, et professeur d'économie rurale, théorique et pratique à l'école impériale d'économie rurale et vétérinaire d'Alfort. Imprimé par arrêté de la Société d'agriculture du département de la Seine. *Paris*, *in*-8°, 1807.

289. Coup-d'œil sur les courses des chevaux en Angleterre, sur les haras, la valeur, le prix, la vitesse, etc. des chevaux anglais, et les moyens d'améliorer cette branche d'économie rurale en France, par E. B. *Paris*, *in*-8°, 1796.

Cet ouvrage est de M. *Hérissant*, avocat au parlement.

290. Coup-d'œil sur les principes de la théorie adaptés à la pratique de l'agriculture, lu à la Société d'agriculture du département du Doubs, par Girod-Chantran. *Besançon*, *in*-8°, an VIII.

291. Cours complet d'agriculture, *ou* Leçons périodiques sur cet art, par Sutières Sarcey. 1788.

292. Cours complet d'agriculture théorique, pratique, économique, etc., *ou* Dictionnaire universel d'agriculture, par MM. Rozier, Parmentier, etc. 12 vol. *in*-4°, 1796.

Les trois derniers ont paru successivement depuis cette époque. Après avoir préludé dans la carrière agronomique par quelques brochures, par des Mémoires dont quelques-uns furent couronnés par des Sociétés d'agriculture, *Rozier* forma le projet de faire un Cours complet d'économie rurale et domestique, et le mit à exécution. Comme une entreprise aussi immense était au-dessus des forces d'un seul homme, il s'associa des collaborateurs, à la tête desquels on voit figurer l'estimable et savant Parmentier. C'était l'ouvrage le plus étendu que l'on eût encore publié sur l'agriculture. Le grand nombre de connaissances qu'exigent toutes les parties de cet art rendait indispensable le concours de plusieurs hommes instruits. Un habile cultivateur peut être un fort ignorant artiste vétérinaire; celui-ci peut très-bien ne savoir ni labourer, ni planter, et il peut arriver que tous les deux soient étrangers au jardinage, à l'art du vigneron, etc. Rozier mit à contribution les hommes et les livres; aux résultats qu'il obtint des uns et des autres, il ajouta ceux que lui acquit sa propre expérience; car il en avait, quoiqu'on la lui ait contestée en le traitant de *cultivateur de cabinet*. Il cultiva lui-même, ou fit cultiver sous ses yeux, assez pour n'être point un objet de ridisule en publiant son ouvrage. Il parait avoir particuliérement observé les procédés des autres. C'est un genre d'expérience qui, lorsque celui qui s'y livre a du jugement, n'est pas moins utile que l'expérience proprement dite. C'est donc un reproche injuste, une vraie chicane, que l'accusation faite à Rozier de ne connaitre l'agriculture que par les livres : nous l'examinerons avec plus de détails et nous la réfuterons (2me Partie, art. *Rozier*). L'agriculture, comme tous les arts et les institutions, est soumise à l'empire tyrannique de la mode. Dans le siècle dernier ce fut une sorte de manie de publier des ouvrages relatifs à l'agriculture, et au milieu des disputes théologiques et parlementaires, on vit naitre la secte des économistes (*Voyez ce mot*). Elle régna pendant quelque tems, et eut le sort de tout ce qui est *parti*. Elle passa de mode, ainsi que le goût de l'agriculture qui faisait pour ainsi dire cause commune avec elle. Ce goût reparut ensuite et il semble s'accroitre et se soutenir. On ne peut s'empêcher de convenir qu'une science fondée sur des faits, est exposée à des changemens sans que la mode s'en mêle. L'essai fait hier a pu donner un résultat différent de celui fait aujourd'hui, qui ne ressemblera point au résultat qu'on obtiendra demain. Ainsi les faits consignés dans le Cours de Rozier peuvent avoir été contredits, en partie, par de nouveaux faits. De là la nécessité de désigner tôt ou tard ce qui doit être conservé de cet ouvrage, et d'y ajouter les leçons que l'expérience a données depuis la publication du *Cours complet*. Cette conclusion a été adoptée par beaucoup de personnes, puisqu'il parait dans ce moment deux nouveaux Cours qui s'enrichissent des débris de celui de Rozier. (V. l'art. suivant et *Nouveau Cours*, etc.) D'autres ont prétendu que l'entreprise était prématurée : *Non nostrûm tantas componere lites*. Quoi qu'il en soit le public aura trois Cours au lieu d'un, et si l'on n'en cultive pas mieux, ce ne sera point la faute des écrivains agronomiques.

293. Cours complet d'agriculture pratique, d'économie rurale et domestique, et de médecine vétérinaire, par l'abbé ROZIER ; rédigé par ordre alphabétique. Ouvrage dont on a écarté toute théorie superflue, et dans lequel on a conservé les procédés confirmés par l'expérience et recommandés par *Rozier* ; par M. *Parmentier* et les autres collaborateurs que *Rozier* s'était choisis. On y a ajouté les connaissances pratiques acquises depuis la publication de son ouvrage, sur toutes les branches de l'agriculture et de l'économie rurale et domestique, par MM. SONNINI, TOLLARD aîné, LAMARCK, CHABERT, LAFOSSE, FROMAGE DE FEUGRÉ, CADET-DE-VAUX, HEURTAULT-LAMERVILLE, CURAUDAU, CHARPENTIER-COSSIGNY, LOMBARD, CHEVALIER, CADET-GASSICOURT, POIRET, DE CHAUMONTEL,

Louis Dubois, V. Demusset, Demusset de Cogners et Veillard. *Paris*, *Fr. Buisson*, 6 vol. *in*-8°, avec grav., 1809.

Le Cours d'agriculture de Rozier étant devenu la propriété de tout le monde, on a eu l'idée de le refaire en élaguant tout ce qui pouvait avoir vieilli, et en ajoutant ce qu'une expérience plus récente avait en quelque sorte consacré. Deux libraires ont eu, chacun de son côté, le projet de réaliser cette idée : chacun a cherché des collaborateurs, et il en est résulté que Rozier est le père de deux dictionnaires d'agriculture faits sur le sien, à l'instar du sien ; et cependant différant l'un de l'autre, si l'on en croit le prospectus et les livraisons qui ont respectivement paru. Dans le plus volumineux des deux, on veut réunir *la théorie à la pratique*. Voyez *Nouveau Cours complet d'agriculture théorique et pratique*.—Dans l'autre on se borne à la *pratique* qui, en agriculture, est effectivement le point le plus essentiel. Chacun de ces deux ouvrages offre un grand nombre d'articles qu'on ne trouve point dans le Dictionnaire qui a servi de modèle à tous les deux : de manière qu'avec cette intention, on avait, pour ainsi dire, deux points de contact. C'est un vrai phénomène que la dissemblance qui existe entre deux ouvrages faits sur le même plan, sur le même livre, sur les mêmes mots et dans les mêmes intentions.

Le principal rédacteur du *Cours complet* dont nous nous occupons, est M. *Sonnini*, qui a continué Buffon, et a publié un grand nombre d'ouvrages estimés. Parmi les collaborateurs qu'il s'est associés, il en est de connus avantageusement : d'autres pour l'être moins ou ne pas l'être du tout, n'en méritent pas moins d'être lus, parce que dans une science de faits, comme l'agriculture, c'est plus le conseil et l'observation auxquels on doit faire attention que le nom. On peut être très-bon cultivateur et n'avoir aucune espèce de célébrité. C'est la lecture de plusieurs articles d'hommes inconnus, qui nous a fait faire cette remarque. Ils nous ont paru rédigés avec sagesse et ce ton que donnent l'expérience et la persuasion. Au moment où nous écrivons, il n'y a encore que quatre volumes de ce Cours. On ne peut donc porter un jugement définitif sur la totalité de l'ouvrage ; mais tout fait présumer qu'il sera digne de l'attention du Public. Le concours de deux entreprises rivales l'une de l'autre, et l'émulation qui en est la suite, donnent lieu de croire que toutes les deux atteindront le but que chacune se propose. Il pourra fort bien en résulter deux bons ouvrages sur les mêmes objets, et qui n'auront de ressemblance que dans le titre, le but et les moyens.

294. Cours complet de jardinage et plantation, par William Hanbury ; 2 vol. *in-fol.*, 1774.

295. Cours complet sur la taille du pêcher et autres arbres à fruit, la manière de les conduire en espalier, contr'espalier, quenouilles et buissons ; sur

toutes les parties de leur culture et de celle de la vigne : divisé en vingt-huit leçons, à la suite desquelles sont les idées sur la culture de l'oranger en pleine terre, à l'aide de châssis mobiles. Nouvelle édition considérablement augmentée, par LÉONOR LEMOINE. *Paris*, *in*-12, an XII.

296. Cours d'agriculture, par SUTIÈRES SARCEY, éléve et neveu de Mr. de Sarcey Sutières.

297. Cours d'architecture rurale pratique, *ou* Leçons par lesquelles on fait l'application de la manière anciennement pratiquée par les Romains, de bâtir en *pisé*, ou avec la terre seule, toutes sortes de maisons et édifices concernant l'industrie, le commerce et l'agriculture, aussi solidement et aussi agréablement qu'en maçonnerie, sans qu'il en coûte autre chose qu'une main-d'œuvre très-facile, très-expéditive, et que chaque propriétaire peut diriger lui-même. Ouvrage intéressant pour les ingénieurs propriétaires de terres, et généralement utile à toutes les personnes qui ont des biens de campagne à améliorer, par une Société d'artistes. *Vienne*, en Autriche, 4 parties, *in*-8°, avec figures, 1792.

M. *Cointereaux* est l'auteur de cet ouvrage.

298. Cours d'agriculture pratique, divisé par ordre de matières *ou* l'Art de bien cultiver la terre, de tirer chaque année des récoltes avantageuses de tous les terrains en productions de toutes espèces, grains, vins, racines alimentaires, plantes oléagineuses et filamenteuses; desséchement des marais, soins nécessaires aux prairies naturelles et artificielles, et des plantes propres à les former; culture des arbres fruitiers, aménagement des bois, forêts, etc. Enfin tout ce qui concerne l'éducation des insectes, ainsi que la nourriture et l'engrais des bestiaux et volailles employés dans l'économie rurale et domestique. Précédé d'un traité de physiologie végétale, des élémens qui ont une influence majeure sur l'accroissement des végétaux, et de tout ce qui peut concourir à l'agré-

ment des plantations où à la salubrité des constructions rurales, par M. D. Pfluger, 2 vol. *in*-8°, 1809.

Il était de toute impossibilité qu'un seul homme embrassât toutes les branches d'économie rurale. Le bon sens et l'expérience le démontraient. L'auteur de cet ouvrage en a donné une preuve dont on n'avait pas besoin. Son livre est fait avec d'autres livres, et n'en vaut pas mieux, quoique les ouvrages qu'il a ou copiés ou réduits soient bons, parce que dans un si petit espace, il a omis les développemens essentiels. La seule énumération des objets indiqués dans le titre, jette sur l'ouvrage une défaveur que la lecture confirme. Quand on pense qu'un *Traité de physiologie végétale* se trouve dans un *Cours pratique d'agriculture*, et que le tout occupe deux volumes, on est tenté de croire que c'est une plaisanterie. Si l'espace nous le permettait, nous prouverions facilement que même ces deux volumes contiennent des erreurs ou des conseils puérils.

299. Cours de culture des arbres à fruits et de la vigne des jardins, par Léonor Lemoine, instituteur d'une école théorique et pratique du jardinage, rue d'Enfer. *Paris*, *in*-8°, 1801.

300. Cours d'hippiatrique, par Lafosse, *in-fol.*, 1774.

Cette édition est remarquable par la beauté des gravures et de l'impression.

301. Cours de théorie et pratique expérimentale d'agriculture, assorties de mécanismes terreux, fromagers et agricoles, nouveaux ou rectifiés, étayés de la législation et du régime administratif, réglementaire et de police; avec les moyens et les procédés expérimentés, les plus propres à la fécondité de la terre, et plus particulièrement des sols légers, montagneux et pierreux; où se trouve résumé ce qu'il y a de relatif dans les divers imprimés de l'auteur, en 1768, 74, 82, 86, 88, 89 et 90; terminé par l'art de la culture proprement dite, par Desistrières-Murat, père et fils; *in*-12, avec fig., an XI.

302. Crescentiis (Petri de) civis bononiensis, opus ruralium commodorum. *Augustæ Vindelicorum*, Johan. Schuszler, 1471; *circiter* XIII *kalendas marcias*; *in-fol.*

Première édition très-rare.

303. *Idem opus*. Lovanii; *in-fol.*, 1474. (Johan. *De Westphalie.*)

Ces

Ces deux éditions sont estimées des curieux.

304. Cueillette (la) de la soie, par la nourriture des vers qui la font : échantillon du *Théâtre d'agriculture* d'Olivier de Serres, seigneur de Pradel. *Paris*, chez *Jamet Mettayer*, imprimeur ordinaire du Roi ; petit *in*-8°, 1599.

Cet opuscule forme le quinzième chapitre du cinquième lieu du *Théâtre d'agriculture*, dont *Olivier de Serres* l'avait détaché à la demande d'Henri IV. Ce petit Traité fut traduit en allemand en 1603. *Olivier de Serres* le publia avant le *Théâtre*, dont il faisait partie.

305. Cuisine (la) du citoyen, par Ourte. *Bruxelles* *in*-12.

306. Cuisine (la) élémentaire et économique propre à toutes les conditions et à tous les pays, par D. Leriget. *Paris*, *Levacher*, 2e édit. *in*-12, 1805. (an xiii.)

307. Cultivateur (le) ; *in*-12, 1770.

308. Cultivateur (le) anglais, *ou* Œuvres choisies d'agriculture et d'économie rurale et politique d'*Arthur-Young*, traduit de l'anglais par Lamare, Benoist et Billecocq ; avec des notes, par de Lalauze. *Paris*, , *Maradan*, 18 vol. *in*-8°, fig. 1801.

309. Culture de la julienne comme plante utile, par M. Sonnini de Manoncourt. *Paris*, *in*-8°, 1804. (an xiii.)

310. Culture de la grosse asperge dite de Hollande, la plus précoce, la plus hâtive, la plus féconde et la plus durable que l'on connaisse : traité qui présente les moyens de la cultiver avec succès en toutes sortes de terre, par M. Filassier. *Paris*, *in*-12, 1783.

Ce Traité est complet autant que possible.

311. Culture de l'asperge et des petits pois, par Mallet, *in*-12. (sans date.)

312. Culture (de la) des abeilles, *ou* Méthode expérimentale et raisonnée sur les moyens de tirer meilleur parti des abeilles, par une construction de ruches mieux assorties à leur instinct, avec une dissertation

nouvelle sur l'origine de la cire, par M. Duchet, chapelain de Remautens, en Suisse. *Fribourg*, *in*-8°, fig., 1771.

Réimprimé en 1773.

313. Culture (la) des fleurs, où il est traité généralement de la manière de semer, planter, transplanter et conserver toutes sortes de fleurs et d'arbres, ou d'arbrisseaux à fleurs, connus en France. *Bourg-en-Bresse*, *in*-12, 1696.

Trop succinct dans beaucoup d'endroits; l'auteur a dit quelques absurdités.

314. Culture (de la) des mûriers, par M. l'abbé Boissier de Sauvages, de la Société royale des sciences de Montpellier. *Nismes*, *in*-8°, 1763.

315. Culture du département de l'Indre, suivie d'un Traité de l'impôt, par Chalumeau; *in*-8°, 1800.

316. Culture (de la) du sainfoin, ouvrage contenant, 1° un Mémoire sur la culture du sainfoin et ses avantages dans la haute Champagne, par M. ***: 2° un Traité sur la même culture, d'après les principes de MM. Tull, France et Bertrand. *Paris*, *in*-12, 1797.

317. Culture du trefle, de la luzerne et du sainfoin, par Barbé-Marbois. *Metz*, *in*-8°, 1798.

318. Culture (la) parfaite des jardins fruitiers et potagers, par Louis Liger; *in*-12, 1714.

Cet ouvrage fut réimprimé en 1717; l'auteur ajouta des dissertations sur la taille des arbres.

319. Curiosités de la nature et de l'art sur la végétation, *ou* l'Agriculture et le jardinage dans leur perfection: nouvelle édition, revue, corrigée et augmentée de la culture du jardin potager, et de la culture du jardin fruitier, par M. l'abbé de Vallemont. *Paris*, *in*-12, 1733.

La première édition est de 1705.

320. Cy, commence le livre des propriétés des choses, translaté de latin en français, du commandement de Charles-le-Quint de son nom, par la grâce de Dieu, roi de France, par maître Jehen Corbechon, de

l'ordre de St-Augustin, l'an de grâce M. CCCLXXII, grand *in-fol.*

Manuscrit vendu, en 1784, chez M. le duc de la Vallière, 100 liv.; imprimé sous ce titre : *Ici commence un très-excellent livre nommé, le Propriétaire*, etc., *in-fol.* 1485.

Autre édition revue par frère *Pierre Feyet. Lyon*, *in-fol.* goth. (sans date.)

## D.

321. De Æris transmutationibus; *in-4°*, 1581. (Par S. B. Porta.)

C'est le premier ouvrage sur la météréologie, où l'on trouve quelques idées saines, encore en très-petit nombre.

322. De apibus et earum gubernatione Tractatus. *London*, *in-4°*, 1634. (Par John Levettie.)

323. De apibus melle et cerâ Tractatus, Théod. Clutii. *Amstel. in-8°*, 1653.

324. De arboribus coniferis; *in-4°*, fig., 1553. (*Paris*, par Belon, médecin.)

325. De arboribus et fructibus; *in-fol.*, 1662. (*Francfort sur le Mein*, par Jonston.)

326. De arborum fruticum et herbaceum proprietate usu et qualitalibus, lib. III. *Lugduni*, *in-8°*. (Par Meursius.)

Ce titre est, dans quelques exemplaires, précédé de ces mots : *Arboretum sacrum*, *sive De arborum*, etc.

327. De bombyce. *Venetiis*, 1743. (Par Laurent Pattarol.)

Après celui de *Vida*, ce poëme est le meilleur fait sur les vers à soie. Il y a des notes très-instructives.

328. Décades des cultivateurs, contenant : Cours de morale naturelle, l'agriculture pratique des jardins potagers et à fruits, avec les planches nécessaires à l'intelligence de l'agriculture. 12 vol., fig.

329. Décades du cultivateur, par Sylvain Maréchal, 2 vol. *in-18*.

330. De cervisiis, potibusque et ebriaminibus extrà vinum aliis; *in-4°*, 1668. (*Helmstadt*, par J. H. Meibomius, premier médecin de Lubeck.)

331. Défense de l'agriculture expérimentale, par M. Sarcey de Sutières; *in*-12, 1766.

332. Défense de plusieurs ouvrages sur l'agriculture, *ou* Réponse au livre intitulé : *Manuel d'agriculture*, par M. De la Marre; *in*-12, 1765.

Dans ce manuel d'agriculture, l'auteur (*M. De la Salle*) attaque *Duhamel*, *Tillet* et *Patulo*.

333. De florum culturâ. *Romæ*; *in*-4°, 1633. (Par Ferrari.)

334. De fructibus et seminibus plantarum. *Stüttgardiæ*, 1788 et *Tübingæ*, 1791, *in*-4°, avec 180 planches. (par Joseph Gærtner.)

335. De herbâ panaceâ, quam alii tabacum, alii petum aut nicotianam vocant, brevis commentariolus, autore Ægidio Everarlo. —Joh. Neandri tabacologia. —Misocapnus, sive De abusu tobacci. —Lusus regius. — Hymnus tabaci, autore Reph. Thorio. *Ultraj.*, *in*-12, 1644.

C'est un recueil curieux de plusieurs écrits relatifs au tabac.

336. De hortensium arborum incisione opusculum, Antonii Mizaldi, studio concinnatum. *Lutetiæ*; *in*-12, 1560. (rare.)

Traduit, en 1578, par le médecin André Caille, sous le titre de *Jardinage d'Ant. Mizauld.*

337. De horti culturâ libri duo, regulis, observationibus, experimentis et figuris novis instructa, in qua quidquid ad hortum profiscuè colendum et eleganter instruendum facit, explicatur. *Francofurti*, *in*-4°, 1632. (par P. Lauremberg, qui mourut en 1639.)

Ce livre a été plusieurs fois réimprimé.

338. De hortorum laudibus. *Basileæ*, 1546. (Par Cognatus.)

339. De influxu electricitatis atmosphericæ in vegetantiâ dissertatio ab academia Lugdunensi præmio donata anno 1782. Augustæ Taurinorum; *in*-8°, 1783. (par F. J. Gardini.)

C'est un livre classique en Italie.

340. De la coupe des bois entre deux terres, par M. Douëtte-Richardot, de Langres. *Paris*, *in*-8°, 1808.

Il résulte des observations des commissaires nommés pour vérifier les procédés de l'auteur, que sa méthode est plus avantageuse que celle en usage.

341. De la culture du tabac en France, suivi du précis d'un plan pour l'établissement d'une caisse de prévoyance destinée à diminuer la mendicité, par M. Jansen, libraire à Paris; *in*-8°, 1791.

342. De la culture et de la récolte du riz à la Chine; *in-fol.*, reliure chinoise. Ouvrage composé de 23 fig. (sans date; rare et très-cher.)

343. De la dégénération des haras, par De Lafont Pouloty; *in*-8°, 1789.

344. De la fertilisation des terres, *in*-8°, 1799.

345. De l'agriculture considérée dans ses rapports avec l'économie politique, par M. d'Assigny, ancien ministre de France, aujourd'hui (1807) sous-gouverneur des pages; *in*-8°, broché, 1804.

De l'enthousiasme pour le premier de tous les arts, une imagination vive et brillante, des expressions hardies et souvent heureuses.

346. De l'agriculture des anciens, par Adam Dickson, traduit de l'anglais; 2 vol. *in*-8°, 1802.

347. De la nature champêtre, poëme, par Lezay de Marnezia; *in*-8°.

Plein de détails heureux. Il a eu plusieurs éditions.

348. De la pierre et des carrières qui produisent la chaux, par M. Fourcroy de Ramecourt, ingénieur du roi, en chef à Calais, et associé libre de l'académie de Metz; *in*-8°, 1766.

L'auteur croit que la meilleure chaux connue se fait aux environs de Metz, Thionville et Bitsche, en Lorraine.

349. De la pratique de l'agriculture, *ou* Recueil d'essais et expériences dont le succès est constaté par des pièces authentiques; contenant le développement, demandé par la Société d'agriculture du département

de la Seine, des moyens employés avec économie, dans le desséchement des marais, dans la distribution des eaux, le défrichement des montagnes incultes, les pépinières, semis et plantations, publié par NICOLAS DOUETTE RICHARDOT, et rédigé, d'après ses Mémoires, par RICHARDOT aîné. *Paris*, *in*-8°, 1808.

Ce livre est sans doute très-utile, mais la rédaction n'en vaut rien. Les faits donnent lieu à des citations déplacées, à des vers, à des réflexions étrangères au sujet. En ôtant les procès-verbaux dont on n'a que faire, les certificats, les citations, etc. On diminuera le livre de moitié et on aura un volume précieux.

350. De la pratique d'élever les moutons, par FLANDRIN; *in*-8°, 1797.

351. De l'art et science de trouver surement les eaux, sources et fontaines cachées sous terre, autrement que par les moyens vulgaires des agriculteurs et architectes, par JACQUES HESSON, dauphinois; *in*-4°, 1569.

Cet art qu'on veut faire revivre aujourd'hui n'est pas nouveau. Ce qu'il y a d'étonnant, c'est de le voir renouvelé de nos jours avec des récits de circonstances merveilleuses, bonnes dans les 14ᵉ, 15ᵉ et 16ᵉ siècles : la crédulité de quelques personnes du 19ᵉ, est ce qu'il y a de plus merveilleux.

352. Délassemens (les) champêtres, par M. MARCHAND; 2 vol. *in*-12, 1768.

353. Délassement de mes travaux de campagne; 2 vol. *in*-12, 1785.

354. De la terre végétale et de ses engrais, par B. G. SAGE, directeur de la première école des mines. *Paris*, *in*-8°, 1803. (an XI.)

355. De l'eau la plus propre à la végétation, par BERTHOLON; *in*-8°, 1786.

356. De l'eau relativement à l'économie rustique, *ou* Traité de l'irrigation des prés, par BERTRAND. *Lyon*, *in*-12, 1764.

357. De l'éducation des dindons, par M. BOUVIER. *Paris*, *in*-12. (an VI.)

358. De l'électricité des végétaux, par BERTHOLON; *in*-8°, 1783.

359. De l'engrais et de son principe, par M. LAUREAU. *Avallon*, *in*-4°, 1804. (an XII.)

360. De l'esprit de la législation, pour encourager l'agriculture, par M. CARRARD, pasteur à Orbe dans le canton de Berne; *in*-8°, 1765.

361. De l'état de l'agriculture des Romains, jusqu'au siècle de *Jules-César*, relativement au gouvernement, aux mœurs et au commerce, par le P. ARCÈRE; *in*-8°, 1777.

362. De l'état de la culture en France, et de ses améliorations, par DEPRADT; 2 vol. *in*-8°, 1803.

363. De l'exploitation des bois, par M. DUHAMEL DUMONCEAU. Moyen de tirer un parti avantageux des taillis, demi-futayes et hautes-futayes, et d'en faire une juste estimation, avec la description des arts qui se pratiquent dans les forêts. *Paris*, *Guérin*, 2 vol. *in*-4°, fig., 1764.

364. De l'exportation et de l'importation des grains, par DUPONT. *Soissons*, *in*-8°, 1764.

365. Délices (les) de la campagne, suite du jardinier français, où est enseigné à préparer pour l'usage de la vie tout ce qui croît sur la terre et dans les eaux; dédiés aux dames ménagères. *Amsterd.*, *in*-18, 1655.

366. Délices (les) de la solitude, par M. DE CHAMEZEL, *in*-12, 1752.

367. Délices (les) de Cérès, de Pomone et de Flore, *ou* La campagne utile et agréable; *in*-24, 1774.

368. Della Coltivatione, par ALAMANNI Pacte Florentin, *Henri Etienne*, 1546.

Edition belle et estimée des curieux. A côté du texte est la traduction française.

Les Italiens mettent ce Poëme à côté des Géorgiques. *Benini*, médecin de Padoue, mort en 1764, a fait des observations sur ce Poëme,

369. De l'origine et progrès du café, par Galland. *Caen*, *in*-12, 1699.

370. De l'usage de la fumée dans les vignes, contre les

gelées tardives du printems, par M. Leschevin. *Paris*, *in*-8°, 1805.

371. De l'utilité et de la culture de l'acacia-robinier : dédié aux cultivateurs, par M. Detmar-Basse. *Paris*, *in*-8°, an IX.

372. De malorum aureorum culturâ. *Romæ*; *in-fol.* 1646. (Par Ferrari.)

373. De naturâ stirpium. etc., *Parisiis*, *in-fol.*, 1536. (Par Ruel.)

374. Dendranatome, seu exploratio et dissectio corporis arborei in sua sigillatim membra, *Paris*, *in*-8°, 1560, 1575. (Par Mizauld.)

Traduit en français par Caille, médecin, sous le titre de *Jardinage de Mizauld.*

375. De naturali vinorum historiâ, de vinis Italiæ et de conviviis antiquorum libri VIII. *Romæ*, 1596, 1597, 1598. *Francofurti*, *in-fol.*, 1607.

Rare et curieux.

376. De principiis vegetationis et agriculturæ, et de causis triplicis culturæ in Burgundiâ, disquisitio physica : autore E. B. D. Divionensi, ex societate æconomicâ Lugdunensi. *Divione* (et *Parisiis*), *in*-8°, 1769.

L'auteur est M. Béguillet, de Dijon, et notaire de cette ville.

377. De privilegiis rusticorum. *Parisiis*, *in*-8°, 1574.

La quatrième édition est de 1621, par Chopin, qui composa ce traité à *Cachant* près Paris.

378. De ratione extrahendi olea et aquas è medicamentis simplicibus; *in*-8°, 1559.

Par Besson, mathématicien dauphinois qui vivait dans le seizième siècle.

379. De re accipitrariâ; *in*-4°, 1584.

Ce poëme sur la fauconnerie est du président de Thou. Il a été traduit en Italien, mais il n'a pas encore trouvé un traducteur dans notre langue. On a prétendu, sur je ne sais quel fondement que cet ouvrage, plein de grâces, empêcha l'auteur d'avoir la place de premier président au parlement de Paris qu'avait occupée son père.

380. De re agraria ; *in*-8°, 1681. (Par ALDEBERT TYLKOWSKI.)

381. De re Cibariâ, lib. XXII. *Lugduni*, *in*-8°, 1560. (Par LA BRUYÈRE-CHAMPIER.)

Ce livre est savant et plein de recherches.

382. De re frumentariâ. (Par VINCENT CONTARINI.)

383. De re Hortensi libellus, vulgaria herbarum, florum, ac fruticum qui in hortis conseri solent nomine, latinis vocibus efferre docens, ex probatis autoribus. *Trecis*, *in*-8°, 1542. (A Troyes.)

Sans nom d'auteur. Mais dans le cours de l'ouvrage on trouve ce second titre, *Caroli Stephani libellus*.

384. De re rusticâ. (*Paris*, 6 volum. *in*-8°, 1771, par CATON le censeur.)

Ce traité est inséré dans le recueil intitulé, *Rei rusticæ scriptores*, imprimé à Léipsick en 1735, 2 vol. *in*-4°. Il a été traduit en Français par *Sabourcux de la Sabonneterie*, et se trouve dans le premier volume de l'*Economie rurale* de cet auteur.

385. De re rusticâ opuscula nonnulla tectu cum jucunda tum utilia ; jam partim composita, partim edita. *Norimbergæ*, *in*-4°, 1577. (Par JOACHIM CÆMERARIUS.)

Cet ouvrage renferme, 1° des principes relatifs à l'agriculture, extraits de différens auteurs ; 2° les lois concernant l'agriculture ; 3° un catalogue des auteurs qui ont écrit sur l'économie rurale.

386. Des arbres fruitiers pyramidaux, vulgairement nommés *quenouilles*, avec la manière d'élever sous cette forme tous les arbres à fruit, par CALVEL. *Paris*, *in*-18, 1802, 1803.

387. Des biens communaux et des pauvres, par SIMOND CADET. *Yverdun*, *in*-8°, 1799.

388. Description abrégée du département du Gard, par le C. GRANGENT. *Nismes*, *in*-4°, an VIII.

389. Description abrégée du département des Landes ; *idem*, du département des Hautes-Alpes ; *idem*, du

département de la Meurthe ; *idem*, du département du Morbihan. Publiées en l'an VII.

La description de ces quatre départemens forme chacune une brochure *in-4°*. Elles ont été publiées sous le ministère et d'après les ordres du ministre de l'intérieur, *François de Neufchâteau*. Il a paru depuis : — la description des départemens de l'Ain, par M. RIBOUD ; — du Jura, par M. BAUD ; — du Cantal, par M. d'HUMIÈRES ; — du canton du Bocage, département de la Seine-inférieure, par M. ROUSSEL ; — du Morbihan, par M. LECHESNES ; — de l'Yonne, par M. LAUREAU ; — de l'Orne, par le Lycée d'Alençon ; — de l'Ourthe, par le C. DESMOUSSEAUX, préfet ; — de l'Ille-et-Vilaine, par le C. BORIE, préfet ; — du Var, par le C. FAUCHET, préfet.

390. Description abrégée du département des Vosges, publiée par ordre du ministre de l'intérieur (*Quinette*.) *Paris*, *in-4°*, an VIII.

La description de ces départemens a été faite sous les rapports agronomiques.

391. Description des chasses de toutes sortes d'animaux, par JEAN-ELIE RIDINGER. *Augsbourg*, *in-fol.* figures, 1740.

392. Description des emplacemens qu'il faut choisir de préférence pour la construction des laiteries : suivie de l'énumération des signes auxquels on reconnaît si une vache sera bonne laitière, par le C. CISZEVILLE. *Rouen*, *in-8°*, an X.

393. Description des jardins du goût le plus moderne, par SIÉGEL.

394. Description des plantes qui naissent ou se renouvellent aux environs de Paris, avec leurs usages dans les arts, par FABREGOU, botaniste médecin. *Paris*, 6 vol. *in-12*, 1739.

C'est une compilation faite sans aucun choix dans plusieurs ouvrages, notamment dans ceux de *Liger*, de la *Quintinie*, de *Tournefort*, etc.

395. Description détaillée de la charrue à un cheval, connue en Angleterre sous le nom de *horse-hoe* ; instrument qui remplace avec avantage, sur-tout lorsque les bras sont rares, les binages à la houe et les sarclages, pour toutes les plantes cultivées en rangées. *Paris*, *in-12*, fig., 1807.

396. Description du semoir à bras de Languedoc, par M. l'Abbé Soumille; *in*-16, 1763.

397. Description et détails des arts du meunier, du vermicellier et du boulanger, par Malouin. *Paris*, *in-fol*, 1767.

398. Description pittoresque des jardins du goût le plus moderne, ornée de 28 planches. *Leipsick*, *in*-4°, 1802.

399. Description topographique de l'arrondissement communal de Louviers, département de l'Eure, avec l'exposition de la nature de son sol, de ses diverses productions, de l'état actuel de son agriculture, par J. Dutens, ingénieur des Ponts-et-Chaussées. *Evreux*, *in*-8°, an IX.

400. Description topographique du district de Boulogne-sur-mer : état de son amélioration et moyens de l'améliorer, par les C. Delporte et Henry. *Paris*, *in*-8°, fig., an VI.

401. Description topographique du district de Châtellerault, département de la Vienne, avec l'exposition de la nature de son sol, de ses diverses productions, de l'état actuel de son commerce et de son agriculture ; des observations sur le caractère et les mœurs de ses habitans, et une carte du pays, par M. Creuzé-Latouche, correspondant de la Société d'agriculture. *Châtellerault*, *in*-8°, 1790.

402. Des déduits de la chasse des bêtes sauvages et des oiseaux de proie, par Gaston Phebus. *Paris*, *Vérard*, *in*-4° gothique. (sans date.)

M. Debure rapporte ainsi le titre du manuscrit de ce livre : *Le livre des chasses que fit le comte Fébus de Foys, seigneur de Béarn*. Manuscrit sur vélin, é it en 1587 pour Philippe de France, duc de Bourgogne, comte de Flandre et d'Artois et orné de miniatures ; *in-fol*.

Selon M. Debure, ce manuscrit est regardé par les connaisseurs comme un des plus beaux morceaux qu'on puisse voir.

403. Des effets des pailles rouillées, *ou* Exposé des rapports, recherches et expériences sur les pailles affectées de rouille, par J. B. Gohier, professeur à l'école vétérinaire de Lyon. *Lyon*, *in*-8°, 1804. (an XII.)

404. Des haies considérées comme clôtures ; de leurs avantages et des moyens de les obtenir, par M. PRÉAUDAU-CHEMILLY, cultivateur ; *in*-8°, 1794.

405. Des lois sur la garantie des animaux, *ou* Exposé des cas rédhibitoires, suivant le droit ancien et moderne, avec un plan pour améliorer cette législation et une instruction utile aux propriétaires, aux marchands de chevaux, etc., pour reconnaître les cas qui peuvent entrer dans la garantie, par P. CHABERT, directeur de l'école vétérinaire d'Alfort, et C. M. FROMAGE, professeur à la même école. *Paris*, *Marchant*, *in*-8°, 1804.

406. Des moyens de rendre l'art vétérinaire plus utile. Mémoire présenté au Gouvernement, par P. CHABERT et C. M. FROMAGE. *Paris*, *in*-8°, an XIII.

407. Des moyens de s'enrichir par l'agriculture, par DELAFAGE, laboureur du Gâtinois. *Paris*, *Haudeboud* *in*-12, 1803, et *Aubry*, 1804.

408. Des nouvelles bergeries, de ce qui les constitue bonnes et très-salubres, par COINTEREAU ; *in*-8°, 1805.

409. Des nouvelles dispositions et constructions des faisanderies, et des moyens de multiplier les faisans, avec la manière d'élever les oiseaux : ouvrage historique et élémentaire à la fois, avec gravures, par le sieur Cointereaux, professeur d'architecture rurale. *Paris*, 1805.

410. Des semis et plantations des arbres, et de leur culture, par DUHAMEL DU MONCEAU. *Paris*, *Guérin*, *in*-4°, 1760.

L'auteur expose une méthode pour multiplier, élever les arbres, les planter en massifs ou en avenues, pour former les bois, les forêts, les entretenir, les réparer, etc.

411. Détails intéressans sur l'agriculture des environs de Metz, par BLAIR ; *in*-12.

412. Détails sur l'agriculture du département de Lot-et-Garonne, par CHABOUILLÉ ; *in*-12.

413. Déterminer par un moyen fixe et simple le moment

où le vin en fermentation a acquis toute la force dont il est susceptible. Question proposée par la Société royale de Montpellier, en 1779.

Le Mémoire couronné est de M. l'abbé BERTHOLON, de Lyon, alors professeur de physique expérimentale des états-généraux de Languedoc. Il a été imprimé à Paris *in*-4°, 1780.

C'est dans ce Mémoire, dit M. *Delandine*, que l'auteur a jeté les fondemens d'une nouvelle science, celle de l'Œnométrie. On y voit l'invention et la figure de plusieurs œnomètres, instrumens propres à connaître le moment précis de la fermentation du vin; moment au-delà duquel cette boisson est trop faite, en-deçà duquel elle ne l'est pas encore.

414. De Tabaco. *Voyez* Tabacologia. Ce sont deux titres différens du même ouvrage.

415. De tractandis equis, sive Xenophontis libellus de re equestri. *Tubingæ*, *in*-8°, 1539.

416. De venatione, aucupio et piscatione. (Par HERESBACH.)

417. De venatione, piscatione et aucupio; *in*-8° (*Cologne*, par MEDICIS.)

418. De vinaceorum facultate et usu; *Neapoli*, *in*-4°, 1562. (Par ALTOMARE.)

419. De vineâ, vindemiâ et vino; *in-fol.*, 1629. (*Venise*, par PROSPER RONDELLA.)

Ce livre qui n'a que 98 pages, a rapport, 1° à la garde des vignes, 2° à leur culture. Il y a des faits curieux et intéressans; d'autres, étrangers à la matière et relatifs à la religion.

420. De vineo et pomaceo, lib. II. *Parisiis*, *in*-8°, 1588. (Par PAULMIER, que la Framboisière a copié. Traduit en très-mauvais français, par *Cahagnes*, *de Caen*, 1589.)

C'est le premier Traité en forme sur le cidre.

421. Devis sur la vigne, vin et vendanges, auquel la façon ancienne du plant, labour et garde, est découverte et réduite au présent usage, par JACQUES GOHORRY. *Paris*, 1550.

C'est le premier des œnologistes modernes, si l'on excepte *Charles Etienne*, qui, en 1536, avait publié son *Vinetum*, inséré depuis dans la Maison rustique de *Liébault*.

En 1575, le même ouvrage reparut avec ces lettres initiales L. S. S. qui signifiaient *Leo Suavius, Solitarius;* noms que prenaient souvent Gohorry : ce qui a induit en erreur quelques personnes qui ont cru que l'auteur du *Devis sur la vigne*, etc., se nommait Suave. V. l'art. *Gohorry*, seconde partie.

422. Dialogue de la vie des champs, par CHOUL, de Lyon. *Lyon*, *in*-8°, 1565.

423. Dialogues sur le blé, la farine et le pain, avec un traité de la boulangerie, par LACOMBE. *Paris*, *in*-8°, 1776.

424. Dialogues sur le commerce des blés, M. G., Napolitain : (M. l'abbé GALIANI.) avec cette épigraphe :

*In vitium ducit culpæ fuga, si caret arte.* Horat.

Ces dialogues, dit alors le Journal des Savans, doivent être ou très-utiles ou très-dangereux. On reproche à l'auteur d'ignorer le système qu'il entreprenait de réfuter. L'abbé *Galiani* attaque fortement les principes des économistes; et ce qu'il y a de plaisant, c'est que dans un autre ouvrage, (voyez *Art de conserver les grains*,) il réclame la première place parmi les économistes. Cette contradiction n'est pas la seule de l'abbé *Galiani* : on en remarque beaucoup d'autres dans les dialogues. Ils furent écrits à l'occasion de l'édit du roi de 1764, qui permettait l'exportation des blés. Ils eurent beaucoup de succès, parce qu'ils offrent beaucoup de plaisanteries, et que la plupart des lecteurs aiment mieux rire que penser.

425. Dictionnaire d'agriculture; 7 vol. *in*-4°.

Partie de l'*Encyclopédie méthodique*.

426. Dictionnaire des jardiniers, traduit de l'anglais de Ph. Miller, par DE CHAZELLES; 8 vol. *in*-4°, 1785.

Avec des notes, par *Holandre*.

427. Dictionnaire d'hippiatrique, par LAFOSSE. *Paris*, 4 vol. *in*-4°, 1775.

En 1777, il parut à Bruxelles un autre *Dictionnaire d'hippiatrique*, par *Robinet*.

428. Dictionnaire de l'art aratoire et du jardinage.

Il fait partie de l'*Encyclopédie méthodique*.

429. Dictionnaire des pêches, des chasses, du jardinage, par J. LACOMBE.

430. Dictionnaire domestique, contenant toutes les connaissances relatives à l'économie domestique et rurale, où l'on détaille les différentes branches de

l'agriculture, par une société de gens de lettres. *Paris*, 3 vol. *Vincent*, *in*-8°, 1762.

Les deux derniers volumes sont de M. LA CHENAYE DESBOIS.

431. Dictionnaire domestique portatif; 3 vol. *in*-8°, 1762, 1763.

Le premier par M. ***; les deux autres par M. LA CHENAYE DESBOIS.

432. Dictionnaire domestique portatif, ouvrage également utile à ceux qui vivent de leurs rentes, qui ont des terres; comme aux fermiers, aux jardiniers, aux commerçans, aux artistes. *Paris*, 3 vol. *in*-8°, 1769.

Cet ouvrage renferme des détails sur les différentes branches de l'agriculture, la manière de nourrir et de conserver toutes sortes de bestiaux: celle d'élever les abeilles, les vers à soie; enfin des instructions sur la chasse et la pêche.

433. Dictionnaire du jardinage, par ROGER SCHABOL; *in*-8°, 1767.

434. Dictionnaire du jardinage, relatif à la théorie et à la pratique de cet art, par M. ***; *in*-12, 1776.

435. Dictionnaire du jardinage, par D'ARGENVILLE. *Liége*, *Bassompierre*, 1783.

436. Dictionnaire du jardinier français, par M. FILASSIER. *Paris*, *Desoer*, 2 vol. *in*-8°, 1791.

437. Dictionnaire économique, contenant l'art de faire valoir les terres, les prés, les jardins, les vignes, les arbres; les soins qu'exigent les bêtes à cornes, à laine, les chevaux, les chiens, les oiseaux, les vers à soie, les abeilles; la chasse, la pêche, les alimens, les boissons; les maladies, leurs remèdes, etc., par CHOMEL; nouvelle édition, considérablement augmentée, par DE LAMARRE. *Paris*, 3 vol. *in-fol.*, fig., 1767.

Voyez à l'article *Chomel*, ce qui est dit de cet ouvrage.

438. Dictionnaire forestier, contenant le texte ou l'analyse des lois relatives à l'administration des forêts, par CH. DUMONT. 2 vol. *in*-8°, 1802.

439. Dictionnaire forestier; *ou* Répertoire alphabétique des dispositions des lois relatives au régime forestier, avec les noms, quantités et propriétés des différens

bois et tous les termes usités dans les forêts, par Etienne Campelstri, ingénieur pour les aménagemens des forêts ; 2 vol. *in*-12, 1803.

440. **Dictionnaire** général des termes propres à l'agriculture, avec leurs définitions et étymologies, par Liger. *Paris*, *in*-12, 1703.

441. **Dictionnaire** géographique, agronomique, et industriel du département des Deux-Sèvres, par le C. Dupin, préfet. *Niort*, *in*-8°, 1803. (an xi.)

442. **Dictionnaire** portatif de la campagne, comprenant les noms de tous instrumens et autres objets de la campagne, tiré des plus célèbres auteurs modernes, par l'abbé Besançon. *Paris*, *in*-8°, 1786.

443. **Dictionnaire** portatif des eaux et forêts, par Massé. *Paris*, 2 vol. *in*-8°, 1776.

Il offre un commentaire estimé sur l'ordonnance de 1669.

444. **Dictionnaire** pour apprendre facilement ce qui se pratique de l'office ; ce qui s'y emploie ; la manière de confire toutes sortes de fruits ; les ouvrages de sucreries, etc. etc. *Paris*, *in*-8°, 1803.

445. **Dictionnaire** pratique du bon ménager de campagne et de ville, par Liger ; *in*-4°.

446. **Dictionnaire** raisonné de jardinier, botaniste, fleuriste, maraîcher, pépiniériste ; petit *in*-8°. (sans date.)

Il n'y a que deux volumes ; les suivans n'ont point paru.

447. **Dictionnaire** raisonné des eaux et forêts, composé des anciennes et nouvelles ordonnances, édits, déclarations, arrêts rendus en interprétation de l'ordonnance de 1669, etc. par Chailland. *Paris*, 2 vol. *in*-4°, 1769.

448. **Dictionnaire** raisonné d'hippiatrique, cavalerie, manège et maréchallerie ; 4 vol. *in*-8°, 1775.

449. **Dictionnaire** raisonné de médecine, chirurgie et art vétérinaire, contenant des connaissances étendues sur toutes ces parties, et le traitement des maladies des bestiaux. *Paris*, 6 vol. *in*-8°, 1772.

451. Dictionnaire raisonné universel des plantes, arbres et arbustes, contenant la description raisonnée de tous les végétaux du royaume, considérés relativement à l'agriculture, au jardinage, aux arts et métiers, à l'économie domestique et champêtre, et à la médecine des hommes et des animaux, par M. BUC'HOZ, médecin, botaniste lorrain. *Paris*, 4 vol. *in*-8°, 1770.

L'auteur considère les végétaux sous quatre aspects différens; comme nourriture, comme remèdes, comme ornement des jardins, comme utiles dans les arts et métiers.

452. Dictionnaire rural raisonné, dans lequel on trouve le détail des plantes préservatives et curatives des maladies des bestiaux, par Mme GACON DUFOUR, 1807.

453. Dictionnaire théorique et pratique de chasse et de pêche; 2 vol. *in*-8°, 1769.

On trouve dans ce Dictionnaire la manière de se rendre maître des animaux, et un vocabulaire des termes de vénerie, de fauconnerie, etc. Cet ouvrage est attribué à M. *Delille de Sales*.

454. Dictionnaire universel d'agriculture et de jardinage, par LA CHESNAYE DESBOIS. *Paris*, 2 vol. *in*-4°, 1751.

Le mot universel ne convient nullement à ce Dictionnaire, où l'on cherche inutilement beaucoup d'articles essentiels que le compilateur a omis, et où l'on en trouve beaucoup d'autres mal rédigés et incomplets.

455. Dictionnaire universel des sciences morale, économique, politique, par MM. ROBINET, CASTILHON, SACY, POMMEREUIL et autres; 1777, 1783, *Londres*, (*Paris*), 30 vol. *in*-4°.

456. Dictionnaire universel et raisonné de médecine de campagne, contenant des connaissances étendues sur toutes ses parties, principalement des détails exacts et précis sur toutes les plantes usuelles, avec le traitement des maladies des bestiaux, par une société de médecins; 6 vol. *in*-8°, 1772.

457. Dictionnaire vétérinaire et des animaux domestiques, contenant leurs mœurs, leurs caractères, leurs descriptions anatomiques, la manière de les nourrir,

les élever, les gouverner; leurs maladies, etc. auquel on a joint un *Fauna gallicus*, par M. Buc'hoz. *Paris*, 6 vol. *in*-8°, 1775.

458. Dictionarium rusticum, urbanicum et botanicum. *London*, *Knapton*, 2 vol. *in*-8°, 1726.

459. Différens mémoires et recueils d'observations sur les maladies des bestiaux, par Vicq d'Azir et autres. *Paris*, *in*-4°, 1775.

460. Dioclis Carystii medici ad Antigonum regem epistola de tuendà valetudine per hortensia, *in*-8°, 1564, 1572. (*Paris*, par Mizauld.)

Traduit, en 1578, par *Caille*, sous le titre de *Jardinage de Michauld*.

461. Discours admirables de la nature des eaux et fontaines, tant naturelles qu'artificielles, des métaux, des sels et salines, des pierres, des terres et du feu, des émaux; avec un traité de la marne. Le tout dressé par dialogues, par Bernard Palissy, d'Agen, inventeur des rustiques figulines ou poteries du roi et de la reine sa mère. *Paris*, *Le Jeune*, *in*-8°, 1580.

*N. Palissy*, dit le P. *Lelong*, dans sa *Bibliothèque de la France*, avait une collection d'Histoire naturelle dont il faisait une démonstration raisonnée. On voit dans un de ces discours les noms de ceux qui assistaient à ses leçons. On le rabaisse trop en n'en parlant ordinairement que comme d'un potier. Le titre qu'il prend d'inventeur des *Rustiques figulines* annonce que, s'il tenait à l'état de potier, c'était en quelque sorte comme les faïenciers, et qu'il se distinguait des potiers ordinaires, soit par la nouvelle matière qu'il mettait en œuvre, soit par l'élégance de ses dessins et de ses formes.

462. Discours de Guillaume Leblanc, évêque de Grasse et de Vence, à ses diocésains, touchant l'affliction qu'ils endurent des loups en leur personne, et des vers en leur figuier, en la présente année 1597. *Lyon*, 1598, *Paris*, 1599, *in*-8°, et *in*-12.

Ce livre est singulier et bizarre. Les Mémoires de Trévoux en offent un extrait dans le volume de novembre de 1765.

463. Discours (le) du déduit de la chasse suivant les quatre saisons de l'année, pour toutes sortes de

gibiers, et pour savoir à quels oiseaux il fait bon chasser, par STROSSE. *Paris*, *in*-8°, 1603.

Extrêmement rare et inconnu aux bibliographes, suivant M. le Comte, sénateur *Grégoire*.

464. Discours du tabac, par BAILLARD. *Paris*, *in*-12, 1668.

465. Discours entre un seigneur et son fermier sur différentes cultures de plantes utiles aux manufactures, traduit du danois, par M. de NEUVE-EGLISE; *in*-12, 1765.

466. Discours et Mémoire relatifs à l'agriculture, par de MASSAC et SÉLÉBRAN aîné. *Paris*, *Moreau*, *in*-12, 1753.

467. Discours familier sur le danger de l'usage habituel du café; *in*-12, 1774.

468. Discours économique, non moins utile que récréatif, montrant comme de 500 liv. l'on peut tirer par an 4500 livres, par PRUDENT LE CHOYSELAT, procureur du roi à Sézanne. *Paris*, *in*-8°, 1669.

La quatrième et dernière édition est de l'an IX, grand *in*-18. Elle est faite sur celle de 1585, qui est à la Bibliothèque impériale. *Choyselat* s'étant beaucoup occupé du poulailler, on a ajouté, dans cette édition, la méthode de *Réaumur* pour faire éclore les poulets, de manière que le *Discours économique* forme en quelque sorte un Traité complet sur le gouvernement des poules.

L'exemplaire que j'ai est d'une édition qui a paru à Rouen en 1612. Elle est fort belle et très-bien imprimée. En voici le titre: *Discours œconomique non moins utile que récréatif, monstrant comme de cinq cens liures pour une fois employées, l'on peult tirer par an quatre mil cinq cens liures de proffict honnête, qui est le moyen de faire profier son argent*; dédié au comte de *Rochefort*, damoiseau de Commercy. Le moyen de *Choyselat* pour faire 4500 liv. avec 500 liv. est uniquement dans les profits d'une basse-cour bien peuplée et bien soignée. L'édition dont je parle est, selon M. *Debure*, une contrefaçon; ce qui n'empêche pas qu'elle ne soit fort belle: mais on doit préférer celle dont nous avons parlé, faite en l'an IX.

469. Discours politiques et économiques, par CHARLES DE LAMBERVILLE. *Paris*, *in*-12, 1626.

470. Discours prononcé à la Société d'agriculture du

département de la Seine (sur l'agriculture du département de la Vienne), par G. O. Rampillon. *Paris*, *in*-8°, an IX.

471. Discours prononcé dans une assemblée de cultivateurs, par Paulmier de la Tour, cultivateur à Nemours; *in*-8°, 1772.

472. Discours sur cette question : lequel de ces quatre sujets, le commerçant, le cultivateur, le militaire et le savant, sert plus essentiellement l'Etat, par M. l'abbé Leboucq, prêtre, chanoine de l'église collégiale de S^t.-André de Chartres, professeur de rhétorique au collége de ladite ville. *Paris*, *in*-12, 1770.

Le troisième rang est assigné au cultivateur. Le savant a le premier, et le militaire est au second. On conçoit combien cet ordre pourrait être combiné autrement, sans manquer de bonnes raisons.

473. Discours sur la cause de la fertilité des terres, par Kulbel. *Bordeaux*, 1741.

474. Discours sur la maladie des bestiaux, par M. Aubert.

475. Discours sur la nécessité de dessécher les marais, de supprimer les étangs et de replanter les forêts; prononcé le 12 mai 1791, par Duchosal. *Paris*, *in*-8°, 1791.

476. Discours sur la végétation des plantes, par le chevalier Digby; traduit de l'anglais, par P. de Trehan. *Paris*, *Moëtte*, *in*-12, 1667.

477. Discours sur l'établissement d'un jardin des plantes, par Maret.

478. Discours sur les abeilles, par Vallée; *in*-8°.

479. Discours sur les branches d'agriculture les plus avantageuses à la province de Normandie, par M. Guillot; 1761.

Couronné la même année par l'académie de Caen.

*Julien-Jean-Jacques Guillot* mourut à vingt-quatre ans, peu de tems après avoir remporté ce prix. Il fait voir dans ce discours que la culture du blé était celle qu'on devait préférer.

480. Discours sur les jardins de Montreuil.

481. Discours sur les mœurs rurales, par l'abbé Fauchet; 1788.

482. Discours sur les vignes, par Herbes; *in*-12, 1756.

483. Dispensateur (le) des connaissances propres à l'habitant de la campagne; ouvrage destiné principalement à transmettre les fruits des travaux des hommes qui ont écrit sur l'agriculture, les arts et métiers, par M. Salme, professeur à l'école secondaire communale de Wassy. *Wassy*, *in*-8°, an XIII.

484. Disquisitio physica de principiis vegetationis et agriculturæ, et de causis triplicis culturæ in Burgundiâ. *Divione*, *in*-8°, 1768.

485. Dissertatio historica de bovillâ peste anni 1713, par J. Marie Lancisi. *Romæ*, *in*-4°, 1715.
Très-estimé en Italie.

486. Dissertation en forme de supplément sur les plantes qui peuvent remplacer le thé, par Buc'hoz; *in-fol.*, 1786.

487. Dissertation qui a remporté le prix à la Société libre et économique de St.-Pétersbourg, en l'année 1768, sur cette question, proposée par la même question: est-il avantageux à un Etat que les paysans possèdent en propre du terrain, ou qu'ils n'aient que des biens meubles, et jusqu'où doit s'étendre cette propriété? par M. Bearde, de l'Abbaye; *in*-8°, 1770.

488. Dissertation sur cette question: quelle est l'influence de l'air sur les végétaux, qui a remporté le prix à Bordeaux, 1767, par M. de Limbourg, *in*-4°, 1758.

489. Dissertation sur la betterave et la poirée, leur culture, méthode pour en tirer du sucre, etc., par Buc'hoz; *in-fol.*, 1787.

490. Dissertation sur la cause de la fertilité des terres, par Kueibel; *in* 4°.

491. Dissertation sur la cause qui corrompt et noircit les grains de blé dans les épis, par M. Tillet; *in*-4°, 1755.

492. Dissertation sur la culture du tabac, par M. Mallet, auteur de plusieurs ouvrages d'agriculture, et inventeur du châssis physique. *Paris*, *in*-8°, 1701.

493. Dissertation sur la maladie épidémique des bestiaux, par Blondet, *in*-12, 1748.

Une autre, sous le même titre, avait paru en 1745, par M. Raudot.

494. Dissertation sur la maladie épizootique des animaux, et sur les moyens propres à les conserver, par Boniol, d'Agen, médecin à Bordeaux, 1789.

495. Dissertation sur la morve des chevaux, par M. Lafosse, *in*-12, 1761.

496. Dissertation sur la préférence que nous devons donner aux plantes de notre pays, par-dessus les plantes étrangères, par M. Marchant, de l'académie des sciences; 1701.

Voyez l'article *de Campus Elysius*, ouvrage avec lequel cette dissertation a quelque rapport. M. *Marchant* prétend (et non sans raison) que nous n'étudions pas assez les plantes de notre pays, lesquelles valent souvent autant que les végétaux étrangers; et que le malheur qu'elles ont de naître dans nos champs, leur fait tort dans nos idées. Il le prouve par la scrophulaire que nous foulons aux pieds, et qui a une identité parfaite pour la forme et les vertus, avec une plante qui nous arrive du Brésil (*l'Pyquetaja*, plante d'usage en médecine) et qui, pour cette raison, jouit d'un grand renom, tandis que la scrophulaire est dédaignée.

497. Dissertation sur la taupe; les moyens de la prendre, par Buc'hoz; *in-fol.*, 1790.

498. Dissertation sur la tourbe de Picardie, par M. Bellery. *Amiens*, *in*-12, 1755.

Couronnée en 1754, par l'académie d'Amiens.

499. Dissertation sur la végétation des plantes, par le chevalier Digby; traduite de l'anglais en latin, par Dapper, *Amsterdam*, *in*-12, 1663; et en français, par Treham. *Paris*, *in*-12, 1667.

500. Dissertation sur le blé de Turquie, par Buc'hoz; *in-fol.*, 1787.

501. Dissertation sur le café, par le P. Tolomas; *in*-12, 1757.

502. Dissertation sur le café et sur les moyens propres à prévenir les effets qui résultent de sa préparation communément vicieuse, et en rendre la boisson plus agréable et plus salutaire, par GENTIL, médecin, *in*-8°, 1787.

503. Dissertation sur le café, ses différentes préparations et ses propriétés, par BUC'HOZ, *in-fol.*, 1785.

504. Dissertation sur le café; son historique, ses propriétés, et le procédé pour en obtenir la boisson la plus agréable, la plus salutaire et la plus économique, par CADET DE VAUX : suivie de son analyse, par Ch. L. CADET, pharmacien ordinaire de S. M. l'Empereur. *Paris*, *in*-12, 1806.

505. Dissertation sur le cèdre du Liban, le platane et le cytise, par BUC'HOZ, *in*-8°, 1804.

506. Dissertation sur le chien domestique, par BUC'HOZ; *in-fol.*, 1789.

507. Dissertation sur le cochon, par BUC'HOZ, *in-fol.*, 1789.

508. Dissertation sur le dictionnaire des plantes, arbres et arbustes de la France, et sur les présens de Flore à la Nation française, par BUC'HOZ; *in-fol.*, 1792.

509. Dissertation sur le Dictionnaire vétérinaire des animaux domestiques, par BUC'HOZ; 1798.

510. Dissertation sur le farcin, par M. HURET; *in*-12, 1769.

511. Dissertation sur le lin de Sibérie, par BUC'HOZ; *in-fol.*, 1789.

512. Dissertation sur le pêcher et l'amandier; sur le cèdre du Liban; sur la manière de le cultiver en France, etc., par BUC'HOZ, *in-fol.*, 1787.

Beaucoup d'autres dissertations du même auteur, sur la violette, l'anis, etc., sont insérées dans le *Nouveau Traité physique économique*, etc. Voyez cet article.

513. Dissertation sur le putiet, sur le laurier, l'amandier, etc. Dissertation sur le fraisier, par BUC'HOZ; *in-fol.*, 1786.

Ces dissertations et d'autres du même auteur ont été recueillies sous ce titre *Nouveau Traité physique*, etc. Voyez cet article.

514. Dissertation sur le thé, sur sa récolte, et sur les bons ou mauvais effets de son infusion, par BUC'HOZ; *in-fol.*, 1785.

515. Dissertation sur le tirage de la soie, par BUC'HOZ; *in-fol.*, 1792.

516. Dissertation sur les effets que produit le taux de l'intérêt de l'argent sur le commerce et l'agriculture, qui a remporté le prix, en 1755, à l'acad. d'Amiens, par M. CLICQUOT-BLERVACHE; *in*-12.

517. Dissertation sur les roses, leurs propriétés, etc., par BUC'HOZ; *in-fol.*, 1786.

518. Dissertations sur les sorbiers et les viornes, auxquelles on a joint un supplément aux réflexions sur le robinier, par BUC'HOZ; *in*-8°, 1804.

519. Dissertation sur les vins; ouvrage dans lequel on donne la meilleure manière de les préparer, celle de les conserver, etc.; 12 vol., 1772.

520. Dissertation sur le nouveau genre de plantes, propres à décorer nos parterres, par BUC'HOZ; *in-fol.*, 1787.

521. Dissertation sur une nouvelle espèce de sainfoin, par BUC'HOZ; *in-fol.*, 1787.

522. Divers objets d'économie rurale et domestique: concernant principalement les pommes-de-terre, par LE BRETON. *Paris*, *in*-12. (sans date.)

523. Du cotonnier et de sa culture, *ou* Traité sur les diverses espèces de cotonniers, sur la possibilité et les moyens d'acclimater cet arbuste en France, sur sa culture dans différens pays, principalement dans le midi de l'Europe, et sur les propriétés et les avantages économiques, industriels et commerciaux du coton, par C. P. DE LASTEYRIE. *Paris*, *in*-8°, avec planch., 1808.

524. D'une altération du lait de vache, désignée sous

le nom de lait bleu, par P. CHABERT, et C. M. F. FROMAGE. *Paris*, *in*-8°, 1805.

525. Du pain et du blé, par LINGUET. *Londres*, *in*-12, 1774.

526. Du pommier, du poirier et du cormier, considérés dans leur histoire, leur physiologie, et les divers usages de leurs fruits, de leurs cidres, de leurs eaux-de-vie, de leurs vinaigres, etc.; dans la falsification des cidres rendue facile à découvrir, par rapport à l'économie rurale, à l'utilité domestique et à l'agrément, par LOUIS DUBOIS, bibliothécaire de l'école centrale du département de l'Orne, membre et associé de plusieurs sociétés savantes ou littéraires, etc. *Paris*, 2 vol. *in*-12, 1804. (an XII.)

## E.

527. Ebauche des principes sûrs pour estimer exactement le revenu net au propriétaire de biens-fonds, et fixer ce que le cultivateur peut et doit en donner de ferme, par M. CARPENTIER, 1775.

528. Eclaircissemens concernant plusieurs points de la théorie et de la manipulation des vins, par MAUPIN. *Paris*, *in*-8°, 1783.

529. Ecole d'agriculture pratique, sur les principes de M. *Sarcey de Sutières*, ancien gentilhomme servant, et de la Société d'agriculture de Paris, par M. DE GRACE, ancien auteur de la Gazette et du Journal d'agriculture. *Paris*, *in*-12, 1770.

Réimprimé en 1799. Ce n'est proprement qu'une seconde édition de l'*Agriculture expérimentale* de M. *de Sutières*. Mais M. *de Grace* a beaucoup augmenté cet ouvrage.

530. Ecole d'architecture rurale, par F. COINTERAUX. *Lyon*, *in*-8°, an IV.

531. Ecole de la chasse aux chiens courans, par M. VERRIER DE LA CONTERIE, seigneur d'Amigny-lès-Aulnets, etc.; *in*-8°, 1763.

Cet ouvrage est précédé d'une *Bibliothèque historique des Thérenticographes*, ou *Auteurs qui ont traité de la chasse*. Cette espèce de Bibliographie est curieuse : elle est de MM. *Lallemant* et ne présente point une nomenclature stérile.

M. *Verrier de la Conterie* se propose, dans son ouvrage, de former un élève pour la chasse : il saisit l'art dans son berceau et insiste sur les principes élémentaires. Dans les différentes chasses qu'il décrit, il sème beaucoup de traits qui ont rapport à l'histoire de chaque animal. Le chapitre préliminaire regarde les chiens ; les autres ont pour objet le lièvre, le chevreuil, le cerf, le sanglier, le loup, le renard et la loutre.

532. Ecole des jardiniers, où l'on apprend à semer des arbres fruitiers, à les mettre en pépinière, etc. ; avec un supplément qui contient une description de tous ces arbres. *Berne*, *in*-12, 1696.

Attribué à TSCHIFFELI.

533. Ecole des laboureurs ; *in*-8°.

On pourrait croire, d'après ce titre, que cet ouvrage a rapport à l'agriculture ; mais on se tromperait : c'est une brochure du C. *Lequinio* qui, en 1791, imagina d'expliquer aux laboureurs ce que c'était que la révolution française, les avantages qu'elle leur procurait, etc., *dans le but de faire chérir la nouvelle constitution*.

534. Ecole (l') du jardin fruitier, par M. DE LA BRETONNERIE ; 2 vol. *in*-12, 1783.

Réimprimé en 1784, puis, en 1789, et en 1808, avec beaucoup d'augmentations. On y trouve l'origine des arbres fruitiers, les terres qui leur conviennent, les moyens de les corriger et d'améliorer les plus mauvaises, etc. Cet ouvrage sert de suite à l'*Ecole du jardin potager*, du même auteur.

535. Ecole (l') du jardin potager, qui comprend la description exacte de toutes les plantes potagères, par LA BRETONNERIE. *Paris*, *Boudet*, 2 vol. *in*-12.

536. Ecole (l') du jardin potager, 5$^{e}$ édit., augmentée du Traité de la culture des pêchers, et de la manière de semer en toute saison, par DECOMBLES ; 2 volum. *in*-12, 1802.

537. Ecole d'agriculture ; *in*-12, 1759 ; avec cette épigraphe :

« Sola res rustica, quæ sine dubitatione, proxima et quasi
» consanguinea sapientiæ est, tam discentibus eget quam
» magistris. » *Columelle*.

Cet ouvrage, peu connu, est rempli de sages observations.

L'auteur parle de fermes expérimentales : projet que nous croyons imaginé par les Anglais, parce que nous faisons beaucoup plus d'attention à ce qui nous vient de l'étranger, qu'à ce qui se passe sous nos yeux ; et je sais un livre composé en France, mort dès le berceau, et qui, au moyen d'une physionomie anglaise, a obtenu une résurrection complète et un succès presqu'incroyable. L'histoire de ce livre *prétendu traduit de l'anglais*, sera quelque jour fort curieuse.

Si l'*Ecole d'agriculture* avait paru comme traduite de l'allemand ou de l'anglais, elle eût reçu l'accueil qu'elle méritait.

538. Ecole (l') du jardinier fleuriste, par M. ***. *Paris*, *Panckoucke*, *in*-12, 1764.

539. Ecole parfaite de la cavalerie, contenant la connaissance, l'instruction et la conservation du cheval, par Fr. Robichon de la Guérinière. *Paris*, *in-fol.*, fig., 1733.

Cette édition est préférable à celles qui l'ont suivie.

540. Economie des ménages, par M. Cointereaux ; *in*-4°, 1793.

541. Economie (l') générale de la campagne, *ou* Nouvelle maison rustique, par Liger.

L'édition la plus estimée était celle de 1762, en 2 vol. *in*-4°. Elle est aujourd'hui en trois. *Liger* ne fit qu'une réimpression de l'ouvrage d'*Etienne* et de *Liébault*, en y ajoutant beaucoup de choses. (*Voyez* Maison rustique.)

542. Economie (l') rurale de Columelle, traduit par M. *Saboureux de la Bonneterie* ; 2 vol. *in*-8°, 1772.

*Nota*. Cet ouvrage fait partie du suivant :

543. Economie rurale, par Caton, Varron, Columelle, Palladius et Végèce : traduit par *Saboureux de la Bonneterie*, 6 vol. *in*-8°, fig.

544. Economie rurale ; 2 vol. *in*-12, 1756.

C'est la traduction du *Prœdium rusticum* du P. *Vanières*. M. Berland d'Alouvry en est l'auteur.

545. Economie rurale et civile ; 1° pour l'administration des biens ; 2° pour l'économie domestique, par le Bègue de Presle, 2 vol. *in*-8°, 1789.

546. Economie rurale et civile, *ou* Moyens les plus économiques d'administrer et faire valoir ses biens de campagne et de ville ; de conduire ses affaires litigieuses ; de régler sa maison, sa dépense ; d'exécu-

ter ou faire exécuter les ouvrages des arts et métiers de l'usage le plus ordinaire ; de conserver et rétablir sa santé et celle des animaux domestiques : avec des avis sur les préjugés, erreurs, fraudes, artifices, falsifications des ouvriers et marchands, par L...B et DE LALAUZE ; 5 vol. *in*-8°, fig., 1791.

La première partie est consacrée à l'administration des biens ; la seconde à l'économie domestique, et la troisième à l'exploitation des terres.

547. Economie rurale et domestique des femmes, par PARMENTIER ; 8 vol., 1790.

548. Economie (l') rustique, servant de suite au Manuel des champs, *ou* Notions simples et faciles sur la botanique, la médecine, la pharmacie, la cuisine et l'office ; sur la jurisprudence rurale, etc., par DE MACHY et PONTEAU. *Paris*, *in*-12, 1769.

549. Economiæ pars prima, quâ tractatur quemadmodum bonus œconomus famulos suos regere debet et bona sua augere potest per varias honestas artes, et utilia compendia circa res domesticas, agriculturam, piscatum, aucupia, venationes et vinearum culturam. *Wittebergæ*, *in*-4°, 1593. (par J. Colerus.)

La seconde partie parut en 1595 : les 3e, 4e, 5e et 6e, en 1612. On réunit les six parties en un seul vol. *in-fol.*, en 1622.

550. Economicarum libri duo translati è græco in latinum à Leonardo Aratino. *Lipsiæ*, 1511. Aristotelis Stagiritæ nat. an I, Olymp. XCIX, obit. Olymp. CXIV.

Il y en a une autre traduction latine par *Bernard Donat*, imprimée en 1540. Ces deux traductions des économiques furent publiées séparément. La troisième traduction est celle des Œuvres complètes d'Aristote.

551. Economique de Xénophon, et le projet de finance du même auteur, traduit en français, avec des notes, par DUMAS ; *in*-12, 1768.

*Xénophon*, disciple de *Socrate*, vivait dans la quatre-vingtdeuxième Olympiade, 450 ans avant l'ère chrétienne.

L'ouvrage de *Xénophon* a été estimé dans tous les tems. C'était le Manuel de *Scipion l'Africain* : *Cicéron* le traduisit : *Virgile* ne l'oublia point en composant ses *Géorgiques*.

Il est divisé en trois livres, et chaque livre renferme plusieurs chapitres. Le tout est en dialogues.

Dans l'introduction on définit l'*économie*, et l'*agriculture* est louée, ainsi que les grands princes qui s'y livrèrent.

Le premier livre offre les fonctions du ménage, la distribution de la maison, des préceptes sur l'économie domestique.

Dans le second se trouve tout ce qui constitue un bon fermier.

Le troisième est consacré à la connaissance parfaite des principes et des méthodes relativement aux opérations de l'agriculture.

Tous ces préceptes sont accompagnés de traits d'histoire qui plaisent en instruisant.

552. Economiques (les), par L. D. H. (c'est-à-dire, par l'*ami des hommes*, M. DE MIRABEAU.) *Paris*, 4 vol. *in*-12, 1771.

Ce sont des dialogues où l'on développe les principes de la science économique : c'est en quelque sorte le catéchisme de la doctrine économique.

553. Ecuyer (l') français qui enseigne à monter à cheval, à voltiger, à bien dresser un cheval ; l'anatomie de leurs veines et de leurs os ; la science de connaître leurs maladies, et des remèdes souverains et éprouvés pour les guérir : enrichi de figures très-utiles, tant à la noblesse qu'à ceux qui ont ou gouvernent des chevaux. *Paris*, *in*-8°, 1694.

554. Edicts et ordonnances sur le faict des eaux et forests. *Paris*, *in*-8°, 1588.

555. Edicts et ordonnances des eaux et forests, augmentés d'aucunes ordonnances anciennes, mesmes des ordonnances du roi Henry-le-grand. Plus un Recueil d'arrests et réglements concernant la jurisdiction des eaux et forests, les officiers, usagers, etc., par DURAND. *Paris*, *in*-4°, 1614.

556. Edicts (les) et ordonnances des roys, coustumes des provinces, réglements, arrests et jugements notables des eaux et forests, recueillis avec observations de plusieurs choses dignes de remarque, par le sieur de SAINCT-YON. *Paris*, *in-fol.* 1610.

557. Edicts de 1599 et 1607, pour le desséchement des marais, et le défrichement des terres incultes ; petit *in*-12, 1610.

Henri IV, en rendant ces édits, d'après les conseils de Sully.

en présentant des avantages à ceux qui défricheraient des landes, eut l'intention de faire prospérer l'agriculture. Mais l'assassinat de ce bon roi rendit tous ses projets inutiles.

558. Electricité (l') de l'atmosphère a-t-elle quelque influence sur les végétaux ? Quels sont les effets de cette influence ? S'il y en a de nuisibles, quels sont les moyens d'y remédier ? par M. GARDINI, médecin en Piémont, à St.-Damiens, près d'Asti. *Turin*, 1784; avec cette épigraphe :

> « Ignis enim omnia per omnia movere potest, aqua verò » omnia per omnia nutrire. *Hippocrate.*

Ces questions avaient été mises au concours par l'académie de Lyon, et le mémoire de M. *Gardini*, couronné par elle en 1782.

559. Elémens d'agriculture, par BECKMANN ; traduit de l'allemand, par M. *Sylvestre* ; *in*-12, 1791.

560. Elémens d'agriculture, fondés sur les faits et les raisonnemens, à l'usage des gens de la campagne. *Paris*, *in*-8°, 1777.

Couronné en 1774 par la Société économique de Berne.

561. Elémens d'agriculture, *ou* Traité de la manière de cultiver toutes sortes de terres, par MALLET. *Paris*, nouvelle édition, *in*-12, an III.

562. Elémens (les) d'agriculture, par M. DUHAMEL DU MONCEAU ; 2 vol. *in*-12, 1762.

Réimprimé en 1779, avec des additions et des figures. L'auteur a rassemblé dans ces élémens un grand nombre d'observations faites sur le sol de différentes provinces.

563. Elementa agriculturæ physico-chymica ; 1791. (par J. G. WALLERIUS.)

Traduit dans presque toutes les langues de l'Europe.

564. Elémens d'agriculture, fondés sur les faits et les raisonnemens, à l'usage du peuple de la campagne, par M. BERTRAND, pasteur à Orbe ; *in*-8°, 1774.

Ce sont des entretiens d'un propriétaire avec son fermier : 1° sur les semences ; 2° sur les parties des plantes et leur usage ; 3° sur la nourriture des plantes ; 4° sur les diverses espèces de terre ; 5° sur les vices des terres et les moyens d'y remédier ; 6° sur les engrais et les labours ; 7° sur les bestiaux et les charrues ; 8° sur les prés, les arrosemens et la culture alternative.

565. Elémens d'agriculture physique et chymique, traduit du latin de *Valérius*. *Yverdon*, *in*-12, 1766.

566. Elémens d'hippiatrique, *ou* Nouveaux principes sur la connaissance des chevaux, par M. BOURGELAT; 3 vol. *in*-8°, 1750.

567. Elémens de la philosophie rurale, par le marquis de MIRABEAU. *La Haye*, *in*-12, 1767.

568. Elémens de l'art vétérinaire à l'usage des élèves des Ecoles royales vétérinaires, par BOURGELAT. *Paris*, *in*-12, 1769.

L'année suivante (1770) on fit paraître un ouvrage sous le même titre, qui contient les leçons dictées à l'école vétérinaire d'Alfort près le pont de Charenton.

569. Elémens de l'art vétérinaire, par BOURGELAT, 5^me^ édit. *in*-8°, 1803, avec des notes, par M. *Huzard*.

570. Elémens du jardinage utile, *ou* Méthode de cultiver avec succès le potager et le verger, d'après les principes et les expériences de ROGER SCHABOL, et des meilleurs auteurs qui ont écrit sur cette matière. *Metz*, *in*-12, planch., 1786.

571. Eloge (l') de la chasse, avec plusieurs aventures agréables qui y sont arrivées, par le chevalier de MAILLY. *Amsterdam*, *in*-12, 1724.

572. Encyclopédie d'économie pratique; 2 vol. *in*-8°.

A eu plusieurs éditions.

573. Encyclopédie domestique, *ou* Annales instructives formant recueil de toutes sortes de remèdes, recettes préservatives et curatives des diverses maladies des hommes et des animaux, et généralement de tout ce qui peut intéresser la santé, les besoins et les agrémens de la vie morale et physique; à l'usage des deux sexes, de la cour, de la ville et de la campagne. *Paris*, 18 vol. *in*-8°, 1791.

574. Encyclopédie économique, *ou* Système général; 1° d'économie rustique, contenant les meilleures pratiques pour fertiliser les terres et tirer parti des marais, des communes, des montagnes, des eaux, des den-

rées, et des animaux tant sauvages que domestiques. On y trouve les connaissances les plus essentielles sur la culture et les usages des herbages, des fleurs et des arbres ; sur les instrumens pour toutes sortes de culture ; sur les labours, les engrais de toute espèce ; sur le choix et la préparation des grains ; l'irrigation, le mélange des terres, sur l'exploitation des mines ; sur les insectes utiles et nuisibles ; sur les vers à soie et les abeilles ; sur le choix, l'usage, l'entretien, les maladies et les remèdes du bétail et de la volaille ; sur la chasse et la pêche ; sur l'influence des météores et du climat, etc.

2°. D'économie domestique, contenant la conservation des grains, des fleurs, des fruits et des légumes ; la construction des granges, des greniers et des caves, des laiteries et des fruiteries ; la manière de faire toutes sortes de fromages, de liqueurs, de compotes, de pâtes, de parfums, de confitures, de raisinés ; la préparation du pain, des alimens, du lin et du chanvre ; les embellissemens des jardins, etc. avec une idée générale et suffisante des arts qui ont un rapport direct à ces divers objets.

3°. D'économie politique, contenant les vrais principes des rapports de l'industrie et du commerce avec l'agriculture, et de l'influence de la police des Etats sur cet art. Ouvrage dont les matières ont été traitées chacune par des personnes instruites par une constante expérience : le tout revu par quelques membres de la Société économique de Berne. *Lille*, 16 vol. *in*-8°, 1771.

575. Encyclopédie économique, *ou* Système général d'économie rustique, contenant les meilleures pratiques pour fertiliser les terres, la conservation des grains, des fleurs et des fruits, par quelques membres de la Société d'agriculture de Berne. *Yverdon*, 16 vol. *in*-8°, 1770, 1771.

Il y a encore une *Encyclopédie économique*, publiée à *Léipsick* en 1792, *in*-8°. Elle est de M. Riem.

576. Entretien d'un habitant de Rouen avec un ancien militaire,

militaire, sur la cherté des grains, et sur l'émeute populaire qu'elle a causée dans la ville de Rouen, par M. le chevalier de P. *Amsterdam* et *Paris*, *in*-12, 1769.

Un autre entretien *ou* le même sur le même objet, avait paru long-tems auparavant, et peu après ce tumulte causé à Rouen dont parle *Fontenelle*. Il demandait la cause du bruit qu'il entendait à une femme qui tricotait tranquillement : elle lui répondit : *Oh ! mon bon monsieur, ce n'est rien, c'est que je nous révoltons.*

577. Entretiens d'un père avec son fils, sur quelques questions d'agriculture, par M. GIROD-CHANTRANS, officier du génie. *Besançon*, *in*-8°, 1805.

578. Ephemeridum aëris perpetuarum, seu popularis et rusticæ tempestatum astrologiæ ubique terrarum et veræ libelli seu classes 5, 1554. (*Paris*, par MIZAUD.)

Traduit en français la même année.

579. Epizootie *ou* Maladie des bestiaux, et, pour mieux dire, maladie de l'air, par ENGUEHARD, médecin des prisons de Paris ; *in*-8°, 1798.

580. Eques peritus et Hippiater expertus. *Norimbergæ*, 3 vol. *in-fol.*, 1678.

Par WINTER, qui publia le Traité des haras en quatre langues. Celui qui parut en français était intitulé, *Traité nouveau pour faire race de chevaux. Nuremberg*, *in-fol.*, 1672.

581. Erreurs (les) de mon siècle sur l'agriculture, par M. COINTEREAUX, 1793.

582. Esprit (l') de la législation pour encourager l'agriculture ; *in*-8°, 1769.

Couronné par l'académie de Berlin.

583. Esprit (de l') du Gouvernement économique, par BOESNIER DE L'ORME, *Paris*, *in*-8°, 1775.

584. Essai de bien public, *ou* Mémoire raisonné pour lever à coup sûr tous les obstacles qui s'opposent à l'exécution des défrichemens et desséchemens, faire mettre en valeur, par des moyens simples et avantageux à tout le monde, toutes les terres et

fonds incultes quelconques, et pour perfectionner l'art de l'agriculture. *Neufchatel*, *in*-8°, 1776; avec cette épigraphe :

« Veritati nemo præscribere potest; non diuturnitas temporum, nec patrocinia personarum, non privilegium regionum; nam si tempus consulatur æterna est; si patrocinia personarum, a Deo est; si privilegium regionum, natura imo omnium est. *Tert. de Val. virg.* c. 1.

585. Essai de vénerie, *ou* l'Art du valet du limier, suivi d'un Traité sur les maladies des chiens, d'un vocabulaire des termes de chasse, par Desgraviers, ancien capitaine de dragons. 2e édition, *in*-8°, 1804.

586. Essai d'une nouvelle classification des végétaux, conforme à l'ordre que la nature paraît avoir suivi dans le règne végétal, par M. A. Augier. *Lyon*, *in*-8°, 1801.

587. Essai d'une statistique générale de la France; statistique élémentaire de la France, par Peuchet; *in*-8°, 1802.

588. Essai historique et légal sur la chasse; 1769.

589. Essai historique et politique sur la race des brebis à laine fine, tiré du suédois, par Alstrom. *Saarbruck*, *in*-8°, 1774.

590. Essai patriotique, *ou* Mémoire pour servir à prouver l'inutilité des communaux; l'avantage qu'il y aurait de les défricher, par M. le baron Scott; *in*-8°, 1775.

591. Essai politique et philosophique sur le commerce et la paix, considérés sous leurs rapports avec l'agriculture, par Rougier de la Bergerie; *in*-8°, 1797.

592. Essai pour diriger et étendre les recherches des voyageurs qui se proposent l'utilité de leur patrie; par le comte L. Berchtold; traduit de l'anglais par M. Lasteyrie. *Paris*, 2 vol. *in*-8°, 1797.

Comme on trouve dans cet ouvrage beaucoup de questions relatives à l'économie rurale, nous avons cru devoir en insérer le titre dans cette Bibliographie.

593. Essais pour former des essaims artificiels selon la méthode de la Société des abeilles de Lusace, exécutés

à Lignières; par DE GELION, pasteur près de Neufchâtel; 1770.

594. Essai sur de nouvelles découvertes intéressantes pour les arts, l'agriculture et le commerce; par M. DE LA ROUVIÈRE, bonnetier ordinaire du roi et de la famille royale, avec une planche représentant une nouvelle machine pour le tirage des soies. *Liége* et *Paris*, *in*-12, 1770.

On trouve quelques observations qui parurent neuves lors de la publication de ce petit écrit. M. *de la Rouvière* est le premier qui ait employé la soie torse pour les bas, et qui ait enseigné la manière d'employer le poil de lapin. Il obtint, en 1757, un privilége pour l'usage de l'*apoein*. Il travailla en présence de M. l'abbé *Nollet* et de M. *Fougeroux*, mais il leur fit un secret des moyens qu'il employait et qu'il n'a pas insérés dans son ouvrage. Reproche fondé qu'on fit alors à l'auteur.

595. Essai sur l'administration des terres, par M. QUESNAY fils; *in*-8°, 1759.

596. Essai sur l'agriculture, par M. DU COUDRAY; *in*-8°, 1774.

597. Essai sur l'agriculture ancienne. *Paris*, *in*-12, 1755.

598. Essai sur l'agriculture moderne, par l'abbé NOLIN et BLAVET. *Paris*, *in*-12, 1755.

Il est traité dans cet ouvrage, des arbres, arbrisseaux, oignons de fleurs et arbres fruitiers.

599. Essai sur l'amélioration de l'agriculture dans les pays montueux, et en particulier dans la Savoie; par CH. COSTA, médecin des Sociétés économiques de Chambéri, de Berne, etc. Nouvelle édition, *in*-8°, 1802.

Ce livre a été très-utile aux cultivateurs du Jura et des Vosges. C'est de l'époque de sa publication que date le plus grand nombre des améliorations introduites dans la culture des montagnes de la ci-devant Franche-Comté.

600. Essai sur l'amélioration des terres; par M. PATULLO, avec une épître dédicatoire à Mme de Pompadour, rédigée par MARMONTEL. *Paris*, *Durand*, *in*-12, 1758.

601. Essai sur la cause qui corrompt et noircit les grains

dans les épis. *Bordeaux*, *in*-4°, 1755. Une suite de cet essai en 1756, et un *précis des expériences faites à Trianon* sur cet objet; par DU TILLET; *in*-8°, 1756.

602. Essai sur la cause de la disette du blé en Europe, et sur les moyens de la prévenir; par M. DE SAUSSURE; *in*-12, 1776.

603. Essai sur la chasse au fusil; *in*-8°, 1781.

604. Essai sur la culture de la châtaigne dans le département d'Ille-et-Vilaine; par M. Bertin. *Rennes*, *in*-12, an VIII.

605. Essai sur la culture des prés, sur la manière de les arroser; par M. l'abbé POYLA. *Paris*, *in*-8°, an IX.

606. Essai sur la culture du café, avec l'histoire naturelle de cette plante; par M. BREVET, secrétaire de la chambre d'agriculture au Port-au-Prince (île de Saint-Domingue); *in*-8°, 1768.

L'auteur qui est Rochellais, résidait depuis 35 ans à Saint-Domingue lorsqu'il publia son ouvrage. Il écrit d'après sa propre expérience.

607. Essai sur la culture du mûrier blanc et du peuplier d'Italie, et les moyens les plus sûrs d'établir solidement et en peu de tems le commerce des soies. *Dijon* et *Paris*, *in*-12, 1766.

Cet ouvrage est dédié aux Etats de Bourgogne. L'auteur est M. LOUIS-MAGDELEINE BOLET.

608. Essai sur l'éducation des abeilles dans des ruches de paille; par M. DUHOUX, curé du Mesnil en Verdunois; *in*-12, 1769.

L'auteur commence par décrire les lieux où les abeilles se plaisent; l'exposition du rucher qui doit regarder le plein midi, ou plutôt le soleil de dix heures. Il entre ensuite dans le détail de la construction des ruches de paille. Ce Mémoire contient des observations intéressantes: il est inséré dans le Journal économique de 1769.

609. Essai sur l'histoire naturelle de la taupe; sur les différens moyens qu'on peut employer pour la détruire; par M. DE LA FAILLE, de la Société d'agriculture de La Rochelle. *La Rochelle*, *in*-12, *fig.*, 1768.

610. Essai sur la manière la plus avantageuse de cons-

truire les machines hydrauliques et en particulier les moulins à blé : ouvrage entiérement fondé sur la théorie modifiée par l'expérience, et terminé par un Traité-pratique, où l'on a mis les principes de la construction à la portée des constructeurs, auxquels on ne suppose d'autres connaissances que celles de l'arithmétique ordinaire, par FABRE. *Paris*, *Alex. Jombert* jeune, *gr. in*-4°, 1783.

611. Essai sur l'aménagement des Forêts, par M. PANNELIER d'ANNEL; *in*-8°, 1778.

612. Essai sur la nature champêtre, en vers avec des notes; par LEZAY DE MARNEZIA; *in*-8°, 1787.

613. Essai sur la nécessité du travail; par M. l'abbé MOTTIN; *in*-12.

614. Essai sur la nécessité et les moyens de faire entrer dans l'instruction publique l'enseignement de l'agriculture; lu à la Société d'agriculture de la Seine, au nom d'une commission composée de MM. Cels, Chassiron, Mathieu, Sylvestre, Tessier, et François rapporteur; par FRANÇOIS DE NEUFCHATEAU; *in*-8°, 1802. Avec cette épigraphe :

> *Ruris ut ipsa suo quoque disciplina magistro*
> *Gaudeat !* VANIÈRE.
> Tout art est enseigné ; la culture doit l'être :
> C'est le premier des arts ; il veut aussi son maître.

615. Essais sur la police générale des grains, sur leur prix et sur les effets de l'agriculture; par HERBERT. *Berlin*, *Paris*, *in*-8°, 1754.

Réimprimé en 1755, *in*-12 (sans nom d'auteur).

616. Essai sur la race des brebis à laine fine; traduit du suédois de CL. ALSTROM. *Metz*, *in*-8°, 1773.

C'est le même ouvrage publié sous un autre titre que celui inséré sous le N° 589.

617. Essai sur la taille des arbres fruitiers; par PELLETIER DE FRÉPILLON; *in*-12, 1773.

618. Essai sur la taille des arbres fruitiers; par une société d'amateurs. *Paris*, *Delatour*, *in*-12, *fig.*, 1773.

619. Essai sur la taille de la vigne et sur la rosée ; par DE SAUSSURE ; *in*-8°, 1780.

620. Essai sur la théorie des torrens et des rivières, contenant les moyens les plus simples d'en empêcher les ravages, d'en rétrécir le lit, et d'en faciliter la navigation, par FABRE. *Paris*, *in*-4°, 1800.

Utile aux propriétaires dont les prairies ou les champs sont traversés par des rivières.

621. Essai sur la valeur intrinsèque des fonds, par FR. MASSABIAU. *Paris*, *in*-12, 1764.

622. Essai sur l'art de faire le vin rouge, le vin blanc et le cidre, par M. MAUPIN ; *in*-12, 1762.

623. Essai sur l'art des jardins modernes, traduit en français, par le duc de NIVERNOIS ; *in*-4°, 1785.

Très-rare, le duc de *Nivernois* n'ayant fait tirer des exemplaires que pour ses amis. L'original est d'*Horace Walpole*. L'ouvrage est en anglais et en français ; il a été imprimé à *Strawberry-Hill*.

624. Essai sur le blanchiment, avec la description de la nouvelle méthode de blanchir par la vapeur, d'après les procédés du sénateur *Chaptal*, par OREILLY ; *in*-8°, 1802.

625. Essai sur le blanchiment des toiles, traduit de l'anglais de *Honce* ; par M. LARCHER, *in*-12, 1762.

626. Essai sur le mouvement des eaux courantes et la figure qu'il convient de donner aux canaux qui les contiennent, par P. S. GÉRARD, membre de l'institut d'Egypte ; *in*-4°, 1804.

627. Essai sur le nivellement, par M. BUSSON-DESCARS, ingénieur en chef des Ponts et Chaussées ; *in*-8°, 1805, (an XIV).

628. Essai sur le partage et la culture des communes, par un Fermier ; *in*-8°, 1779.

629. Essai sur les arbres d'ornement, les arbrisseaux et arbustes de pleine terre, extrait du Dictionnaire de *Miller*, septième édition publiée en 1759, par M. le chevalier TURGOT. *Amsterdam* et *Paris*, *Grangé*, *in*-8°, 1778.

630. Essai sur les avantages du rétablissement de la culture du tabac dans la Guienne, par M. Dupré de Saint-Maur; *in*-4°, 1783.

631. Essai sur les bois, les friches, les chemins et les mendians, par Paulmier de la Tour, cultivateur à Nemours; *in*-8°, 1791.

632. Essai sur les engrais, l'assolement, le parcage, et autres sujets d'agriculture, par Marc Leavenworth, cultivateur; 1803.

633. Essai sur le haras, *ou* Examen des moyens propres pour établir, diriger et faire prospérer les haras: suivi d'une méthode facile de bien examiner les chevaux que l'on veut acheter, par M. de Brezé. *Turin*, *in*-8°, fig. 1769.

634. Essai sur les jardins, par Watelet. *Paris*, *in*-8°, 1774.

635. Essai sur les maladies qui affectent les vaches laitières des environs de Paris, par M. Huzard; *in*-8°, 1794.

636. Essai sur les mœurs champêtres, par M. Gauthier, ci-devant curé de la lande de Gal, département de l'Orne; *in*-18, 1787.

637. Essai sur les moulins à soie, et description d'un moulin propre à servir seul à l'organsinage et à toutes les opérations du tors de la soie, et à la culture du mûrier, par M. le Payen, procureur du roi au bureau des finances de la généralité de Metz. *Metz* et *Paris*, *in*-4°, 1768.

L'auteur donne les moyens de simplifier, perfectionner et rendre moins dispendieuses les machines et les opérations relatives à la soie.

638. Essai sur les moyens d'encourager l'agriculture, relativement à l'imposition de la taille, par le Vayer; 1763.

639. Essai sur les moyens de perfectionner les arts économiques en France, par M. Sylvestre. *Paris*, *in*-8°, an IX.

640. Essai sur les prés artificiels, extrait d'un mémoire

lu à l'Académie des sciences et belles-lettres de Prusse, le 26 mars 1801, par J. Bastide, conseiller du roi. *Berlin*, 1801.

641. Essai sur les principes de la greffe, par Cabanis de Salagnac; *nouvelle édition*, précédé d'une notice sur la vie de l'auteur, et d'un essai sur l'art de faire le cidre, par de Chambray; *in*-12, 1802.

642. Essai sur les propriétés médicales des plantes, comparées avec leurs formes extérieures et leur classification naturelle, par Augustin-Pyrance de Candolle, professeur de zoologie à l'académie de Genève; *in*-4°, 1804.

643. Essai sur l'histoire économique des mers occidentales de France, par M. Tiphaigne, docteur en médecine (de Caen.) *Paris*, *in*-8°, 1760.

Cet essai est divisé en deux parties. L'auteur envisage, dans la première, les productions de la mer, sous le rapport de l'utilité. De l'examen des fonds, de la variété des côtes, il passe à la description des pêches qui occupe la seconde partie: M. *Tiphaigne* propose de nouvelles idées et des projets d'améliorations.

644. Essai sur l'état de l'agriculture au 16e siècle, par le sénateur Grégoire; *in*-8°.

Cet essai plein de recherches curieuses et d'érudition, se trouve dans l'édition du Théâtre d'agriculture d'*Olivier de Serres*, à laquelle M. *Grégoire* a contribué.

645. Essai sur les moyens de tirer le parti le plus avantageux de l'exploitation d'un domaine borné, *ou* Système d'agriculture pour les petits Propriétaires, par M. François de Neufchateau. *Neufchâteau*, *in*-8°, 1790.

646. Essais botaniques, chimiques, pharmaceutiques, sur quelques plantes indigènes substituées avec succès à différens végétaux exotiques, par M. Coste, médecin de l'hôpital militaire de Calais, et M. Willemet, doyen des apothicaires de Nanci et membre de la Société économique de Berne. *Nanci*, 1778; avec cette épigraphe:

*Naturæ placuerat esse remedia parata vulgò, inventu facilia ac sine impendio.*

Ce mémoire, fait en commun, était relatif à une question de

l'académie de Lyon ainsi posée : « Quelles sont les plantes indi-» gènes qui pourraient remplacer l'ipécacuanha, le quinquina » et le sené ? »

Le mémoire intitulé, *Essais botaniques*, etc. remporta le pre-premier prix.

Quant au fond de la question, voyez *Campus Elysius*, etc. l'art. *Champier*, etc.

647. Essais d'agriculture, *ou* Tentatives physiques, proposées par Bearde de l'Abbaye ; *in*-8°, 1769.

648. Essais d'agriculture en forme d'entretien, sur les pépinières des arbres étrangers et fruitiers, etc., par un cultivateur à Vitry-sur-Seine. (C'est M. de Calonne.) *Paris*, *in*-12, 1779.

Quelques personnes ont attribué cet ouvrage au ministre du même nom ; mais l'auteur était avocat.

649. Essais de la Société de Dublin, traduit de l'anglais, par M. Thiébault. *Paris*, *Etienne*, *in*-12, 1759.

650. Essais du comte de Rumfort sur la construction des foyers de cuisine et sur la cuisson des alimens. Deux parties, *in*-8°, avec planches, an x.

651. Essais sur l'agriculture et l'économie rurale. Deux parties, *in*-8°, 1776.

652. Essais sur les maladies contagieuses du bétail, avec les moyens de les prévenir et d'y remédier efficacement, par M. le Clerc, ancien médecin des armées du roi en Allemagne. *Paris*, *in*-12, 1769.

Estimés.

653. Essai sur les moyens d'améliorer l'agriculture, les arts et le commerce en France, par Bosc, membre de l'institut ; *in*-8°, 1800.

654. Essai sur une nouvelle agriculture, où l'on démontre l'inutilité de laisser reposer les terres ; *in*-8°, 1790.

655. Esquinancies (des) observées pour la première fois chez les chevaux, les bêtes à cornes et les porcs, par Crachet ; *in*-8°, 1803.

656. Etangs (les) considérés du côté de la population et de l'agriculture, sont-ils plus utiles que nuisibles ? *Marseille*, *in*-8°, 1776.

Mémoire couronné par l'académie de Lyon : il est de MM. *Bernard* et *Gérand*, de l'Oratoire.

Un autre mémoire sur la même question eut le second prix : il est de M. *Huguenin*, avocat à Nanci, et fut imprimé dans cette ville en 1777.

657. Etat de l'agriculture chez les Romains, depuis le commencement de la république jusqu'au siècle de Jules-César, par M. ARCÈRE ; *in*-8°, 1776.

658. Etat de nos connaissances sur les abeilles au commencement du dix-neuvième siècle, avec l'indication des moyens en grand de multiplier les abeilles en France, par LOMBARD, membre des Sociétés d'agriculture, etc., *in*-8°, 1805.

659. Etat descriptif du ci-devant district de Grasse (département de l'Aude), rédigé par la commission d'agriculture. *Carcassonne*, *in*-4°, an VIII.

660. Etat physique et agricole de la Lorraine, par CHARLES-LÉOPOLD-ANDRIEU DE BILISTEIN. *Amsterdam*, *in*-8°, 1762.

L'état physique roule sur le climat, les productions de cette province, sur ses montagnes, et les différens travaux qui s'y exécutent ; ainsi que sur le logement, l'habillement et la nourriture des habitans : l'état agricole y est traité avec beaucoup de détail. On y trouve tout ce qui regarde les grains, racines, bestiaux, et le commerce des productions de la Lorraine et du Barrois.

661. Etrennes à tous les amateurs de café, *ou* Manuel de l'amateur du café. *Paris*, *in*-12, 1790.

Ce livre renferme l'histoire, la description, la culture et les propriétés de cette plante, sur laquelle on a beaucoup écrit.

662. Etrennes du printems aux habitans de la campagne et aux herboristes, *ou* Pharmacie champêtre, végétale et indigène, à l'usage des pauvres et des habitans de la campagne. *Paris*, *in*-18, 1784.

663. Examen critique du gleuco-œnomètre de M. CADET-DE-VAUX, par un vigneron du Mâconnais ; *in*-8°, 1806.

664. Examen chimique des pommes-de-terre, par M. PARMENTIER, *in*-12, 1773.

665. Examen de l'analyse du blé, etc. ; première partie

du Parfait boulanger, par M. PARMENTIER; *in*-8°, 1776.

666. Examen de la houille, considérée comme engrais des terres, par M. RAULIN; *in*-12, 1775.

667. Examen de l'essai sur l'aménagement des forêts, par M. DE SESSEVAL; *in*-8°, 1779.

668. Examen des causes de la disette des bestiaux, et des moyens de nous en rédimer, par PRÉAUDEAU, cultivateur. *Paris*, *in*-8°, an II.

669. Examen du livre qui a pour titre: *De la législation sur le commerce des blés*, par DE LUCHET.

670. Exanthèmes (des) épizootiques, et particulièrement de la clavelée et de la vaccine, rapprochées de la petite vérole, etc., par CHAVASSIEU d'AUDEBERT. *Paris*, *in*-8°, 1804.

671. Expériences et observations sur la culture et l'usage de la spergule, par le C. BOUVIER. *Paris*, *in*-12, an VI.

672. Expériences et nouvelles observations sur les houilles des engrais; 3 vol. *in*-12.

673. Expériences et réflexions relatives à l'analyse des blés et des farines, par M. PARMENTIER; *in*-8°, 1776.

674. Expériences et réflexions sur la culture des terres, par DUHAMEL DUMONCEAU et LULLIN DE CHATEAUVIEUX; *in*-12, 1753.

675. Expériences faites à Trianon sur la cause qui corrompt les blés, par M. DUTILLET; *in*-8°, 1756.

Réimprimées *in*-4°, en 1785.

676. Expériences faites en Angoumois d'une méthode pour mettre les blés en état d'être bien conservés, et même pour en faire périr jusqu'aux moindres insectes. *Paris*, *in*-4°, 1763.

677. Expériences physiques sur les rapports de combustibilité des bois entr'eux, formant un supplément à la science forestière, par GEORGES-LOUIS HARTIZ, conseiller supérieur des forêts du prince de Nassau-

Orange, directeur de l'Ecole forestière de Dillenbourg, membre de la Société de physique de Berlin, et des Sociétés des forêts et chasses en Saxe. Ouvrage trad. de l'allemand, pour l'administration générale des forêts, par M. J. J. BAUDRILLART. *Paris*, 1806.

678. Expériences pour découvrir si la farine a été altérée par les mélanges de quelque minéral, par M. MARET.

679. Expériences sur la bonification de tous les vins, par MAUPIN ; 2 vol. *in*-12, 1770, 1772.

680. Expériences sur la germination des plantes, par M. LEFÉBURE, aide-chimiste à l'Ecole de santé de Strasbourg. *Strasbourg*, *in*-8°, 1801.

681. Expériences sur la vaccine dans les bêtes à laine, comme moyen préservatif du claveau, pendant les années X et XI, par GODINE jeune, professeur à l'Ecole d'économie rurale vétérinaire d'Alfort, membre de la Société galvanique. *Paris*, *in*-8°, an XI.

682. Expériences sur les cidres, les poirés et les bières, sur les falsifications de ces boissons, sur les différens moyens de les découvrir, par M. HARDY, médecin et professeur de chimie à Rouen ; *in*-4°, 1785.

683. Expériences sur les végétaux, trad. de l'anglais, par M. INGELHOULZ ; *in*-8°, 1780.

684. Exploitation (de l') des bois, *ou* Moyens de tirer un parti avantageux des taillis, demi-futaies et hautes futaies, et d'en faire une juste estimation : avec la description des arts qui se pratiquent dans les forêts, par DUHAMEL DUMONCEAU ; 2 vol. *in*-4°, 1764.

685. Exportation (de l') et de l'importation des grains, par DUPONT ; *in*-8°, 1764.

686. Exposé des moyens curatifs et préservatifs qui peuvent être employés contre les maladies pestilentielles des bêtes à cornes, par M. VICQ-d'AZIR ; *in*-8°, 1776.

687. Exposé des températures, *ou* les Influences de l'air sur la constitution et les maladies de l'homme et des animaux, et ses effets dans la végétation, en 3 tableaux,

par CHAVASSIEU d'AUDEBERT, médecin à Versailles; 1803.

688. Exposition d'une nouvelle doctrine sur la médecine des chevaux, par P. M. CRACHET, médecin; mémoire composé sur les notes d'observation de feu son père, maréchal et laboureur à Nielles-lès-Bléquin, près S^t^.-Omer, *in*-8°, 1793.

Il est principalement question, dans cet ouvrage, du traitement préservatif et curatif d'une maladie réputée incurable, vulgairement appelée *morve*, et désignée par l'auteur sous le nom de *courbature maligne et contagieuse*. Ce traitement a pour base l'opium.

689. Exposition des familles naturelles et de la germination des plantes, par JAUME S^t^.-HILAIRE; 4 vol. gr. *in*-8°, 1805.

690. Exposition et emploi d'un moyen de disposer des eaux pour les travaux publics, l'agriculture, etc., par RIBOUD; *in*-4°, 1799.

691. Exposition et expériences économiques de la Société des amateurs d'abeilles, dans la Haute-Lusace, en 1766 et 1767; *in*-8°.

692. Extrait d'un mémoire du C. *Monnot*, sur l'aménagement des forêts (du département du Doubs), par le C. GIROD-CHANTRANS. *Besançon*, *in*-8°, an VIII.

693. Extrait d'un mémoire sur les avantages que l'hydraulique peut apporter à l'agriculture, au commerce et aux arts, dans la 27^me^ division militaire, par le C. CASTELLANO. *Turin*, *in*-8°, an X.

694. Extrait d'une instruction sur la culture du coton dans la partie méridionale du département du Var, par M. FLANC-MARTIN, de Toulon, botaniste de la marine. *Toulon*, *in*-8°, broch. 1808.

695. Extrait du registre des délibérations de la commission des travaux de l'ensemencement des dunes du golfe de Gascogne, séante à Bordeaux. *Bordeaux*, *in*-4°, an XII.

696. Extrait du traité complet de la culture du tabac; par GOUDART. *Paris*, *in*-8°, 1791.

# F.

697. **Façon (la) de faire et semer la graine de mûriers, les élever et replanter, gouverner les vers à soie au climat de la France, par B. D. L. F.** *Paris*, *in*-12, 1604.

Voyez l'article *Naturel et profit admirable*, etc.

698. **Faits et observations concernant la race des mérinos d'Espagne à laine superfine, et les croisemens, par Ch. Pictet**; *in*-8°, 1802.

L'un des auteurs les plus recommandables qui aient écrit sur cette matière.

699. **Farcin (le) maladie des chevaux, et les moyens de le guérir**; *in*-8°, 1770.

700. **Fauconnerie (la) de François de St.-Aulaire, sieur de la Renaudie en Périgord, gentilhomme limousin.** *Paris*, *in*-4°, 1619.

Cet ouvrage est rare et peu connu. Il n'est qu'indiqué dans la Bibliothèque historique et critique de MM. Lallemand.

701. **Fauconnerie (la) de Charles d'Arcussia, de Capre, seigneur d'Esparron, de Pallières et du Révest en Provence; divisée en dix parties, avec les portraits au naturel de tous les oiseaux.** *Aix*, *in*-8°, 1598. *Paris*, *in*-4°, 1604, 1608, 1615, 1621 et 1627. *Rouen*, *in*-4°, 1644.

Ce livre est encore estimé aujourd'hui par des faits intéressans d'histoire naturelle. Il renferme des recherches sur toutes sortes d'oiseaux, principalement sur ceux de France, et même sur l'histoire naturelle de plusieurs animaux et de quelques plantes. M. d'*Esparron* réfute judicieusement les erreurs des anciens naturalistes. Il est fâcheux que l'auteur, à propos de fauconnerie, parle de morale et de métaphysique.

702. **Fauconnerie (la) de Messire Artelouche de Alagona, seigneur de Maraveques, conseiller et chambellan du roi de Sicile.** *Poitiers*, *in*-4°, 1567.

*Baillet* croit le mot *Alagona* un nom déguisé : c'est le sentiment de M. de la Monnoye. Dans la Bibliothèque historique des auteurs qui ont traité de la chasse, on ne croit pas ce nom supposé. Cet ouvrage a été souvent cité. Il ne contient cependant que 38 pages d'un caractère fort gros, et il y a 39 chapitres sur ces 38 pages. L'auteur traite des oiseaux de proie, du choix qu'on en doit faire, de la manière de les instruire, et de leurs maladies.

703. Félicité (la) publique, considérée dans les paysans cultivateurs de leurs propres terres, traduit de l'italien de *Vignoly*, par Béarde de l'Abbaye. *Lauzanne*, *in*-12, 1770.

704. Ferme (la), par Cointeraux ; *in*-4°.

705. Fermentation (de la) des vins, et de la meilleure manière de faire de l'eau-de-vie, Mémoire qui a concouru pour le prix proposé par la Société d'agriculture de Limoges ; *in*-12, 1771.

706. Ferrarii (J. B.), Flora *seu* de florum culturâ lib. IV ; édit. nova, accurante Ber. Rottendorfio. *Amstelodamis*, *Jeansson*, *in*-4°, fig. 1646.

707. Joan. Bapt. Ferrarii Hesperides, sive de malorum aureorum culturâ et usu lib. IV. *Romœ*, *Schoens*, *in-fol.* fig. 1646.

708. Fertilisation (de la) des terres, et moyens de faire de la chaux avec le feu solaire : nécessité de conserver et d'améliorer les forêts par rapport à l'agriculture, la conservation de la fertilité de la terre et l'affermissement du gouvernement, etc. ; des rivières par rapport à l'agriculture, par Bexon, *in*-8°, 1797.

C'est la réimpression du *Système de fertilisation*, du même auteur : Voyez ce titre.

709. Fertilité (de la) des provinces de France, quant aux grains, etc., par M. de la Marre, commissaire au Châtelet. *Paris*, 1710.

L'auteur à inséré ces observations dans le second volume de son *Traité de la police*, imprimé en 1710.

710. Feu (le), principe de la fécondité des plantes et de la fertilité des terres, par de Saussure ; *in*-8°, 1783.

711. Feuille d'agriculture, d'économie rurale et domestique, à l'usage des propriétaires, etc., par J. B. Dubois ; *in*-4°, 1790.

Cette feuille faisait d'abord partie du *Journal général de France*. En 1790, elle parut séparément.

712. Feuille du cultivateur, rédigée par MM. DUBOIS, BROUSSONNET, LE FEBVRE et PARMENTIER, 8 vol. *in*-4°, 1788 et années suivantes.

713. Feuille villageoise (la), commencée par CÉRUTTI et RABAUD DE SAINT-ETIENNE, continuée après la mort de *Cérutti*, par MM. GROUVELLE et GINGUENÉ, jusqu'en 1796. *Paris*, 7 vol. *in*-8°, 1791 — 1796.

Ce Journal se continue, il offre, avec des objets d'économie rurale et domestique, les événemens et les Nouvelles politiques (1).

714. Fleaux (les) de l'agriculture. Cause de la disette du blé; par M. DUCELLIER. *Versailles*, *in*-8°, 1789.

715. Fléuriste français (le), traitant de l'origine des tulipes; avec un catalogue des noms des tulipes; par CH. DE LA CHESNÉE MONSTEREUIL. *Caen*, 1654 et 1673.

L'un des premiers Traités publiés sur cette fleur, qu'on pourrait appeler la *Belle inutile*, et à qui la mode et le caprice ont donné pendant quelque tems une existence brillante et un prix inconcevable. En 1678, un plagiaire fit réimprimer le *Fleuriste français* sous le titre de *Traité des tulipes*, en supprimant sans façon le nom de l'auteur, dont l'ouvrage n'est pas sans mérite.

En 1760, le P. *Dardenne*, fleuriste instruit et renommé, publia un *Traité des tulipes*, dans lequel il rapporte ce qu'on avait écrit sur cette fleur, en y ajoutant des remarques nouvelles.

716. Formation (de la) des jardins, par l'auteur des Considérations sur le jardinage; par DUCHESNE; *in*-8°, 1775.

717. Formulaire des gardes champêtres; par CRETTÉ-PALLUEL; *in*-8°, 1796.

718. Formulaire des Propriétaires; par CRETTÉ DE PALLUEL, *in*-8°, 1790.

719. France (la) agricole et marchande; par M. GOYON DE LA PLOMBANIE. *Paris*, 2 vol. *in*-8°, 1762.

L'auteur entre dans beaucoup de détails sur le défrichement des landes et leur amélioration.

720. France (la) agricole et marchande; par M. l'abbé PICHON du Mans, et M. DE GOYON; *in*-8°, 1769.

C'est la réimpression de l'ouvrage précédent.

---

(1) Ce Journal politique et économique paraît les mercredi et samedi. Le prix de l'abonnement est de 18 fr. par an. — Chez *D. Colas*, rue du Vieux-Colombier, N° 26.

721. Fructologie *ou* Description des arbres fruitiers, ainsi que des fruits que l'on plante et qu'on cultive communément dans les jardins ; par JEAN HERMAN KNOOP. *Amsterdam*, *in-fol.*, 1771.

722. Fruitier (le) de la France, *ou* Description des fruits à noyaux et à pepins qui se cultivent dans le royaume ; avec une Dissertation historique sur l'origine et le progrès des jardins ; par M. LEMAISTRE, ancien curé de Joinville ; *in-4°*, 1719.

Sous ce titre il n'y a eu d'exécuté que le plan de l'ouvrage que l'auteur se proposait de faire.

## G.

723. Gargilii Martialis curæ bovum.

L'auteur vivait dans le 3me siècle. C'est un fragment de médecine vétérinaire.

724. Gazette d'agriculture, commerce et arts, rédigée par GRACE et autres ; 7 vol. *in-4°*, 1770 et années suivantes.

725. Gentilhomme (le) cultivateur, *ou* Cours complet d'agriculture, traduit de l'anglais de *Hall*, par M. DUPUY DAMPORTES ; 8 vol. *in-4°*, ou 16 vol. *in-12*, 1761 et suiv.

726. Gentilhomme (le) maréchal : tiré de l'anglais de *Bartlet*, avec la suite du même ouvrage, et un dictionnaire des termes de maréchallerie et de manége ; 2 v. avec fig., 1756.

727. Géoponiques, *ou* Collection des préceptes choisis sur toutes les parties de la chose rustique, tirés des auteurs anciens, et publiés en grec dans le dixième siècle de notre ère chrétienne, sous le règne de *Constantin VII*, surnommé Porphyrogenète, empereur d'Orient, fils de *Léon-le-Sage* et neveu de *Basile* le Macédonien.

Le mot *Géoponiques* est un adjectif pluriel, formé de mots grecs. Il signifie *tout ce qui est relatif au travail de la terre.* L'*agronomie* est la théorie de l'art de cultiver les champs ; et la *géoponie*, si ce mot, proposé par M. *François de Neufchâteau*, était admis, en serait la science pratique.

Les *Géoponiques* forment une sorte d'*encyclopédie rurale*. On n'est point d'accord sur le nom de celui qui a formé ce recueil. Les uns l'attribuent à *Constantin Poligonat*; d'autres, à *Constantin Porphyrogenète*. M. *François* suit cette dernière opinion, et ne parlant que de cet empereur, lui attribue exclusivement cette entreprise, sans nommer ceux qui passent également pour l'avoir faite, tels que *Denys d'Utique*, *Vindonius*, *Anatolius Berytus*, enfin *Cassius Bassus* qui, au jugement de M. de *Bonnatère* (1), a réuni le plus de suffrages et est le véritable auteur des *Géoponiques*. M. *François de Neufchâteau* le cite comme chargé des *Géoponiques* par l'empereur *Constantin*.

On trouvera dans la Table alphabétique de cette Bibliographie les noms des auteurs dont les extraits ont heureusement été conservés dans cette collection.

Les *Géoponiques* ont été publiés pour la première fois en grec, à Venise, en 1538. La dernière édition, en grec et en latin, parut à Leipsick en 1781, par les soins de M. *Niclas*, qui y ajouta des notes très-instructives.

Cette collection n'a été traduite qu'une fois et en très-mauvais français, en 1543, par *Antoine Pierre*, de Narbonne. Cette traduction est très-rare : elle est à refaire. M. *François de Neufchâteau* invite à y travailler, dans une lettre insérée dans le N° 40 (mars 1807) du *Journal d'économie rurale et domestique*. Quand on pense que la seule traduction de ce recueil n'est pas lisible, et que les *Géoponiques* ne peuvent être connus que du petit nombre des personnes versées dans la langue grecque, on ne peut qu'applaudir à l'appel fait par M. *François*, qui présume que cette traduction s'élèverait environ à 2000 pages *in*-8°, ou 4 vol.

En 1704 on publia une traduction latine des *Géoponiques*, sous ce titre :

« Geoponicorum, sive de rusticâ libri XX. Cassiano Basso » collectore, anteà Constantino Porphyrogeneto adscripti, gr. lat. » cum prolegominis, notulis et indicibus, per *Petrum Needham*. » Cantabrigiæ *Churchill*, *in*-8°, 1704. » La rareté de cette traduction latine très-recherchée, prouve encore la nécessité d'en donner une dans notre langue. Observons en passant qu'il est bien évident d'après le titre que c'était par erreur qu'on attribuait cette collection à l'empereur *Constantin*. Erreur renouvelée par M. *François*.

Depuis cette époque une autre édition a paru ; en voici le titre :

« Geoponicorum, sive de re rusticâ libri XX, græcè et latinè. » post Needhami curas msc. recens : illustravit *Niclas*. *Lipsiæ*, » *Fritsch*, 4 vol. *in*-8°, 1781. »

C'est celle dont nous avons parlé, faite par les soins de *Niclas*.

Voici, maintenant, les titres des plus anciennes éditions françaises de ce recueil :

1°. Les vingt livres de *Constantin César*, auxquels sont traic-

(1) Voyez le premier vol. d'Agriculture, dans l'Encyclopédie, par ordre de matières.

tes les bons enseignemens d'agriculture. *Poictiers*, *in-fol.*, 1543. (Par ANTOINE PIERRE.)

2°. Les douze livres de Lucius-Junius-Moderatus Columella, des choses rustiques. *Paris*, *in-4°*, 1551. (Par COTERREAU.)

3°. Les treize livres des choses rustiques de Palladius-Taurus Æmilianus. *Paris*, *in-fol.*, 1553. (Par DARCES.)

Ce Recueil est divisé en vingt livres.

*Premier livre*, 18 *chap.* — Connaissance générale qu'il faut avoir pour se livrer à l'agriculture. Division de l'année en quatre saisons. *Florentinus.*

*Deuxième livre*, 49 *chap.* — Préceptes particuliers d'agriculture. Indication de la qualité des terres. *Beritius* et *Tarentinus.*

*Troisième livre*, 15 *chap.* — Travaux agricoles pour chaque mois de l'année. Exemples pris de *Varron.*

*Quatrième livre*, 15 *chap.*, et 5me *livre*, 53 *chap.* — Culture des vignes. Manière de les planter, de les enter, et de conserver long-tems les raisins ; tems des vendanges, etc. *Pamphilius* et *Anatolius.*

*Sixième livre*, 19 *chap.* — Structure du pressoir ; celliers ; manière de fouler le raisin, etc. *Florentinus.*

*Septième livre*, 37 *chap.* — Connaissance des différens vins. Situation des meilleurs vignobles. Manière de faire le vin sans raisin, etc. *Les Quintilies.*

*Huitième livre*, 42 *chap.* — Recettes pour différens vins, et pour les vinaigres.

*Neuvième livre*, 33 *chap.* — Culture des oliviers : manière de les planter, de faire de l'huile, etc. *Paramus.*

*Dixième livre*, 90 *chap.* — Construction des jardins. Plantation des arbres. Moyen de donner de la couleur aux fruits. *Diophanes.*

*Onzième livre*, 30 *chap.* — Arbres verts : ornement des jardins. Tems pour planter certains arbres, etc. *Anonyme.*

*Douzième livre*, 41 *chap.* — Plantes potagères. Quel est le meilleur fumier pour le jardin ? *Didymus.*

*Treizième livre*, 18 *chap.* — Des animaux nuisibles à l'agriculture ; recette pour détruire les taupes, etc., les puces et les punaises. *Paramus.*

*Quatorzième livre*, 26 *chap.* — Manière d'élever les poules, pigeons, canards, paons, et autres oiseaux de basse-cour. Avantage du colombier, etc. *Florentinus.*

*Quinzième livre*, 10 *chap.* — Antipathies et sympathies naturelles. Soins des abeilles ; manière de faire la cire.

*Seizième livre*, 22 *chap.* — Des chevaux, des ânes, des chameaux ; de leur nourriture et de leurs maladies. *Æpsirthus.*

*Dix-septième livre*, 28 *chap.* — Des bœufs et des vaches ; manière de les nourrir : soins à leur donner. *Sotion.*

*Dix-huitième livre*, 21 *chap.* — Moutons ; brebis ; chèvres. Remèdes dans leurs maladies. *Léontinus.*

*Dix-neuvième livre*, 9 *chap.* — Remarques sur les chiens de chasse, les lièvres, les cerfs, les porcs. Manière de saler les viandes. *Didymus.*

*Vingtième livre*, 46 *chap.* — Art d'élever les poissons, de les nourrir et de les prendre. *Anonyme.*

Telle est l'idée sommaire que nous pouvons donner de cet ouvrage. La plupart des pratiques qui y sont insérées sont encore suivies; il n'y en a qu'un petit nombre qui soient fausses et superstitieuses.

Ce Recueil est d'autant plus précieux, qu'on n'a plus les ouvrages qui ont servi à le former. On trouvera dans les notices à la suite de cette Bibliographie, les noms des trente principaux auteurs dont les ouvrages forment les *Géoponiques.*

728. Géorgiques de Virgile.

Il existe de cet ouvrage classique une infinité d'éditions latines, et plusieurs traductions françaises tant en vers qu'en prose.

C'est, jusqu'à présent, le seul ouvrage que l'on mette entre les mains des jeunes gens, dans le cours de leurs études, et qui réunisse aux beautés littéraires des notions sur l'agriculture, si négligée dans l'éducation. *Virgile* a enseigné ce qu'on savait, ce qu'on faisait de mieux, d'après *Hésiode*, *Xénophon*, *Aratus*, *Magon*, *Caton*, *Varron*, *Cicéron.* Il offre à la fois un tableau riant et fidèle de l'état de l'agriculture de son tems. Mais malheureusement le commentaire des professeurs ne concerne que l'idiôme, que la poésie, ses tournures et ses difficultés. Tous glissent sur la science agronomique, et la seule occasion que les élèves ont d'acquérir quelques notions sur cette science, est perdue et le plus souvent sans retour.

Les Géorgiques sont le plus beau poëme qui ait paru jusqu'ici sur l'agriculture. *Virgile* le composa dans l'âge où son génie était dans toute sa force. Il employa sept années à produire cet ouvrage. Les principes de presque toutes les sciences, philosophie, physique, astronomie, géographie, médecine, mythologie, y sont fondus et rassemblés. « *Virgile*, dit M. l'abbé » *Delille*, parle aussi noblement de la faux du cultivateur, que » de l'épée du guerrier; d'un char rustique, que d'un char de » triomphe. »

La traduction en vers la plus estimée et qui passe en même tems pour le meilleur ouvrage de l'auteur, est celle de l'abbé *Delille.* Elle a eu beaucoup d'éditions. Le succès qu'elle a eu n'a pas empêché M. *Cournand* d'en donner une autre, ainsi qu'on va le voir.

729. Géorgiques (les) de Virgile, traduites en vers français, ouvrage posthume de *Segrais*: publiées avec un avertissement par *Hubert le Tors*, avocat, par P. Huet; *in*-8°, 1772.

730. Géorgiques de Virgile, traduites en vers français avec le texte latin à côté, accompagnées de notes re-

latives à l'agriculture, à l'astronomie, à la géographie, à l'histoire, à la mythologie et à la poésie, propres à faciliter l'intelligence du texte original, par COURNAND, professeur de littérature française au collége de France. *Paris*, *in*-8°.

731. Géorgiques françaises, poëme, par ROUGIER DE LA BERGERIE, préfet de l'Yonne; 2 vol. *in*-8°, 1805.

732. Gleucomètre (le), instrument nouveau, propre à reconnaître la qualité du moût ou suc exprimé récemment du raisin, construit par J. G. A. CHEVALIER, ingénieur opticien. *Paris*, *in*-8°, an XII.

733. Gnomonique (la) pratique, *ou* l'Art de tracer les cadrans solaires avec la plus grande précision, par M. FRANÇOIS BEDOS DE CALLES, bénédictin de la congrégation de S^t.-Maur, de l'académie de Bordeaux. *Paris*, *in*-8°, avec 39 fig., 1790.

734. Gnomonie (la) théorie-pratique, par M. l'abbé DULAC, curé de ***. *Paris*, *in-fol.*, 1782.

L'auteur de cet ouvrage a trouvé celui de D. *Bédos* défectueux. On pourrait croire qu'il est le seul de son avis, si l'on en jugeait par le peu de succès de la gnomonie-pratique.

735. Gouvernement (le) admirable, *ou* la République des abeilles, et les moyens d'en tirer une grande utilité, par M. S^t.-SIMON. *Paris*, *in*-8°, avec fig., 1742.

Cet ouvrage a eu plusieurs éditions. On a tantôt appelé l'auteur *Simon*, et tantôt *Saint-Simon*.

736. Grand-œuvre (le) de l'agriculture, *ou* l'Art de régénérer les surfaces et les très-fonds; accompagné de découvertes sur l'agriculture et la guerre, présenté au roi et à la famille royale, par M. MONTAGNE, marquis de Poncins, ancien officier aux gardes françaises. *Lyon* et *Paris*, *in*-12, 1779.

737. Grand (le) maréchal français, par J. FROMÉ. *Paris*, *in*-8°, 1653.

738. Grand (le) potager, *ou* la Manière de semer et de planter F. A. *Lyon*, *in*-12, 1654.

739. Guide complet pour le gouvernement des abeilles pendant toute l'année, par Th. WILDMANN, trad.

de l'anglais par M. *Schwartz*. *Amsterdam*, *in*-8°, 1774.

740. Guide (le) des cultivateurs, par CURTEN, cultivateur. *Grenoble*, *in*-8°, 1798.

741. Guide (le) du fermier, *ou* Instruction pour élever, nourrir, acheter et vendre les bêtes à cornes, trad. de l'anglais; 2me édit., 2 vol. *in*-12, 1773.

Réimprimé en 1790. Cet ouvrage a quelque rapport avec la *Bonne Fermière* de M. *Rose*, ancien échevin de Béthune. Il est en forme de lettres.

742. Guide (le) du fermier pour élever les bestiaux, trad. de l'anglais: augmenté de deux Traités du traducteur sur la manière de faire la bière, de cultiver les pommes-de-terre, et d'en faire d'excellent pain, par FRÉNAIS; *in*-12, 1782.

743. Guide (le) du jardinier, *ou* la Culture des jardins fruitiers et à fleurs, et les meilleures méthodes pour former les jardins modernes: le tout mis en pratique d'après les cultivateurs les plus distingués. *Paris*, 2 vol. *in*-12, 4 planch., an VII.

744. Guide (le) du maréchal, contenant une connaissance exacte du cheval, la manière de distinguer et de guérir ses maladies, ensemble un traité de la ferrure qui lui est convenable, par LAFOSSE, *in*-8°, fig.

## H.

745. Haras de chevaux, par JEAN TACQUET. *Anvers*, *in*-4°, 1613.

746. Harmonie hydro-végétale et météréologique *ou* Recherches sur les moyens de recréer, avec nos forêts, la force des températures et la régularité des saisons, par des plantations raisonnées, par B. A. RAUCH; 2 vol. *in*-8°, 1802.

747. Hesiodi opera et dies, latinè, Nic. de Valle interprete. (*Romæ*, *Conr. Sweynheym et Arnold Pannartz*, 1471), *in-fol.*

Petit volume de treize feuillets, qu'on trouve relié à la suite de quelques exemplaires du *Silius Italicus.*

*Hésiode*, poète grec, né à Cumes dans l'Eolide, mais élevé à Ascra en Béotie, fut contemporain d'*Homère*, suivant l'opinion commune. C'est le premier qui ait écrit en vers sur l'agriculture.

748. Hesperides, sive de malorum aureorum culturâ et usu libr. IV. Jo. Bapt. Ferrarii. *Romæ*, *Herm. Scheus*, *in-fol.*, fig., 1646.

Cet ouvrage est rare et très-curieux. Les figures gravées en taille-douce sont de *C. Blœmaert.*

749. Hesperidum Norimbergensium, sive de malorum citreorum, limonum aurantiorumque culturâ et usu libr. IV, N. C. auctore *Volcamero*, e germanico in latinum sermonem translata ab Erhardo *Reuschio. Norimbegæ*, Endterus, 1713, *in-fol.*, fig.

Il y a des chapitres curieux sur les cadrans, etc.

750. Hieracosophium, seu rei accipitrariæ scriptores nunc primùm editi; accessit Kynosophium, seu liber de curâ canum, grecè, ex bibliothecâ regiâ, curante Nicol. Rigalteo. *Luletiæ*, *in-4°*, 1612.

Ce recueil est de M. *Rigault*, qui succéda au savant *Casaubon* dans la place de bibliothécaire du roi. Il dédia à Louis XII cette collection précieuse.

751. Hippiatria, de curâ, educatione et institutione equorum, auctore Alberto Schmid. *Francfort*, 1565.

752. Hippiatrique du sieur Horace de Francini. *Paris*, 1607.

753. Histoire de l'agriculture ancienne, extraite de l'Histoire naturelle de Pline, avec des éclaircissemens et des remarques, par Desplaces. *Paris*, *Desprez*, *in-12*, 1765.

754. Histoire de l'inoculation, de la maladie des bêtes à cornes, pratiquées en Danemarck pendant les années 1770, 1771, 1772, aux dépens du roi; traduite du danois, par M. J. Clément Tode; 1776.

755. Histoire de l'introduction des moutons à laine fine d'Espagne dans les divers Etats de l'Europe et au Cap de Bonne-Espérance; état actuel de ces animaux;

différentes manières dont on les élève, les avantages qu'en retirent l'agriculture, les fabriques et le commerce, par CHARLES-PHILIBERT LASTEYRIE; 2 vol. *in*-8°, 1803.

756. Histoire d'un insecte qui dévore les grains de l'Angoumois, par MM. DUHAMEL DU MONCEAU et TILLET; *in*-12, 1762.

Cet ouvrage est divisé en trois parties : l'histoire de l'insecte est dans la première ; les causes de son origine et de sa multiplication sont dans la seconde ; et la troisième décrit les tentatives que l'on a faites pour le détruire et pour conserver les récoltes des grains. Dans une introduction on voit le triste état où les cultivateurs de l'Angoumois ont été réduits par la présence de cet insecte.

757. Histoire des charançons, avec les moyens de les détruire; *in*-12, 1769.

758. Histoire des insectes nuisibles à l'homme, aux bestiaux, etc., par BUC'HOZ, *in*-12, 1781.

759. Histoire des insectes utiles à l'homme, aux animaux et aux arts, par BUC'HOZ, *Paris*, *in*-12, 1785.

760. Histoire des plantes de l'Europe, par NIC. DEVILLE. *Lyon*, *Duplain*, 2 vol. *in*-12, 1737.

761. Histoire du café; traduit de l'anglais d'Ellis, par *** 1774.

762. Histoire du charbon de terre et de la tourbe, suivie de la méthode d'épurer ces deux combustibles et d'en employer avec utilité et avantage les différens produits, par PFEIFFER; traduit par M. *Jansen*, libraire à Paris; *in*-8°, 1795.

763. Histoire du rapprochement des végétaux, par M. DE CAYLUS, ancien inspecteur des pépinières royales. *Paris*, *in*-12, 1806.

764. Histoire du tabac, et particuliérement du tabac en poudre, par DEPRADE. *Paris*, *in*-12, fig., 1677.

765. Histoire naturelle de la reine des abeilles, avec l'art de former des essaims, par M. BLANCHON, *in*-8°, 1771.

766. Histoire naturelle de la reine des abeilles, et l'art

de former des essaims, par M. Blassières; traduit de l'allemand de *Schirack*; *in*-8°, 1772.

767. Histoire naturelle de Pline, traduite en français, avec le texte latin et des notes, par POINSINET DE SIVRY, DE QUERLON, GUETTARD et autres. *Paris*, Ve *Desaint*, 12 vol. *in*-4°, 1771—1782.

768. Histoire naturelle des abeilles, par GILLES-AUGUSTIN BAZIN. *Paris*, 2 vol. *in*-12, 1744.

La suite a paru en 1747 sous ce titre, *Abrégé de l'histoire des insectes, faisant suite à l'histoire naturelle des abeilles*. Pour être complet, l'ouvrage doit avoir six volumes.

Le fond de l'ouvrage est pris dans les Mémoires de Réaumur. M. *Bazin* a choisi la forme de dialogue, comme la plus propre à instruire sans avoir l'air dogmatique. Ces Dialogues, dit le P. *Lelong*, ont un tour agréable.

769. Histoire naturelle des fraisiers, par DUCHESNE; *in*-12, 1766.

On trouve dans cet ouvrage, qu'on n'a fait que copier depuis, la culture de cette plante et de ses différentes espèces.

770. Histoire naturelle des végétaux, considérée relativement aux différens usages qu'on peut en tirer; 10 vol. 1772.

771. Histoire naturelle du froment, par PONCELET. *Paris*, *in*-8°, 1779.

772. Histoire naturelle du thé de la Chine, et Mémoire sur le thé du Paraguai, par BUC'HOZ, *in*-8°, 1805.

773. Histoire naturelle, propriétés et productions des différens territoires du duché de Valois, par M. l'abbé CARLIER, prieur d'Andresy. *Paris*, 3 vol. *in*-4°, 1764.

Les qualités et propriétés des terres incultes et cultivées de ces cantons, des détails sur le bétail, la volaille, les poissons, les bois, etc., qu'on trouve dans cet ouvrage, lui donnent des rapports avec ceux consacrés à l'agriculture.

774. Histoire universelle et raisonnée des végétaux connus sous tous les différens aspects possibles, par M. BUC'HOZ; *in-fol.*, 1771.

775. Historia de gentibus septentrionalibus, earumque diversis statibus, conditionibus, etc., *Romæ*, *in-fol.*, 1555. (Par OLAUS MAGNUS, archevêque d'Upsal.)

Le 13me livre, qui a pour objet l'agriculture, renferme beaucoup d'articles curieux sur l'état de cet art.

776. Homme (l') des champs, *ou* les Géorgiques françaises avec des notes, par J. DELILLE. *Strasbourg*, *in*-8°, fig. 1800 (an VIII.)

Nouvelle édition en 1805.

777. Homme (l') rival de la nature, *ou* l'Art de donner l'existence aux oiseaux par les moyens d'une chaleur artificielle : corrigé d'après les ouvrages de Réaumur sur cette partie, orné de planches. *Paris*, *in*-8°, 1795.

778. Horloge du laboureur; *in*-18, 1800.

779. Horologiographie universelle, *ou* méthode pour faire toutes sortes de montres solaires; 1776.

780. Horticultura. *Francofurti ad Mœnum*, *in*-4°, 1631. (par LAURENBERG, de Rostock.)

781. Hortorum, florum et arborum historia. Augustæ Vindelicorum; 2 vol. *in*-12, 1647, 1650. (Par STENGELINE).

782. Hortorum libri XXX, in quibus continetur arborum historia, partim ex probatissimis quibusque auctoribus, partim ex ipsius auctoris Benedicti Curtii observatione collecta. *Lugduni*, *in-fol.*, 1560.

C'est, dit M. *de la Monnoie*, un pauvre livre. Quelqu'un à qui l'imprimeur en avait donné un exemplaire, le lui renvoya avec ce distique au devant :

*Nil tot in arboribus quas hortus hic educat ingens*
*Quàm frondes reperi siccas, fructûsque carentes.*

783. Hortulus.

C'est le titre d'un petit poëme sur la culture des plantes et des fleurs. Ce poëme est élégant et rempli d'images gracieuses. Le savant bénédictin *Wallafrid-Strabon*, abbé de Richenoue dans le diocèse de Constance, en est l'auteur.

784. Hortus gallicus pro Gallis in Galliâ scriptus, in quo Gallos in Galliâ omnium ægritudinum remedia reperire docet, nec medicaminibus egere perigrinis : accedit analogia medicinarum indarum et gallicarum, in quâ Gallos in Galliâ omnes medicinas laxativas Gallis necessarias reperire docet, auctore Sympho-

riano CAMPEGIO, modico, equite aurato. *Lugduni*, 1533, *in*-8°.

C'est une nouvelle édition, et sous un autre titre du *Campus Elysius*, dans laquelle *S. Champier* a ajouté de nouvelles observations.

785. Hymnus tabaci. *Lugduni Batavorum*, *in*-4°, 1728, (par RAPHAEL THORIUS.)

# I.

786. Icones lignorum exoticorum et nostratium germanicorum, ex arboribus, arbusculis et fructicibus collectorum, germanicè et latinè. *Norimbergæ*, 1773, 1774, *in*-4°, fig. color. (C. M.)

787. Idées d'une souscription patriotique en faveur de l'agriculture, du commerce et des arts, par l'abbé BEAUDEAU; *in*-8°, 1765.

788. Idées d'un agriculteur patriote sur le défrichement des terres incultes, sèches et maigres, connues sous le nom de landes, garrigues, gâtines, friches, etc., par M. DE MALESHERBES; *in*-8°, 1791.

M. *Tessier* a réimprimé cet ouvrage dans le tome X des *Annales d'agriculture française*.

789. Idées sur les impôts publics qui peuvent à la fois soulager les peuples de plus de moitié, et les nobles et les privilégiés de plus du quart de ce qu'ils paient, et enrichir l'État de 300 millions de plus de revenu annuel, par M**. *Paris*, *in*-8°, 1788.

790. Impôt (l') territorial, combiné avec les principes de l'administration de Sully et de Colbert, adoptés à la situation actuelle de la France, par M. le comte de LAMERVILLE. *Paris*, *in*-4°, 1788.

791. In regias aquarum et sylvarum constitutiones commentarius, auct. A. C. MALLEVILLÆO. *Parisiis*, *in*-8°, 1561.

792. Inspecteur (l') des fonds de terre *ou* remarques historiques sur la matière de leur administration; *in*-12, 1771.

793. Instruction concernant les mûriers blancs, par M. VARENNE DE BEOST, *in*-8°, 1759.

794. Instruction concernant les personnes mordues par une bête enragée, par EHRMANN. *La Haye*, *Detune*, *in*-8°, 1778.

795. Instruction de la cognoissance des vertus et propriétés de l'herbe nommée *petum*, appelée en France l'herbe à la roine ou médicée, ensemble la racine mechoacan, par J. GOHORRY. *Paris*, *in*-8°, 1572.

796. Instruction du plantage des meuriers, pour messieurs du clergé, avec les figures pour apprendre à nourrir les vers. etc., par BARTHÉLEMI DE LA FLEMAS, contrôleur-général de France. *Paris*, *in*-4°, 1605.

Il avait publié en 1604 un ouvrage intitulé, *Façon de faire et semer la graine des meuriers, les eslever*, etc., *in*-12.

Le P. *Lelong* prétend que cette Instruction est d'un auteur nommé *Benigne le Roi*. Il en parut dans la même année et sous le même format deux *Instructions*, etc., ayant absolument le même titre, excepté le nom de l'auteur.

Enfin, en 1615, on réimprima cette *Instruction*. A la fin du titre on lit, *publiée par Le Roi, Jacques Chabot, Jean Vander-Vekene* et *Claude Modlet, jardiniers du roi et entrepreneurs dudit plant*. Ce qui ferait croire que ce sont deux ouvrages différens.

797. Instruction et avis aux habitans des provinces méridionales de la France, sur la maladie putride et pestilentielle qui détruit le bétail. *Paris*, *in*-4°, 1775.

798. Instruction et avis sur la maladie qui détruit le bétail, par DE MONTIGNY. *Paris*, imp. roy., *in*-4°, 1775.

799. Instruction et nouveaux rapports relatifs à la maladie des bêtes à cornes qui a régné dans le département des Forêts. *Huzard*, *in*-8°, 1797.

800. Instruction facile pour connaître toutes sortes d'orangers et de citronniers; qui enseigne aussi la manière de les cultiver, semer; et un traité de taille des arbres, par PIERRE MORIN. *Paris*, *in*-12, 1680.

801. Instruction familière en forme d'entretiens sur les principaux objets qui concernent la culture de la terre, par THIÉRAT, *in*-12.

802. Instruction générale pour un régisseur d'une grande terre seigneuriale, par M. DE FRANCONVILLE; *in*-4°, 1760.

803. Instruction *ou* l'art de cultiver toutes sortes de fleurs; avec instructions pour cultiver et greffer les arbres fruitiers, par ARISTOTE, jardinier de Puteaux. *Paris*, *in*-12, 1677 et 1678.

804. Instruction pour connaître les bons fruits et les arbres fruitiers, selon les mois de l'année et la façon de les cultiver, par CLAUDE DE SAINT-ETIENNE, bernardin. *Paris*, *in*-12, 1660.

Réimprimé en 1670 et 1687, sous le titre de *Nouvelle instruction*, etc.

805. Instruction pour cultiver et pour exploiter la betterave à sucre, par le C. DETMAR-BASSE. *Paris*, *in*-8°, an VIII.

806. Instruction pour le jardin potager, avec l'art de cultiver les fleurs et les arbres fruitiers, par ARISTOTE, jardinier de Puteaux. *Paris*, 1678.

807. Instruction pour les arbres fruitiers, par R. TRIQUEL, prieur de S^t^.-Marc. *Paris*, *in*-12, 1653.

En 1658, il y eut une troisième édition, augmentée par l'auteur du Traité de la taille des arbres, de la culture des orangers, citronniers, grenadiers, oliviers et jasmin d'Espagne.

808. Instruction pour les bergers et pour les propriétaires de troupeaux, avec d'autres ouvrages sur les moutons et sur les laines, par d'AUBENTON. 3^me^ édit. *in*-8°, 1802, par M. *Huzard*.

Cet excellent ouvrage est devenu en agriculture un livre classique. D'*Aubenton* a été copié par *Rozier*, qui a eu la bonne foi d'en avertir, et par d'autres qui ont été plus discrets. Il ne manque à ces *Instructions* que les détails qui conviennent plus particuliérement aux mérinos : article d'autant plus essentiel qu'on a tout lieu de croire que cette espèce sera bientôt presqu'aussi commune que nos races indigènes. Mais quand bien même cette époque désirée arriverait, l'ouvrage de d'*Aubenton* n'en serait pas moins essentiel. Seulement pour le compléter, il y faudrait ajouter les brochures de *Gilbert*, et quelques observations des *Tessier*, *Lasteyrie*, *Pictet*, *Lullin*, etc., relatives aux mérinos.

809. Instruction pour les gens de la campagne, sur la

manière d'élever les troupeaux de moutons ; *in*-8°.

Sans nom d'auteur et sans date.

810. Instruction pour les ventes des bois du roi, par feu M. DE FROIDOUR ; avec des notes sur la matière des eaux et forêts, et des ordonnances de 1669, par M. BERRIER, *Paris*, *in*-4°, avec fig., 1759.

Estimée.

811. Instruction propre à guider les laboureurs dans la manière dont ils doivent préparer le grain avant de le semer. *Imprim. royale*, 1785.

812. Instruction sur l'amélioration des chevaux en France, présentée par le conseil général d'agriculture du ministère de l'intérieur, par D'AUBANTON ; *in*-8°, 1802.

813. Instruction sur la culture de la betterave champêtre ; sur la culture de la carotte, des choux, du navet, du panais, des plantes légumineuses, du pavot simple (ou oliette) ; sur le sarrasin ; sur les pommes-de-terre, le maïs ; sur les effets des inondations, des gelées, et les moyens d'y remédier ; sur la destruction des hannetons ; sur l'échenillage.

Ces instructions publiées par la commission d'agriculture et des arts, et par le conseil d'agriculture qui l'a remplacée, ont été plusieurs fois réimprimées séparément, puis recueillies dans la Feuille villageoise, enfin dans le *Journal d'agriculture*, rédigé par BORELLY, *in*-8°.

814. Instruction sur la culture des plantes légumineuses ; sur les effets des inondations ; sur le blé sarrasin ; sur la lie de vin ; sur les moyens de conserver les pommes-de-terres ; sur les semences ; sur l'emploi de la houille comme engrais ; *in*-8°.

Sans date.

815. Instruction sur la culture des turneps ou gros navets ; sur les différentes manières de les conserver, et sur les moyens de les rendre propres à la nourriture des bestiaux. *Paris*, imprim. royale, *in*-8°, 1786.

Nouvelle édition ; 1803.

816. Instruction sur la culture du bois, ouvrage trad. de l'allemand de *Hartig*, par M. BAUDRILLARD, employé à l'administ. génér. des Eaux et Forêts; *in*-8°, 1805.

817. Instruction sur la culture et l'usage du maïs en fourrage; publiée par ordre du roi, par M. PARMENTIER; *in*-8°, 1786.

818. Instruction sur l'économie rurale, aux habitans des campagnes; publiée par la Société d'agriculture du département des Deux-Sèvres, et rédigée par M. E. JACQUIN. *Niort*, *in*-8°, an XII.

Cette instruction parait par trimestre.

819. Instruction sur l'épidémie des vaches, par HUZARD; *in*-12, 1796.

820 Instruction sur la maladie des bêtes à laine nommée *fœlère*, dans le département des Pyrénées-orientales (ci-devant Roussillon), publiée par ordre du ministre de l'intérieur (*Chaptal*), rédigée par le C. TESSIER. *Perpignan*, *in*-4°, an XII.

821 Instruction sur la manière de conduire et gouverner les vaches laitières, par CHABERT; *in*-8°, 1785.

Nouvelle édition publiée avec M. *Huzard*, en 1797.

822. Instruction sur la manière de cueillir les feuilles des arbres, de les conserver et de les donner à manger aux bestiaux; publiée par ordre du roi, par M. le baron de SERVIÈRES; *in*-8°, 1786.

823. Instruction sur la manière d'élever et de perfectionner la bonne espèce de bêtes à laine en Flandre, par M. l'abbé CARLIER; *in*-12, 1763.

824. Instruction sur la manière d'élever et de perfectionner les bêtes à laine, par F. W. HASTFER. *Paris*, 2 vol. *in*-12, 1756.

825. Instruction sur la manière de gouverner les abeilles: ouvrage qui a obtenu le premier accessit de la Société d'agriculture du département de la Seine, par P. E. SERAIN; *in*-8°, 1802.

826. Instruction sur la manière de semer la graine de mûrier blanc, extraite des meilleurs auteurs économiques, et des observations de MM. de la Société royale d'agriculture du bureau d'Angers, par M. l'abbé Cotelle, doyen de S$^{t}$.-Martin à Angers, et secrétaire perpétuel de la Société d'agriculture de la même ville. *Angers*, *in*-12, 1769.

827. Instruction sur la théorie et la pratique de l'agriculture, traduite de l'italien de M. Gagliando, professeur d'agriculture à Tarente. *Rome*, 1791.

Cet ouvrage contient des vues sages pour étendre le goût et l'étude de l'agriculture.

828. Instruction sur la nouvelle culture du blé et des pommes-de-terre, (le replantage) adressée au C. Cossigni, par le C. Poulet. *Marseille*, *in*-8°, an IX.

829. Instruction sur la péripneumonie ou affection gangréneuse du poumon dans les bêtes à cornes, par M. Chabert. *Paris*, *in*-8°, an II.

830. Instructions sur la plantation, la culture et la récolte du houblon, par Paillet; *in*-8°, 1791.

Réimprimé en 1799. Cet ouvrage, traduit de l'anglais, offre une méthode claire et facile de cultiver une plante utile quoique négligée pendant long-tems en France.

831. Instruction sur l'art de faire la bière, au moyen de laquelle chaque particulier peut faire cette boisson chez lui, à peu de frais et dans la plus grande perfection, par le Pileur d'Apligny. *Paris*, *in*-12, 1783.

832 Instruction sur l'art de faire le vin, par Cadet-de-Vaux; *in*-8°, 1800.

833. Instruction sur le blanchissage des toiles de chanvre et de lin, par M. Brisson.

834. Instruction sur le claveau des moutons, par Gilbert; *in*-8°, 1796.

835. Instructions sur le jardinage, qui renferment en abrégé ce qui a rapport à la culture des fleurs, des fruits et des légumes; la manière de planter et de tailler les arbres fruitiers suivant la différence des climats

climats et des saisons, et la conduite que l'on doit observer pendant les douze mois de l'année pour les amener à leur perfection, par JEAN-GEORGE WENEKELER, dit EQUER. *Paris*, *in*-8°, 1767.

836. Instruction sur l'usage de la houille, plus connue sous le nom de charbon de terre, pour faire du feu; sur la manière de l'adapter à toutes sortes de feux, et sur les avantages tant publics que privés qui résulteront de cet usage, par VENEL. *Avignon*, *in*-8°, fig., 1775.

Publiée par ordre des Etats de Languedoc.

837. Instruction sur le vertige abdominal ou indigestion vertigineuse des chevaux, par GILBERT, *in*-8°, 1795.

838. Instruction sur les bois de la marine. *Paris*, *in*-12, fig., 1780.

839. Instruction sur les effets des inondations et de la gelée, et sur les moyens d'y remédier; rédigée par les membres du conseil d'agriculture et publiée par ordre du ministre de l'intérieur (*François-de-Neufchâteau*). *Paris*, *in-fol.*, an VII.

840. Instruction sur les effets des inondations et débordemens des rivières, relativement aux prairies, aux récoltes des foins, par CELS et GILBERT, *in*-8°, 1802.

841. Instruction sur les jardins fruitiers et potagers, avec un Traité des orangers et des réflexions sur l'agriculture, par LA QUINTINYE; 2 vol. *in*-4°, fig.

Nouvelle édition, augmentée d'une instruction pour la culture des fleurs.

842. Instruction sur les moyens de détruire les rats des champs et les mulots, publiée par ordre du ministre de l'intérieur, par M. Tessier, membre de l'Institut et de la Légion-d'honneur; *in*-8°, 1802.

843. Instruction sur les moyens de guérir et sur-tout de prévenir la maladie qui règne sur les bestiaux dans le département de la Haute-Vienne, et de s'opposer à sa propagation, par les cit. GILBERT et LACROIX. *Paris*, *in*-8°, 1793.

844. Instruction sur les moyens de s'assurer de l'existence de la morve et d'en prévenir les effets, par CHABERT et HUZARD, *in*-8°, 1790.

En 1797, nouv. édition augmentée et qu'on doit préférer à l'ancienne.

845. Instruction sur les moyens de rendre le blé moucheté propre à la semence, par M. PARMENTIER. Imp. roy., 1785.

846. Instruction sur les moyens de suppléer à la disette des fourrages et d'augmenter la subsistance des bestiaux, avec son supplément, publiée par ordre du roi; *in*-8°, 1786.

847. Instruction sur les moyens les plus propres à assurer la propagation des bêtes à laine de race d'Espagne et la conservation de cette race dans toute sa pureté, publiée par le conseil d'agriculture; par GILBERT, membre du Corps-législatif, *in*-8°, 1797.

848. Instruction sur les moyens propres à prévenir l'invasion de la morve, à en préserver les chevaux, et à désinfecter les écuries où cette maladie a régné, par HUZARD, *in*-8°, 1794.

849. Instruction sur les procédés découverts par M. BRALLE, d'Amiens, pour rouir le chanvre en deux heures de tems et en toutes saisons, sans en altérer la qualité. *Paris*, *in*-8°, an XII.

850. Instructions de morale, d'agriculture et d'économie *ou* Avis d'un homme de campagne à son fils, par M. FROGER, curé de Mayet, diocèse du Mans, de la Société d'agriculture de la généralité de Tours, au bureau du Mans; ouvrage destiné à servir pour enseigner à lire aux enfans de campagne; *in*-8°, 1769.

851. Instructions élémentaires d'agriculture *ou* Guide nécessaire au cultivateur, traduit de l'italien de Fabroni, augmenté et approprié au sol de France, par ALEXANDRE VALLÉE; *in*-8°, 1803.

852. Instructions et expériences sur la culture des pommes-de-terre; *in*-8°.

Sans date ni nom d'auteur.

853. Instructions et observations sur les maladies des animaux domestiques, etc., rédigées par une Société de vétérinaires praticiens, mis en ordre par CHABERT, FLANDRIN et HUZARD; 6 vol. *in*-8°, 1791 et 1792.

854. Instructions familières en forme d'entretien sur les principaux objets qui concernent la culture des terres, par M. THIERRAT, conseiller du roi, garde-marteau de la maîtrise des eaux et forêts de Chaulny. *Paris*, *in*-12, 1763.

Cet ouvrage est terminé par un mémoire sur la cause du dépérissement des forêts du royaume, et sur les moyens qu'on pourrait mettre en usage pour se procurer de beaux arbres.

855. Instructions pour les habitans de la campagne, contenant en abrégé la manière la plus simple et la plus sûre de gouverner les abeilles; 1772.

856. Instructions pour les jardins fruitiers et potagers, par JEAN DE LA QUINTINYE. *Paris*, 2 vol. *in*-4°, 1739.

La première édition est de 1697, fig. *Amsterdam*. Il y en a eu en 1700, 1715, 1746 et 1775. Voyez N° 841.

857. Instructions pour les seigneurs et leurs gens d'affaires. *Paris*, *in*-12, 1770.

858. Instructions publiées par la commission d'agriculture et des arts.

859. Instructions sur l'amélioration des chevaux en France, par M. HUZARD. *Paris*, *in*-8°, an x.

860. Instructions sur les haras, par un ancien capitaine de cavalerie. *Paris*, *in*-8°, 1789.

L'auteur s'est principalement occupé d'élever des chevaux, et donne sur cet article intéressant des renseignemens utiles.

861. Instructions sur les maladies épizootiques inflammatoires, et principalement sur celle qui affecte les bêtes à cornes, etc., par HUZARD et DESPLAS; *in*-8°, 1797.

862. Instructions sur les moyens à employer pour préserver les bestiaux de l'épizootie régnante dans les départemens de Haut et Bas-Rhin, par BEAUMONT l'aîné, artiste vétérinaire. *Strasbourg* et *Paris*, *in*-4°, 1797.

863. Instructions sur les soins à donner aux chevaux pour les conserver en santé, par M. Huzard; *in*-8°, 1797.

864. Intérêt (l') général de l'État *ou* La liberté du commerce des blés, démontrée conforme au droit naturel, au droit public de la France, aux lois fondamentales du royaume, à l'intérêt commun du souverain et de ses sujets, dans tous les tems, avec la réfutation d'un nouveau systême publié en forme de dialogue sur le commerce des blés. *Paris*, *in*-12, 1770, avec cette épigraphe:

*Communis utilitas societatis maximum est vinculum.* Tit.-Liv.

Cet ouvrage fut beaucoup loué dans le tems, et critiqué par les partisans de l'abbé *Galiani*, dont l'auteur réfute les *Dialogues*.

Dans une autre édition on a mis les lettres L' — R comme initiales du nom de l'auteur, qui était, dit-on, un magistrat chargé d'une grande administration.

865. Introductio rationalis ad œconomiam et artem perficiendæ agriculturæ, in quâ methodus exponitur experientiâ confirmata omne genus agrorum sine consuetâ stercoratione fecundandi. *Rislebiæ*, *in*-4°, 1735. (par Ambroise Zeigerus.)

Les opinions et la méthode de l'auteur furent réfutées dans un ouvrage écrit en allemand et publié à Erfurt en 1735.

866. Introduction à la feuille du cultivateur, par J.-B. Dubois; *in*-8°, 1795.

867. Introduction à la technologie ou à la connaissance des métiers, des fabriques ou des manufactures, sur-tout de celles qui ont le plus de liaison avec l'économie rurale, par M. Beckmann; 1777.

## J.

868. Jacinthes (des), de leur anatomie, reproduction et culture, par M. de Saint-Simon. *Paris*, *in*-12, 1768.

Ce livre est plein de vues nouvelles : le septième chapitre est instructif et amusant; il présente différentes expériences qui forment presque un petit traité d'histoire naturelle.

869. Jardin (le) anglais, poëme en quatre chants, par MASSON, traduit de l'anglais, orné de gravures. *Paris*, *in*-8°, 1788.

870. Jardin (le) de Hollande planté et garni de fleurs, de fruits et d'orangeries; où l'on enseigne comment on peut élever et cultiver toutes sortes de fleurs les plus curieuses, telles que sont les tulipes, les œillets, les hyacinthes, les narcisses, les oreilles d'ours, etc., et comment on peut les multiplier, en gagner de nouvelles et les préserver bien sûrement et adroitement de périr.

Pareillement un Traité exact et curieux, où l'on fait voir comment on doit semer, planter, rendre fertiles et multiplier toutes sortes d'arbres, comme aussi la manière de les bien tailler et ainsi de les tenir toujours en état d'être féconds; à quoi on a encore ajouté le nouveau Jardin des Hespérides dans les Pays-Bas, ou la culture et l'utilité des citronniers et des orangers, etc.

Le tout après une longue expérience; mis au jour pour l'intérêt public. *Amsterdam*, *in*-12, nouvelle édition, 1721.

871. Jardin (le) de plaisir, contenant plusieurs dessins de jardinage, tant parterres en broderie, compartimens de gazon, que bosquets et autres, avec un abrégé de l'agriculture touchant ce qui peut être le plus utile et nécessaire à la construction et accompagnement dudit jardin de plaisir, par ANDRÉ MOLLET, intendant des jardins du roi d'Angleterre. *Stockholm*, *in-fol.*, 1651.

Curieux. C'est un monument du goût de ce tems, moins mauvais que celui qui régnait vers le milieu du dernier siècle, et même vers la fin.

872. Jardin des curieux *ou* Catalogue raisonné des plantes les plus belles et les plus rares, soit indigènes, soit étrangères, avec les noms français et latins, leur culture et les vertus particulières de chaque espèce, le tout précédé de quelques notions sur la culture en général, par feu M. LOUIS-ANTOINE-PROSPER HÉRISSANT, médecin de la Faculté de Paris. *Paris*, *in*-8°, 1771.

Cet ouvrage est la description raisonnée du beau jardin que M. *Cochin*, ancien échevin de Paris, avait formé à Châtillon, près de Bagneux, à deux lieues de Paris.

M. *Hérissant* étant mort en 1770, son ami, M. *Coquereau*, docteur-régent de la faculté de médecine, mit la dernière main à cet ouvrage.

873. Jardinage (le) des œillets, par L. B. *Paris*, *in*-12, 1647.

L'auteur écrit plus en littérateur qu'en cultivateur : son style est souvent métaphorique, et son érudition quelquefois entièrement étrangère au sujet.

874. Jardinier (le) botaniste *ou* la manière de cultiver toutes sortes de plantes, fleurs, arbres et arbrisseaux, avec leur usage en médecine; ensemble toutes les plantes étrangères qui peuvent être propres pour l'embellissement des jardins, par Besnier. *Paris*, *in*-8°, 1705; *in*-12, 1712.

*Besnier* était médecin à Paris, et beau-père de M. *Dionis*, médecin célèbre.

875. Jardinier (le) d'Artois *ou* Elémens de la culture des jardins potagers et fruitiers, par Bonnelle. *in*-8°, 1763.

876. Jardinier de grande expérience, c'est-à-dire, une manière très-utile pour traiter toutes sortes d'arbres fruitiers touchant leur taille, et de les bien élever; avec beaucoup de remarques sur la maturité des fruits, par Pierre Branche. *Cologne*, *in*-8°, 1602.

877. Jardinier (le) fidèle, qui enseigne la manière de semer dans toutes les saisons toutes sortes de grains et plantes tant fleurs que potagères; par ordre alphabétique. *Paris*, *in*-12, 1685.

878. Jardinier (le) fleuriste et historiographe, par Liger; 2 vol. *in*-12, 1703.

Le même auteur a publié en 1704 un autre *Jardinier fleuriste*, ou *Culture universelle des fleurs*, *arbres*, *arbustes*, *arbrisseaux servant à l'embellissement des jardins*, etc. Cet ouvrage a eu plusieurs éditions; mais les auteurs qui ont écrit depuis *Liger*, en profitant de ses observations, en ont ajouté de nouvelles. D'ailleurs, le goût qui régnait de son tems pour les boulingrins, salons, allées droites, taillées, etc., n'est plus de mode, quoique quelques personnes l'ayent encore.

879. Jardinier (le) français, qui enseigne à cultiver les

arbres et les herbes potagères, avec la manière de conserver les fruits; dédié aux dames. *Rouen*, *in*-12, 1683.

A eu un grand nombre d'éditions. La première porte ces lettres initiales, par R. D. C. D. W. D.

880. Jardinier français et délices de la campagne, par Bonnefond. *Paris*, 2 vol. *in*-12, 1653 et suiv.

881. Jardinier (le) hollandais, par J. Vander Groen, jardinier de M. le prince d'Orange, avec environ deux cents modèles de parterres à fleurs et autres; labyrinthes, pavillons, ouvrages treillissés et mailles de lattes, et de quadrans et horloges solaires. *Amsterdam*, *in*-4°, 1669.

882. Jardinier (le) portatif *ou* Quatre classes de jardins; fleurs, fruits, etc.; 1788.

883. Jardinier (le) prévoyant, almanach pour 1770; suivi de considérations sur le jardinage, *in*-16, 1774, avec cette épigraphe:

*In providendo solertia.* Plin.

Ce petit livre contient des instructions sur les opérations et les travaux qu'exige le jardin potager et quelques procédés nouveaux.

En 1781, il parut avec cette épigraphe:

« Qui veut prédire est fou, qui sait prévoir est sage. »

Le volume de cette année est terminé par l'*Indication des bonnes races des plantes potagères*, suivie d'une liste des principales plantes d'ornement.

884. Jardinier (le) royal, qui enseigne la manière de planter, cultiver et dresser toutes sortes d'arbres. *Paris*, *in*-12, 1671.

885. Jardinier (le) solitaire *ou* Dialogue entre un curieux et un jardinier, contenant la méthode de faire et de cultiver un jardin fruitier et potager, etc., par François, alors frère chartreux à Paris; *in*-8°, 1770.

C'est une réimpression avec quelques légers changemens dans le titre de cet ouvrage: *Le Jardinier solitaire*, ou *Dialogues contenant la méthode de cultiver un jardin fruitier et potager*, par frère François, chartreux, 1705. Le frère *François*, chartreux en 1705, et auteur à cette époque, ne devait probablement plus l'être en 1770.

886. Jardinier (le) universel *ou* l'Art de cultiver les jardins potagers, les arbres fruitiers de toutes espèces;

tous les oignons et plantes à fleurs; les arbres et arbrisseaux d'ornement, le chêne, les fourrages, etc.; nouvelle édition, augmentée de la botanique élémentaire, par l'abbé ROSSIGNOL. *Liége*, *in*-12, 1797.

887. Jardins (les) poëme en quatre chants, du P. RAPIN, trad. libre, précédée d'un discours par *Gazon Dourxigné*; *in*-12, 1772.

888. Jardins (les) poëme en quatre chants du P. RAPIN, traduction nouvelle, avec le texte, par MM. V. et G. *Amsterdam* et *Paris*, *Cailleau*, *in*-8°, 1782.

MM. *Voyron*, aujourd'hui professeur à Saint-Cyr, et *Gabion*.

889. Jardins (les), poëme, par l'abbé DELILLE; nouvelle édition augmentée de 1100 vers; 1801.

890. Jardins (les) de Betz, poëme accompagné de notes instructives sur les travaux champêtres; sur les arts, les lois, etc., par CERUTTI; *in*-8°, 1792.

*Nota*. Cet ouvrage, fait en 1785, ne fut publié qu'en 1792.

891. Jardins (les) de Samboursky, poëme traduit du russe, par MASSON DE BLAMONT; *in*-8°, 1790.

892. Jardins (les) d'ornement, poëme, par GOUGES DE CUSSIÈRES, *in*-8°, 1758.

893. Joannis Kaii de canibus Britannicis liber. *Londini*, 1570.

L'auteur de ce Traité est JEAN DE KAIE, né à Nordwick en 1510. Il fut médecin d'Edouard VI, de la reine Marie et d'Elisabeth : et publia plusieurs ouvrages.

894. Joannis Duchoul varia quercûs historia, cui accedit montis Pilati descriptio. *Lugduni*, *in*-8°, fig., 1555.

Ce traité est curieux et rare.

895. Joan. Jonstoni dendrographia sive historia naturalis de arboribus et fructicibus, tam nostri quàm peregrini orbis libri X; opus illustratum figuris æneis Matth. Meriani. *Francofurti*, *Polich*, *in-fol.*, fig., 1662.

Rare et cher.

896. Joann. Swemmerdam Biblia naturæ, sive historia insectorum; in certas classes redacta et exemplis

æneisque tabulis illustrata : opus belgicè conscriptum, cum versione latinâ Hieron. Davidis Gaubii, et præfatione Hermanni Boërhaave. *Leydæ*, 2 vol. *in-fol.*, 1737.

Mentionné ici pour les observations sur les abeilles.

L'ouvrage fut d'abord composé en hollandais. L'auteur était venu à Paris faire ses observations dans les environs de cette ville. Son livre est divisé en quatre parties. *Pluche* s'est beaucoup servi de *Swammerdam* dans son Spectacle de la nature.

897. Journal d'agriculture à l'usage des campagnes, par Regnier, correspondant de la Société royale d'agriculture et membre de plusieurs Académies nationales et étrangères; 1789.

Ce Journal paraissait tous les quinze jours. Il contenait ; 1° la traduction de tout ce que les collections académiques offraient d'intéressant ; 2° les mémoires, notices et observations communiqués aux rédacteurs ; 3° l'extrait des mémoires lus dans la Société d'agriculture.

898. Journal d'agriculture à l'usage des habitans de la campagne, par Tessier; *in*-8°, 1791.

899. Journal d'agriculture, etc., par M. Dupont, *in*-8°, 1766.

900. Journal d'agriculture, commerce, arts et finances, depuis janvier 1779 jusqu'en décembre 1783; composé par MM. Roubaud, Ameilhon et autres. *Paris*, *Knapen*, 15 vol. *in*-12, 1779.

*Nota*. Il y a encore eu en 1765 un *Journal d'agriculture, commerce et de finances*, publié jusqu'en 1783, par l'abbé *Roubaud*.

901. Journal d'agriculture et d'économie rurale, contenant des Mémoires et des observations sur toutes les parties de l'agriculture, par Borelly; plusieurs vol.

902. Journal d'agriculture et de prospérité publique, publié en l'an II par les membres du comité central du ministère de l'intérieur.

903. Journal (le) et la gazette d'agriculture, par M. Milart; a commencé au 1er janvier 1782.

904. Journal d'économie rurale, etc. *Voy*. Bibliothèque des Propriétaires ruraux, etc.

905. Journal du laboureur.

Tel était le titre d'un journal qui paraissait en 1791, une fois la semaine.

906. Journal économique, depuis 1751 jusques et compris 1757, *in*-12, et depuis 1758 jusques et compris 1772, *in*-8°. *Paris*, 1751 — 1772, 28 vol. *in*-12 et 15 vol. *in*-8°. (Par le libraire *Boudet*, *Goulin*, *de Querlon*, *le Camus*, *Dreux*, etc.)

Le *Journal économique* avait un second titre qui peut donner une idée des matières qu'on y traitait ; le voici : *Mémoires, notes et avis sur l'agriculture, les arts et tout ce qui peut avoir rapport à la santé, ainsi qu'à l'augmentation des biens des familles.* Nous en connaissons 74 volumes.

907. Journal villageois, par J. JACQUES THIBAUT DE PIERREFITE. *Paris*, *Delormel*, 1759, trois feuilles du mois de mars, *in*-12.

Les noms sont supposés, l'auteur est M. DE GRAVILLE.

## L.

908. Laboratoire de Flore *ou* Chimie champêtre, végétale, contenant la manière de faire, avec des plantes, des liqueurs, ratafias, essences, huiles, etc.; 2 part. *in*-12, 1771.

909. Laboureur (le) *ou* Cours d'agriculture pratique, suivant les principes de physique et de mécanique, par ALEXANDRE CRASQUIN, laboureur flamand; *in*-12, 1771.

910. Leçons économiques, par L. D. H. (c'est-à-dire par l'ami des hommes, le marquis de MIRABEAU). *Amsterdam*, *in*-12, 1770, avec cette épigraphe :

« Sapientiam enim et disciplinam qui abjecit, infelix est,
» et vacua est spes illorum, et labores sine fructu, et inutilia
» opera eorum. *Sap.* Cap. 3, v. II.

C'est une espèce de catéchisme pour la doctrine des économistes : il est par demandes et réponses ; fit beaucoup de bruit ; fut loué, puis oublié : sort qui malheureusement arrive à des productions beaucoup meilleures que celle-là.

911. Leçons élémentaires d'agriculture par demandes et par réponses, à l'usage des enfans, avec une suite de questions sur l'agriculture, par le P. COTTE de l'Oratoire ; *in*-12, 1790.

C'est un très-bon abrégé des Elémens d'agriculture de DUHAMEL.

912. Leçons élémentaires sur le choix et la conservation des grains; sur les opérations de la meûnerie, de la boulangerie et sur la taxe du pain : suivi d'un catéchisme à l'usage des habitans de la campagne, sur les dangers auxquels leur santé et leur vie sont exposées, et sur les moyens de les prévenir et d'y remédier. *Paris*, *in*-12, 1795.

913. Leçons périodiques sur l'agriculture. *Paris*, 23 vol. *in*-8°, 1790.

Ouvrage dédié à Monsieur.

914. Le livre du roi Modus et de la reine Racio sa femme, lequel devise de toutes les manières de chasses. *Chambéry*, *in-fol.*, Goth., 1486.

Edition rare et recherchée : c'est la première.

Voyez S'ENSUYT, etc., titre que porte le même ouvrage quoique de la même édition. Réimprimé en 1560, *in*-8°.

Il parait qu'on ignore le nom de l'auteur de cet ouvrage, car le roi *Modus* et la reine *Racio* sont bien évidemment des êtres imaginaires. M. *Grégoire* dans son *Essai historique sur l'agriculture du 16e siècle*, *page CLII*, s'exprime ainsi : « Dès le 13e » siècle, on trouve des traités de l'empereur *Frédéric II* et d'*Albert le grand* sur la fauconnerie : plusieurs autres sur la chasse » datent du 14e siècle, entr'autres celui du roi *Modus*, dont le » manuscrit est à la Bibliothèque nationale. Celui du roi de Castille et de Léon, *don Alphonse*, parait dater également de ce » tems. »

Quoique M. *Grégoire* se soit contenté de rapporter le titre, ce roi *Modus* au milieu de personnages historiques qui ont existé, nous a semblé demander une petite explication. Voyez pour plus de détails l'art. *Modus*, 2me partie.

915. Les douze livres de Lucius-Junius-Moderatus Columella des choses rustiques, traduicts du latin en français par feu maistre *Claude Cotereau*, chanoine de Paris; la traduction duquel ha esté soingneusement reveue et en la pluspart corrigée, et illustrée de doctes annotations, par maistre JEAN THIERRY DE BEAUVOISIS. *Paris*, *in*-4°, 1555.

Cette traduction est, suivant M. *Huzard*, préférable à celle de *Sabourcux de la Bonneterie*. Elle est fort rare quoiqu'elle ait eu plusieurs éditions. La meilleure est celle-ci qui a les notes de *Thierry de Beauvoisis*.

916. Lettre à M** sur l'utilité de la culture des mûriers,

et de l'éducation des vers à soie en France, pour servir de réfutation à un passage des Mémoires historiques sur les finances, par M. ou Mlle D'EON DE BEAUMONT; 2 vol. *in*-12, 1758.

Cette lettre a été suivie d'une autre en 1759, et de nouvelles observations en 1762, qui ne se trouvent que dans le Journal économique de ces deux années.

917. Lettre à M. *Richard de Clavière*, sur son plan d'imposition économique; 1774.

918. Lettre aux cultivateurs du département des Vosges pour leur proposer d'essayer dans la moisson une manière plus facile et plus économique de recueillir les grains, par FRANÇOIS DE NEUFCHATEAU, *in*-8°, 1793.

919. Lettre aux cultivateurs français, sur les moyens d'opérer un grand nombre de desséchemens par des procédés simples et peu dispendieux : précédée d'un avant-propos sur les lois nécessaires pour assurer la conservation des rivières, des canaux navigables et flottables et des desséchemens, par P. C. M. CHASSIRON. *Paris*, *in*-8°, an IX.

Avec un tableau.

920. Lettre de l'auteur de la nouvelle méthode de cultiver la vigne, à un amateur d'agriculture, par M. MAUPIN; *in*-12, 1764.

921. Lettre de M. DODART, de l'Académie des sciences, sur le seigle de Sologne, et de quelques autres provinces de France; 1676.

Insérée dans le *Journal des Savans* de cette année.

922. Lettre de M. LEMONNIER, sur la culture du café, *in*-12, 1773.

923. Lettre de QUATREMÈRE DISJONVAL, sur l'encaissement du Rhône, etc.; *in*-8°.

924. Lettre de SAINT-CLAIR à M. *Ballois*, sur l'agriculture, les finances, etc.; *in*-8°, 1803.

925. Lettre d'un fermier de France à un fermier de Brie; *in*-12, 1778.

926. Lettre d'un gentilhomme à un de ses amis, sur l'emploi de ses biens et de ses revenus; *in*-12, 1784.

927. Lettre d'un laboureur de Picardie à M. Necker, auteur prohibitif, par CONDORCET. *Paris*, *in*-8°, 1775.

928. Lettre d'un médecin de Paris sur la maladie des bestiaux, par CHOMEL; *in*-8°, 1745.

929. Lettre du citoyen LEGREX-LASALLE, membre du corps législatif, sur le produit comparé des diverses espèces de semences de blé froment; adressée au sénateur *Journu-Aubert*. *Paris*, madame *Huzard*, *in*-8°, an XII.

930. Lettre sur l'agriculture de l'Italie, par M. BONNEFOND. *Milan*, *J. J. de Stephanis*, *in*-8°, 1803.

*Philippe Ré*, bibliographe agronomique, donne des éloges à cette lettre et loue l'impartialité de l'auteur.

931. Lettre sur l'agriculture du district de la Rochelle et des environs, par M. MARTIN DE CHASSIRON. *La Rochelle*, *in*-12, 1796.

932. Lettre sur la cherté des blés en Guienne, par DUPONT, *in*-12, 1764.

933. Lettre sur la différence qui se trouve entre la grande et la petite culture, par M. DUPONT DE NEMOURS. *Soissons*, *P. Courtois*. *in*-8°, 1764.

934. Lettre sur la méthode de s'enrichir promptement et de conserver sa santé par la culture des végétaux, par BUC'HOZ; *in*-8°, 1760.

935. Lettres sur la nourriture des bestiaux à l'étable et sur la composition et les grands avantages de l'engrais suisse: suivies d'un mémoire sur le trèfle, par M. TSCHIFFELI, ancien secrétaire du consistoire suprême de la ville et république de Berne et membre de la Société économique. *Berne*, *in*-8°, 1775. *Paris*, *in*-12, 1806.

936. Lettre sur la police des grains, par M. l'abbé MORELLET; *in*-12, 1764.

937. Lettre sur le blé de Smyrne, par Buc'hoz, *in*-8°, 1768.

938. Lettre sur le robinier connu sous le nom impropre de faux acacia, avec plusieurs pièces relatives à la culture et aux usages de cet arbre, par M. François de Neufchateau, *in*-12, 1803.

939. Lettre sur le robinier par F. C. Médicus, traduite de l'allemand et adressée au C. *François de Neufchâteau*; *in*-12, 1804.

940. Lettre sur les abeilles, adressée à MM. les auteurs du Journal des savans, par M. Bonnet, des académies de Londres et de Berlin, correspondant de l'académie royale des sciences. 1770.

Cette lettre contient de nouvelles expériences sur la formation des reines abeilles. L'auteur combat quelques opinions de M. *de Réaumur*.

941. Lettre sur les arbres à épiceries, avec une instruction sur leur culture, par de Cossigny, ingénieur; *in*-12, 1775.

942. Lettre sur les avantages des semailles natives, par M. de Saussure; 1764.

943. Lettre sur les économistes; *in*-12, et *in*-8°.

Sans date ni nom d'auteur.

Elle est de M. *le Mercier de la Rivière*. On la trouve dans le *Dictionnaire d'économie politique de l'encyclopédie méthodique* au mot *Economie politique*.

944. Lettre sur les mouches à miel, par le P. Romain Joly, capucin; 1770.

945. Lettre sur un grain de froment qui a produit, en 1770, 2917 grains très-beaux, par M. Leclec; 1770.

946. Lettres campagnardes, par Etienne Séguin. *Bourges*, *in*-8°, 1789.

947. Lettres critiques sur le poëme des jardins, suivies du chou et du navet, par M. le C. de Barruel. *Amsterdam et Paris*, petit *in*-8°, 1782.

M. de *Rivarol* est l'auteur du chou et du navet; et M. de *Barruel* est auteur des lettres. On attribue le tout à M. de *Rivarol*.

948. Lettres périodiques, curieuses, utiles et intéres-

santes, sur les avantages que la Société économique peut retirer de la connaissance des animaux, par Buc'hoz. *Paris*, 4 vol. *in*-8°, 1769 et suiv.

949. Lettres de deux Espagnols sur les manufactures, les greniers d'abondance, les communautés d'arts et métiers, et plusieurs autres objets économiques. *Vergera et Paris*, *in*-12, 1769.

950. Lettres d'un fermier de Pensylvanie, aux habitans de l'Amérique septentrionale, traduites de l'anglais; *in*-8°, 1769.

L'auteur anglais est *Dickinson*, et *Barbeu du Bourg*, le traducteur.

951. Lettres du lord Somerville, du duc de Bedford, de M. Arthur Young, au C. *François de Neufchâteau*, sur la charrue, et rapport fait à la Société d'agriculture de Bath sur le même sujet, avec trois planches. *Paris*, madame *Huzard*, *in*-8°, an XI.

952. Lettres sur l'éducation des vers à soie et la culture des mûriers blancs, par Augustin-Rose Angéliny. *Paris*, *Marchant*, *in*-12, 1806.

L'auteur, italien de naissance, présente les méthodes en usage dans le Bergamasque sa patrie. Il rapporte quelques expériences qui sont noyées dans beaucoup de déclamations.

953. Lettres sur le commerce des grains, par le marquis de Mirabeau. *Amsterdam et Paris*, *in*-12, 1768.

954. Lettres sur l'usage d'une nouvelle découverte pour la bière, par M. de Chamousset, *in*-8°, 1778.

955. Lettres sur les grains, par Turgot, *in*-8°, 1788.

956. Lettres sur les truffes du Piémont, par M. le comte Borch. *Milan*, 1780.

L'histoire naturelle de cette plante, les observations faites sur la singularité de sa végétation, la manière de la cultiver et celle de la conserver; tels sont les objets dont s'est occupé l'auteur.

957. Libellus de curatione equorum. A Fabro ferrario imperat. Caroli V, anno 1547.

958. Libellus de lacte et operibus lactariis. *Tiguri*, *in*-8°, 1541. (Par Conrad Gessner.)

959. Libellus Demetrii Constantinopoli, de curatione

accipitrûm, à Petro Gyllio Albiensi, è græco in latinum factus. 1560.

Antoine Gyllius ou Gylli, en tête d'un Traité de son oncle Pierre Gyllius ou Gylli, portant pour titre : *De Bosphoro Thracio, lib. III, Lugduni*, 1561, écrit au cardinal Georges d'Armagnac, que Pierre Gyllius a traduit du grec en latin, *le petit livre de Démétrius sur la manière de soigner et de guérir les oiseaux de chasse*. Il nous apprend encore que le même auteur a traduit en latin *le livre d'Oppien sur la chasse*, et celui d'*Elien sur les animaux*. Ces ouvrages ont paru sous les auspices du cardinal d'Armagnac.

Gyllius ou Gylli, envoyé par le roi François premier dans les États du Grand-seigneur pour y rechercher des livres rares, revint à Rome et y mourut en 1555. Le cardinal recueillit et garda avec un soin particulier les manuscrits de son protégé, dans la crainte que quelqu'un ne se les voulût attribuer. Il lui fit élever un monument avec une inscription dans l'église de Saint-Marcel à Rome. Cette inscription qui contient les principaux titres de Gyllius ou Gylli à la reconnaissance de la postérité, est imprimée au commencement du Traité *de Constantinopoleos topographia, lib. IV, Lugduni* 1561.

*Scévole de Sainte-Marthe* a composé en latin l'éloge de *Pierre Gyllius* ou *Gylli d'Albi*.

*Guillaume Colletet*, qui a traduit en français les éloges de *Sainte-Marthe*, appelle *Gilles Petrus Gyllius* ou *Gylli*.

Les faiseurs de dictionnaires historiques ont jusqu'ici imité *Colletet*. Le nom de *Gyllius* était cependant bien clairement énoncé dans les vers suivans, qu'*Antoine Gyllius* ou *Gylli* a fait imprimer :

*Appellant Itali vulgò sua lilia* Gylli ;
*Nec malè se nomen sic posuisse ferunt.*
Gyllius *inde tibi est aptum cognomen ut in quo*
*Dogmata sub niveo moribus enitcant.*

960. Liberté (la) du commerce des grains, par M. le Trosne ; *in*-8°, 1765.

961. Libri de re rusticâ Catonis, Terentii, Varronis, Columellæ et Palladii. *Basileæ*, petit *in*-4°, 1535.

962. Libri de re rusticâ M. Catonis et M. Terentii Varronis, per Petrum Victorinum restituti. Petri Victorini explicationes suarum in Catonem, Varronem, Columellam castigationum. *Paris*, *Rob. Stheph. in*-8°, 1543.

963. Livre (le) de l'art de la faulconnerie et deduyt des chiens de chasse, par Jean Tardif. *Paris*, *Vérard*, *in-fol.*, 1492.

La

La seconde édition est de 1567 ; on y a joint un Traité sur le même sujet, par JEAN DE FRANCIÈRES. La dernière édition est de Paris, *in*-4°, avec fig. 1628.

L'édition de 1492, imprimée sur vélin est recherchée des bibliomanes.

964. Livre (le) des prouffits champêtres et ruraulx, composé en latin par PIERRE DE CRESSENS, et translaté depuis en langage français. *Paris*, *in-fol.* 1486.

Il y a une autre édition faite dans la même année : toutes les deux sont rares. Le manuscrit sur lequel elles ont été faites existe encore ; il est intitulé : *Rustican du labour des champs*, *translaté du latin de Pierre de Crescens*, *en français*, *par l'ordre de Charles V*, *roi de France en* 1373. On ignore pourquoi en imprimant cet ouvrage on en a changé le titre. Le manuscrit est très-bien conservé : il est orné de très-jolies miniatures. Voyez l'article *Cy commence*, etc., titre d'un autre manuscrit. A l'article *Crescens*, on trouvera l'indication de quelques éditions de son ouvrage, qui par sa nouveauté, et le manque absolu de livres français sur l'agriculture, jouit dans le tems d'une grande réputation.

965. Loix forestières de France, *ou* Commentaire historique et raisonné, sur l'ordonnance de 1669, par PECQUET. *Paris*, 2 vol. *in*-4°, 1782.

Ce commentaire est estimé.

966. Louvet (le), maladie du bétail, ses causes, ses remèdes, par M. REYNIER ; *in*-12, 1776.

967. Lucii-Junii-Moderati Columellæ de re rusticâ, libri XII ; ejusdem de arboribus liber separatus ab aliis ; apud Gryphium. *Lugduni*, 1648.

968. Lucius-Junius-Moderatus Columella et Palladius. *Venitiis*, *Nicolaus Janson*, *in-fol.*, 1472.

Première édition très-rare. Elle contient les 13 livres de *De re rusticâ* de *Columelle*, et ceux de *Palladius*.

## M.

969. Ma chaumière, ouvrage sur l'agriculture et le défrichement, par CHALUMEAU ; *in*-8°.

970. Maison (la) champestre et agriculture, par ELIE VINET. *Paris*, *in*-4°, 1607.

971. Maison (la) réglée, par AUDIGER. *Paris*, *in*-12, 1692.

972. Maison rustique.

Ce titre a fait la fortune de plusieurs recueils sur l'agriculture. Dès 1535, *Charles Estienne*, médecin, issu d'une famille d'imprimeurs qui a rendu de grands services aux sciences et aux lettres, publia un Traité sur les jardins. Ce Traité fut suivi de plusieurs autres sur l'agriculture; il les réunit tous en 1554, sous le titre de *Prædium rusticum*.

En 1565, il publia en français l'ouvrage intitulé, l'*Agriculture et maison rustique*. *Jean Liébault*, médecin, gendre de *Charles Estienne*, fit de grandes augmentations à cet ouvrage en 1570. Nous en avons plus de trente éditions; il a été traduit en plusieurs langues. *Liger* a composé sa *Maison rustique* sur le modèle de celle de *Charles Estienne*. Sa *Nouvelle maison rustique*, ainsi que la première, a été souvent réimprimée. M. *Bastien* en a conservé le plan et les principaux détails. (*Paris*, 3 vol. *in*-4°, 1804.)

*Elie Vinet*, témoin du succès de l'ouvrage de *Charles Estienne* et de *Jean Liébault*, publia en 1607, *in*-4°, *La Maison champestre et agriculture*.

On fait à bon droit des reproches à *Charles Estienne* d'avoir accrédité des erreurs qu'il a puisées dans les auteurs anciens; mais on doit lui savoir gré d'avoir, le premier en France depuis la renaissance des lettres, composé un ouvrage qui embrasse toutes les parties de l'art de cultiver les terres. Voyez *Nouvelle maison rustique*.

973. Maison rustique à l'usage des habitans de la partie de la France équinoxiale, connue sous le nom de Cayenne, par M. DE PRÉFONTAINE; *in*-8°, 1763.

Plusieurs éditions.

974. Maison (la) rustique anglaise *ou* Voyage agronomique en Angleterre, par M. MARSHAL, membre de la Société des arts de Londres: traduit de l'anglais, avec 12 planch. et cartes géographiq. *Paris*, 5 vol. *in*-8°, 1806.

Cet ouvrage est très-estimé. Le traducteur a fait d'heureux changemens en n'adoptant point l'ordre de l'auteur anglais, et en réunissant les articles épars sur le même objet.

975. Maladie (la) des blés en herbe; traduit de l'italien, par M. DE NEUVE-EGLISE; *in*-12, 1766.

976. Manière de bien cultiver la vigne, de faire la vendange et le vin dans le vignoble d'Orléans, utile à tous les autres vignobles du royaume, par J. BOULLAY, chanoine d'Orléans.

Seconde édition en 1712, *in*-12, *Orléans*. Troisième édition très-augmentée en 1723, *in*-8°.

Cet ouvrage rempli d'observations utiles, est terminé par un petit dictionnaire de tous les termes en usage pour la culture de la vigne, sur-tout dans l'Orléanais.

977. Manière de cultiver la vigne et de faire le vin de Champagne, ce qu'on peut imiter dans les autres provinces. *Paris*, *in*-4°, 1718.

Réimprimée en 1722.

978. Manière (de la) de cultiver les arbres fruitiers, par le sieur LE GENDRE, curé d'Hénouville. *Paris*, 1652.

Nom supposé: nous sommes fondés à croire que l'auteur est l'abbé de *Pontchâteau*. On a attribué cet ouvrage à M. *Arnaud d'Andilly*. *Baillet* prétend que MM. *Guillaume de La Moignon* et *Olivier Lefèvre d'Ormesson* le composèrent. Le P. *Rapin*, au commencement de son 4me chant du Poëme des Jardins, laisse entendre que cet ouvrage est de M. de *La Moignon*. C'est l'opinion du savant M. *Barbier* qui nous fournit cette note. Voyez l'article *Pontchâteau*. M. *Grégoire* parait croire que cet ouvrage est d'*Arnaud d'Andilly*. Nous exposons les diverses opinions. Si l'on n'est pas d'accord sur l'auteur, on l'est sur le mérite de l'ouvrage. Voyez l'*Art de cultiver les fleurs*.

La manière de cultiver les arbres fruitiers fut traduite en latin par *J. Commelin*, et imprimée à *Hanovre* en 1703. Le traducteur a cru que *Legendre* était le nom de l'auteur.

979. Manière d'enter, planter et nourrir les arbres et jardins, avec quelques autres traités d'agriculture, par GEORGE CORNUS, de Florence. *Paris*, *in*-8°, 1560.

980. Manière (la) d'enter, planter et semer, avec les remèdes contre les moucherons, limaçons et autres bêtes qui gâtent les herbes et jardins, par CLAUDE GARNIER. *Troyes*, *in*-16, 1631.

981. Manière de greffer les arbres des fruits à noyaux, sans perdre aucun tems, en sorte qu'un arbre qui aura fait de très-mauvais fruits l'année précédente, en pourra porter de très-bons l'année suivante, par N. RESSONS, de l'académie des sciences de Paris; *in*-8°, 1716.

Ce mémoire fait partie de ceux de cette académie. Il fut imprimé à part. Il y a dans le même recueil des observations du même auteur sur un moyen de préserver les arbres de leur lèpre, ou de la mousse, vol. de 1716.

982. Manière de faire le pain de pommes-de-terre, sans mélange de farine, par PARMENTIER, 1779.

983. Manière (de la) de planter, arracher, labourer, semer et émonder les arbres sauvages, bois hault et bois taillis, par GORGOLE DE CORNE, florentin. *Paris*, *in*-8°, 1560.

Il y a dans le même volume un autre Traité sur la *Manière d'enter. Voyez l'article Cornus*, 2e Partie.

984. Manière de provigner la vigne sans engrais, par M. DE SAUSSURE; *in*-8°, 1775.

985. Manière de rendre toutes sortes d'édifices incombustibles; *in*-8°, 1793.

986. Manière (la) de semer et faire pépinières de sauvageons, enter toutes sortes d'arbres, par le P. DAVY, bénédictin du monastère de St.-Vincent du Mans; *in*-8°, 1560.

En 1572 cet ouvrage fut réimprimé à Orléans, avec cette addition au titre, augmenté d'un *Traité de la manière de semer graines en jardins, le tems et la saison de planter, replanter, recueillir graines et cultiver toutes sortes d'herbes*. Ces deux éditions paraissent n'être qu'une contrefaçon de l'ouvrage indiqué sous le N° 147. Beaucoup d'écrivains mettent ainsi le nom de l'auteur, *don Dany*; c'est *Davy Brossard*. Ce religieux prétend que les pommiers peuvent donner de très-bon cidre sans être greffés.

987. Manière (de la) dont on cultive les oignons aux environs de Paris, et quelle est la meilleure méthode qui se pratique en France, *in*-8°, 1759.

Ce mémoire renferme un grand nombre d'observations. Il est inséré dans le Journal économique de 1759.

988. Manière économique d'accommoder le riz pour suppléer au pain; *in*-4°.

Sans date.

989. Manière pour élever les melons, par ANDRÉ MOLLET; *in*-12, 1659.

990. Manuel alimentaire des plantes, tant indigènes qu'exotiques, qui peuvent servir de nourriture et de boisson aux différens peuples de la terre, par M. BUC'HOZ; *in*-8°, 1771.

991. Manuel d'agriculture pratique *ou* Instruction sur la manière de cultiver nos domaines, et particulièrement la ferme expérimentale de Reffy, dans laquelle sont indiqués les avantages de la culture sans jachère, les successions de récoltes les plus convenables dans les diverses natures de terrain; les abus du parcours ou de la vaine pâture; l'utilité de l'entretien domestique des bestiaux pour les multiplier et en améliorer les races; les procédés à suivre pour augmenter les engrais en proportion des besoins d'une culture continue et progressivement améliorante, par M. le comte Depère, sénateur, l'un des commandans de la Légion d'honneur; *in*-8°, 1806.

Nous croyons devoir entrer dans quelques détails sur cet ouvrage, parce qu'il est très-peu connu et mérite de l'être beaucoup et de devenir véritablement le manuel de tous les cultivateurs. Nous conjecturons qu'il est peu connu, parce que l'auteur, qui le destinait à ses amis, en le livrant à l'impression, ne l'a fait tirer qu'à un très-petit nombre d'exemplaires. Un hasard heureux en a fait tomber un dans nos mains. Possesseur d'un bien rural, M. *Depère* l'a cultivé et fait cultiver sous ses yeux, afin de donner à sa propriété tout le degré d'amélioration dont elle était susceptible. Il a étudié avec soin l'art agronomique pour lequel il paraît avoir eu de bonne heure un goût décidé. Voulant connaître par lui-même les différentes méthodes adoptées pour cultiver la terre, il a voyagé en observateur attentif qui a intérêt d'acquérir des connaissances, parce qu'il en veut faire son profit. Comparant l'agriculture d'un sol avec celui d'un autre, il s'est mis à même de connaître d'une manière certaine, quelles productions convenaient le mieux au terrain dont il était propriétaire, et quels moyens il fallait adopter pour le rendre fécond. Afin de mieux éviter toute erreur et de profiter de l'expérience, M. *Depère* s'est rendu compte à lui-même de ses opérations. Ce sont donc les résultats de cette expérience que renferme ce manuel, qui n'a d'autre défaut que d'être trop rare. L'exploitation des trois domaines dont il est possesseur est exposée avec tous les détails nécessaires. On suit M. *Depère* pas à pas; sa marche est sûre, et l'on peut sans crainte de s'égarer, parcourir avec lui la carrière agronomique. Le sol qu'il cultive se couvrant tour à tour de plantes céréales ou fourragères, on apprendra quels soins exigent les unes et les autres; on acquerra des notions utiles sur la nature de la terre, et l'analogie entre le sol, les plantes et les engrais, ainsi que sur les moutons et les animaux domestiques. C'est le journal d'un agriculteur qui note avec soin sur ses tablettes, ses procédés, ses essais, ses observations. Le seul ouvrage avec lequel celui-ci peut entrer en parallèle, est celui de M. *de Turbilly*, dont nous avons parlé et dont nous parlerons encore. L'auteur du *Mémoire sur les défrichemens*, et celui du *Manuel*, sont du très-petit nombre de cultivateurs qui aient joint la théorie à la pratique. Les détails de l'exploitation des domaines de M. *Depère* sont écrits avec ce ton de simplicité qui convient à ce genre, et lui donnent un charme dont on ne saurait se défendre. En le lisant on est à ses côtés, on cultive avec lui; il semble qu'on l'a vu faire, et que même on a pris part à ses occupations. Outre ces détails sur les diverses branches de l'économie rurale, on trouve *un coup-d'œil sur l'agriculture de la Belgique comparée avec celle de la Picardie*. Enfin, ce volume est terminé par la *vie agricole* de l'auteur qui fut obligé de quitter ses champs pour exercer des fonctions publiques. Comme ces Romains dont l'exemple est devenu si rare parmi les modernes, M. *Depère* a su concilier les travaux champêtres avec des emplois importans, et partager sa vie entre l'agriculture et les affaires d'état.

992. Manuel d'agriculture pour le laboureur, pour le propriétaire et pour le Gouvernement; contenant les vrais et seuls moyens de faire prospérer l'agriculture, tant en France que dans tous les autres états où l'on cultive; avec la réfutation de la nouvelle méthode de M. *Tull*, par M. de la Salle. *Paris*, *in*-8°, 1764.

L'auteur critique *Tulle et Duhamel*. M. *de la Marre* lui a répondu.

993. Manuel d'économie rurale, pour servir de livre classique à la jeunesse qui s'applique à l'étude de cet art, par M. Wiegand, membre de la Société écon. de la Basse-Autriche. *Vienne* (en Autriche), *in*-8°, 1771.

994. Manuel de l'éducation des abeilles *ou* Manière sûre et facile de les conserver, de les multiplier et d'en tirer un grand profit, extrait de *Réaumur*, et enrichi d'observations nouvelles et de notes intéressantes, approuvé par l'Institut, par MM. Chambon; *in*-8°, 1798 et 1804.

995. Manuel de la fille de basse-cour, contenant les instructions pour élever, nourrir, engraisser tous les animaux de basse-cour, avec des remèdes propres à les guérir des maladies auxquelles ils sont sujets; *in*-12.

996. Manuel de la ménagère à la ville et à la campagne,

et de la femme de basse-cour, par M. Gacon-Dufour, 2 vol. *in*-12, 1805.

997. Manuel de l'arboriste et du forestier belgique; ouvrage extrait des meilleurs auteurs, et soutenu d'observations faites dans différens pays où l'auteur a voyagé, par de Poederlé l'aîné. *Bruxelles* et *Paris*, 2 vol. *in*-8°, 1772, 1779.

998. Manuel de l'arboriste et du forestier, ouvrage extrait des meilleurs auteurs anciens et modernes, *in*-18, 1774.

999. Manuel de l'arpenteur, ouvrage utile aux propriétaires et fermiers, par M. Genet, *in*-8°, 1770.

1000. Manuel d'hippiatrique, 3me édition revue, augmentée, par M. de Lafosse, vétérinaire, *in*-12, 1802.

1001. Manuel des champs *ou* Recueil choisi, instructif et amusant, de tout ce qui est le plus utile et le plus nécessaire pour vivre avec aisance et agrément à la campagne. *Paris*, *in*-12, 1769.

Voy. le titre de la suite de cet ouvrage, l'*Economie rustiq.*, etc. Ce livre est divisé en trois parties: on y traite, 1° de l'architecture rurale, du jardinage, de la culture des arbres, de la taille, de la greffe, etc.; 2° des terres labourables, des prés, des vignes, vins, boissons, des bois, de la chasse, de la pêche, 3° des chevaux, des bestiaux, des oiseaux, volailles, abeilles, et vers à soie. L'auteur est M. de Chanvallon.

1002. Manuel des jardiniers et des cultivateurs. *Londres*, *in*-8°, 1789.

1003. Manuel des jardiniers *ou* Guide des travaux à faire dans les jardins pendant le cours de l'année; contenant la culture tant sur couches qu'en pleine terre, de tous les légumes; celles des arbres fruitiers; la manière de les tailler, conduire et greffer; celle des arbrisseaux et des fleurs qui peuvent orner un parterre et composer l'orangerie d'un curieux, par un amateur. Ouvrage indispensable aux personnes qui cultivent et qui veillent à la culture de leurs jardins pour en bien diriger les travaux. *Paris*, *in*-18, de 400 pages, bien imprimé sur beau pap., 1808.

1004. Manuel des laboureurs, réduisant à quatre chefs principaux, ce qu'il y a d'essentiel à la culture des champs. par GENNETÉ, *Nanci*, 1767.

A eu plusieurs éditions.

1005. Manuel des Propriétaires ruraux et de tous les habitans de la campagne, *ou* Recueil par ordre alphabéthique, de tout ce que la loi permet, défend ou ordonne dans toutes les circonstances de la vie, et des opérations rurales, par C. S. Sonnini. *Paris*, *in*-12, 1808.

Outre les lois et les décrets impériaux, l'auteur du Manuel a analysé les décisions des ministres et du conseil d'état, ainsi que les arrêts de la cour de cassation. Tous les actes de ces autorités sont recueillis avec exactitude jusqu'au premier juin 1808. Cet ouvrage est très-utile au propriétaire et à l'habitant des campagnes.

1006. Manuel des vignerons de tous les pays, par MAUPIN. *Paris*, *in*-8°, 1789.

1007. Manuel du bouvier *ou* Traité de la médecine pratique des bêtes à cornes, contenant l'âge de ces animaux, leur choix, avec la manière de les dresser pour le travail, les conduire, les gouverner, par JOSEPH ROBINET, artiste vétérinaire. *Paris*, 2 vol. *in*-12, 1789.

Rédigé d'après les ouvrages de M. *Lafosse*, *Chabert de Sauvages*, et spécialement d'après les recherches sur les maladies épizootiques, par *J. Paulet*.

1008. Manuel du cavalier, par M. DE LALIVE DE SACY. *Paris*, *in*-12, 1752.

1009. Manuel du chasseur *ou* Traité complet et portatif de vénerie, de fauconnerie, etc., par DE CHANGRAIS; *in*-12, 1780.

1010. Manuel du cultivateur dans tous les vignobles, et sur-tout dans celui d'Orléans, par l'abbé COLAS; *in*-8°, 1772.

1011. Manuel du cultivateur *ou* Avis au peuple sur l'amélioration de ses terres et la santé de ses bestiaux; 2 vol. *in*-12.

1012. Manuel du forestier *ou* Traité complet de tout ce

qui a rapport à l'histoire naturelle des arbres, par J.-B. LORENZ. *Strasbourg*, 2 vol. *in*-8°, 1803.

1013. Manuel du forestier *ou* Traité élémentaire, contenant le balivage, le martelage, les ventes et exploitations des coupes annuelles, l'estimation d'icelles, leur récollement, l'aménagement, le bornement et la régénération des forêts : suivi du Traité des pépinières, leur culture, semis et plantations, appuyé par la pratique ; dédié à la nouvelle administration forestière, par le C. RICHARD. *Paris*, *in*-12, an IX.

1014. Manuel du jardinier, mis en pratique pour chaque mois de l'année, par l'abbé ROZIER ; 2 vol. *in*-18, 1795.

1015. Manuel du jardinier *ou* Journal de son travail distribué par mois, par M. D. *Paris*, *in*-12, 1772.

L'auteur est M. ANT. NIC. DEZALLIER-D'ARGENVILLE, qui, pour composer ce *Manuel*, a, en grande partie, abrégé les ouvrages de l'abbé *Roger Schabol*.

1016. Manuel du jardinier *ou* la Culture complète des jardins potagers, fruitiers et à fleurs, la taille, et les meilleures méthodes de greffer les arbres ; rédigé d'après les plus célèbres cultivateurs, avec les planches nécessaires à l'intelligence des agriculteurs, par F. D. ; 2 vol. *in*-12.

1017. Manuel du jardinier *ou* Traité complet de tout ce qui a rapport à la culture d'un jardin, divisé en quatre parties : 1° des qualités que doit avoir le jardinier ; de la situation, plantation et du compartiment du jardin, de la qualité du terrain, de la manière de semer, de transplanter, etc. ; 2° de la culture des différentes sortes de narcisses, etc. ; 3° de la culture des quarante-huit fleurs et racines qui font l'ornement des jardins ; 4° des trente-neuf différens arbres, arbustes, etc., de la manière de les tailler, greffer et de leur faire produire de bons fruits. *Paris*, 2 vol. *in*-12, an VII.

1038. Manuel du jardinier, traduit de l'italien de *Mandirola*, par M. ANDRY. *Paris*, *Saugrain*, *in*-8°, 1765.

1019. Manuel du laboureur *ou* Détail de tous les soins qu'il doit se donner pour le gouvernement de la terre pendant les douze mois de l'année, traduit de l'anglais. *Paris*, *in*-12.

Sans date.

1020. Manuel du meûnier et du charpentier de moulins *ou* Abrégé classique du traité de la mouture par économie, par M. Béguillet; *in*-8°, 1775.

1021. Manuel du meûnier et du constructeur de moulins à eau et à grains, par M. Bucquet. Nouvelle édition, augmentée et ornée de 7 planches. *Paris*, 1791.

1022. Manuel du naturaliste pour Paris et ses environs, contenant une description des animaux, végétaux et minéraux qui s'y trouvent, telle qu'elle est nécessaire pour les faire reconnaître; avec les particularités intéressantes de leur histoire, principalement leurs usages dans les arts : précédé d'un mémoire sur l'air, la terre et les eaux du pays; sur l'agriculture; recueilli et mis dans un ordre commode, par A. G. L. B. D. P. D. M. P. *Paris*, *in*-8°, 1766.

Par *Achille-Guillaume le Bègue de Presle*, docteur de la Faculté de médecine de Paris.

1023. Manuel du Pépiniériste, contenant principalement la méthode suivie à Vitri, avec quelques idées d'augmentation et de perfectionnement de cette méthode; la manière dont les pépiniéristes doivent dresser par la taille, les arbres, soit en quenouilles, soit sous d'autres formes, avec les principes de transplantation : divisé en dix leçons, à la suite desquelles sont des idées sur l'utilité de l'établissement d'écoles pratiques et théoriques pour les diverses parties de l'agriculture, par Léonor Lemoine, instituteur d'une école pratique pour la taille, la greffe et autres parties de la culture des arbres à fruits et de la vigne. *Paris*, *in*-12, 1805 (an XIII).

1024. Manuel économique des plantes, par Buc'hoz, *in*-8°, 1799.

1025. Manuel économique des plantes *ou* Traité de toules les plantes qui peuvent être utiles dans les arts et métiers, auquel on a joint des observations sur les plantes propres à remplacer le chanvre, et sur celles qui peuvent remplacer le chiffon dans la fabrication du papier; *in*-8°, 1800.

1026. Manuel économique pour les bâtimens et jardins, très-utile aux propriétaires et entrepreneurs, *ou* Moyens sûrs et faciles de connaître par soi-même et sans le secours de la géométrie, tous les toisés et les différens prix de toutes sortes de travaux relatifs auxdits bâtimens et jardins, par M. A. N. Vallet, ancien Procureur-fiscal de la baronnie de Romainville près Paris. *Paris*, *in*-8°, 1775.

1027. Manuel floréal des plantes *ou* Traité de toutes les plantes qui peuvent servir d'ornement dans les jardins, les orangers, les serres chaudes, parterres, haies, etc.; *in*-8°, 1800.

1028. Manuel forestier et portatif, contenant les descriptions, qualités, usages et cultures particulières des différentes espèces de bois qui composent le massif général des forêts du royaume, les semis et plantations, l'aménagement général des bois, la décoration des parcs, les balivages, estimations, ventes et exploitations des coupes annuelles; extrait en grande partie du traité général des forêts, de M. *Duhamel du Monceau*, inspecteur-général de la marine, par M. Guyot, garde-marteau en la maîtrise des Eaux et Forêts de Rambouillet. *Paris*, *in*-12, 1770.

L'auteur a extrait ce qu'il y a de plus utile dans l'ouvrage de M. *Duhamel* et l'a mis à la portée d'un plus grand nombre de personnes.

1029. Manuel médical et usuel des plantes tant exotiques qu'indigènes, etc., par Buc'hoz; 2 vol. *in*-12, 1769.

1030. Manuel nécessaire au villageois pour soigner les abeilles, les dépouiller sans leur nuire, les transvaser, les mener paître, enlever au miel son âcreté, l'employer comme le sucre, faire les hydromels, tirer du vinaigre du marc des ruches, etc., par le C. LOMBARD. Seconde édition, revue, corrigée et augmentée. *Paris*, *in*-8°, avec *fig.*, 1803.

A eu, en 1805, une 3me édition.

1031. Manuel *ou* Mémoire sur l'éducation des vers à soie, par M. PRIGAUD. *Grenoble*, *in*-8°, 1767.

1032. Manuel pratique des plantations, etc., par M. CALVEL; *in*-12, 1804.

1033. Manuel pratique du forestier, par BRIDEL, *in*-12, 1798.

1034. Manuel pratique du laboureur, suivi d'un Traité sur les abeilles, par CHABOUILLE. *Paris*, *in*-8°, an XIII.

1035. Manuel pratique pour faire toutes sortes de vins, avec l'art méthodique de les gouverner, par M. BRIDELLE DE NEUVILLAN. *Montargis*, *in*-12, 1782.

1036. Manuel tabacal et sternutatoire des plantes, *ou* Traité des plantes qui sont propres à faire éternuer, avec la manière de cultiver le tabac, de le préparer, et de juger de ses bons effets dans la société, par BUC'HOZ; *in*-8°, 1799.

1037. Manuel teintorial des plantes, par BUC'HOZ, *in*-8°, 1799.

1038. Manuel usuel et économique des plantes, contenant leur propriétés pour les usages économiques, par BUC'HOZ. *Paris*, *in*-12, 1782.

1039. Manuel vétérinaire des plantes, par BUC'HOZ; *in*-8°, 1799.

1040. Maréchal (le) de poche *ou* Traitement du cheval, traduit de l'anglais, petit, *in*-12, 1778.

*Thomas Haumond* est le nom du traducteur. On trouve dans ce livre la manière de traiter son cheval en voyage et les remèdes pour les accidens qui peuvent arriver en route.

1041. Maréchal expert (le) traitant du naturel et des marques des beaux et bons chevaux; de leurs maladies et remèdes d'icelles, etc., par feu N. BEAUGRAND. *Lyon*, *in*-8°, 1647.

1042. Maréchal (le) méthodique, par LA BESSÉE ou JACQ. DE SOLLEYSEL. *Paris*, *in*-8°, 1676.

Il parut en 1664, sous le nom de *Solleysel*, un ouvrage intitulé *Le parfait maréchal*. C'est peut-être le même.

1043. Marne (de la) et de la manière de l'employer utilement à l'amendement et à l'amélioration des terres, chap. tiré du manuscrit qui a pour titre, *Entretiens d'un vieil agronome et d'un jeune cultivateur*, par M. B. *Paris*, *in*-12, 1788.

L'origine de la marne, la manière dont il faut en faire la recherche et l'essai, les indices pour en reconnaitre l'existence, l'emploi, etc. Tels sont les objets contenus dans cet ouvage.

1044. Martini Scoockii tractatus de Butyro ; accessit ejusdem diatribe de aversatione casei. *Groningue*, *in*-12, 1665.

Ce traité offre une érudition dont on n'aurait pas jugé le sujet susceptible. L'histoire, l'étymologie, l'emploi, etc., du beurre se trouvent décrits avec une scrupuleuse exactitude. Il y a quelques articles ridicules, et des recettes de bonne femme.

1045. Matière médicale indigène *ou* Traité des plantes nationales substituées, avec succès, à des végétaux exotiques, par COSTE et WILLEMET, *Nanci*, *in*-8°, 1793.

Cet ouvrage avait été couronné à Lyon en 1776.

1046. Mécanique (la) appliquée aux arts, aux manufactures, à l'agriculture et à la guerre, par BERTHELOT, *Paris*, 2 vol. grand *in*-4°, *fig*., 1782.

1047. Médecin (le) de campagne *ou* Encyclopédie médicale vétérinaire, etc. ; 6 vol. petit format, 1771.

1048. Médecine des animaux domestiques, par BUC'HOZ, *in*-12, 1782.

Réimprimée en 1785, avec addition de remèdes pour les maladies des chevaux, bœufs, vaches, brebis, cochons volailles, etc. ; 2 vol. *in*-12.

1049. Médecine (la) des bêtes à laine, contenant leur histoire naturelle et vétérinaire ; plusieurs observations qui leur sont relatives ; leurs maladies et les remèdes pour les guérir. Ouvrage aussi utile que nécessaire aux personnes de la campagne qui élèvent des brebis et des moutons. *Paris*, *in*-12, 1769.

1050. Médecine (la) des bêtes à cornes, publiée par ordre du Gouvernement, par VICQ-D'AZIR; 2 vol. *in*-8°, 1781.

1051. Médecine des chevaux, à l'usage des laboureurs, tirée des écrits des meilleurs auteurs et confirmée par l'expérience. On y a joint des observations sur la clavelée des bêtes à laine. *Paris*, *in*-12, 1768.

1052. Médecine rurale et pratique tirée des plantes usuelles de la France, par M. BUC'HOZ; 2 vol. *in*-12.

1053. Médecine vétérinaire, par M. VITET, professeur de médecine. *Lyon*, 3 vol. *in*-8°, 1771.

Cet ouvrage contient, 1° l'exposition de la structure et des fonctions du cheval et du bœuf; 2° l'exposition des maladies des bestiaux; 3° l'exposé des médicamens nécessaires au maréchal; 4° l'analyse des auteurs qui ont écrit sur l'art vétérinaire depuis *Végèce* jusqu'à nos jours. — Le mérite de ce livre fut généralement reconnu, et l'on s'accorde à dire qu'il est utile et profond.

1054. Mélanges d'agriculture sur les mûriers et l'éducation des vers à soie; sur la meilleure manière de faire les pépinières de mûriers et de cultiver les figuiers et les oliviers; 2 vol. avec *fig*.

Sans date.

1055. Mélanges d'agriculture, par DE LA BROUSSE. *Nismes*, *in*-8°, 1789.

1056. Mélanges physico-mathématiques *ou* Recueil de mémoires contenant la description de plusieurs machines et instrumens nouveaux de physique, d'économie rustique, etc. *Paris*, *in*-8°, *fig*., 1800.

1057. Melon (du) et de sa culture sous châssis, sur couche et en pleine terre, par M. ETIENNE CALVEL; *in*-8°, 1805.

1058. Mémoire adressé à M. *Vallet de Salignac* par M. GOYON, concernant le défrichement et l'amélioration des landes du royaume. 1762.

Inséré dans le Journal économique de 1762.

1059. Mémoire badin sur un sujet sérieux, (sur les haras). *Londres*, *in*-4°, 1791.

1060. Mémoire contenant des recherches économiques, sur la manière d'augmenter la production et la végétation des grains dans les terres arides de la Champagne, par PIERRE-TOUSSAINT NAVIER docteur en médecine, correspondant de l'Académie royale des sciences de Paris, directeur de la Société littéraire de Châlons sur Marne; 1756.

Ce mémoire a été lu par l'auteur dans une assemblée publique: il a été imprimé par extraits dans le Mercure de 1756.

1061. Mémoire contenant les plus remarquables notices historiques et les résultats les plus intéressans d'observations et d'expériences faites par le C. BUNIVA, et relatives à l'épizootie qui fait des ravages en Piémont depuis la fin de 1793; époques des pluies désastreuses; épizooties des bêtes à cornes en Piémont depuisl'an 1711. Introduction en Italie d'une épizootie semblable à celle qui y règne actuellement; *in*-8°.

Sans date.

1062. Mémoire couronné à Montpellier en 1780, sur cette question: déterminer par un moyen fixe et simple le moment auquel le vin en fermentation aura acquis toute la force dont il est susceptible? par BERTHOLON; *in*-4°, 1781.

1063. Mémoire couronné par la Société royale d'agriculture de Limoge sur cette question proposée en 1768: « Quelle est la meilleure manière de brûler et » de distiller les vins, la plus avantageuse relative- » ment à la quantité et à la qualité de l'eau-de-vie et » à l'épargne des frais? » par M. l'abbé ROZIER, *in*-8°, 1770.

1064. Mémoire et instruction sur la racine de disette ou betterave champêtre. 3me édition dans laquelle l'auteur a refondu les nouvelles expériences que l'on a faites pour simplifier cette culture. *Paris*, *in*-8°, *pl.*, 1798.

1065. Mémoire et instruction sur les baux à cheptel de mérinos ou de race améliorée, par M. G***, anc. notaire à Paris, Propriétaire cultivateur ; brochure *in*-8°, de 40 pages. Prix pour Paris, 75 cent. et franc de port pour les départemens 90 cent. *Paris*, Mme *Huzard*, imprimeur-libraire rue de l'Eperon, n° 7.

L'auteur est M. GARNIER.

1066. Mémoire et instruction sur les troupeaux de progressions, c'est-à-dire, sur les moyens de généraliser les troupeaux de mérinos purs en France ; suivi de quelques idées sur la trop courte durée des baux à ferme, par CH. MOREL DE VINDÉ ; *in*-8°, broch. 1808.

Cette brochure, par un Propriétaire qui possède un beau troupeau de mérinos, et parle d'après son expérience, offre les vues les plus utiles.

1067. Mémoire et journal d'observations sur les moyens de garantir les olives de la piqûre des insectes, et nouvelle méthode pour en extraire l'huile plus abondante par l'invention d'un moulin domestique, avec la manière de la garantir de toute rancissure, par M. SIEUVE de Marseille. *Paris*, *in*-12, 1769.

1068. Mémoire et observations sur les abus des défrichemens et la destruction des bois et forêts ; avec un projet d'organisation forestière, par M. ROUGIER-LA-BERGERIE, préfet de l'Yonne. *Auxerre*, *in*-4°, an IX.

1069. Mémoire historique et économique sur le Beaujolais, par M. BRISSON, *in*-8°, 1771.

1070. Mémoire instructif sur les pépinières et les manufactures des vers à soie, dont le conseil a ordonné l'établissement dans le Poitou, par M. LENAIN, intendant du Poitou. *Poitiers*, 1742.

Réimprimé en 1754.

1071. Mémoire où l'on propose les moyens infaillibles de prévenir la ruine totale des forêts nationales ; d'assurer, par leur amélioration, l'existence et la prospérité des manufactures les plus avantageuses à l'état, au commerce et aux arts, par M. GEORGEL. *Saint-Dié*, *in*-4°, an X.

1072. **Mémoire** *ou* **Manuel sur l'éducation des vers à soie, par Rigaud.** *Grenoble*, *in*-8°, 1767.

1073. **Mémoire pour l'établissement d'un prix dans chaque paroisse en faveur des agriculteurs, par M. Sélébran;** *in*-12, 1753.

1074. **Mémoire pour faire un escriteau pour un banquet;** *in*-8°, 1550.

C'est le plus ancien ouvrage que je connaisse sur l'*art de la cuisine*, *art* pour les progrès duquel on a fait dans tous les tems beaucoup d'efforts, et qui d'après les soins particuliers qu'on lui a prodigués, les recherches dont il a été l'objet, devrait être aujourd'hui parvenu au dernier degré de perfection auquel il puisse atteindre; mais exposé aux caprices de la mode, il a éprouvé, et probablement éprouvera encore diverses révolutions. Plusieurs mets vantés par nos aïeux ont été rejetés avec dédain par leurs petits enfans. De ce nombre sont le *paon*, le *marsouin* et le *dauphin*. Du tems de *Belon* les *marsouins* et les *daulphins* étaient fort à la mode, *devenue tant chère* (dit l'auteur), *qu'il n'y ait que les grands seigneurs qui en puissent avoir, et toutefois il n'y ha auteur qui ait jamais dit qu'on en mangeât anciennement; détaillé et vendu en pièces, un marsouin se vendait souvent plus de cinquante escus.* D'après le *Mémoire pour un banquet*, on peut faire un parallèle curieux entre un repas de 1550 et un repas de 1809. Outre le paon et le marsouin que *Belon* dit être un fort mauvais manger, il y a beaucoup d'autres mets bannis de notre cuisine, et cependant il y en a encore un grand nombre de conservés. On remarque qu'à cette époque les gelées étaient fort à la mode et l'énumération des formes qu'on leur donnait est d'une longueur étonnante. En voici quelques-unes; *gelée en pointe de diamant; — écusson de gelée, — fleur de lys de gelée, — gelée déchiquetée, — escus de gelée, — fontaine de gelée, — grifsante de gelée*, etc. Dans la disposition du service on trouve *blanc-manger, gâteaux feuilletés et jambons de Mayence*, etc., qui résistent aux changemens depuis trois siècles et jouissent toujours du même *renom*. Voyez l'art. *Cuisine*, 3me partie.

1075. **Mémoire pour préserver les bêtes à cornes de la maladie épizootique qui règne dans la généralité de Soissons, par M. Dufal, médecin, pensionnaire du roi,** 2e édit. *in*-8°, 1774.

1076. **Mémoire pour servir à la culture des mûriers et à l'éducation des vers à soie, par la Bourdonnaye de Blossac.** *Poitiers*, *in*-12, 1754.

1077. **Mémoire raisonné sur l'avantage de semer du**

trèfle en prairies ambulantes, par M. Ferrand, ch. de St.-Louis. *Paris*, *in*-12, 1769, avec cette épigraphe :

L'industrie del l' agricoltore mactiplica i territori sense cacrescerne la superficie. — L'industrie du cultivateur multiplie les terres sans en augmenter la surface.

1078. Mémoire qui a remporté le prix sur la question : *Quel est le meilleur plan à suivre pour faire des descriptions topographiques complètes ?* par le C. Dralet.

Joignant l'exemple au précepte, l'auteur a fait la *Topographie du département du Gers*, qui ne laisse d'autre désir à former que celui de voir ce modèle imité dans tous les départemens français. Voyez *Topographie*, etc.

1079. Mémoire sommaire contenant les principaux résultats des essais faits jusqu'à ce jour, dans la 27me division militaire (le Piémont), sur la propagation des bêtes à laine superfine d'Espagne, et sur l'amélioration des laines, par les alliances des béliers mérinos avec des brebis padouènes, calabroises, romaines et bielloises, par le C. Charles Guilo, professeur à l'université de Turin. *Turin*, *in*-8°, an x.

1080. Mémoire sur cette question : *Désigner les plantes soit venimeuses, soit inutiles, qui infectent souvent les prairies de la Bourgogne et diminuent leur fertilité : indiquer les moyens d'en substituer de salubres et d'utiles, de manière que le bétail y trouve une nourriture saine et abondante, Groningue*, *in*-8°, 1783.

La question était proposée par l'académie de Dijon. Le prix a été remporté par M. *Sébastien-Justin Burgmans*.

1081. Mémoire sur cette question : *Est-il avantageux pour un État que le paysan possède en propre du terrain, ou qu'il ait précisément des biens-meubles ? et jusqu'où le droit du paysan devrait-il s'étendre sur cette propriété pour l'avantage de l'État ?* par Marmontel. *Francfort*, *in*-12, 1775.

1082. Mémoire sur cette question : *Quelles sont les causes qui font pousser le vin ? Quels sont les moyens de prévenir cet accident et d'y remédier, sans que la qualité du vin devienne nuisible à la santé ?* par M. Barberet. *Lyon*, *in*-4°, 1762.

La question était mise au concours par l'académie de Lyon. Le mémoire de M. *Barberet* fut couronné : il avait pour devise : *« Felicissimè suam tuentur sanitatem qui regiones incolunt in » quibus optima vina proveniunt. »*

1083. Mémoire sur cette question : *Quels seraient les moyens de multiplier les plantations des bois, sans trop nuire à la production des subsistances?* par DE BOUSMARD, capitaine du corps du génie français, maintenant au service de la Prusse, (tué au siége de Dantzick) ; *in*-8°, 1788.

Couronné à la Société royale de Metz.

1084. Mémoire sur diverses espèces de plantes propres à servir de fourrage aux bestiaux, par L. CLOUET ; *in*-8°.

Ce mémoire se trouve dans le recueil de ceux de l'académie de Mayence. Il a été imprimé à part ; c'est la raison pour laquelle nous en faisons mention. M. *Clouet* propose le *galega*, comme formant un bon fourrage.

1085. Mémoire sur l'administration des forêts, par FONTAGNE ; *in*-8°.

1086. Mémoire sur l'administration forestière, sur les qualités des bois indigènes acclimatés en France, et des bois exotiques qui s'emploient dans l'ébénisterie, par P. C. VARENNE-FÉNILLE. *Bourg*, 2 volum. *in*-8°, 1792.

1087. Mémoire sur l'agriculture en général et en particulier sur la culture et le défrichement des champs ; sur la nourriture et l'entretien des bestiaux, et le gouvernement des pacages ; sur la nourriture des poissons et l'administration des étangs, par M. LE LARGE DE SAINT-FARGEAU, *in*-12, 1762.

1088. Mémoire sur l'agriculture et spécialement sur le défrichement projeté de la lande dite *Pont-long*, dans le département des Basses-Pyrénées, par le général SERVIEZ, ex-préfet de ce département ; *in*-8°, 1803.

1089. Mémoire sur l'agriculture, lu à la Société des amis de la constitution, par CHAMPRON. *Bar-le-Duc*, *in*-4°, 1791.

1090. Mémoire sur l'amélioration de l'agriculture par la suppression des jachères ; traduit de l'allemand, par M. Commerel ; *in*-8°, 1802.

1091. Mémoire sur l'amélioration de la Sologne, par M. d'Autroche. *Orléans* et *Paris*, *in*-8°, 1787.

1092. Mémoire sur l'amélioration des bêtes à laine dans le département de la Gironde, par M. Journu-Auber. *Bordeaux*, *in*-4°.

Couronné par la Société des sciences, belles-lettres et arts de Bordeaux en l'an XII.

1093. Mémoire sur l'amélioration des bêtes à laine du département des Landes, par M. Poyféré de Cère, secrétaire - adjoint de la Société d'agriculture du département des Landes, avec cette épigraphe :

*Omnia præstat ovis.*

Ce mémoire a été couronné par la Société d'encouragement pour l'industrie nationale dans sa séance du 29 janvier 1806.

1094. Mémoire sur l'amélioration des bêtes à laine, par Orier, cultivateur à Dissay près Poitiers, *in*-8°, 1802.

1095. Mémoire sur l'amélioration des biens communaux, les desséchemens des marais, le défrichement des terres incultes et la replantation des bois, par Cretté de Palluel ; *in*-8°, 1790.

1096. Mémoire sur l'amélioration des prairies naturelles et sur leur irrigation, par M. de Perthuis. *Paris*, *in*-8°, fig., 1805.

1097. Mémoire sur l'amélioration du troupeau de mérinos et de bêtes à laine indigènes établi à la Mandria de Chivas, département de la Doire, et sur les progrès de l'agriculture dans ce domaine, par M. Aigoin. *Ivrée*, *in*-8°, 1805.

1098. Mémoire sur la cause des récoltes alternes de l'olivier ; du tort que les oliviers éprouvent l'année de la mauvaise récolte. Moyens de se procurer des récoltes annuelles et de diminuer le nombre des insectes rongeurs des olives, par G. A. Olivier. *Paris*, *in*-8°, 1792.

1099. Mémoire sur la cause immédiate de la carie ou charbon des blés, et de plusieurs autres maladies des plantes et sur les préservatifs de la carie, par M. Bénédict Prévost, membre de plusieurs Sociétés savantes. *Montauban*, *in*-8°, 1807.

Cet ouvrage contient des recherches curieuses sur les causes de la carie. Mais l'auteur a donné la préférence à un préservatif contre lequel d'autres écrivains se sont élevés avec raison.

1100. Mémoire sur la clôture des héritages, le vain pâturage et le parcours, en Lorraine, par M. Durival; *in*-8°, 1763.

1101. Mémoire sur la conservation des grains, par M. l'abbé Vilin, curé de Corbeil; *in*-12, 1774.

1102. Mémoire sur la conservation et l'usage des blés de Turquie, par Parmentier, membre de l'institut, etc. *Bordeaux*, *in*-8°, 1785.

Couronné à l'académie de Bordeaux.

1103. Mémoire sur la contribution foncière, suivi d'un projet de loi motivé pour opérer la conversion de l'impôt en numéraire en une prestation en nature, et d'une réponse à différentes objections, par Dubois de Crancé, général de division, retiré du service; *in*-8°, 1804.

1104. Mémoire sur la culture comparée d'une ferme avec ou sans jachères, par M. Fremin.

Excellent travail qui offre de tous les argumens le plus victorieux, le tableau des expériences d'un habile praticien.

1105. Mémoire sur la culture de la garance, par Althen, *Amiens*, *in*-8°, 1772; *Paris*, *in*-4°, 1779.

1106. Mémoire sur la culture des jachères, par M. Menuret, docteur en l'université de Montpellier. *Paris*, 1791.

Cet ouvrage a obtenu le prix à la société d'agriculture, en 1789.

1107. Mémoire sur la culture des pommes-de-terre, et la manière d'en faire du pain, par M. Mustel.

1108. Mémoire sur la culture des pommiers dans toute

l'étendue de la France, par M. Renault, chef de bureau au district de Rouen. *Rouen*, *in*-8°.

Il traite successivement du semis, de la pépinière, de la greffe, de la culture, du choix des pommes pour faire le cidre, et de tout ce qui peut améliorer cette boisson.

1109. Mémoire sur la culture de l'esparcette ou sainfoin, par M. Rigaud de Lille, citoyen de Crest en Dauphiné. *Paris*, *in*-8°, 1769.

1110. Mémoire sur la culture des pêchers, par M. de Maysonade.

Inséré dans les mémoires de la Société d'agriculture de Brive.

1111. Mémoire sur la culture du bird-grass ou graine d'oiseau, du thimothé et de la grande pimprenelle, par M. Barthélemi Roch. *Paris*, *in*-12.

1112. Mémoire sur la culture du grand trèfle des prés à fleurs rouges, connu en Bretagne sous le nom de tremène ou tremelle. *Rennes*, *in*-4°.

1113. Mémoire sur la culture du lin, en Picardie, par M. de Rheinvilliers. *Abbeville*, 1762.

Ce mémoire offre le résultat des observations de l'auteur. *Grosley* les inséra en 1763 dans ses *Ephémérides troyennes*.

1114. Mémoire sur la culture du mûrier blanc, et la manière d'élever les vers à soie, par M. Thomie; 2 vol. *in*-8°, 1771.

1115. Mémoire sur la culture du sainfoin et ses avantages dans la Haute-Champagne, par M. ***, de la Société littéraire de Châlons-sur-Marne, et associé correspondant de l'Académie des sciences et arts de Metz. *Amsterdam*, *in*-12, 1764.

Le nom de l'auteur est M. France de Vaugeney.

1116. Mémoire sur la culture et les avantages de la racine de disette ou betterave champêtre; *in*-8°, 1788.

1117. Mémoire sur la culture de la vigne, par M. J. B. Cherrier, jardinier à Wassy départem. de la Haute-Marne; *in*-8°, 1808.

1118. Mémoire sur la culture et les avantages du chou-navet de Laponie, ou navet de Suède, avec des considérations sur la culture des terres et des prairies, sur les fourrages, etc., par M. SONNINI; nouv. édit. *in*-12, 1804.

1119. Mémoire sur la culture, l'usage et l'avantage du chou à faucher, par COMMEREL; *in*-8°.

1120. Mémoire sur la culture, le commerce et l'emploi des chanvres et lins de France, pour la marine et les arts. par J. B. ROUGIER-LA-BERGERIE, 1800 (an VIII).

Outre l'objet de ce mémoire, sur lequel l'auteur ne laisse rien à désirer, on trouve des détails intéressans qui prouvent que ces productions peuvent remplacer avantageusement celles que la France tire de l'étranger.

1121. Mémoires sur l'agriculture du Boulonnais et des cantons maritimes voisins, par M. D. C. (DUMONT-COURSET) *Boulogne*, *Fr. Dolet*, *in*-8°, 1784.

1122. Mémoire sur l'ajonc ou genêt épineux considéré sous le rapport de fourrage, de l'amendement des terres stériles et de supplément au bois, par ETIENNE CALVEL, de plusieurs Sociétés d'agriculture. *Paris*, *in*-8°, 1809.

Montrer de quelle utilité peut être une plante maudite par beaucoup de cultivateurs, était un vrai service rendu à l'agriculture : outre les avantages indiqués dans le titre, l'ajonc sert encore à faire des clôtures impénétrables.

1123. Mémoire sur la matière sucrée de la pomme, et sur ses appropriations aux divers besoins de l'économie, par A. A. CADET-DE-VAUX. *Paris*, *in*-8°, 1808.

1124 Mémoire sur la naturalisation des arbres forestiers de l'Amérique septentrionale, par M. F. A. MICHAUX. *Paris*, *Huzard*, *in*-8°, 1805.

1125. Mémoire sur l'éducation des abeilles, par M^me^ veuve BARRES (née *Quiqueran de Beaujeu.*) *in*-12, 1800.

1126. Mémoire sur l'éducation des bêtes à laine, et les moyens d'en améliorer l'espèce, par DUQUESNOY, député aux états-généraux, *in*-8°, 1797.

1127. Mémoire sur l'éducation des troupeaux, par DELPORTE, *in*-8°, 1791.

1128. Mémoire sur l'éducation des troupeaux et la culture des laines, par M. ROLAND DE LA PLATIÈRE; *in*-8°, 1779, et *in*-4°, 1783.

1129. Mémoire sur l'exacte parité des laines mérinos de France et des laines mérinos d'Espagne, suivi de quelques éclaircissemens sur la vraie valeur que devraient avoir dans le commerce les laines mérinos françaises, par M. MOREL DE VINDÉ, membre associé de la Société d'agriculture de Versailles, Propriétaire et domicilié à la Salle Saint-Cloud, près Versailles; *in*-8°, broch., 1807.

1130. Mémoire sur la farine, par l'abbé PONCELET; *in*-8°, 1776.

Le célèbre *Macquer* faisait beaucoup de cas de ce mémoire qu'il prétendait renfermer des choses curieuses et intéressantes.

1131. Mémoire sur la garence et sa culture, par M. DUHAMEL DU MONCEAU; *in*-4°, 1757, *in*-12, 1765.

1132. Mémoire sur l'hortensia, le cestrau, etc. 3me édit. augmentée de deux Mémoires sur le lagerstrom et le fothergill, par BUC'HOZ, *in*-8°, 1804.

1133. Mémoire sur l'introduction dans la 27me division militaire, des bêtes à laine de race espagnole, et sur leur éducation. Lu à l'Acad. des sciences le 23 thermidor an II, par le C. BRUGNONE, *in*-8°, 1803.

1134. Mém. sur la maladie des bœufs du Vivarais, par M. DE SAUVAGES, *in*-4°, 1746.

1135. Mémoire sur la manière d'assainir les murs nouvellement faits, par M. L. C. D. M. *in*-8°, 1779.

1136. Mémoire sur la manière de cultiver les abeilles; par M. DE MASSAC; *in*-12, 1766.

Réimprimé en 1779 avec des planches, sous le titre, *Manière de gouverner les abeilles dans de nouvelles ruches de bois; in*-8°.

1137. Mémoire sur la manière d'élever les vers à soie, et sur la culture des mûriers blancs. Lu à la Société royale d'agriculture de Lyon, par M. T***., de la même Société. *Paris*, *in*-12, 1767.

L'auteur est M. THOMÉ.

1138. Mémoire sur la manière d'élever les vers à soie en France et dans tous les climats où les mûriers peuvent être cultivés, par M. GOYON DE LA PLOMBANIE, *in*-12, 1752.

1139. Mémoire sur la manière d'élever les vers à soie, par M. DE SAUVAGES, *in*-4°, 1749, 1763.

1140. Mémoire sur la manière de former des prairies naturelles, par BUC'HOZ; *in*-8°, 1805.

1141. Mémoire sur la manière dont les animaux sont affectés par différens fluides aériformes méphitiques, par M. BUCQUET; *in*-8°, 1778.

1142. Mémoire sur la Marne, par M. DE ROMIEU, 1762.

1143. Mémoire sur la meilleure manière de construire des alambics et fourneaux propres à la distillation des vins pour en tirer les eaux-de-vie, par M. BEAUMÉ, *in*-8°, 1778.

1144. Mémoire sur la meilleure manière d'ensemencer les terres, par ARM. MONTRÉAL. *Montpellier*, 1769.

1145. Mémoire sur la meilleure manière de faire et de gouverner les vins, etc., par M. l'abbé ROZIER; *in*-8°, 1772.

1146. Mémoire sur la meilleure manière de tirer parti des landes de Bordeaux, quant à la culture et à la population, par M. DESBIEY; *in*-4°, 1777.

1147. Mémoire sur la meilleure méthode de perfectionner l'agriculture, par TEULIÈRES; 1772.

Couronné par l'Académie de Pau.

1148. Mémoire sur la mortalité des moutons en Boulonnais, par M. DESMARS, médecin à Boulogne-sur-Mer. *Boulogne*, *in*-4°, 1762.

1149. Mémoire sur la mouture des grains, l'expérience du moulin, et sur l'art de faire le pain, par MURET. *Berne*, *in*-8°, 1793.

1150. Mémoire sur la naturalisation des arbres forestiers de l'Amérique septentrionale, dans lequel on indique ce que l'ancien Gouvernement avait fait pour arriver à ce but, et les moyens qu'il conviendrait d'employer pour y parvenir : suivi d'un tableau raisonné des arbres de ce pays, comparés avec ceux que produit la France, par M. F. A. Michaux. *Paris*, *in*-8°, 1805.

1151. Mémoire sur la nature des marnes, leurs diverses espèces, leur emploi le plus avantageux, selon la différence des terres ; et dans lequel on indique aux cultivateurs des caractères extérieurs propres à leur faire distinguer, par des moyens faciles, chaque espèce de marne, par J. B. Vitalis, professeur de chimie appliquée aux arts. *Rouen*, *in*-8°, 1805.

1152. Mémoire sur la nature du hanneton, et les moyens de le détruire, par M. Kléeman ; 1776.

Couronné par l'Académie des sciences de Manheim, qui l'a inséré dans le recueil de ses mémoires.

1153. Mémoire sur la nature et la manière des engrais, par Parmentier ; 1791.

1154. Mémoire sur la nature, les effets, propriétés et avantages du charbon de terre, apprêté pour être employé commodément, économiquement et sans inconvénient, au chauffage et à tous les usages domestiques, par M. Morand, médecin. *Paris*, *in*-12, avec fig.

*Ignoti nulla cupido.*

Cet ouvrage, composé de deux mémoires et de huit pièces justificatives, est estimé.

1155. Mémoire sur la nouvelle culture des terres, par M. Credo, *in*-4°, 1758.

1156. Mémoire sur la nécessité et les moyens d'améliorer l'agriculture dans le district de Montpellier, par le C. Amoreux. *Montpellier* et *Avignon*, *in*-8°, an II.

1157. Mémoire sur la peinture au lait, par A. A. Cadet-de-Vaux. *Paris*, *in*-8°, an IX.

1158. Mémoire sur la question proposée par la Société des sciences de Montpellier : Déterminer par un moyen fixe, simple et à la portée de tout cultivateur, le moment auquel le vin en fermentation dans la cuve aura acquis toute la force et toute la qualité dont il est susceptible, par M. Gentil, ex-prieur de Fontenay, de l'ordre de Cîteaux. *Paris*, 1802.

1159. Mémoire sur la tourbe, par M. Bizet, de l'Académie des sciences, belles-lettres et arts d'Amiens. *Amiens*, *in*-12, 1758.

C'est le résultat des observations que l'auteur a faites dans les marais de la Picardie. Mais comme la tourbe de cette province diffère peu de celle des autres pays, les connaissances que renferme ce mémoire concernent autant la tourbe en général, que celle qui en a fourni le sujet.

1160. Mémoire sur la péripneumonie chronique, ou phthisie pulmonaire qui affecte les vaches de Paris et de ses environs. *Huzard*, *in*-8°, 1800.

1161. Mémoire sur la possibilité d'améliorer les chevaux en France, par M. Flandrin, directeur de l'Ecole royale vétérinaire d'Alfort; *in*-8°, 1790.

Ce mémoire fut suivi d'un prospectus pour une association propre à réaliser l'amélioration des chevaux.

1162. Mémoire sur la possibilité d'améliorer les laines dans la province de Champagne, par Cliquot-Blervache.

Ce mémoire le fit nommer membre de la Société d'agriculture de Paris.

1163. Mémoire sur la pratique du semoir, par Thomé; *in*-12, 1760.

Second mémoire sur le même sujet, par le *même*; 1761.

1164. Mémoire sur la qualité et l'emploi des engrais; par M. de Massiac; *in*-12, 1767.

1165. Mémoire sur la question: *Quels sont les végétaux indigènes que l'on pourrait substituer, dans les Pays-Bas, aux végétaux exotiques?* par Burtin. *Bruxelles*, *in*-4°, 1784.

Mémoire couronné par l'académie de Bruxelles.

1166. Mémoire sur la question suivante proposée par le ministre de l'intérieur et le conseil général d'agriculture: « Paraît-on réclamer contre le mesurage des

» terres par développement, ou contre celui par la » base et la superficie de la perte, sur les meilleures » méthodes à suivre pour arpenter par développement, etc.? » par DESAGNEAUX, géom.-arpenteur; *in*-8°, 1804.

1167. Mémoire sur la suppression des jachères, et sur le meilleur mode d'assolement à introduire dans les Hautes-Alpes, par SERRES DE LA ROCHE DES ARNAUDS. *Gap*, *in*-8°, 1805.

Couronné par la Société d'émulation de ce département.

1168. Mémoire sur la tonte du troupeau national de Rambouillet, la vente de ses laines et de ses productions disponibles, par GILBERT, membre du Corps-législatif; *in*-4°, 1797.

1169. Mémoire sur la tourbe, par M. BIZET; *in*-12, 1759.

1170. Mémoire sur l'utilité des mûriers blancs, la manière de les élever, et celle de soigner les vers à soie en Normandie, par M. DE CLAIRVAL. *Caen*, 1758.

Ce mémoire détermina M. le duc d'*Harcourt*, gouverneur de la province, à faire planter beaucoup de mûriers dans les terrains incultes. Cet exemple fut suivi par beaucoup de personnes.

1171. Mémoire sur l'utilité, la nature et l'exploitation du charbon minéral (de France), par M. DE TILLY. *Paris*, *in*-8°, 1788.

1172. Mémoire sur l'utilité qu'on peut tirer des marais desséchés, en général, et particuliérement de ceux du Laonnais, par M. CRETTÉ DE PALLUEL. M. de *Chassiron* y a ajouté des notes dans l'édit. *in*-8° de 1802.

1173. Mémoire sur la vaccination des bêtes à laine, par F. VOISIN; lu à la Société d'agriculture de Seine-et-Oise, et imprimé par ordre de cette Société. *Versailles*, *in*-8°, an XII.

1174. Mémoire sur l'aménagement des forêts nationales, par VARENNES DE FÉNILLE, *in*-8°, 1792.

1175. Mémoire sur l'arbre cirier de la Louisiane et de

la Pensylvanie, par CHARLES-LOUIS CADET. *Paris*, *in*-8°, an XI.

1176. Mémoire sur l'art de perfectionner les constructions rurales, par M. de PERTHUIS. *Paris*, *in*-4°, 1805.

Couronné par la Société d'agriculture de Paris.

1177. Mémoire sur le blé de Smyrne, sur le blé de Turquie, le millet d'Afrique et la poherbe d'Abyssinie, plantes alimentaires pour l'homme; par BUC'HOZ; *in*-8°, 1804.

1178. Mémoire sur le commerce des blés, pour servir de suite aux réfléxions sur le commerce des blés; *in*-12, 1769.

1179. Mémoire sur le commerce, la culture et l'emploi des chanvres et lins de France, par ROUGIER DE LA BERGERIE; *in*-12, 1799.

1180. Mémoire sur le dépérissement des forêts et sur les moyens d'y remédier, par M. DUVAURE, agent forestier; *in*-8°, 1800.

1181. Mémoire sur le desséchement de la vallée d'Auge; par BONCERT; 1792.

1182. Mémoire sur le desséchement des marais, et particuliérement de ceux du Laonnais, par CRETTÉ DE PALLUEL. *Paris*, *in*-8°, 1789.

1183. Mémoire sur l'érable à feuille de chêne ou *acer negundo*, par M. de CUBIÈRES l'aîné. *Versailles*, *in*-8°, 1804.

1184. Mémoire sur l'insecte qui dévore les grains de l'Angoumois, par MM. DUHAMEL et TILLET, de l'Acad. des sciences, 1761.

Cet insecte est un papillon décrit par M. *de Réaumur*, qui le range dans la seconde classe des papillons de nuit. Ce mémoire est distinct de l'*Histoire d'un insecte*, etc., par les mêmes. Voyez ce titre.

1185. Mémoire sur le lavage complet, ou désuintage des laines, par M. GODINE jeune, professeur à l'Ecole d'économie rurale et vétérinaire d'Alfort; *in*-8°, an XI.

Ce mémoire a été couronné par la Société d'agriculture de Versailles.

1186. Mémoire sur le maïs ou blé de Turquie, par PARMENTIER. *Paris*, *in*-4°, 1785.

1187. Mémoire sur l'objet le plus important de l'agriculture, par CALIGNON, cultivateur près de Dijon. *Dijon*, *in*-8°, 1791.

1188. Mémoire sur le prix excessif des grains, par un citoyen des environs de Paris. *Paris*, *in*-8°, 1779.

Il y a des observations judicieuses sur la liberté du commerce des grains, et des notes intéressantes.

1189. Mémoire sur le ray-grass, ou faux seigle, par D. MIROUDOT; *in*-8°, 1760.

Si MM. *Rozier* et *Bosc* avaient connu ce mémoire, ils n'auraient pas dit, le premier que c'était l'ivraie ou *lolium*, et le second que le *ray-grass* était un terme générique pour *désigner toutes les espèces de plantes qui servent à la nourriture des bestiaux*. *Cretté-Palluel* a, dans son Traité des prairies artificielles, donné les caractères de cette plante de manière à fixer les idées. Avant cet auteur elle était beaucoup plus vantée que connue.

1190. Mémoire sur le repeuplement, l'augmentation et la conservation des bois dans les départemens de la Meurthe, Moselle, Aisne, Meuse, Marne, etc. par DELISLE DE MONCEL. *Nancy* et *Paris*, *in*-8°, 1791.

1191. Mémoire sur le rouissage du chanvre, par M. PROZET, maître en pharmacie, intendant du Jardin des plantes, etc. *Paris*, *in*-12, 1786.

1192. Mémoire sur le safran, par LATAILLE DÉSESSARTS. *Orléans*, *in*-8°, 1766.

1193. Mémoire sur le seigle ergotté, par M. VÉTISSART; 1770.

1194. Mémoire sur le tulipier, par M. DE CUBIÈRES l'aîné, président de la Société d'agriculture du département de Seine et Oise, *in*-8°, 1803.

1195. Mémoire sur les abeilles : nouvelle manière de construire les ruches en paille, par M. l'abbé BIENAYMÉ; *in*-8°, 1780.

1196. Mémoire sur les abeilles, par M. P. F. BIENAYMÉ, évêque de Metz; *in*-12, 1804.

1197. Mémoire sur les argiles, *ou* Recherches et expériences chimiques et physiques sur la nature des terres les plus propres à l'agriculture, et sur les moyens de fertiliser celles qui sont stériles, par M. BAUMÉ; *in*-8°, 1770.

1198. Mémoire sur les avantages de la mouture économie et du commerce des farines en détail, par M. BÉGUILLET, *in*-8°, 1769.

1199. Mémoire sur les avantages des engrais du règne végétal, par CHANCERY; *in*-8°.

Selon l'auteur les engrais tirés du règne végétal, sont les plus efficaces et les moins dispendieux.

1200. Mémoire sur les avantages ou les inconvéniens de la culture du mûrier blanc greffé, par DUVAURE, agent forestier; *in*-8°, 1790.

Couronné par l'académie de Valence.

1201. Mémoire sur les avantages que la révolution française a procurés à l'agriculture; lu à la Société d'agriculture du département des Ardennes, par le citoyen PACHE; *in*-8°, an VII.

1202. Mémoire sur les avantages que la France peut retirer de ses grains, considérés sous leurs différens rapports avec l'agriculture, le commerce, la meûnerie et la boulangerie, par PARMENTIER, avec le mémoire sur la nouvelle manière de construire les moulins à farine; par DRANSY. *Paris*, *in*-4°, 9 planch., 1789.

1203. Mémoire sur les bêtes à laine longue, et sur les moyens d'en améliorer les races. *Paris*, *in*-8°, 1791.

1204. Mémoire sur les blés, avec un projet d'édit pour maintenir en tout tems la valeur des grains à un prix convenable au vendeur et à l'acheteur, par DUPIN, fermier-général. *Paris*, *in*-4°, 1748.

1205. Mémoire sur les blés, par M. DUPIN; *in*-4°, 1748.

1206. Mémoire sur les causes de la dégradation des forêts de la ci-devant province de Lorraine, par M. RENAUD DE BACCARA. *Lunéville*, *in*-4°, an VIII.

1207. **Mémoire sur les causes de la diminution de la pêche sur les côtes de la Provence, et sur les moyens d'y remédier, par le révérend P. Menc, dominicain.**

Couronné par l'académie de Marseille.

1208. **Mémoire sur les clôtures, par M. Parmentier.**

Ce mémoire lu à la séance publique de la Société d'agriculture du département de la Seine, le premier jour complémentaire an XI, fait partie de ceux imprimés par cette Société.

1209. **Mémoire sur les défrichemens; *in*-12, 1760.**

L'auteur est M. Menon de Turbilly.

Cet ouvrage traduit en anglais, a eu, dans la Grande-Bretagne, beaucoup plus de succès qu'en France, quoiqu'il ait été apprécié dans notre patrie. Mais il existe une classe d'ouvriers littéraires appelés *Compilateurs*, qui cependant ne sont pas inutiles, mais qui font le plus grand tort aux auteurs originaux qu'ils pillent impitoyablement. On a, dans des ouvrages postérieurs à celui de M. de *Turbilly*, copié les observations de cet agriculteur, sans le citer : ce qui a rendu son mémoire moins nécessaire. L'abbé *Rozier* aurait dû parler de cet auteur qui réunissait la pratique à la théorie, aux articles *Défrichement* et *Ecobuage* de son Cours d'agriculture; mais il n'en a pas dit un mot, et cet oubli est d'autant plus singulier qu'on ne peut guère supposer que l'abbé n'ait pas entendu parler de M. de *Turbilly*, ni de son ouvrage, lui qui pour composer le sien, s'est entouré, et avec raison, de tout ce qui avait été écrit sur les différentes parties de l'agriculture. Quoiqu'il y ait, dans l'article *Défrichement*, des idées qu'on retrouve dans le Mémoire de *Turbilly*, on ne peut croire que *Rozier* ait connu ce mémoire; car son article aurait été plus complet qu'il ne l'est.

Ce *Mémoire sur les défrichemens* est plein de détails intéressans, et l'on n'a rien dit de mieux sur cette matière. On serait tenté de croire qu'il en est des livres comme des individus; dans les uns comme dans les autres, la bonne, ainsi que la mauvaise fortune, semble être un effet de la destinée.

La seconde partie du Mémoire de M. *de Turbilly* offre beaucoup de détails sur l'état de sa terre et les moyens qu'il prit pour l'améliorer. On voit que, par ses soins, il occupe tous les fainéans et supprime de fait la mendicité. Il commença en 1737, et continua les années suivantes jusqu'à ce que la guerre de Bohême le rappelât à son régiment; il quittait tour à tour les armes pour reprendre la charrue, et la charrue pour les armes. En 1754 il annonça que le 15 août il distribuerait deux prix d'agriculture, l'un à celui qui aurait le plus beau blé, et l'autre à celui qui aurait le plus beau seigle. Une somme d'argent et une médaille de la grandeur de six livres formaient ces prix. *C'est*, dit M. *de Turbilly, la première médaille qui ait jamais paru en France pour une chose aussi utile, quoiqu'il y en ait eu beaucoup de frappées dans ce royaume pour des objets, la plupart bien moins intéressans. L'on y voit d'un côté une gerbe de blé avec des faucilles et fléaux. Je n'ai point voulu mettre la déesse Cérès ni aucune figure hiéroglyphique ; les paysans n'y auraient rien compris : d'ailleurs il eût été à craindre que quelques-uns, la prenant pour l'image d'un saint ou d'une sainte, ne lui rendissent un culte, et que ce que j'avais fait pour un objet d'utilité, n'en devînt par la suite un d'idolâtrie.* Suivent des détails sur l'assemblée des cultivateurs qu'il institua pour la distribution de ces prix, etc. On voit que M. de *Turbilly* a donné un exemple utile que l'on a très-heureusement suivi ; mais je ne vois pas pourquoi l'on n'en conviendrait point aujourd'hui. Voici comment il s'exprimait en 1758 (1) : *L'institution de diverses sociétés d'agriculture, dans les provinces du royaume, qui correspondraient avec une principale que l'on placerait à Paris, serait de la plus grande utilité...* Il décrit la manière dont elles seraient formées ; puis il continue ainsi : *Ces Sociétés donneraient régulièrement au public des épreuves, des découvertes, des observations et des remarques qu'elles feraient. Pour achever l'instruction rien ne servirait davantage que des journaux d'agriculture, qui seraient bien plus utiles que cette multitude de papiers périodiques dont nous sommes inondés sous tant de prétextes frivoles.* Ne dirait-on pas que ce langage a été tenu après l'institution des Sociétés d'agriculture ? Il n'a cependant point été question de l'auteur de ce projet.

*Sic vos non vobis*, etc.

La seconde partie du *Mémoire sur les défrichemens* est pleine d'intérêt, et elle vaudrait seule la réimpression de l'ouvrage, si l'importance de la première ne la rendait nécessaire. Ces réflexions auraient été mieux placées dans la seconde partie à l'article de *Turbilly* ; mais cet article était déjà trop long : et nos observations ont plus de rapport avec le livre qu'avec l'auteur. Nous espérons qu'on nous les pardonnera, ne fût-ce qu'à cause du motif : nous avons voulu être justes avant tout.

1210. **Mémoire sur les dégradations des terres occasionnées par les torrens et par les inondations, par M. Lieutaud; *in*-8°, 1782.**

1211. **Mémoire sur les distinctions qu'on peut accorder aux riches laboureurs, avec les moyens d'augmenter l'aisance et la population dans les campagnes, par M. Vaudrey. *Dijon*, *in*-8°, 1789.**

Ce mémoire a obtenu l'accessit au prix de l'Académ. de Caen.

1212. **Mémoire sur les effets de l'impôt indirect, sur le**

---

(1) L'édition du Mémoire sur les défrichemens dont je transcris ce passage, est de 1760 ; et l'établissement des Soc. d'agricult. date de 1761.

revenu des propriétaires des biens-fonds, par M. de Saint-Peravi. *Londres*, *in*-12, 1768.

1213. Mémoire sur les engrais que la Provence peut fournir, et sur la manière de les employer suivant les diverses espèces de terrains, par Bernard. *Marseille*, *in*-8°, *fig.*, 1780.

1214. Mémoire sur les étangs, par M. Huguenin, avocat en parlement; *in*-8°, 1779.

Couronné en 1778 par l'Académie de Lyon.

1215. Mémoire sur les grandes gelées et leurs effets, par Mann, ci-devant chanoine de Courtray. *Gand*, *in*-8°, 1792.

1216. Mémoire sur les haies destinées à la clôture des prés, des champs, des vignes et des jeunes bois; couronné par l'Académie de Lyon en 1784, par M. Amoreux fils, docteur en médecine, bibliothécaire à Montpellier. *Paris*, *in*-8°, 1787.

En rapportant la manière dont la question était posée par l'Acad. on aura une idée de cet excellent ouvrage; la voici :

« Déterminer par des observations théoriques et pratiques, » quelles sont les haies les plus propres à la clôture des champs, » des vignes et des jeunes bois; indiquer le choix convenable des » diverses espèces de haies, suivant la diversité des terrains et » des cultures; la meilleure manière de les former et de les entretenir, en considérant le produit des récoltes, l'extension » des racines, le chauffage et les arbres fruitiers qui peuvent être » placés dans leur formation. »

M. *Amoreux* avait pris pour devise ce vers de Virgile :

*Ante Jovem nulli subigebant arva coloni.*

Le second prix fut donné au mémoire latin du R. P. *Gaeles Harasti* de Bude, religieux de l'observance, résidant à Milan. Il avait pris pour devise ce passage de Virgile :

*Texendæ sepes etiam.....*

*.... Arbusta juvant humilesque myricæ.*

Enfin un 3me Mémoire ayant pour épigraphe,

*Utile dulci*,

eut une mention honorable, et l'Académie invita l'auteur à le publier.

1217. Mémoire sur les haras, par M. Lebouchen du Croser, de l'Académie royale d'agriculture de Bretagne. *Utrecht*, *Paris*, *in*-8°, 1771.

1218. Mémoire sur les laines, par M. l'abbé CARLIER, sous le nom de BLANCHEVILLE; *in*-12, 1755.

1219. Mémoire sur les maladies contagieuses du bétail, avec un sommaire sur une question très-importante, et suivi de l'avis de plusieurs médecins que l'auteur a cru devoir consulter, par M. BOURGELAT, directeur et inspecteur-général des haras du royaume. *Paris*, *in*-4°, 1776.

1220. Mémoire sur les maladies des bœufs du Vivarais, par M. DE SAUVAGES, conseiller-médecin du roi, professeur en médecine, membre des Sociétés royales des sciences de Montpellier et de Suède. *Montpellier*, *in*-4°, 1746.

1221. Mémoire sur les maladies épidémiques du bétail, qui a remporté le prix de la Société d'agriculture de Paris en 1765, par M. BARBERET; 1766.

1222. Mémoire sur les marais salans de l'Aunis et de la Saintonge, par BEAUPIED DUMÉNIL; *in*-12, 1765.

1223. Mémoire sur les marrons d'Inde, par M. BON DE SAINT-HILAIRE; *in*-12, et *in*-4°.

1224. Mémoire sur les moyens d'accélérer les progrès de l'économie rurale en France, par M. DE MALESHERBES.

Le but de l'auteur est de faire distribuer des secours aux cultivateurs, pour favoriser leurs expériences, d'améliorer les Sociétés d'agriculture, etc.

1225. Mémoire sur les moyens d'amener graduellement et sans secousse la suppression de la vaine pâture, et même des jachères dans les départemens qui sont grévés de cet usage, en leur procurant la ressource des prairies artificielles et autres plantations, sans forcer les cultivateurs de recourir à la voie dispendieuse des clôtures particulières, par M. DELPIERRE jeune. *Paris*, *in*-8°, an IX.

1226. Mémoire sur les moyens de conserver la pomme-de-terre sous la forme de riz ou vermicelle, par GRENET, *in*-8°, *fig*.

1227. Mémoire sur les moyens de garantir les olives de

la piqûre des insectes, et méthode pour extraire une huile plus abondante et plus fine, avec la manière de la garantir de toute rancissure, par SIEUVE. *Paris*, *in*-8°, *fig.*, 1769.

1228. Mémoire sur les moyens de mettre en culture la plus avantageuse les terrains secs et arides, principament ceux de la Champagne, par MAYET de Lyon, membre de plusieurs Académies; *in*-8°, 1790.

Ce mémoire a eu le premier accessit de l'académie de Châlons. Le moyen auquel s'arrête l'auteur est la culture de la soie. Il combat ceux qui préféreraient l'éducation des bêtes à laine, et leur observe qu'on peut acquérir ce qu'on n'a pas et conserver ce qu'on possède.

1229. Mémoire sur les moyens de multiplier aisément les fumiers dans le pays d'Aunis, par M. DELAFAILLE, de la Société royale d'agriculture de La Rochelle; 1762.

Inséré dans le Journal économique de cette année.

1230. Mémoire sur les moyens de multiplier les plantations de bois sans nuire à la production des subsistances, par HENRIQUEZ. *Reims*, *in*-12, 1789.

1231. Mémoire sur les moyens de parvenir à la plus grande perfection de la culture et de la suppression des jachères, par JULIENNE BÉLAIR; *in*-8°, 1794.

M. *Philippe Ré*, dans son Dictionnaire, imprimé à Venise (1808), en italien, critique ce Mémoire, qu'il faut lire, dit-il, avec précaution.

1232. Mémoire sur les moyens de perfectionner les moulins et la mouture économique, par M. CÉSAR BUQUET, auteur du Manuel du meûnier et du charpentier, des moulins, et du Traité pratique de la conservation des grains et farines. *Paris*, *in*-12, 1786; avec cette épigraphe:

*Multa paucis.*

Obtint l'accessit, et fut imprimé sous le privilége de l'Acad. des sciences.

1233. Mémoire sur les moyens de perfectionner les moulins et la mouture des grains, par M. CH. GILLOTON-BEAULIEU; 1786.

1234. Mémoire sur les moyens que la Société d'agriculture, séante à Melun, peut employer pour améliorer la grande culture des terres dans le département de Seine-et-Marne, par J. V. L. Fera-Rouville, cultivateur-propriétaire. *Melun*, *in*-4°, an xi.

1235. Mémoire sur les observations météréologiques, par Van Swinden, *in*-8°, 1780.

1236. Mémoire sur les pommes-de-terre et sur le pain économique, par Mustel, *in*-12, 1769.

1237. Mémoire sur les prairies artificielles les plus convenables aux terrains ingrats de la Champagne et de la Brie Pouilleuse et autres provinces où les prairies à regain sont peu connues; 1761.

Inséré dans le Journal économique de la même année.

1238. Mémoire sur les produits du Topinambour, comparés avec ceux de la luzerne et de plusieurs racines légumineuses, par M. Bagot. *Paris*, 1806.

1239. Mémoire sur les qualités des laines propres aux manufac. de France. *Amiens*, *Godard*, *in*-12, 1754.

Couronné par l'Académie d'Amiens.

1240. Mémoire sur quelques insectes nuisibles à la vigne, présenté à la Société libre d'agriculture, d'histoire naturelle et des arts utiles du département du Rhône, séant à Lyon, le 15 messidor an X, par les CC. Faure, Biguet et Sionest aîné, membres de la Société. *Lyon*, *in*-4°, an x.

1241. Mémoire sur les semailles, par Parmentier; 1790.

1242. Mémoire sur les tourbières de Villeroy, dans lequel on fait voir qu'il serait très-utile à la Beauce qu'on en ouvrît dans les environs d'Etampes, par M. Guettard; 1761.

1243. Mémoire sur les usages de la tourbe et de ses cendres comme engrais, par M. de Ribeaucourt. *Paris*, *in*-8°, 1788.

1244. Mémoire sur les vagabonds et les mendians, par M. Letrosne; *in*-8°, 1765.

1245. Mémoire sur les végétaux qui fournissent des parties utiles à l'art du cordier et du tisserand, par M. Yvart.

Couronné par la Société royale d'agriculture de Paris, dans sa séance du 28 nov. 1788, inséré dans le trimestre d'été des Mémoires de cette société pour la même année.

1246. Mémoire sur les vignes du Lyonnais, Forez et Beaujolais, par M. Alleon Dulac, avocat en parlement et aux cours de Lyon.

L'auteur décrit les insectes nuisibles à la vigne, et donne les moyens de s'en délivrer. Ce Mémoire est à la fin de l'ouvrage du même auteur, intitulé : *Mémoires pour servir à l'histoire naturelle du Lyonnais* ; 2 vol. *in*-8°.

1247. Mémoire sur les vigognes, par Nélis.

Ce Mémoire se trouve dans les *Mémoires de l'Académie de Bruxelles*, tome premier.

1348. Mémoire sur les plantations dans les terrains vagues; *in*-8°.

1249. Mémoire sur quelques inconvéniens de la taille des arbres à fruit, et nouvelle méthode de les conduire pour assurer la fructification, par A. A. Cadet-de-Vaux; *in*-8°, 1807.

1250. Mémoire sur un établissement utile et nécessaire aux progrès de l'agriculture en général; *in*-8°.

1251. Mémoire sur un moyen d'améliorer les laines du département de la Marne, et d'en fertiliser les mauvaises terres, par S. P. Allaire. *Châlons*, *in*-8°, an VII.

1252. Mémoire sur une épizootie qui se manifesta en germinal an VIII sur les chevaux à Metz, suivi d'un aperçu de celle qui a régné en l'an XI sur les bêtes à corne de la commune de Tramos, département de l'Ain, par G. B. Gohier, professeur à l'Ecole vétérinaire de Lyon. *Lyon*, *in*-8°, 1804.

1253. Mémoire sur une nouvelle manière de préparer le chanvre, par M. Marcandier; 1757.

1254. Mémoire sur une nouvelle méthode simple et presque générale de mesurer géométriquement les corps, trouvée et démontrée par M. JOSEPH-ROSSIAMATIS DE SAVILLAN. *Turin*, an XIII.

1255. Mémoire touchant les pépinières, par DURDOS; *in*-8°, 1783.

1256. Mémoires choisis parmi ceux lus ou adressés à la Société libre d'agriculture, arts et commerce du département des Ardennes, publiés aux frais de la Société, par M. GRUNWALD. *Mézières*, 2 vol. *in*-8°, an IX.

1257. Mémoire concernant la suite des expériences faites par M. le marquis de Nesle, sur la multiplication des animaux étrangers; 1779.

1258. Mémoires d'agriculture, d'économie rurale et domestique, publiés par l'ancienne Société d'agriculture de Paris, de 1785 à 1791; chez madame HUZARD, 24 vol. *in*-8°, *fig*.

1259. Mémoires d'agriculture, d'économie rurale et domestique, publiés par la Société d'agriculture du département de la Seine.

1260. Mémoires d'agriculture, d'économie rurale et domestique, de la Société libre d'agriculture du département des Deux-Sèvres. Deuxième année. Publiés par les soins de M. E. JACQUIN, secrétaire de la Société, années X et XI. *Niort*, *in*-8°, an XII.

1261. Mémoires d'agriculture et d'économie rurale; 1787.

Titre de la collection des Mémoires de la Société royale d'agriculture de Paris.

1262. Mémoires d'agriculture, etc., publiés par la Société du département des Ardennes.

1263. Mémoires d'agriculture et de mécanique, par M. DE BARTHÈS DE MARMORIÈRES, *in*-8°, 1763.

1264. Mémoires de l'agriculture en général et de l'agriculture de Pologne en particulier, par DERIKULE. *Berlin*, *in*-8°, 1766.

1265. Mémoire d'agriculture et de mécanique, par M. BARTHÈS le père ; *in*-8°, 1763.

1266. Mémoires de CRETTÉ DE PALLUEL, sur la culture et le dessèchement des prairies marécageuses.

1267. Mémoires de la Société libre d'agriculture, des sciences et arts et du commerce du département de la Haute-Marne, séante à Chaumont. *Chaumont*, 1er vol., an X.

1268. Mémoires de la Société libre d'agriculture établie à Metz, pour le département de la Moselle. *Metz*, tom. 1er, *in*-8°, 1803. (an XI.)

1269. Mémoires de la Société établie à Genève pour l'encouragement des arts et de l'agriculture; *in*-8°, 1778.

1270. Mémoires divers d'agriculture, couronnés ou approuvés par la Société royale d'agriculture de Paris, ou par l'Académie de Valence en Dauphiné, par M. DUVAURE. *Paris*, *in*-8°, 1789.

1271. Mémoires et instructions pour le plant des mûriers blancs, nourriture des vers à soie, etc., dans Paris et lieux circonvoisins, par CHR. ISNARD. *Paris*, *in*-8°, 1665.

1272. Mémoires et instruction pour l'établissement des mûriers, et art de faire la soie en France. *Paris*, *in*-4°, 1603.

1273. Mémoires et observations recueillis par la Société économique de Berne. *Berne*, 26 vol. *in*-8°.

1274. Mémoires et tarifs sur les grains, par M. BURIVAL; *in*-4°, 1757.

1275. Mémoires historiques et économiques sur le Beaujolais, *ou* Recherches et observations sur l'histoire naturelle, et les principales branches d'agriculture, de commerce et d'industrie du Beaujolais, par M. BRISSON, de plusieurs Sociétés savantes. *Paris*, *in*-8°, 1770.

Il y a un article curieux sur le pour et le contre de la culture des pommes-de-terre.

1276. Mémoires sur l'agriculture, par M. DOSSIE.

1277. Mémoires lus le premier juillet 1768 à l'assemblée publique de la Société royale d'agriculture de Soissons. *Soissons*, *in*-8°, 1769.

Les deux derniers Mémoires (sur les trois qui composent cet ouvrage) sont consacrés, l'un à l'utilité et à la nécessité des défrichemens, et l'autre aux avoines et à la manière de les récolter.

1278. Mémoires physico-chimiques sur l'influence de la lumière solaire pour modifier les êtres des trois règnes de la nature et sur-tout ceux du règne végétal, par SENEBIER; 3 vol. *in*-8°, 1782.

1279. Mémoires qui ont rapport à l'agriculture : 1° sur les moyens de multiplier les fumiers en Aunis, par M. DE LAFAILLE; 2° sur quelques expériences d'agriculture, par M. MONNIER, négociant. *La Rochelle*, *in*-12, 1762.

1280. Mémoires sur différens points d'économie rurale, par C. P. LASTEYRIE. *Paris*, an VIII.

1281. Mémoires sur diverses constructions en terre ou argile, propres à faire jouir les petits ménages de l'économie des combustibles, par M. SIAUVE. *Poitiers*, *in*-8°, 1804.

1282. Mémoires sur l'éducation des vers-à-soie, par M. l'abbé BOISSIER DE SAUVAGES. *Nismes*, 2 vol. *in*-8°, 1763.

1283. Mémoires sur l'histoire naturelle du chêne, sur la résistance des bois à être rompus par les poids dont ils sont chargés, sur les arbres forestiers de la Guyenne, sur les champignons qui paraissent tirer leur origine d'une pierre, sur la maladie pestilentielle des bœufs en 1774, sur la culture de la vigne, et sur le vin de la Guyenne, par MONTESQUIEU DE SECONDAT. *Paris*, *in-fol.*, avec 15 *pl.*, 1785.

Savans et instructifs. Voyez l'article de l'auteur, 2e partie.

1284. Mémoires sur la météorologie, par le P. COTTE. *Paris*, *imp. roy.*, 2 vol. *in*-4°, 1785.

1285. Mémoires sur les arbres qui peuvent être employés aux plantations le long des routes, par MM. HAMMER et DIETRICH, *in*-8°, 1802.

1286. Mémoires sur les argiles, *ou* Recherches et expériences chimiques et physiques sur la nature des terres les plus propres à l'agriculture, et sur les moyens de fertiliser celles qui sont stériles, par M. BAUMÉ, maître apothicaire de Paris et démonstrateur en chimie. *Paris*, *in*-12, 1770.

L'auteur expose que cette question aurait dû être l'objet d'un prix, la première partie demandant les plus hautes connaissances de la chimie, et la seconde un agriculteur consommé.

En conséquence, après avoir traité la première partie en chimiste, M. *Baumé* présente le détail des expériences qu'il aurait faites s'il eût été à portée de se livrer à l'agriculture

1287. Mémoires sur les plantations, par M. TOUSTAIN DE LIMEZY.

1288. Mémoires sur les plantations des terrains vagues, sur-tout sur celles des grandes routes, et sur les causes du dépérissement des bois et les moyens d'y remédier, par TESSIER; *in*-8°, 1791.

1289. Mémoire sur les principes de la végétation et de l'agriculture; 1769.

1290. Mémoires sur plusieurs objets intéressans; (entr'autres sur l'amélioration de la culture des terres, le moyen d'empêcher la cherté des blés, et l'abolition des corvées). *Paris*, *in*-12, 1769.

1291. Mémoire sur l'usage du sel marin employé comme engrais pour les prairies, par le C. ROCH DARBÈZ, propriétaire-cultivateur à Salon, département des Bouches-du-Rhône; *in*-8°.

Sans date. A paru en 1804.

1292. Mémoire sur l'usage économique du digesteur de Papin. *Clermont-Ferrand*, *in*-8°, 1761.

Ce petit Traité passe pour être curieux.

1293. Mémoire sur l'usage et les effets du plâtre dans la culture du trèfle, par M. VITALIS, professeur de chimie. *Rouen*, *in*-8°, 1805.

1294. Mémoires tirés du traité de la conservation et de

l'aménagement des forêts : ouvrage dans lequel les propriétaires trouveront des moyens économiques de planter et de repeupler les bois, par le C. Perthuis. *Paris*, *in*-8°, an VIII.

1295. Mémorial alphabétique des matières des eaux et forêts, pêches et chasses, avec les édits, ordonnances, déclarations, arrêts et réglemens rendus jusqu'à présent sur ces matières, par Noel. *Paris*, *in*-4°, 1737.

Il y a sur l'ordonnance de 1669, un commentaire estimé. On a beaucoup de recueils sur cette matière ; quelques-uns même sont périodiques, tel est l'*Annuaire forestier* (*in*-8°, 1803) qui, ainsi que le *Manuel des agens forestiers* et le *Mémorial forestier*, est de M. Goujon (*de la Somme*).

1296. Ménage (le) universel de la ville et des champs, et le jardinier accommodé au goût du tems ; contenant le jardinage, avec un Traité des abeilles ; édition augmentée d'un Traité des chevaux et d'un autre Traité des étangs, viviers, etc., et du profit que l'on en peut tirer, par le sieur de la Ferrière. *Bruxelles*, *in*-8°, 1733.

1297. Ménage (le) des champs et de la ville, *ou* le nouveau jardinier français, accommodé au goût du tems ; contenant tout ce que l'on doit faire pour cultiver parfaitement les jardins fruitiers, potagers et fleuristes. *Paris*, *in*-12, 1715, 1741.

1298. Ménagère (la), *ou* des soins de l'office, *in*-12, 1774.

1299. Météorographie, *ou* l'art d'observer d'une manière commode et utile les phénomènes de l'atmosphère, par M. Changeux ; *in*-8°.

1300. Meteorologia, sive rerum aëriarum commentariolus, par Mizauld. *Paris*, *in*-8°, 1547.

Traduit sous le titre de *Mirouer de l'air*.

1301. Météorologie appliquée à la médecine et à l'agriculture, par M. Retz ; *in*-8°, 1784.

1302. Méthode avantageuse de gouverner les abeilles, fondée sur de nouvelles observations et de nouvelles expériences, par J. F. Dubost. *Bourg*, *in*-8°, fig., 1800, (an VIII).

1303 Méthodes contre les loups; *in*-12, 1769.

1304. Méthode de *Maupin* sur la manière de cultiver la vigne et l'art de faire le vin; nouvelle édition, augmentée de deux Mémoires instructifs de *Buc'hoz*, sur ce qui se pratique dans les différens vignobles de la France, par Maupin; *in*-8°, 1799.

1305. Méthode de préserver les laines des vers, par M. Siauve; *in*-8°, 1760.

1306. Méthode éprouvée avec laquelle on peut parvenir facilement et sans maître à connaître les plantes de l'intérieur de la France, et en particulier celles des environs d'Orléans, par M. Dubois, théologal de l'église d'Orléans, ancien démonstrateur du jardin des plantes de cette ville. *Orléans*, *in*-8°, 1803.

On y trouve plusieurs articles relatifs à la culture des plantes. L'auteur a imité la méthode analytique de M. *de Lamarck*. Son livre est instructif et amusant: on a écrit sur les plantes de l'Orléannais plusieurs ouvrages, et nous ignorons s'ils ont servi à M. *Dubois* pour faire le sien. Il aurait toujours au moins le mérité d'avoir appliqué une méthode ingénieuse au moyen de laquelle on arrive d'une manière sûre à la découverte des plantes. Voyez *Observations sur les plantes* de M. *Guettard*.

1307. Méthode et invention nouvelle de dresser les chevaux, traduite de l'anglais de *Guillaume* et de *Cavendisk*, duc, marquis et comte de New-Castle, avec figures en taille-douce, exécutées par les plus habiles graveurs. *Anvers*, *Van-Meurs*, *in-fol.* 1658.

Edition rare et recherchée. Les figures ont été dessinées par *Ab. Diépenbech*, et gravées par les plus habiles artistes du tems. Il est des bibliographes qui prétendent que le duc de *New-Castle* composa ce livre en français; d'autres qu'il le traduisit lui-même.

1308. Méthode et projet pour parvenir à la destruction des loups dans le royaume, par M. Delisle de Moncel, ancien capitaine de cavalerie. *Paris*, *imprimer. roy.*, *in*-12, 1768.

Ce livre offre des observations très-curieuses sur les loups connus en France, et sur ceux que l'on présume être venus du nord. L'auteur ne néglige aucun détail ; il donne plusieurs recettes éprouvées contre les maladies des chiens.

1309. Méthode facile pour conserver à peu de frais les grains et les farines, par M. PARMENTIER ; *in*-12, 1784.

1310. Méthode générale et particulière pour le dessèchement des marais et des terres noyées, par LATOUCHE LEVASSOR ; *in*-8°, 1788.

1311. Méthode pour bien cultiver les arbres à fruit et pour élever des treilles, par MM. DE LARIVIÈRE et DUMONCEAU ; *in*-12, 1771.

1312. Méthode pour cultiver les arbres à fruits et pour les élever en treilles, par les sieurs DE LARIVIÈRE et DUMOULIN. *Paris*, *in*-12, 1769.

1313. Méthode pour détruire les taupes, avec la figure de la machine pour les prendre, par DUCARNE DE BLANGY ; *in*-8°.

1314. Méthode pour recueillir les grains en temps de pluie, en forme de dialogue ; *in*-12, 1771.

Réimprimée en l'an VI sous ce titre : *Méthode pour recueillir les grains dans les années pluvieuses et les empêcher de germer*, par DUCARNE BLANGY ; *in*-8°.

1315. Méthode pour traiter différentes maladies, avec une liste de plantes indigènes qui peuvent remplacer les plantes étrangères, par BUC'HOZ ; *in*-8°, 1805.

Le même auteur a fait beaucoup de traités de ce genre, prétendant que les maladies peuvent se guérir par l'usage des végétaux. Comme cet article n'a qu'un rapport indirect avec l'agriculture, voyez le nombreux catalogue des brochures de *Buc'hoz*.

1316. Méthodes sûres et faciles pour détruire les animaux nuisibles à l'homme, à l'économie champêtre, par BUC'HOZ ; *in*-8°, 1799.

1317. Méthodes sûres et faciles pour détruire les animaux nuisibles, tels que les loups, renards, etc. ; *in*-12.

1318. Methodus rustica Catonis atque Varronis, præceptis aphoristicis per locos communes digestis, à

Theodoro Zuingero delineata. *Basileæ, Pet. Parna*, *in*-8°, 1576.

1319. Miroir (le) de fauconnerie, où se verra instruction pour nourrir, traiter, dresser, etc. toutes sortes d'oiseaux. *Paris*, *in*-8°, 1620.

Cet ouvrage a eu plusieurs éditions : il est de PIERRE HARMONT, qui fut pendant 45 ans fauconnier de la chambre sous Henri III et Henri IV.

1320. Monarchia feminina seu apum historia, aut JO. MAJOW. Oxonii ; 1670.

Contenant des observations sur les mouches à miel, curieuses à l'époque où cet ouvrage fut publié.

1321. Monarchia feminina, sive historia apum, earum naturam, proprietates, generationem, colonias, regimen, artem, industriam, comprehendens, per CAR. BUTLER. *London*, 1623.

1322. Monographie de la rose et de la violette, par BUCHOL ; *in*-8°, 1805.

1323. Mororum. l. III. *Vœrone*, *in*-4°, 1768. (L'auteur est ALOYSIUS MINISCALCHI.)

Ce poëme sur la culture du mûrier est estimé. *Miniscalchi* a ajouté aux préceptes des notes instructives.

1324. Moyens contre les incendies ; ouvrage où l'on développe la manière d'empêcher les progrès des flammes et de préserver les édifices publics et les maisons particulières, par PRIOUX. *Paris*, *in*-8°, *pl.*, 1797.

1325. Moyen (le) de devenir riche et la manière par laquelle tous les hommes de France pourront apprendre à multiplier leurs trésors et possessions, avec plusieurs secrets des choses naturelles, par BERNARD PALISSY d'Agen, inventeur des rustiques figulines. *Paris*, *Lejeune*, *in*-8°, 1580.

Voyez l'article *Palissy*, et le titre *Discours admirables*, etc.

Le moyen de devenir riche a été réimprimé en 1636 ; et en 1777, par *Faujas de Saint-Fond*, sous le titre de *Œuvres de B. Palissy*.

1326. Moyen (le) de s'enrichir en s'amusant, *ou* Manuel contenant la meilleure manière de gouverner, conserver et multiplier les mouches à miel. *Chartres*, *in*-12, an VII.

1327. Moyen de conserver le gibier par la destruction des oiseaux de rapine; traité de la pipée, par M. SIMON. *Paris*, *in*-12, 1738.

L'auteur rend compte des moyens les plus propres à faire la pipée : il entre dans beaucoup de détails.

1328. Moyen économique de multiplier et planter la pomme-de-terre. *Paris*, *in*-8°, 1800.

1329. Moyen pour augmenter les revenus du royaume de plusieurs millions, dédié à M. *Colbert*, par QUERBRAT CALLOET. *Paris*, *in*-4°, 1666.

L'auteur entre dans des détails physiques et économiques sur les bestiaux de la France.

1330. Moyen proposé pour perfectionner promptement dans le royaume la meûnerie et la boulangerie, par PARMENTIER. *Paris*, *in*-12, 1783.

1331. Moyens d'amélioration et de restauration, proposés au gouvernement et aux habitans des colonies, *ou* Mélanges politiques, économiques, agricoles et commerciaux, par C. J. F. CHARPENTIER-COSSIGNY. *Paris*, *Marchant*, 3 vol. *in*-8°, 1802.

1332. Moyens d'améliorer la condition des laboureurs, journaliers, par CLICQUOT DE BLERVACHE; *in*-8°, 1783.

Cette dissertation a été couronnée par l'académie de Châlons-sur-Marne.

1333. Moyens (les) d'augmenter et de conserver son revenu : 1° l'art de fortifier les terres; 2° lettres sur la nourriture des bestiaux à l'étable; 3° l'art de garantir les maisons d'incendie; *in*-8°, 1779.

1334. Moyens de conserver le gibier par la destruction des oiseaux de rapine et instruction pour y parvenir, suivis du Traité de la pipée; augmentés de plusieurs chasses amusantes. *Paris*, 1743.

1335. Moyens de conserver et d'améliorer les forêts nationales et d'en accroître le produit pour toutes les espèces de services particuliers et publics, par A. T. Bussac. *Paris*, *in*-8°, an v.

1336. Moyens d'encouragement pour les plantations artificielles, propres à obtenir des fourrages en abondance et à l'augmentation et amélioration des élèves pour la prospérité de l'agriculture et du commerce, démontrés par l'évidence des causes qui les dégradent, par J. Querber. *Metz*, *in*-4°, an viii.

1337. Moyens de faire cesser la mortalité des chevaux dans une ferme du département de Seine-et-Marne, par Fromage. *Paris*, *in*-4°, 1802.

1338. Moyens de perfectionner les vins, par M. Bourgeois, docteur en médecine et membre des Sociétés économiques de Berne et d'Yverdun; *in*-8°.

Ces moyens consistent à fouler le raisin autrement qu'on ne le fait : l'auteur prétend que l'unité de cueillette à la vendange, nuit à la qualité du vin.

1339. Moyens de prévenir et de détruire le méphitisme des murs, par A. A. Cadet-de-Vaux, *in*-8°, an ix.

1340. Moyens éprouvés pour préserver les fromens de la carie, par Tessier; *in*-12, 1786.

1341. Moyens faciles pour rétablir en peu de tems l'abondance de toutes sortes de grains et de fruits dans le royaume, et de l'y maintenir toujours par le secours de l'agriculture, par Louis Liger. *Paris*, *in*-12, 1709.

1342. Moyens sûrs et faciles pour détruire les taupes dans les prairies et les jardins. *Paris*, *in*-12, 1770.

1343. Moyen pour détruire les taupes dans les prairies et les jardins, 3e *édition*.

1344. Mûriométrie (la), instruction nouvelle sur les vers à soie, sur les plantations des mûriers blancs, les filatures et le moulinage des soies, par M. A. Dubet, écuyer de Châteauroux en Berry. *Grenoble* et *Paris*, *in*-8°, 1770.

L'auteur divise son mémoire en trois parties : la première offre

offre des idées générales sur les vers à soie ; la seconde est uniquement destinée à l'instruction du cultivateur ; et la troisième au fabricant.

L'auteur propose comme un moyen d'augmenter et d'améliorer en France la récolte des soies, celui d'élever le ver à soie à l'air libre.

On critique avec raison le titre qui signifierait l'art de mesurer les mûriers, ce qui n'est point l'idée de l'auteur.

M. *Buffel* a fait une critique amère de cet ouvrage. Voyez les *Réflexions critiques sur la mûriométrie*.

# N.

1345. Natalis de comitibus Veneti de venatione libri IV, carmine heroïco, ab Hieronymo Ruscellio scholiis illustrati. *Venetiis*, *in*-8°, 1551.

C'est un poëme sur la chasse, de NOEL LECOMTE, de *Venise*. Ce poëme contient beaucoup de détails curieux, mais la versification n'en est pas élégante.

1346. Naturel (le) et profit admirable du meurier, qui en l'ouvrage de son bois, feuillages et racines, surpasse toutes sortes d'arbres, que les Français n'ont encore sçu connaître : avec la perfection de les semer et élever ; ce qui manque aux mémoires de tous ceux qui en ont écrit, par B. D. L. F. (BARTHÉLEMI DE LA FLEMAS, sieur de BAUTHOR, valet-de-chambre du roi, contrôleur-général du commerce de France. *Paris*, *in*-8°, 1604.)

1347. Noblesse cultivatrice *ou* Moyens d'élever en France la culture de toutes les denrées que son sol comporte au plus haut degré de perfection et de l'y fixer irrévocablement sans que l'état soit assujetti à aucune dépense nouvelle, ces moyens portant sur le mobile de l'amour-propre ; par M. FRESNAIS DE BEAUMONT, *in*-8°, 1778.

1348. Nomenclator agriculturæ, à CAROLO AQUINO. *Romæ*, *in*-4°, 1736.

C'est une définition des termes techniques qu'on trouve dans les auteurs latins qui ont écrit *de re rusticâ*.

1349. Notes historiques sur l'origine et l'ancien usage de la Garence en Artois, par M. CAMP. ; *in*-4°.

1350. Notice des arbres et arbustes du Limosin, par M. JUGE DE SAINT-MARTIN. *Limoges*, *in*-8°, 1790.

1351. Notice descriptive de l'école vétérinaire d'Alfort, par N.-G. LANGLOIS et J.-F.-O. LÉVESQUE, vétérinaires. *Paris*, an XIII.

1352. Notice des lieux où croissent les meilleurs vins de Bourgogne; 1752.

1353. Notice historique et raisonnée sur *C. Bourgelat*, fondateur des Ecoles vétérinaires : où l'on trouve un aperçu statistique sur ces établissemens, par L. F. GROGNIER, professeur à l'Ecole impériale vétérinaire de Lyon, *Lyon*, *in*-8°, 1805.

1354. Notice historique sur la pépinière nationale des Chartreux au Luxembourg, par M. CALVEL, *in*-12, 1804.

1355. Notice sur l'état actuel de l'école nationale d'économie rurale vétérinaire d'Alfort, par T. HÉROUARD, fils, et L. V. COLAINE, vétérinaires et ci-devant répétiteurs à cette Ecole. *Paris*, *in*-8°, 1803.

1356. Notice sur le stramoine en arbre *ou Datura arborea*, par BUC'HOZ, *in*-8°, 1804.

1357. Notice sur le taraudage pour se procurer de l'eau : présentée à la Société d'agriculture des Deux-Sèvres, par M. DEMETZ. *Niort*, *in*-8°, an XIII.

1358. Notice sur les tourbières et sur la manière de les exploiter; avec l'art d'en créer dans toutes les propriétés rurales, pour augmenter la quantité des engrais et des combustibles, par M. DUCOUÉDIC, propriétaire cultivateur à Cormier près Rédon, *Isle-et-Vilaine*, 1800.

1359. Notice sur une machine à battre les grains, publiée, sur les résultats de l'expérience, par la Société d'agriculture du département de la Haute-Garonne, par P. DISPAN; *in*-8°, *fig.*, an XII.

1360. Notions fondamentales de l'art vétérinaire *ou* Application des principes de la médecine à la connaissance de la structure, des fonctions et de l'économie du cheval, du bœuf, du mouton et du chien; avec la manière de les traiter dans leurs diverses maladies d'après les méthodes qui ont eu le plus de succès. Ouvrage traduit de l'anglais de M. *Delabère-Blaine*, professeur de médecine vétérinaire, avec des planches gravées avec le plus grand soin par M. MORIN, graveur; 3 grands vol. *in*-8°.

Les diverses époques des progrès de l'art vétérinaire sont indiquées d'une manière satisfaisante, et la plus grande clarté se fait remarquer dans les observations.

1361. Nouveau cours complet d'agriculture théorique et pratique, contenant la grande et la petite culture, l'économie rurale et domestique, la médecine vétérinaire, etc.; *ou* Dictionnaire raisonné et universel d'agriculture. Ouvrage rédigé sur le plan de celui de feu l'abbé ROZIER, duquel on a conservé tous les articles dont la bonté a été prouvée par l'expérience; par les membres de la section d'agriculture de l'institut de France, etc. par MM. THOUIN, PARMENTIER, TESSIER, HUZARD, SILVESTRE, BOSC, CHASSIRON, CHAPTAL, LACROIX, DE PERTHUIS, YVART, DÉCANDOLLE, DU TOUR; tous membres de la Société d'agriculture de Paris.

Nous avons déjà parlé de cet ouvrage N°s 292 et 293, à propos du cours de *Rozier*, et du premier des deux à qui le sien a servi de modèle; celui-là se borne à la pratique. Ce qui caractérise le nouveau Cours, et le distingue particuliérement de celui dont il a été question N° 293, est l'addition de la *théorie* à la *pratique*. Les préceptes dans une science de faits sont inséparables de la pratique, et n'appartiennent point à la théorie, qui consiste alors dans l'explication de la manière d'agir, dans des systêmes ingénieux, dans des opinions et dans des conjectures. Ainsi, il faut répandre des engrais pour rendre au sol sa fertilité: voilà le précepte. La quantité de ces engrais, la manière de les répandre, sont le développement du précepte et les règles pour le mettre à exécution. L'explication des effets, la manière dont ces engrais agissent, l'examen qu'on en fait pour savoir si l'effet est chimique ou mécanique, ce sont des recherches du ressort de la science: recherches intéressantes et curieuses qui demandent l'attention et le concours de plusieurs savans. Sous ce rapport l'on n'a rien à désirer dans le *Nouveau cours*, et les noms des collaborateurs de cet ouvrage sont des garants sûrs du succès; il était difficile de former une association plus recommandable et qui eût acquis plus de droits à la confiance publique. Les uns, célèbres dans les annales de la science, s'appliquent depuis long-tems à pénétrer dans les mystèr de la nature; les autres, familiers avec toutes les productions du règne végétal, ont enseigné leur classement et leur culture. Livrés à l'une des branches les plus importantes de l'économie rurale (l'éducation des bêtes à laine), ceux-ci ajoutant l'exemple au précepte, ont publié des observations intéressantes sur ces animaux utiles; ceux-là veillant à la conservation ou à la guérison des animaux domestiques si précieux à l'agriculture, ne laissent rien à désirer sur tout ce qui concerne l'art vétérinaire. D'autres connus par une longue pratique et l'expérience qui en est le résultat, sont, pour les cultivateurs, des guides sûrs qu'on peut suivre sans crainte de s'égarer. Tous enfin, en publiant les connaissances qui leur étaient le plus familières sur les parties si nombreuses de l'art agronomique, ont dû faire espérer que leur ouvrage serait aussi complet que possible dans l'état actuel de connaissances. Les articles disséminés suivant l'ordre alphabétique, dans un dictionnaire raisonné, pour être isolés les uns des autres, n'en doivent pas moins se lier entr'eux et se rattacher à un but commun, de manière qu'en les recueillant ils pourraient former presque un corps d'ouvrage. Tout fait croire que cette liaison se trouvera dans le Dictionnaire, à en juger par les livraisons publiées au moment où nous écrivons.

1362. Nouveau (le) et savant maréchal, traduit de *Markam*, par Foubert. *Paris*, *in*-4°, 1666.

1363. Nouveau (le) jardinier français qui enseigne à cultiver les arbres et les herbes potagères, augmenté d'une nouvelle instruction pour la taille des arbres, et pour cueillir et conserver les fruits; avec un catalogue des plus excellentes poires, et la manière d'élever les abeilles, et de recueillir le miel et la cire. *Paris*, *in*-12, 1741.

1364. Nouveau manuel de l'arpenteur, par M. Ginel, *in*-8°, 1782.

1365. Nouveau manuel forestier à l'usage des agens forestiers de tous grades, des arpenteurs, des gardes des bois impériaux et communaux, des préposés de la marine pour la recherche des bois propres aux constructions navales, des propriétaires etc.; traduit sur la 4me édition de l'ouvrage allemand de M. *de Burgsdorf*, grand-maître des forêts de la Prusse, etc., par J. J. Baudrillard. 2 vol. *in*-8°, avec 29 figures et beaucoup de tableaux, dont un sur grand-aigle; 1808.

1366. Nouveau (le) maréchal français. *Paris*, *in*-12, 1670.

1367. Nouveau mémoire sur l'agriculture, sur les distinctions qu'on peut accorder aux riches laboureurs; avec des moyens d'augmenter l'aisance et la population dans les campagnes: pièce qui a obtenu l'accessit au prix de l'académie de Caen en 1766, par M. V. *Paris*, *in*-12, 1767.

L'auteur est M. VAUDRAY.

1368. Nouveau moyen de multiplier les arbres étrangers, par M. DURANDE, médecin, *Dijon*, 1784.

1369. Nouveau (le) parfait maréchal, ou la connaissance générale et universelle du cheval; de sa construction, du haras, de l'écuyer et du harnois; des maladies, des opérations, du maréchal-ferrant, des remèdes, avec un dictionnaire des termes de cavalerie, par GARSAUT. *Paris*, 6me édit. *in*-4°, *fig.*, 1806 (an XIII).

L'auteur, capitaine des haras du roi, était petit-fils d'un écuyer de la grande écurie. M. *Garsault* s'est distingué par ses connaissances en hippiatrique.

1370. Nouveau régime pour les haras *ou* Exposé des moyens propres à propager et à améliorer les races des chevaux; avec la notice de tous les ouvrages écrits ou traduits en français, relatifs à cet objet. par DE LAFONT POULOTI. *Turin* et *Paris*, *in*-8°, 1787.

1371. Nouveau système d'agriculture, par C. VARLO; 4me édit. 3 vol. *in*-8°, 1775.

1372. Nouveau théâtre d'agriculture et ménage des champs; avec un Traité de la pêche et de la chasse, par LIGER, *in*-4°.

L'auteur a copié *Dufouilloux* sur la chasse, et *Demorais* sur la fauconnerie.

1373. Nouveau traité d'économie rurale, par COINTEREAUX, 1803, *in*-8°.

1374. Nouveau traité de la taille des arbres fruitiers,

contenant plusieurs figures qui marquent les manières de les bien tailler, par RENÉ DAHURON, de Lunebourg, jardinier du duc de Brunswick. Paris, *in*-12, 1696, 1719.

Ce livre a été traduit en italien en 1704, et en allemand en 1723.

1375. Nouveau traité de la vénerie, contenant la chasse du cerf, celle du chevreuil, du sanglier, du loup, du lièvre et du renard, etc., par un gentilhomme de la vénerie du roi. *Paris*, *in*-8°, 1742.

Cet ouvrage est attribué dans le privilége au sieur *Pierre-Clément de Chappeville*, ancien capitaine au régiment Vexin. Mais M. *de Chappeville* n'est que l'éditeur. L'auteur est M. ANTOINE GAFFET sieur DE LA BRIFARDIÈRE, qui après avoir été pendant 40 ans gentilhomme de la vénerie, mourut quelques années avant que son livre parût. Cet ouvrage est estimé. Le plan est régulier, la chasse au cerf traitée avec intelligence : on y trouve des instructions et des remèdes contre les maladies des chiens, les accidens qui arrivent aux chevaux, etc.

1376. Nouveau traité de Vénerie, avec la connaissance des chevaux et des chiens propres à la chasse, la manière de les dresser, les remèdes pour les guérir; et un Traité de la pipée et de la fauconnerie. *Paris*, *in*-8°, *fig.*, 1750.

1377. Nouveau traité des abeilles, et nouvelles ruches de paille, par M. DE BOIS-JUGANS; *in*-12, 1771.

1378. Nouveau traité des maladies des bêtes à cornes et les remèdes éprouvés pour leur guérison, par AUSSENAR; *in*-12, 1766.

1379. Nouveau traité des œillets, la façon la plus utile et facile de les bien cultiver; leurs noms, leurs couleurs et leur beauté, avec la liste des plus nouveaux, par L. C. B. M. *Paris*, *in*-12, 1676 et 1698.

Ce livre offre des recherches et de l'instruction.

1380. Nouveau traité des orangers et des citronniers, contenant la manière de les connaître, les façons qu'il leur faut faire pour les bien cultiver, et la vraie méthode qu'on doit garder pour les conserver. *Paris*, *in*-12, 1692.

1381. Nouveau traité géométrique de l'arpentage, par Lefebvre, 2 vol. *in*-8°, 1803.

1382. Nouveau traité physique et économique par forme de dissertations de toutes les plantes qui croissent sur la surface du globe, par Buc'hoz, *in-fol.*, 1786.

Les *dissertations* du même auteur insérées à ce mot, dans cette Bibliographie, font partie de ce Traité. Nous n'en avons cité qu'un petit nombre.

Le premier volume de ce *Nouveau traité* etc., contient vingt-une dissertations, et le second vingt-deux.

1383. Nouveau traité sur l'arbre nommé acacia. *Bordeaux*, *in*-8°, 1762.

1384. Nouveaux essais d'agriculture à la faveur des enclos, comparés avec l'ancienne agriculture soumise au parcours. Besançon, *in*-12, 1769.

Cet ouvrage estimé contient treize chapitres qui traitent du parcours, des jachères, des prairies naturelles, des prairies artificielles, du trèfle, des luzernes, du fromental, des engrais, de la multiplication du bétail, de la culture actuelle, de la culture nouvelle, du résultat de l'ouvrage et des abus de l'ancienne culture.

1385. Nouveaux murs de terrasses solides et durables, et qui dispensent de cette profusion de matériaux qu'on y emploie : ouvrage utile à tous les pays, principalement aux architectes, ingénieurs, maçons, et tous Propriétaires, agens et fermiers, par le sieur Cointereaux, professeur d'architecture rurale; *in*-8°, 1805.

1386. Nouvelle (la) agriculture, *ou* Instruction générale pour ensemencer toutes sortes d'arbres fruitiers, avec divers traités des couleurs et naturel des animaux, par F. de Claret. *Tournon*, *in*-8°, 1616.

C'est, malgré la dissemblance des titres, la traduction de l'ouvrage de *Quiqueron de Beaujeu*, évêque de Sénez, intitulé, *De laudibus provinciæ*, Paris 1551, *in-fol.* Ouvrage indigeste, confus, mais utile pour connaître les procédés agronomiques de ce tems. Il y a des chapitres sur les étangs, la fertilité des terres de Provence.

1387. Nouvelle construction de ruches de bois, avec la façon d'y gouverner les abeilles; inventée par M.

PALTEAU, premier commis du bureau des vivres de la généralité de Metz, et l'histoire naturelle de ces insectes : le tout arrangé et mis en ordre, par M. ***. *Metz*, *fig.* 1756.

Réimprimé en 1774.

1388. Nouvelle façon de conserver le blé, le froment et autres denrées semblables pendant bien des années, par MARC-ANT. PLEUCIZ. *Vienne*, *in*-8°, 1765.

1389. Nouvelle instruction facile pour la culture des figuiers, où l'on apprend la manière de les élever, multiplier et conserver, tant en caisses qu'autrement : avec un Traité de la culture des fleurs. *Paris*, *in*-12, 1692.

1390. Nouvelle instruction pour connaître les bons fruits, selon les mois de l'année, avec une méthode facile pour la connaissance des arbres fruitiers, et la façon de les cultiver, par CLAUDE SAINT-ETIENNE, bernardin. *Paris*, *in*-12, 1660, 1687.

1391. Nouvelle instruction pour les gardes généraux et particuliers des eaux et forêts, pêches et chasses, par M. CHARPENTIER. *Paris*, *in*-12, 1765.

Elle contient un commentaire estimé sur l'ordonnance de 1669.

1392. Nouvelle invention de chasse, pour prendre et ôter les loups à la France, comme les tables le démontrent ; avec trois discours aux pastoureaux français, par M. LOUIS GRUAU, prêtre-curé de Sauge, diocèse du Mans. *Paris*, *in*-8°, 1613.

Cet ouvrage est divisé en quatre livres. Le premier traite de la chasse en général, du loup, de son naturel, de sa timidité, etc. Le second, des chasses des loups pour les prendre par la campagne. Le troisième, de la manière de les prendre dans les forêts. Le quatrième, des moyens à prendre pour en délivrer la France. Le premier des trois discours montre les maux que les loups causent : les deux autres sont remplis de réflexions morales. Tout le livre est plein d'une érudition conforme aux idées de la fin du 16me siècle et du commencement du 17me.

1393. Nouvelle (la) maison rustique, *ou* Economie générale des biens de la campagne, par le sieur

LIGER, et mis en ordre nouveau, par M. **. *Paris*, 2 vol. *in*-4°, 1755.

1394. Nouvelle (la) maison rustique, *ou* Economie rurale pratique et générale, de tous les biens de campagne, édition entièrement refondue, par BASTIEN. *Paris*, *Déterville*, 3 vol. *in*-4°, avec 60 planch. 1798 (an VI).

Quoique cette édition soit plus complète que les précédentes, elle est encore loin de la perfection. Beaucoup de parties sont mal digérées ou traitées d'une manière superficielle.

1395. Nouvelle manière de former un colombier pour en tirer le meilleur parti possible, par M. A. E. GIRODET l'aîné.

1396. Nouvelle médecine domestique, tirée pricipalement des végétaux de la France, par BUC'HOZ; 2 vol. grand *in*-12, 1800.

1397. Nouvelle méthode de cultiver la vigne dans tout le royaume, par M. MAUPIN; *in*-12, 1663.

1398. Nouvelle méthode de défricher les landes et les vieilles prairies, par D'ALBAND. *Pau*, *in*-8°, 1773.

1399. Nouvelle méthode pour cultiver les terres, *ou* l'Art de multiplier les grains; *in*-8°, 1790.

1400. Nouvelle méthode pour dresser les chevaux, en suivant la nature, et même en la perfectionnant par l'art, inventée par le duc de NEWCASTLE, traduite de l'anglais, avec des annotations, par *de Solleysel*, *Paris*, *in*-4°, avec *fig.*, 1677.

1401. Nouvelle méthode pour extraire l'huile, par M. SIEUZE, *in*-8°, 1769.

1402. Nouvelle méthode pour former des essaims artificiels par le partage des ruches, par DE GELIEU; 1772.

1403. Nouvelle pratique de ferrer les chevaux, par M. DE LAFOSSE; *in*-8°, 1756.

1404. Nouvelles découvertes pour l'avantage et l'utilité du public, sur l'agriculture, par LE ROI STANISLAS; *in*-4°, 1758.

1405. Nouvelles éphémérides économiques, rédigées par M. l'abbé BEAUDEAU; *in*-12, 1775.

1406. Nouvelles observations physiques et pratiques sur le jardinage; traduites de *Bradley*, par M. DE PUISIEUX; 3 vol. *in*-12, 1756.

1407. Nouvelles observations sur les abeilles, adressées à *C. Bonnet*, par F. HUBER; suivies d'un Manuel pratique sur la culture des abeilles. *Paris*, *in*-8°, 1796.

1408. Nouvelles recherches sur l'économie animale, par M. VRIGNAUD; *in*-8°, 1783.

1409. Nova et artificiosa methodus comparandorum hortensium fructuum. *Paris*, *in*-8°, 1564.

Ce livre est de MIZAULD. Il a été réimprimé en 1575 à Paris, et à Cologne en 1577; et traduit en 1578 par *André Caille*, sous le titre de *Jardin médicinal*.

1410. Nova et mira artificia comparandorum fructuum. *Lutetiæ*, *in*-8°, 1564. (par MIZAULD.)

Offre quelques renseignemens utiles. C'est le même que le précédent: il y a des exemplaires qui portent ce second titre. Cette variante dans les titres du même ouvrage se remarque quelquefois dans le 16me siècle.

# O.

1411. Observateur (l') forestier, *ou* Observations sur l'ordonnance de 1669, comme cause principale du dépérissement des forêts, et sur les moyens pratiques de les améliorer; avec des réflexions sur les plantations particulières, adressé au gouvernement, par M. FANON, propriétaire. *Paris*, *in*-8°, 1804.

1412. Observationes circa bombyces, sericum et moros, etc. *Tubingæ*, *in*-4°, 1757. (par GODEFROY-DANIEL-HOFFMAN.)

1413. Observations critiques sur un ouvrage intitulé Examen de la houille, par M. RAULIN; *in*-12, 1777.

1414. Observations de la Société royale d'agriculture, sur la question suivante proposée par le comité d'agriculture et de commerce de l'assemblée nationale : *L'usage des domaines congéables est-il utile ou non aux progrès de l'agriculture?* réd. par MM. ABEILLE, l'abbé LEFÈBVRE et TESSIER; *in*-8°, 1791.

1415. Observations de la Société royale d'agriculture, sur l'uniformité des poids et mesures, rédigées par MM. ABEILLE et TILLET; *in*-8°, 1790.

1416. Observations d'un ancien officier des eaux et forêts, sur le Mémoire du C. GEORGES. *Paris*, *in*-4°, an X.

1417. Observations du C. RAST-MAUPAS, inventeur et auteur de la *Condition publique* des soies à Lyon. *Lyon*, *in*-4°, an VIII.

1418. Observations économiques sur le commerce, l'agriculture, etc., par M. RUBIGNY. *Paris*, *in*-8°.

1419. Observations en faveur de l'acacia, par le C. ROBIN, ancien cultivateur. *Paris*, *in*-8°, an IX.

1420. Observations et découvertes faites sur les chevaux, par LAFOSSE; *in*-8°, 1754.

1421. Observations et expériences faites à l'École impériale vétérinaire de Lyon, sur le pain moisi et sur quelques poisons minéraux et végétaux; suivies du précis de plusieurs essais sur la vaccination des bêtes à laine, par J. B. GOHIER, professeur à cette École. *Lyon*, *in*-8°, 1807.

1422. Observations et expériences sur diverses parties de l'agriculture, par M. FORMANOIR DE PALTEAU, de la Société royale d'agriculture de la généralité de Sens. *Sens*, *in*-8°, 1768.

On trouve dans ce livre ; 1° un mémoire sur les différentes espèces de terres ; un autre sur les engrais ; le troisième sur l'exploitation d'une ferme ; et le quatrième et dernier sur la plantation des bois.

1423. Observations et expériences sur la maladie épizootique des chats, qui règne depuis quelques années en France, en Allemagne, en Italie et en

Angleterre, par le docteur BUNIVA. *Paris*, *in*-8°, an VIII.

1424. Objections et réponses sur le commerce des grains et farines; *in*-12, 1769.

1425. Observations essentielles sur le tems de semer les haricots. *Paris*, *in*-8°, 1800.

1426. Observations, expériences et Mémoires sur l'agriculture et sur les causes de la mortalité du poisson dans les étangs, par M. VARENNE DE FÉNILLE. *Lyon*, *in*-8°, *fig.*, 1789.

1427. Observations, expériences et recherches sur les houilles d'engrais, les houillères, la tourbe, leur exploitation, leurs effets sur les prairies artificielles, sur les animaux, avec un Mémoire sur l'usage du parc pour les moutons. *Paris*, 4 vol. *in*-12, 1777 et 1780.

1428. Observations historiques sur les progrès et la décadence de l'agriculture chez différens peuples, par M. le C. DE HARTIG, trad. de l'allem. par *Leroy de Lozembrune*. *Vienne*, 5 vol. *in*-8°, 1790.

1429. Observations impartiales sur l'aménagement des bois et forêts, par un officier des eaux et forêts; *in*-8°, 1781.

1430. Observations œnologiques relatives à l'ouvrage du C. *Cadet-de-Vaux*, sur l'art de faire le vin, par F. MANDEL. *Nanci*, *in*-8°, an VIII.

1431. Observations originales sur les deux espèces d'épizooties parmi les bêtes, et qui font ravage, avec l'exposé d'une méthode curative très-peu dispendieuse, très-efficace, et dont le succès est constaté par un grand nombre d'expériences, par VON KAUSCH, docteur en médecine; trad. de l'allem. *Gottingue*, *in*-8°, 1790.

Le Journal de médecine de 1791 donne beaucoup d'éloges à cet ouvrage.

1432. Observations physiques sur l'agriculture, les

plantes, les minéraux, etc., par M. Tiphaigne. *Paris*, *Delalain*, *in*-8°, 1765.

Il y a un article intéressant sur la possibilité d'établir des vignobles en Normandie.

1433. Observations physiques sur les terres qui sont à la droite et à la gauche du Rhône, depuis Beaucaire jusqu'à la mer, ce qui comprend la Camargue, etc., avec un moyen de rendre fertiles toutes ces terres, par M. Vergile de la Bastide, de Beaucaire. *Avignon*, *in*-4°, 1733.

Pour fertiliser ces terres, il suffisait de leur procurer des arrosemens artificiels par le moyen des eaux du Rhône : l'auteur propose différentes manières d'exécuter ces irrigations.

1434. Observations pour faciliter la connaissance des races de moutons espagnols importés en France, suivies d'un aperçu sur les troupeaux de Rambouillet et de la Malmaison, par M. Poyféré de Céré; broch. *in*-8°, 1809.

1435. Observations pratiques sur les bêtes à laine dans le département du Cher; édition augmentée avec des variantes, par Heurtaut-Lamerville. *Paris*, *in*-8°, an VIII.

1436. Observations sur divers moyens de soutenir et d'encourager l'agricult. dans la province de Guyenne, par le chevalier de Vivens; 2 vol. *in*-12, 1756.

Réimprimées en 1763.

1437. Observations sur diverses parties de l'agriculture, par Palteau; *in*-8°, 1790.

1438. Observations sur l'administration des forêts, par Ballaud; *in*-8°, 1791.

1439. Observations sur l'agriculture et le jardinage pour servir d'instruction à ceux qui désirent de s'y rendre habiles, par Angran de Rueneuve. *Paris*, 2 vol. *in*-12, 1712.

M. *Angran de Rueneuve* était conseiller du roi à l'élection d'Orléans. Son ouvrage est estimé.

1440. Observations sur l'aménagement des bois, par Henriquez. *Verdun*, *in*-8°, 1781.

1441. Observations sur la culture de la vigne, par M. Dupuy; 1765.

1442. Observations sur la culture des arbres à haute tige, particuliérement des pommiers, par Thierrat, procureur du roi à Chauny; 1760.

1443. Observations sur la culture des arbres fruitiers, par Robert. *Paris*, *in*-12, 1718.

1444. Observations sur la culture du coton, rédigées par ordre de S. M. le roi de Danemarck, pour l'utilité des colonies danoises dans les Indes occidentales, par M. J. P. B. de Rohr, directeur et inspecteur de l'agriculture dans l'île Sainte-Croix; avec une préface de M. *L. D. Philippe-Gabriel Hensler*, professeur de médecine à Kiel; trad. de l'allemand. *Paris*, *in*-8°, 1807.

1445. Observations sur la culture et la nature des vignes du territoire de Valence en Dauphiné; *in*-8°, 1772.

1446. Observations sur la culture et la préparation qu'on fait en Languedoc du pastel ou guède; *in*-8°, 1757.

Utiles pour ceux qui cultivent cette plante d'un grand usage dans la teinture, pour donner un bleu azuré. Ces observations ont été insérées en 1757 dans le Journal économique.

1447. Observations sur l'institution des Sociétés d'agriculture, et sur les moyens d'utiliser leurs travaux; imprimées par arrêté de la Société d'agriculture du département de la Seine, par J.-B. Rougier-la-Bergerie. *Paris*, *in*-8°, an viii.

1448. Observations sur la liberté du commerce des grains, par Piarron-de-Chamousset; *in*-12, 1759.

1449. Observations sur la maladie contagieuse qui règne en Franche-Comté parmi les bœufs et les vaches, par M. Charles, docteur en médecine. *Besançon*, *in*-8°, 1744.

1450. Observations sur la mouture des blés et sur leur produit en pain. *Paris*, *in*-12, 1768.

1451. Observations sur la nature, les causes et le traitement de la maladie épidémique des chiens, par M. FOURNIER, 1776.

1452. Observations sur la rédaction d'un Code rural. Questions dont la solution doit servir de base à la confection d'un Code rural, publiées par ordre du ministre de l'intérieur *Chaptal*. *Paris*, *in*-4°, an XI.

1453. Observations sur le commerce des grains, par M. ***, avocat; *in*-12, 1775.

1454. Observations sur l'état de l'agriculture en France, extraites des voyages d'*Arthur Young*, par le C. SYLVESTRE. *Paris*, *in*-8°, an IX.

1455. Observations sur le livre du curé d'Hénouville, ou de l'abbé de Pont-Château de Cambout de Coislin, jardinier de Port-Royal, par ARISTOTE, jardinier de Puteaux; *in*-12, 1677.

Ces observations se trouvent à la fin de l'*Art de cultiver les fleurs*, par le même. Ce titre et les qualités que donne l'observateur achèvent de dissiper les doutes sur l'auteur du livre intitulé, *Manière de cultiver*, etc., par LEGENDRE. Voyez cet article et l'*Art de cultiver les fleurs*.

1456. Observations sur le moyen de garantir les olives de la piqûre des insectes, par SIEUVE; 1769.

1457. Observations sur le rapport que le C. BRULEY vient de publier de ses essais de culture à la vénerie, rédigées par une commission et publiées par ordre de la Société d'agriculture de Turin. *Turin*, *in*-8°, an XII.

1458. Observations sur les bêtes à laine, faites dans les environs de Genève, pendant vingt ans, par C. J. M. LULLIN. *Genève*, *in*-8°, 1804.

1459. Observations sur les différentes qualités du sol de la France, relativement à la propagation des meilleures races de chevaux, par BOUCHET DE LA GETIÈRE, inspecteur des haras; 1798, (mort en 1801.)

1460. Observations sur les divers degrés de fertilité ou

de dégradation du sol du royaume, suivant l'état des Propriétaires; dans lesquelles on indique les vrais moyens d'augmenter l'une et de diminuer l'autre par une plus grande division des possessions rurales, par M. DE MONVERT. *Paris*, *in*-8°, 1788.

1461. Observations sur les épizooties contagieuses, par M. GRIGNON; *in*-8°, 1776.

1462. Observations sur les étangs du département de l'Ain, par M. GREPPO, propriétaire. *Lyon*, *in*-4°, an XIII.

1463. Observations sur les étangs, par VARENNE DE FÉNILLE. *Bourg*, *in*-8°, 1791.

1464. Observations sur les moyens de maintenir et de rétablir la salubrité de l'air dans la demeure des animaux domestiques, par M. PARMENTIER; an XI.

Inséré dans le tome VIII des Mémoires de la Société d'agriculture de Paris.

1465. Observations sur les moyens que l'on peut employer pour préserver les animaux sains de la contagion et pour en arrêter les progrès, par VICQ D'AZIR. *Bordeaux*, *in*-12, 1774.

1466. Observations sur les pins, les orchis, le mélèze, etc., par M. DE MALESHERBES.

1467. Observations sur les plantes, par M. GUETTARD, de l'Académie des sciences. *Paris*, 2 vol. *in*-12, 1747.

« On trouve dans cet ouvrage le catalogue des plantes des en-
» virons d'Etampes, et une indication des endroits du voisinage
» d'Orléans où naissent les mêmes plantes. Ces indications ont
» été tirées du catalogue des plantes de l'Orléanais, fait par M.
» *Lambert* de *Cambray* et communiqué par M. *Duhamel*. M.
» *Guettard* a de plus ajouté à son ouvrage les plantes qu'il avait
» observées dans plusieurs cantons de la France, et sur-tout dans
» le Bas-Poitou et sur les bords de la mer. Les plantes sont arran-
» gées suivant l'ordre des *glandes des plantes* observées par l'au-
» teur. Le catalogue des plantes des environs d'Etampes avait été,
» pour la plus grande partie, fait par M. *Descurein*, apothicaire
» d'Etampes, le grand-père de M. *Guettard*. »

Cette note est de M. *Hérissant*. Nous avons cru devoir l'extraire de sa *Bibliothèque physique de la France*, dont il a lui-

même

même extrait la plus grande partie de celle du P. *Lelong*. Nous imaginons qu'il peut y avoir quelque rapport entre les *Observations* de M. *Guettard* et la *Méthode éprouvée* de M. *Dubois* : voyez ce titre. Ce n'est du reste qu'une conjecture, n'ayant sous les yeux que le dernier ouvrage ; mais si le lecteur les possédait tous les deux, il pourrait le vérifier.

1468. Observations sur les plantes et leur analogie avec les insectes, par BAZIN. *Strasbourg*, *Doulssecker*; *in*-8°, 1741.

1469. Observations sur les vignes de 1754, faites dans le Bordelais, avec des remarques particulières sur les grands froids et les grandes chaleurs de l'année, par le P. P. R. D. N. D. D. V. ; 1755.

1470. Observations sur les villages de Montreuil, Bagnolet, Vincennes, Charonne et villages adjacens, à deux lieues ou environ de Paris, au sujet de la culture des végétaux, avec une idée de la méthode qu'on y emploie pour traiter les arbres, sur-tout les pêchers, par M. l'abbé ROGER ; 1755.

Insérées dans le Journal économique de cette année.

1471. Observations sur plusieurs maladies des bestiaux, avec le plan d'une étable, etc., par TESSIER ; *in*-8°, 1782.

1472. Observations sur quatre genres d'arbustes : l'azalia, le cétra, le calmia et le rhododendron, qui méritent d'être cultivés dans les jardins, par BUC'HOZ. *Paris*, *in*-8°, 1804.

1473. Observations sur quelques objets principaux d'améliorations en agriculture et économie rurale dans le département de l'Ain, par M. THOMAS RIBOUD. *Bourg*, *in*-8°, an XIII.

1474. Œcoïatrie, *ou* Traité contenant de fort grands secrets sous choses domestiques et de nul prix, recueilli des œuvres de Dioscoride, Galien et autres, par CHRESTOFLE LANDRÉ ; 1576.

Il y a beaucoup d'idées puériles et de recettes ridicules. Ce *Christophe Landre*, appelé *Landrin* par d'autres, était né à Orléans en 1545, docteur en médecine, lecteur du duc d'Orléans. Il se livra à l'alchimie, science à la mode dans ce siècle et qui conduisit à la chimie dans les siècles suivans.

1475. Œconomie. *V.* Economie.

1476. Œconomiques, par CLAUDE DUPIN, fermier-général. *Carlsruhe*, 3 vol. *in*-4°, 1745.

Cet ouvrage n'a été imprimé qu'au nombre de 15 exemplaires. M. *Rousselet de Surjy* en a cité plusieurs morceaux dans le *Dictionnaire des finances de l'Encyclopédie méthodique*. On dit que cet ouvrage, nécessairement très-peu connu, a du mérite.

1477. Œnologie *ou* Discours sur la meilleure méthode de faire le vin, de cultiver la vigne, par M. BÉGUILLET; *in*-12, 1770.

1478. Œuvres complètes de THIROUX, sur l'équitation, les haras, la connaissance du cheval, son éducation pour tous les services, sa nourriture, etc. *Versailles*, 2 vol. *in*-4°, *fig.*, an XII.

1479. Œuvres d'agriculture et d'économie rurale, par M. PLANAZU REY : nouv. édit. corrigée et augmentée, enrichie de planches enluminées; *in*-4°, 1802.

1480. Œuvres d'agriculture de VARENNE FENILLE, 3me et dernière partie. — Mémoires et expériences sur l'agriculture, et particuliérement sur la culture et l'amélioration des terres, le desséchement et la culture des étangs et des marais, la culture et l'usage du maïs, etc.; *in*-8°, 1808.

1481. Œuvres de BERNARD PALISSY, revues sur les exemplaires de la Bibliothèque du roi, avec des notes, par MM. *Faujas de Saint-Fond* et *Gobet*. *Paris*, *in*-4°, 1777. Voyez l'article *Palissy*, 2e partie.

1482. Œuvres de l'abbé ROGER SCHABOL, publiées par M. d'*Argenville* en 1785; 1° Théorie du jardinage, 1 vol. *in*-12; 2° Pratique du jardinage, 2 vol. *in*-12; 3° Dictionnaire du jardinage, 1 vol. *in*-12; total 4 v. broch.

1483. Œuvres de M. FRANCKLIN, traduites de l'anglais, par *Barbeu du Bourg*. *Paris*, *Quillau*, 2 vol. *in*-4°. 1773.

Le traducteur est M. l'*Ecuy*, abbé de Prémontré, aujourdhui. 1808, l'un des rédacteurs du Journal de Paris. M. *Barbeu Dubourg*. les a corrigées et publiées. Nous les citons, parce qu'il y a des vues utiles sur l'agriculture.

1484. Oiseaux (les) de la ferme, par M. DE LALANNE. *Paris*, *in*-18, 1805.

Poëme heureusement versifié : il y a quelques notes intéressantes.

1485. Olavi Rudbeckii filii, Campi Elysii liber primus : graminum, juncorum, cyperorum, frumentorum, figuras continens. *Upsaliæ*, *in-fol.*, 1702.

Ce n'est qu'un recueil de figures de plantes gravées en bois, avec un catalogue des auteurs qui en ont parlé. La mort de *Rudbeck* le père, qui travaillait avec son fils, arrêta l'exécution de cet ouvrage qui devait avoir 12 volumes, et un incendie considérable mit la famille hors d'état de continuer ce livre. Il n'en a paru que deux volumes. Il n'échappa que deux exemplaires de l'incendie. (Note de M. *Debure*.)

1486. Opera agricolationum Columellæ, Varronis, Catonisque, necnon Palladii ; cum annotationibus Philippi Beroaldi, et aliis commentariis. Regii Bertochi, *in-fol.*, 1496.

L'ancienneté de cette édition lui donne encore quelque prix pour les bibliographes. Voyez *Rei rusticæ*, etc.

1487. Opinion de HEURTAUT-LAMERVILLE, sur le partage des communaux, *in*-8°, an VII.

1488. Oppiani de naturâ et venatione, piscium libri, latinè ; Laurentio Lippio Collensi interprete, *in*-4°, anno 1478.

Cette édition est rare.

1489. Oppiani Halieutica, latino carmine, Laurentio Lippio Collensi viro, utràque linguà apprimè docto interprete. *in*-4°, 1478.

L'*Halieuticon* ou *Traité* de la pêche, est ordinairement réuni au *Cynégéticon* ou *Traité de la chasse*, par le même auteur. *Laurent Lippius* les a traduits en vers latins. *Jean Brodeau*, chanoine de Tours, donna en 1552, à Bâle, une édition *in*-8° du *Cynégéticon*, avec d'excellentes notes.

1490. Oppiani poëmata de venatione et piscatu, cum interpretatione latinâ et scholiis, etc., recensuit et suis auxit animadversionibus Jacobus Nicolaus BELIN *de Ballu*. Argentorati, sumptibus bibliopolis academicis ; *in*-8°, 1786.

La traduction en français de cet ouvrage est indiquée sous le N° 237.

1491. Opus ruralium commodorum, (par PETRUS DE CRESCENTIIS.) *Louvain*, *in-fol.*, 1474; *Florence*, *in-fol.*, 1431.

Cet ouvrage se trouve dans le recueil intitulé *Reì rusticæ scriptores*, de Gesner, *Leipsick*, 2 vol. *in-4°*, 1735.

Il y a une traduction française, *Paris*, *in-fol.*, 1486, et une en italien, à *Florence*, 1605.

1492. Opus ruralium commodorum. *Lovanii*; *in-fol.*, 1474.

C'est la première édition sortie des presses de Louvain. Cet ouvrage fut traduit sous le titre de *Prouffits champestres et ruraux*, etc.

1493. Opuscula quædam de re rusticâ, partim collecta, partim composita. *Norimbergæ*, *in-8°*, 1596.

C'est la seconde édition. La première est de 1577, par CAMÉRARIUS le fils, né en 1534.

1494. Opuscules de P. RICHER DE BELLEVAL, premier professeur de botanique et d'anatomie en l'université de médecine de Montpellier: auxquels on a joint un traité d'OLIVIER DE SERRES, sur la manière de travailler l'écorce du mûrier blanc. Nouvelle édition, d'après les exemplaires de la Bibliothèque du roi, par M. *Broussonet*, docteur médecin, associé ordinaire de la Société royale de Londres, de celles de Montpellier, d'Edimbourg, de Madrid, etc., professeur adjoint d'économie rurale à l'école royale vétérinaire d'Alfort. *Paris*, *in-8°*, 1785.

Cette édition n'a été tirée qu'à un petit nombre d'exemplaires. M. *Broussonet* apprenant que quelques personnes annonçaient la manière de filer l'écorce du mûrier comme une découverte qui leur était propre, voulut en faire connaître le véritable inventeur (*O. de Serres*). Il fit donc réimprimer le Traité de cet auteur: et jugeant que les Opuscules de *Belleval*, très-peu répandus, méritaient d'être connus, il profita de cette occasion pour les réimprimer et les faire connaître.

1495. Orangers (les), les vers à soie et les abeilles, poëme de VERHAMBES, VIDA et RUCCÈLAI, traduit par M. *Crignon Vanderbergue*; *in-12*, 1786.

1496. Ordonnance de LOUIS XIV sur le fait des eaux et forêts, donnée au mois d'août 1669. *Paris*, *in-12*, 1670.

Réimprimée plusieurs fois, elle a donné lieu à un assez grand nombre de commentaires dont les plus estimés sont indiqués dans cette Bibliographie. Voyez *Eaux et Forêts*, 3me partie.

1497. Ordre des plantations pour les jardins à l'anglaise; *in*-4°.

Sans date.

1498. Origine (de l') et des progrès du café, traduit sur un manuscrit arabe de la Bibliothèque du roi, par ANT. GALLAND. *Caen*, *Cavelier*, *in*-12, 1699.

1499. Ornithotrophie artificielle, par l'abbé COPINEAU. *Paris*, *in*-12, avec *fig.*, 1780.

C'est une des meilleurs méthodes (si ce n'est pas la meilleure) pour faire éclore les poulets.

1500. Ouvrage économique sur les pommes-de-terre, le froment et le riz, *ou* Examen chimique de ces plantes, par PARMENTIER; *in*-12, 1774.

## P.

1501. Pacte social, *ou* Plan d'une association commerciale et agricole, tendant à relever le commerce et l'agriculture par la mise en circulation de valeurs immobiliaires, sous le titre de contracts au porteur et par des entreprises rurales, par DUPEUTY, ancien avocat au conseil, membre des Sociétés d'agriculture de Seine et de Seine-et-Oise, *in*-8°, 1801.

1502. Parallèles de bois et forêts, avec les terres à brûler: verbal de l'invention du vrai charbon de terre par toute la France, et épreuve d'icelui faite par experts et gens de forges: épreuves et avis sur icelles donnés au roi pour l'usage des terres à brûler: et nouvelle invention du charbon à forge. *Paris*, *in*-8°, 1627.

1503. Parfait (le) boulanger, par PARMENTIER. *Paris*, *Imprim. royale*, *in*-8°, 1778.

1504. Parfait (le) bouvier, *ou* Instruction concernant la connaissance des bœufs ou vaches, par M. BOUTROLLES; *in*-12, 1766.

Réimprimé en 1808 pour la onzième fois, avec des additions intéressantes.

1505. Parfait chasseur, *ou* Instruction à ceux qui aiment la chasse; sur la dépense qu'on veut faire; la manière de rendre les pigeonniers, les garennes, les basses-cours et les étangs féconds et profitables, par JACQUES-EPÉE DE SELINCOURT. *Paris*, *in*-12, 1683.

1506. Parfait (le) cocher, *ou* l'Art d'entretenir et conduire les chevaux; avec une connaissance abrégée des principales maladies auxquelles ils sont sujets, par LACHENAYE DESBOIS. *Paris*, *in*-12, 1744.

1507. Parfait (le) économe de la ville et de la campagne, contenant les principes, les lois et les réglemens de police relatifs aux biens ruraux, aux bois, aux forêts, aux baux à ferme, aux cheptels, aux métayers, aux épizooties et maladies des animaux domestiques, et les préceptes pour les prévenir: suivi d'une comptabilité à partie simple, mixte et double: ouvrage utile aux intendans de maisons, aux régisseurs, aux hommes d'affaires, aux économes, aux fermiers, aux cultivateurs, aux propriétaires, aux personnes attachées à l'ordre judiciaire, etc., par P. B. BOUCHER. *Paris*, 2 vol. *in*-8°, 1808.

1508. Parfait (le) économe, contenant ce qui est utile et nécessaire de savoir à tous ceux qui ont du bien à la campagne, par N. ROSNY. *Paris*, *in*-12, 1710.

1509. Parfait limonadier (le nouveau), *ou* Manière de préparer le thé, le café, le chocolat, etc., par M. MASSON; *in*-12, 1774.

1510. Parfait (le) maréchal qui enseigne à connaître la beauté, la bonté et les défauts des chevaux, les signes et les causes des maladies, les moyens de les prévenir, et leur guérison, la ferrure; un Traité des haras, et les préceptes pour bien emboucher et monter les chevaux, par SOLEYSEL. *Paris*, 2 tom. en 1 vol. *in*-4°, *fig.*, 1664, 1718, 1733, etc.

« *Jacques de Soleysel*, écuyer, a porté, dit le P. *Lelong*, le » manége au plus haut point de perfection ». Il mourut en 1680. M. *Perrault* a mis son éloge parmi les cent illustres Français du 17me siècle.

La dernière édition est de 1775. On lit dans le privilége de la quatrième qui parut en 1680, l'année même de la mort de l'auteur, qu'à cette époque il y avait plus de dix-sept mille exemplaires de contrefaçons de cet ouvrage.

1511. Parfait (le) vigneron, *ou* l'Art de travailler les vignes, de faire le vin et de le conserver, par M. l'abbé PONCELIN; *in*-12, 1782.

1512. Parfaite (la) connaissance des chevaux, leurs bonnes et mauvaises qualités, leurs maladies et les remèdes qui y conviennent, par JEAN DE SAUNIER. *La Haye*, *Maeljens*, *in-fol.*, *fig.*, 1734.

1513. Pathologie vétérinaire, *ou* le *Vade mecum* du cavalier; ouvrage utile à tout propriétaire de chevaux: traduit de l'anglais de M. *William Ryding*, *in*-12.

1514. Patriote (le) artésien, *ou* Projet d'un établissement d'une académie d'agriculture, de commerce et des arts en la province d'Artois, par BELLEPIERRE DE NEUVE-EGLISE, ancien officier de cavalerie; *in*-8°, 1761.

Cet ouvrage est divisé en deux parties: la première traite de l'agriculture et des productions du pays; dans la seconde il est question des minéraux.

1515. Paysages (les), *ou* Essai sur la nature champêtre, par LEZAY DE MARNEZIA; nouv. édition, *in*-8°, 1800.

1516. Petite (la) maison rustique, *ou* Cours théorique et pratique d'agriculture, d'économie rurale et domestique, d'après *Rozier*, *Parmentier*, etc. *Paris*, 2 vol. *in*-12, ornés de 12 planches, 1805.

1517. Petri Angelii Bargæi Cynegeticorum libri sex, carmine heroïco. *Lugduni*, *in*-4°, 1561.

Ce poëme sur la chasse est d'ANGELI, né à Berga en Toscane. Etant venu en France, il fut connu d'Henri II, qu'il accompagna plusieurs fois à la chasse. C'est alors qu'il forma le dessein d'écrire sur cet art. Son poëme est rempli d'observations curieuses. Il dédia à Ferdinand de Médicis son traité intitulé *Ixeuticon sive de Aucupio.*

1518. Petri Bellonii de arboribus coniferis resiniferis,

aliisque semper virentibus : de mille cedrino, cedria, agarico, resinis, etc. *Parisiis*, *in-4°*, *fig.*, 1553.

On trouve beaucoup d'observations curieuses dans cet ouvrage. On n'a pas rendu à l'auteur toute la justice qu'il méritait. Voyez son article seconde partie.

1519. Petri de Crescentiis, civis Bononiensis, opus commodorum ruralium. *Lovanii*, Johannes de Westfalia, *in-fol.*, 1474.

Cette édition est rare. C'est la première production de *Jean de Westfalia*, premier imprimeur de Louvain. Elle est exécutée sur deux colonnes de 42 lignes chacune dans les pages, qui sont sans chiffres, signatures ni réclames. Le volume commence par une épître de l'auteur à *Aymeric de Placentia*, général de l'ordre des frères prêcheurs.

Cette édition est recherchée des amateurs d'anciennes impressions. Voyez pour les autres plus communes, et conséquemment moins chères, l'article *Crescens*.

Les bibliographes parlent d'une édition de cet ouvrage faite en 1471, et d'une autre en 1473, mais ils avouent ne l'avoir pas vue.

1520. Petri Quiquerani Bello-Jocani, episcopi senecensis, de laudibus provinciæ, libri tres. *Parisiis*, *Dodu*, *in-fol.*, 1539 ; *ibid.* *in-4°*, 1551 ; *Lugduni*, *in-4°*, 1565 ; *ibid.* *in-8°*, 1614.

Cet éloge de la Provence est l'histoire des productions de cette province, patrie de l'auteur. Le premier livre est presque entièrement consacré à la fertilité des terres, aux étangs. Voyez la traduction sous ce titre, *La nouvelle agriculture* ou *Instruction générale*, etc. *Quiqueran*, évêque à dix-huit ans, mort à 24 (en 1550), vivait dans un siècle où l'on avait la manie de *latiniser* les noms français ; manie qui allait au point d'ôter au nom traduit toute espèce de rapport avec le mot original : c'est ce qui rend le président *de Thou* si peu intelligible et fait méconnaître quelques-uns des personnages dont il parle. De *Quiqueran de Beaujeu* on faisait *Quiqueranus Bello-Jocani*.

1521. Phébus, des déduits de la chasse des bêtes sauvages et des oiseaux de proie, par Gaston Phebus, comte de Foix. *Paris*, *Ant. Vérard*, *in-fol.*

Sans date : gothique.

On verra à l'article *Gaston comte de Foix*, les renvois aux différens titres de son ouvrage. C'est toujours le même sous un autre titre.

1522. Philosophie rurale, *ou* Economie générale et politique de l'agriculture, par Quesnai. *Amsterdam*, *in-4°*, 1763 ; et 3 vol. *in-12*, 1764.

1523. Phænomena, sive aërias ephemerides, omnium auræ commotionum signa ab his quæ in cœlo, aëre, aquâ et terrà palam apparent, quatuor aphorismorum sectiunculis, methodo sanè quàm facili et perspicuâ, diebus singulis fideliter ob oculos ponentes, par MIZAULD. *Paris*, *in*-8°, 1546.

Il dédia cet ouvrage à François premier, et peu après en fit lui-même, pour Catherine de Médicis, une traduction française intitulée *Mirouer du temps*.

1524. Physiologie et pathologie des plantes, ouvrage traduit du docteur *Plenck*, par M. CHANIN, maître d'études au prytanée de St.-Cyr, *in*-8°, 1802.

1525. Physique (la) des arbres, par M. DUHAMEL DUMONCEAU. *Paris*, 2 vol. *in*-4°, 1758.

Ouvrage très-estimé. L'auteur traite de l'anatomie des plantes, de l'économie végétale, etc.

1526. Phytologie universelle, *ou* Histoire naturelle et méthodique des plantes, de leurs propriétés, de leurs vertus et de leur culture : ouvrage consacré aux progrès des sciences utiles, de l'agriculture et de tous les arts, par N. JOLYCLERC. *Paris*, 5 v. *in*-8°, 1800.

1527. Pictorii Georgii de apibus, cerâ, melle. *Basil.*, *in*-8°, 1563.

1528. Plainte du chou et du navet contre les jardins de l'abbé de Lille, par le comte de BARRUEL-BEAUVERT, ancien capitaine de dragons.

Comme nous avons cité le poëme des Jardins, nous croyons devoir mentionner cette plaisanterie agréable, piquante et fondée.
Cet ouvrage est en vers.

1529. Plaisirs (les) de la vie rustique et solitaire, par CLAUDE BINET. *Paris*, 1583.

Cet ouvrage est en vers.

1530. Plaisirs (les) de la vie rustique, par PIBRAC, *Paris*, *in*-8°, 1577.

*Gui de Faure*. seigneur de *Pibrac*, né à Toulouse en 1528, fut envoyé par Charles IX au Concile de Trente en qualité d'ambassadeur ; il exerça ensuite les fonctions d'avocat-général du parlement et de conseiller-d'Etat.

1531. Plaisirs (les) des champs, avec l'instruction de

la vénerie, divisés en 4 livres, selon les quatre saisons de l'année, par GAUCHET, aumônier d'Henri IV. *Paris*, *in*-4°, 1583.

Réimprimé en 1604. La première édition était dédiée à l'amiral Joyeuse : la seconde au duc de Montbazon, grand veneur. Cet ouvrage est en vers français, et, comme on s'en doute bien, plus curieux qu'utile.

1532. Plaisirs (les) innocens de la campagne, contenant un traité des mouches à miel, etc. *Amsterdam*, *in*-8°, 1699.

1533. Plaisirs (les) du gentilhomme champêtre, par NICOLAS RAPIN; Poitevin. *Paris*, *in*-12, 1581.

1534. Plan d'administration rurale, *ou* Observations sur l'agriculture, et les moyens les plus propres d'améliorer les terres (par M. PAPIO-VERRERI père, cultivateur à Angers, département de Maine-et-Loire.) *Angers*, *in*-8°, an VI.

1535. Plan d'une égale répartition de l'impôt foncier entre les départemens, arrondissemens et contribuables. Moyens de connaître le revenu territorial de la France, par PETIT-THOUARS; *in*-8°, 1802.

1536. Plan d'une légion agrico-militaire, *ou* Ecole pratique de défrichement, par BETHUSY; *in*-8°.

1537. Plan et instructions fondés sur l'expérience, pour l'amélioration et l'augmentation des biens de la terre, spécialement des vignobles, dictés par instinct patriotique, et dans la seule vue d'avancer le bien de l'humanité; dédié aux Etats-Généraux, par JEAN-MICHEL ORTLIEB, cultivateur et vigneron de Rikwir en Haute-Alsace. *Strasbourg*, *in*-8°, 1789.

1538. Plan sur l'agriculture et le commerce, suivi de l'établissement d'une banque rurale, par LE BLANC DE L'ARBREAUPRÉ; *in*-8°, 1789.

1539. Plantæ per Galliam, Hispaniam et Italiam observatæ, et iconibus æneis exhibitæ. *Paris*, *in-fol.*, 1714.

C'est le titre donné par *Ant. de Jussieu* aux manuscrits qu'a laissés *Jacques Barrelier*, dominicain et botaniste estimé, qui mourut en 1673, âgé de 67 ans. *Barrelier* avait le projet de faire une histoire générale des plantes, qu'il devait intituler *Hortus mundi* ou *Orbis botanicus*. Ce sont les matériaux destinés à faire partie de cet ouvrage, que M. *de Jussieu* a publiés sous le titre de *Plantæ*, etc.

1540. Plantage (du) des terres incultes, des biens propres des communautés, et quelques idées sur les terres incultes du domaine du roi, par M. de F. D. M., *in*-8°, broch., 1764.

1541. Plantation et culture du mûrier, au Mans, par un membre de la Société d'agriculture de Tours; *in*-4°, 1760.

L'auteur est M. *Veron Duverger*, cultivateur zélé. Il croyait que la meilleure spéculation agronomique était de planter des mûriers. Il en voulait mettre dans les sables du Maine, domaine du sapin. La mode des mûriers régna, comme aujourd'hui règne celle des mérinos. On fit planter ces arbres dans toutes les généralités du royaume : ensuite on les arracha. La destruction fut au-delà des bornes, ainsi que l'avait été l'enthousiasme qui avait introduit ces arbres dans le nord même de la France. Le mûrier croit à une latitude où le ver à soie ne réussit pas; et l'existence de l'arbre n'entraine pas toujours la possibilité d'élever les vers. On crut le contraire, on se trompa. Mais ce n'était pas un motif pour arracher les mûriers.

1542. Plantations des routes et des avenues, moyens de rendre les plantations perpétuelles. *Paris*, *in*-8°, broch., avec une planche, 1809.

1543. Plantes (les), poëme, par RENÉ-RICHARD CASTEL, professeur de littérature au Prytanée français, 3^me^ édit. 1 gr. vol. *in*-18, *fig.*, 1802.

Ce Poëme a eu beaucoup de succès : il y a des notes instructives.

1544. Plantes de la France décrites et peintes d'après nature, par JAUME S^t^-HILAIRE.; 1805. — Par livrais.

1545. Plinii secundi Caii historiæ naturalis libri 37. *Venetiis*, *Johannes de Spira*, *in-fol.*, 1469.

Première édition de Pline, infiniment rare et coûteuse. C'est un chef-d'œuvre de typographie. Vendu, en 1786 à l'hôtel de Bullion, 3000 liv.

La seconde édition, encore très-recherchée, est de 1470. *Rome.*

Le troisième l'est de 1472. *Venetiis*, *Nicolas Janson.*

La quatrième est de 1473. *Rome.*

La cinquième est de 1476. *Parme*. Toutes sont recherchées des curieux.

1546. Plinii (C.) hist. nat. libri 37, quos recensuit et notis illustravit Brotier; *in*-12., 1779.

Nous indiquons cette édition comme une des meilleures. On connait le mérite des éditions de *Brottier*. *Poinsinet de Sivry* a traduit Pline qui, comme l'on sait, a des articles précieux relatifs à l'agriculture.

1547. Poëmata didascalica; 3 vol. *in*-12.

C'est un recueil fait par l'abbé d'Olivet, de plusieurs poëmes sur des objets d'économie rurale et domestique. Voici l'énumération de quelques-uns :

1°. *Aviarium*, ou l'Art d'élever les oiseaux, par le P. Jean Rose, jésuite.

2°. *Stagna*, ou l'Art de peupler les viviers de poissons, par le P. Champion, jésuite.

3°. *Mala aurea*, ou La culture des orangers, par le P. Guillaume Veschambez, jésuite.

4°. *Acanthides canariæ*, ou Traité des serins de Canaries, par Louis Clairambault.

5°. Deux poëmes sur le thé : l'un de M. Huet, évêque d'Avranches; l'autre de M. Petit, médecin.

6°. Un autre sur le café, par M. l'abbé Massieu. Le P. Fellon, jésuite, s'est exercé sur le même sujet.

7°. Deux sur les fleurs : l'un intitulé, *Lusus allegorici*, par le P. Sautel, jésuite; l'autre, *De connubiis florum*, est de M. Trante, médecin, etc. etc.

On sent bien que ces poëmes ne sont point indiqués comme des modèles absolus d'instruction, ni comme des ouvrages dont la science économique puisse tirer parti : on les cite seulement pour prouver que les poëtes n'ont point dédaigné de s'en occuper, à l'exemple du premier de tous, *Virgile*, qui plus utile encore que ceux qui tâchèrent de l'imiter, sut revêtir des charmes de la poésie les préceptes agronomiques.

Dans le recueil qui occasionne ces réflexions, il se trouve des ouvrages sur des objets étrangers à l'économie rurale, tels que l'*aiman*, la *poudre à canon*, le *goudron*, etc.

1548. Poëtæ rei venaticæ. *Leyde*, *in*-4°, 1728; et 2 vol. *in*-4°, 1731.

On trouve dans ce recueil les fragmens des deux *Némésiens*, de *Gratius*, de *Calpurnius*, sur la chasse.

1549. Pomologie, *ou* Description des meilleures sortes de pommes et de poires que l'on estime et cultive le plus, soit aux Pays-bas, soit en Allemagne, soit en

Angleterre, par JEAN HERMAN KNOOP. *Amsterdam*, *in-fol.*, *fig.*, 1771.

1550. Pomona franconica, *ou* Description des arbres fruitiers les plus estimés en Europe, de la cour de Wirtemberg, par MAYER; 3 vol. *in-4°*.

Cet ouvrage est accompagné de 264 planches : il est écrit en allemand et en français.

1551. Pomona franconica, *ou* Description des arbres fruitiers les plus connus et les plus estimés en Europe, qui se cultivent maintenant au jardin de la cour de Wurzbourg; par JEAN MAYER. *Nuremberg*, 2 vol. *in-4°*, *fig.*, 1776.

1552. Pomone, *ou* Le cidre, poëme traduit de l'anglais par M. l'abbé *Yart*, de l'académie de Rouen.

Le poète anglais est JOHN PHILIPPS, né en 1676, et mort en 1708.

1553. Portrait de la mouche à miel, ses vertus, forme, sens et instruction, par ALEXANDRE DE MONTFORT. *Liége*, *in-8°*, 1646.

1554. Potager (le), poëme, par M. DE LALANNE. *Paris*, *in-18*, 1803.

M. *de Lalanne* a vengé le potager du mépris des poètes.

1555. Pour tirer des brebis et des chèvres plus de profit qu'on n'en tire, par M. C. Q. A. G. D. P. *Paris*; *in-4°*.

Sans date.

1556. Prædium rusticum; *in-fol.*, 1554. (par CHARL. ETIENNE.)

C'est la réunion que fit cet auteur des traités qu'il avait publiés précédemment et dont voici les titres dans leur ordre chronologique :

1°. De re Hortensi libellus. *Parisiis*, *in-8°*, 1535.

2°. Seminerarium et plantarium fructiferarum, præsertim arborum. *Parisiis*, *in-8°*, 1536.

3°. Vinetum in quo varia vitium, uvarum, vinorum, etc. *Parisiis*, *in-8°*, 1537.

4°. Arbustum fonticulus, spinetum. *Parisiis*, *in-8°*, 1538.

5°. Sylva, frutetum collis. *Parisiis*, *in-8°*, 1538.

6°. Pratum, lacus, arundinatum. *Parisiis*, *in-8°*, 1543.

1557. **Prædium rusticum.**

C'est un poëme en 16 chants, par le P. VANIÈRES, dans lequel on trouve le détail des occupations de la campagne. La meilleure édition de ce poëme est celle donnée à Paris en 1756, *in*-12, par M. *Berland de Bordelet*; il a été traduit sous le titre d'*Economie rurale*.

1558. Prairies (des) artificielles d'été et d'hiver, de la nourriture des brebis, et de l'amélioration d'une ferme dans les environs de Genève, par M. LULLIN, *Genève*, *in*-8°, 1806.

L'auteur parlant d'après sa propre expérience, ne peut qu'être un guide sûr entre les mains du cultivateur. C'est un des meilleurs ouvrages sur les plantes fourragères, et leur culture y est exposée avec tous les détails les plus satisfaisans.

1559. Prairies (des) artificielles, *ou* Moyens de perfectionner l'agriculture dans toutes les provinces de France, sur-tout en Champagne, par l'entretien et le renouvellement de l'engrais; avec un traité sur la culture de la luzerne, du trèfle et du sainfoin, et une dissertation sur l'exportation du blé, par M. SIMON-PHILIBERT DE LASALLE DE L'ETANG, conseiller au présidial de Reims. *Paris*, 1762.

La première éditon de cet ouvrage est de 1756: ce n'était alors qu'une petite brochure que l'auteur augmenta dans l'édition de 1758. Les principes qui sont développés dans ce livre sont appuyés de l'expérience. *Rozier* le cite souvent.

1560. Pratique de l'art de faire éclore les oiseaux domestiques, par M. de RÉAUMUR; *in*-12, 1751.

1561. Pratique (de la) d'élever les moutons, et des moyens d'en perfectionner les laines, par P. FLANDRIN; *in*-8°, 1803.

Excellent traité pour ceux qui se livrent à l'éducation des bêtes à laine.

1562. Pratique des défrichemens, par DE TURBILLY. *Paris*, Ve *d'Houry*, 2e édit. *in*-12, 1761.

Ce titre indiqué par plusieurs bibliographes pourrait faire croire que l'ouvrage existe. C'est une erreur: le véritable titre est *Mémoire sur les défrichemens*. Voyez cet article.

1563. Pratique (la) des laboureurs de frise, poëme, par PIERRE BAARD; *in*-8°.

*Baard* ... un poète latin et flamand, que ses compatriotes mettent à côté de *Virgile*. Mais, sans déprécier le mérite des Géorgiques flamandes, on peut dire qu'ils sont les seuls de leur avis.

1564. Pratique (la) du jardinage, par feu l'abbé Roger Schabol; ouvrage rédigé après sa mort sur ses mémoires, par *Dezallier d'Argenville*, maître des comptes. *Paris*, *Debure*, 2 vol. petit *in*-8°, 1770.

1565. Pratiques de l'arpentage considérablement abrégées, par le moyen de nouvelles tables, faites pour les calculs trigonométriques, par M. Didier; *in*-8°, 1789.

1566. Précis d'expériences et d'observations sur les différentes espèces de lait, considérées dans leurs rapports avec la chimie, la médecine et l'économie rurale, par Parmentier et Deyeux; *in*-8°, 1799.

1567. Précis des expériences faites à Trianon, sur la cause de la corruption des blés, par M. Tillet, 1756.

1568. Précis élémentaire d'agriculture, dans lequel il sera traité de la manière de cultiver et corriger toutes sortes de terres; celles de créer une ferme à la flamande; de former un laboratoire pour la préparation des fumiers; de cultiver les pommes-de-terre dans toutes sortes de terrains, et de faire produire de très-beaux blés continuellement dans le même champ par une culture nouvelle de l'auteur, par M. Mallet. *Paris*, 1780.

La nécessité d'un bon système de rotation de récoltes est trop bien reconnue actuellement pour croire qu'on puisse par une *culture nouvelle faire produire de très-beaux blés continuellement dans le même terrain*.

1569. Précis sur l'éducation des vers à soie, par l'Escalopier. *Tours*, *Lambert*, *in*-8°, 1763.

1570. Précis sur l'aménagement et l'administration des forêts et bois nationaux de la république française, utile et intéressant à tous propriétaires de bois: observations sommaires sur le premier fragment d'un nouveau projet de code forestier du C. *Perthuis*, par le C. Clausse. *Paris*, *in*-8°, an VIII.

1571. Première introduction à la philosophie économique. *Paris*, *Didot*, *in*-8°, 1771.

1572. Première lettre aux curés du département de l'Indre, pour les engager à donner à leurs paroissiens des conseils et des exemples propres à les rendre bons agriculteurs, par le C. Chalumeau. *Paris*, *in*-8°, an XII.

1573. Préservatif contre l'agromanie, *ou* l'Agriculture réduite à ses vrais principes, par Desplaces. *Paris*, *Hérissant*, *in*-12, 1762.

1574. Préservatif, *ou* Ma vingt-unième découverte en faveur des récoltes; *in*-8°, 1789.

1575. Preuve du plant et profit des mûriers, pour les paroisses de la généralité de Paris, Orléans, Tours, pour l'année 1603, par B. de Laffenas. *Paris*, 1603.

1576. Principes d'agriculture et d'économie appliqués mois par mois à toutes les opérations du cultivateur, per un cultivateur pratique du département de l'Oise. *Paris*, *in*-8°, 1804 (an XII).

L'auteur anonyme est M. Chrétien de Lihus fils, ancien conseiller à la cour des aides de Paris.

1577. Principes (les) de l'agriculture et de la végétation : ouvrage traduit de l'anglais de *François Home*, docteur en médecine, par Marais. *Paris*, *Prault*, *in*-12, 1761.

1578. Principes de la végétation des plantes, *ou* l'Agriculture selon les qualités des divers sols, traduit de l'anglais de *Home*. *Berne*, *in*-8°, 1791.

1579. Principes du cultivateur, *ou* Essais sur la culture des champs, des vignes, des arbres, des plantes les plus communes et les plus ordinaires à l'homme, avec un traité abrégé des maladies des cultivateurs,

de

de leurs bestiaux, et des remèdes pour les guérir, par dom LE ROUGE, bénédictin, 2 vol., *in*-12, 1774.

1580. Principes économiques de Louis XII et du cardinal d'Amboise, par l'abbé BAUDEAU; *in*-8°, 1785.

1581. Principes et observations économiques, par M. VERON DE FORBONNAIS, jadis inspect. gén. des manufactures de France. *Amsterdam*, 2 v. *in*-12, 1767.

Réimprimé en 1775.

1582. Principes et usages concernant les dîmes, par M. DE JOUY; *in*-12, 1751.

1583. Principes pour cultiver les grains dans les terres de la haute Champagne.

Sans date.

1584. Principes raisonnés d'agriculture, *ou* l'Agriculture démontrée par les principes de la chimie économique, d'après les observations de plusieurs savans; ouvrage traduit en français, sur la version latine de *Jean Gottschalk Valérius*, par J. FONTALARD. *Paris*, 1794 (an II.)

1585. Principes sur la liberté du commerce des grains. *Paris*, *in*-8°, 1768.

1586. Principes sur le pacage, le vain pâturage et le parcours, par M. DURIVAL; *in*-8°, 1766.

1587. Produit (le) et le droit des communes et autres biens, *ou* Encyclopédie rurale, économique et civile, par un honoraire des académies des sciences d'Amiens, Arras, etc. par le vic. de la MAILLARDIÈRE. *Paris*, *in*-8°, 1782.

1588. Produits des blés tirés des pays méridionaux, semés au printems de l'année 1772 et sur la fin de l'automne, par DE SAUSSURE; *in*-12, 1773.

1589. Prognostica naturalia de temporum mutatione, (par GRATAROLE.) *Bâle*, *in*-8°, 1552.

1590. Projet de cadastre général foncier pour toute la France, par M. CHESNEAU. *Saumur*, *in*-4°.

1591. Projet d'un plan pour établir des fermes expérimentales, et pour fixer les principes des progrès de l'agriculture, par sir JOHN SINCLAIR, fondateur du bureau d'agriculture britannique.

Rapport sur ce projet, lu à l'Institut le 1er therm. an VIII, par MM. *Cels* et *Tessier*. *Paris*, *in-4°*, *fig.*, an IX.

1592. Projet d'une dîme royale, qui supprimant la taille et les autres impôts, produirait au roi un revenu certain et suffisant. *Rouen*, *in-4°* et *in-12*, 1707.

Cet ouvrage du maréchal de VAUBAN, fut imprimé après la mort de ce grand homme par les soins de l'abbé de *Beaumont*. Le P. *Lelong* prétend que le maréchal rédigea ce projet sur les idées et les mémoires de M. de *Boisguillebert*. En 1708 on traduisit à Londres l'ouvrage de M. *de Vauban*. En 1716 il parut en France des *Réflexions sur la dixme royale*, *in-12*. En 1715, un *Nouveau traité sur cette dixme*, par *Guérin de Rademont*, receveur des fermes.

1593. Projet d'une censure agraire à établir en France, par M. GUINAU-LAOURENS; *in-8°*, 1802.

1594. Projet général pour améliorer les landes du royaume; 1760.

Inséré dans le Journal économique de cette année.

1595. Projet nouveau sur la manière de faire utilement en France le commerce des grains, par M. BOURDON-DESPLANCHES, ancien premier commis des finances. *Paris*, *in-8°*, 1790.

1596. Projet pour fertiliser les mauvaises terres du royaume, prenant pour objet celles de la Champagne; 1756.

1597. Prolegomena in quibus nonnulla de brutorum præsagitione et prædicendarum aëris mutationum seriâ methodo ex solis phœnomenis, par MIZAULD. *Paris*, *in-8°*, 1548.

Traduit en français sous le titre de *Mirouer*, etc

1598. Pronostics ruraux, par le soleil, la lune et les étoiles, par DIGGES, *in-4°*, 1592.

Superstitieux.

1599. Propriété (la) considérée dans ses rapports avec

le droit politique, par GARNIER, ministre de la justice, 1792.

1600. Propriété (de la) dans ses rapports avec le droit politique, par M. GERMAIN GARNIER, sénateur. *Paris*, *G. Clavelin*, *in*-18, 1802.

Nouvelle édition de l'ouvrage précédent.

1601. Propriétés admirables du cassis. *Bordeaux*, *in*-12, 1712.

Réimprimées en 1749 à Orléans.

1602. Propriétés du bois de fresne, par M. TERRIER DU CLERON. *in*-8°, 1756.

1603. Prospectus d'histoire naturelle des végétaux de la France, contenant leurs descriptions génériques et spécifiques, leurs figures, les insectes qu'ils nourrissent, l'endroit où on les trouve, leurs différentes *cultures*, suivant les divers climats de chaque province; leurs propriétés non-seulement pour la nourriture et la médecine, mais encore pour l'embellissement des jardins et les arts et métiers : *ou* la *botanique*, la *médecine*, l'*agriculture*, le *jardinage* et les arts réunis dans le règne végétal de la France, par M. BUC'HOZ, démonstrateur en botanique au collége royale des médecins de Nanci. *Metz, in*-8°, 1765.

## Q.

1604. Quand (les) et les Comment, *ou* Avis sommaire sur la culture de la vigne, par PIERRE TARBOICHIER; *in*-18, 1797.

1605. Quatre livres de PUBLE-VEGECE RENAY, de la médecine des chevaux malades. *Paris*, *in*-4°, 1563.

Traduction publiée sous le nom de *Bernard de Poy-Montclar* et revendiquée par *Charles-Etienne*. (V. Vegèce.)

1606. Quatre (les) saisons, *ou* Géorgiques patoises, par M. P. A. P. D. P. (PEYROT, ancien prieur de Pradinas.) *Villefranche*, *in*-12, 1781.

1607. Quatre (les) saisons, *ou* les Géorgiques françaises, poëme, par M. le C. de B.

1608. Quatre traités d'agriculture, et manière de planter, arracher, labourer, semer et amender les arbres sauvages. *Paris*, *in*-8°, 1560.

Sous ce titre, on a réuni les écrits de trois auteurs qui avaient d'abord été publiés séparément. Les noms de ces auteurs sont, Gorgole *de Corne*, le frère *Dany* et Nicolas *Dumesnil*.

1609. Quel est le vrai principe de la fécondité de la terre ? par M. Froger, *in*-8°, 1732.

L'académie de Metz proposa cette question, en 1761. M. *Froger*, curé de Mayet, dans le Maine, fit un mémoire qui remporta le prix. Il établit, dans cet ouvrage, que le vrai principe de la fécondité de la terre, c'est le concours libre et proportionné des élémens, l'eau, la terre, l'air et le feu.

1610. Quels tems fera-il ce matin, ce soir, demain ? Présages utiles aux laboureurs, etc.; *in*-24, 1772.

1611. Quelle est l'eau la plus propre à la végétation des plantes ? par M. l'abbé Bertholon. *Paris*, et *Lyon*, *in*-8°, 1780.

Couronné par l'académie de Lyon, ce mémoire offre un tableau synoptique des différentes espèces d'eau ; *et on y examine au flambeau de l'expérience quelles sont celles qui sont les plus propres à la végétation*, dit M. *Delandine*.

1612. Quelle est l'influence de l'air sur les végétaux ? par M. Limbourg, *Bordeaux*, *in*-4°, 1757.

Couronné par l'académie de Bordeaux.

1613. Quelle est l'influence des météores sur la végétation, et quelles conséquences pratiques peut-on tirer relativement à cet objet des observations météréologiques faites jusqu'ici ? par M. Toaldo, professeur d'anatomie à Padoue.

Ce mémoire fut couronné, en 1774, par la Société royale des sciences de Montpellier.

Cette question a quelque rapport à celle posée en 1782 par l'acad. de Lyon. Voyez l'*Électricité de l'atmosphère*, etc. n° 558.

1614. Quelle est la meilleure manière de brûler ou de distiller les vins, et la plus avantageuse relativement à la quantité et à la qualité de l'eau-de-vie et à l'épargne des frais ? *Lyon*, *in*-8°, 1770.

Cette question a été proposée par la Société d'agriculture de Limoges en 1767. L'auteur du mémoire couronné est M. l'abbé *Rozier*.

1615. Quelle est la meilleure manière de détruire les charansons ? par M. Dejoyeuse ; *in*-8°, 1768.

Ce mémoire a été couronné par la Société d'agriculture de Limoges. On distingue deux autres mémoires qui eurent l'accessit : l'un est de M. *Lefuël*, curé de Jamméricourt dans le Vexin, et l'autre de M. *Lottinger*, médecin à Strasbourg. Nous ignorons si ces mémoires ont été imprimés.

1616. Quelle est la meilleure manière de tirer parti des Landes de Bordeaux quant à la culture et à la population ?

Cette question fut proposée par l'académie de Bordeaux. Le prix était de la valeur de 500 liv., et donné par M. *Elie de Beaumont*, avocat.

M. *Diesbey*, receveur des finances à la Teste, remporta le prix en 1776. Son mémoire avait pour devise ce passage de *Montaigne* : « Il nous faudrait des topographes qui nous fissent des narrations » particulières des endroits où ils ont été. Je voudrais que chacun » écrivît ce qu'il sait, et autant qu'il en sait, non en cela, mais » en tous autres sujets. »

*Essais*, liv. I, ch. 30.

Le mémoire de M. *Diesbey* fut imprimé ensuite.

1617. Quelle est la meilleure méthode de perfectionner l'agriculture ? par M. l'abbé de Leulières ; *in*-12, 1772.

Ce discours a été couronné par l'académie royale des sciences et des beaux-arts de Pau.

1618. Quelle est la meilleure méthode pour l'éducation du paysan relativement à l'agriculture ?

Question proposée, en 1763, par la Société économique de Berne.

M. *Mochard*, pasteur dans la prévôté de Motiers, remporta le prix.

1619. Quelles sont les causes du dépérissement des bois ? Quels sont les moyens d'y remédier ? par Baillon de Montreuil, *in*-4°, 1791.

1620. Quelles sont les plantes utiles de toute nature qui peuvent croître sur les sols les plus stériles ? Mémoire, par M. Marchais, propriétaire ; *in*-8°, 1805.

1621. Quelques faits concernant la race des mérinos d'Espagne, à laine superfine. par C. Pictet. *Genève*, *in*-8°, *fig.*, an VIII.

1622. Quelques réflexions sur un écrit intitulé : *Observations sur le rapport que le C. Brulley vient de publier, de ses essais de culture à la vénerie ;* rédigées par une commission, et publiées par ordre de la Société d'agriculture, par M. BRULLEY, colon propriétaire à S^t.-Domingue. *Turin*, *in*-8°.

1623. Quelques observations concernant l'agriculture dans les montagnes du département du Puy-de-Dôme, par LACOSTE, de Plaisance. *Clermont-Ferrand*, *in*-8°, 1801.

1624. Quels sont les caractères et les causes d'une maladie qui commence à attaquer plusieurs vignobles de Franche-Comté ? par le P. PRUDENT de FAUCOGNEY, capucin. *Besançon*, *in*-8°, 1778.

Couronné à Besançon.

1625. Quels sont les moyens de détruire la mendicité, et d'occuper utilement les pauvres ? par M. l'abbé de MONTLINOD. *Paris*, *in*-8°, 1780.

Ce mémoire a été couronné en 1779, par la Société royale d'agriculture de Soissons.

1626. Quels sont les végétaux indigènes que l'on pourrait substituer, dans les Pays-Bas, aux végétaux exotiques, relativement aux différens usages de la vie ? *Bruxelles*, *in*-4°, 1784.

Mémoire couronné en 1783 par l'académie de Bruxelles. L'auteur est M. F. X. BURTIN, médecin de Charles de Lorraine. Il avait pris pour épigraphe ce passage d'Ovide :

*Peregrina quid æquora tentas ?*
*Quod quæris tua terra dabit.*

L'auteur établit deux moyens de nous passer des étrangers ; 1° en tâchant d'approprier à notre sol les productions qu'ils nous fournissent ; 2° en substituant à ces productions, des végétaux indigènes qui donnent le même effet.

Ce mémoire renferme les détails les plus intéressans pour les propriétaires. Voyez l'art. *Campus*, etc., avec lequel cet ouvrage a quelque rapport, quant au fond de la question.

1627. Question agitée, le 5 mai 1700, aux écoles de médecine de Reims : *Si le vin de Reims est plus agréable et plus sain que le vin de Bourgogne ? Reims*, *in*-4°.

L'auteur de cette question, soutenue dans la capitale de la Champagne, donnait, comme de raison, la préférence au vin de la province. De là on vit bientôt paraître, 1° *une défense du vin de Bourgogne*, par M. *de Salins*, médecin, avec une lettre de M. *le Belin*, conseiller au parlement de Bourgogne. Cette défense fut réimprimée et traduite en latin :

2°. Une réponse à M. *de Salins*, imprimée et réimprimée à Reims, *in*-4°, 1706 ;

3°. Une lettre anonyme à l'auteur de la thèse sur le vin de Champagne, 1706 ;

4°. Une thèse latine soutenue à Paris en 1741, par M. *Boutigny Despréaux* ;

5°. En 1723, un éloge des vins d'Auxerre, par l'abbé *Lebeuf*, qui s'appuya sur l'autorité de ceux qui faisaient usage de ces vins.

6°. Puis une lettre de M. *Lebeuf* de Joigui, qui réclama la prééminence pour les vins de Joigni, etc. etc.

Un procès dont la solution dépend du goût, ne peut jamais être terminé. Avant ces discussions, il avait paru en 1646 un poëme en sept cents mauvais vers intitulé *l'Hercule Guespin, à M. Descures, par Simon Rouzeau, d'Orléans*. Ce poëme adjuge au vin d'Orléans la supériorité sur tous les vins de l'univers. *Simon Rouzeau* serait seul de son avis.

Depuis la discussion sur les vins de Bourgogne et de Champagne, il a paru en 1724 une vraie thèse médicale, dans laquelle on soutint que les vins des environs de Paris étaient plus salubres que celui de Bourgogne ; l'auteur est *M. Daurac*. Nous ignorons s'il était de *Surène*, et si l'amour du pays lui a fait soutenir un paradoxe aussi singulier.

1628. Question importante sur l'agriculture et le commerce, par M. Mercandier ; 1766.

1629. Questions relatives à l'agriculture et à la nature des plantes ; *in*-12, 1759.

Dans la première partie on examine s'il n'y a plus d'épreuves à faire sur la nature des vignes en Normandie et dans les autres pays qui ne donnent point de vin ; et dans l'autre, si les plantes ne sont point de vrais animaux.

1630. Question : Ne reste-t-il plus d'épreuve à faire sur la nature des vignes en Normandie et autres pays qui ne donnent point de vins, ou en donnent un sans qualité ? par M. Tiphaigne, président en l'élection de Rouen ; *in*-8°, 1765.

L'auteur décrit le terroir de Normandie, tâche de montrer que l'établissement des vignobles serait utile dans cette province, et remonte aux causes qui ont rendu jusqu'à présent tous les efforts inutiles. L'intention est bonne, mais le sol de la Normandie est propre aux prairies et aux pommiers, et non à la vigne. M.

le duc d'Harcourt a échoué en voulant couvrir le sol de mûriers. Il en sera probablement de même de la vigne.

1631. Question sur un point d'économie rustique qui tient à l'agriculture générale : *Peut-on nourrir les chevaux d'une manière plus économique et plus saine qu'on ne le fait ordinairement ? in-8°*, 1785.

Sans nom d'auteur.

# R.

1632. Rapinæ seu raporum encomium, auctore Claudio Bigotherio poëta Rapicio. *Lugduni, in-8°*, 1540.

C'est un traité curieux sur les raves.

1633. Rapport à la Société d'agriculture du département de Seine-et-Oise, sur les expériences dirigées par son comité agricole, pendant le cours de l'an XI, par M. Desjardins-Fontvanne, membre du comité. *Versailles*, an XII.

1634. Rapport à la Société d'agriculture du département de Seine-et-Oise, par sa commission d'expériences, sur celles faites en l'an XII. *Versailles, in-8°*, an XIII.

1635. Rapport à S. Ex. le landamman et à la diète des 19 cantons de la Suisse, sur les établissemens agricoles de M. *Fellemberg* à Hofwyll ; par MM. *Heer*, landamman de Glaris ; *Crud de Genthod*, du canton de Vaud ; *Meyer*, curé du canton de Lucerne ; *Tobler de l'Au*, du canton de Zurich ; *Hunkeler*, juge au tribunal d'appel du canton de Lucerne. *Paris* et *Genève, in-8°*, 1808.

Ce rapport, revêtu des témoignages les plus respectables, ne laisse aucun doute sur le mérite de M. *Fellemberg*. Nous parlerons de son établissement dans la troisième partie de cet ouvrage.

1636. Rapport des travaux de la Société libre d'Abbeville pendant l'an X. *Abbeville, in-8°*, an XI.

1637. Rapport fait à l'Académie des sciences, arts et belles-lettres de Dijon, au nom d'une commission chargée de répondre aux questions adressées aux préfets et aux Sociétés savantes par le ministre de l'intérieur (Chaptal), et dont la solution doit servir de base à la confection du Code rural, par le C. Leschevin; *in*-8°, 1803.

1638. Rapport fait à la Société d'agriculture de la Haute-Garonne, sur l'introduction du peuplier d'Italie en France, de sa culture dans le ci-devant Languedoc, et de son utilité dans l'économie rurale et domestique, d'après des expériences répétées, par le C. Bause, receveur-général du canal des Deux-Mers. *Toulouse*, *in*-8°, an xi.

1639. Rapport fait à la Société d'agriculture de la vingt-septième division militaire, sur les essais de culture entrepris à la vénerie par le C. *Bruley*, sous les auspices de l'administrateur-général *Menou*, par les Cit. *Bonvoisin*, *Nuvolone*, *Dolce*, *Balbis*, *Bellardi*, *Giorna*, *Giobert* et *Losanna*; *in*-8°, an xii.

1640. Rapport fait à la Société d'agriculture du département de Seine-et-Marne, par trois commissaires qu'elle a nommés à l'effet de constater, 1° l'état et le succès des diverses plantations nouvellement faites par M. *Douette-Richardot*; 2° les résultats qu'il prétend avoir obtenus et qu'on peut espérer de la méthode qu'il a adoptée de couper les bois entre deux terres. *Paris*, broch. *in*-8°, 1808.

1641. Rapport fait à la Société d'agriculture de Seine-et-Oise, par le C. *Challan*, au nom d'une commission spéciale chargée de rendre compte d'un ouvrage du C. Huzard, ayant pour titre : *Instruction sur l'amélioration des chevaux* en France, et d'en faire l'application au département de Seine-et-Oise. *Versailles*, *in*-8°, an x.

1642. Rapport fait à la Société libre d'agriculture du département de la Seine, sur les expériences du Cit. *Houdart*, relatives à l'économie et à la préparation de la semence, par V. Yvart; *in*-8°, an viii.

1643. Rapport fait au conseil de Lot-et-Garonne, sur la liberté du commerce des grains, etc., par M. St.-Amans. *Agen*, *in*-4°, 1792.

1644. Rapport fait au nom du comité d'agriculture, par M. Eschasseriaux l'aîné, membre du Tribunat; *in*-8°, 1794.

1645. Rapport général sur les étangs de la république, par M. Rougier de la Bergerie; *in*-8°, 1796.

1646. Rapport général sur les travaux de la Société d'agriculture et de commerce de Caen, par Pierre-Aimé Lair. *Caen*, pet. broch., 1805.

1647. Rapport sur l'emploi des matières fécales fraîches, fait à la Société d'agriculture du département de la Seine, par M. Beffroy; *in*-8°, 1801 (an x).

1648. Rapport sur le perfectionnement des charrues, fait à la Société libre d'agriculture du département de la Seine, par M. François (de Neufchâteau). *Paris*, *in*-8°, an ix.

1649. Rapport sur les essais de culture de plantes exotiques, dirigés à la vénerie du département du Pô, vingt-septième division militaire, par le C. Bruley, colon propriétaire à Saint-Domingue. *Turin*, an xii.

1650. Rapport sur les maladies carbonculaires auxquelles les bestiaux sont sujets, principalement dans les années pluvieuses, par M. St.-Amans. *Agen*, *in*-4°, 1793.

1651. Rapport sur les moyens à prendre pour améliorer les troupeaux et perfectionner les laines dans le département de la Seine-Inférieure et dans la France, avec des pièces et des notes y relatives, par M. Aubert. *Rouen*, *in*-4°, 1795.

1652. Rapport sur les moyens de concourir au projet de la Société d'agriculture de la Seine, relatif au perfectionnement des charrues, etc., par M. Challan, membre des Sociétés d'agriculture de Versailles et de Paris. *Versailles*, *in*-8°, 1802.

1653. Rapport sur les prix nationaux d'agriculture, par M. AUBERT. *Rouen*, *in*-4°, 1795.

1654. Rapport sur les travaux de la Société impériale d'agriculture du département de la Seine pendant l'an XIII, par M. SYLVESTRE, memb. du conseil des arts, etc.; *in*-8°, 1805.

1655. Ravasini Thom. operum poëticorum pars secunda, continens georgica et miscellanea; *in*-4°, 1706.

On trouve des principes de culture dans les trois poëmes intitulés, *Prata*, *Ficulnea*, *Vineta*.

1656. Recepte véritable par laquelle tous les hommes de la France pourront apprendre à augmenter leurs trésors, avec le dessin d'un jardin délectable et utile, par BERNARD DE PALISSY. *La Rochelle*, *in*-4°, 1563.

Voyez l'article de l'auteur, 2ᵉ partie. Un savant a recueilli les ouvrages de *Palissy* vers la fin du dernier siècle.

1657. Recherches chimiques sur la végétation, par THÉODORE DE SAUSSURE. *Paris*, *in*-8°, 1805; avec cette épigraphe :

*In nova fert animus mutatas dicere formas*
*Corpora. Di !cœptis (nam vos mutastis et illas)*
*Aspirate meis.*

Ovid. lib. I. Métam.

Le but que l'auteur s'est proposé est de découvrir l'influence de l'eau, de l'air et du terreau sur la végétation; question importante pour l'agriculture.

1658. Recherches historiques et critiques sur l'administration publique et privée des terres chez les Romains, depuis le commencement de la république jusqu'au siècle de Jules-César; dans lesquelles on traite incidemment de leur commerce par rapport aux productions de leur crû, et l'on prouve en même tems le peu d'influence que l'agriculture a eue sur leurs mœurs, par M. DUMONT-BUTEL; *in*-8°, 1779.

Estimé.

1659. Recherches historiques et physiques sur les maladies épizootiques, avec les moyens d'y remédier dans tous les cas, par M. Paulet. *Paris*, 2 vol. *in*-8°, 1775.

Ouvrage très-estimé.

1660. Recherches sur l'économie rurale, par M. Mustel; *in*-8°.

1661. Recherches sur la houille d'engrais et les houillières; sur les marais et leurs tourbes et sur l'exploitation de l'une et de l'autre de ces substances, par de Laillerault. *Paris*, 2 vol. *in*-12, *fig.*, 1783.

1662. Recherches sur la valeur des monnaies et le prix des grains, par M. Dupré de Saint-Maur; *in*-12, 1761.

Estimé.

1663. Recherches sur le café, par M. Eloy; *in*-8°, 1783.

1664. Recherches sur l'usage des feuilles dans les plantes et sur quelques autres objets relatifs à la végétation, par Ch. Bonnet. *Leyde*, *in*-4°, *fig.*, 1754.

1665. Recherches sur les causes des maladies charbonneuses dans les animaux, par Gilbert, membre du Corps-Législatif; *in*-8°, 1795.

1666. Recherches sur les espèces de prairies artificielles qu'on peut cultiver avec le plus d'avantage en France, par F. H. Gilbert. *Paris*, *in*-12, 1799.

On a recueilli tout ce qu'il fallait pour compléter cet excellent ouvrage, dans le *Traité sur les prairies*, etc. Voyez ce titre.

1667. Recherches sur les maladies épizootiques, sur la manière de les traiter et d'en préserver les bestiaux, tirées des Mémoires de l'Académie royale des sciences de Stockholm, et traduites du suédois en français par M. *de Baer*; *in*-8°, 1776.

1668. Recherches sur les principaux abus qui s'opposent aux progrès de l'agriculture, par Rougier de la Bergerie, seigneur de Bleneau; *in*-8°, 1788.

L'auteur démontre qu'il faut honorer le cultivateur, et donner à sa profession plus de considération qu'elle n'en a.

1669. Recherches sur les progrès et les causes de la nielle, par JEAN RYMEN, docteur en médecine; *in*-4°, 1760.

1670. Recherches sur les végétaux nourrissans, qui, dans les tems de disette, peuvent remplacer les alimens ordinaires, par M. PARMENTIER. *Paris*, *in*-8°, 1781.

1671. Récréations économiques, *ou* Lettres de l'auteur des *Représentations aux magistrats*, à M. le chevalier *Zanobi*, principal interlocuteur des dialogues sur le commerce des blés. *Paris*, *in*-8°, 1770, avec cette épigraphe :

. . . . . . *Impunè diem consumpserit ingens*
*Telephus !* JUVENAL, Satyra I.

Cet ouvrage est de M. l'abbé ROUBAUD. C'est une très-bonne réfutation des dialogues de *Galiani*, dont les contradictions sont mises en évidence dans ce livre. L'auteur a joint à des raisonnemens sans réplique, des plaisanteries et des épigrammes ; ce qui était nécessaire parce qu'en employant les mêmes armes, l'abbé *Galiani* avait mis les rieurs de son côté.

1672. Recueil choisi, instructif et amusant, dans lequel on trouve tout ce qui peut le plus contribuer à vivre avec aisance à la ville et à la campagne, avec un Manuel des champs; nouvelle édition augmentée. *Trévoux*, un gros vol. *in*-12, 1771.

1673. Recueil de divers ouvrages relatifs à l'agriculture et à la Médecine domestique. *Paris*, *in*-8°, 1776.

1674. Recueil d'instructions, d'avis, d'expériences et de découvertes, concernant les diverses branches de l'agriculture; imprimé et publié chaque mois par ordre et d'après l'approbation du C. *Charvet*, préfet du département des Pyrénées-Orientales. *Perpignan*, *in*-4°, an IX.

1675. Recueil d'instructions économiques, par M. DE MASSAC; *in*-8°, 1779.

Voyez l'article de cet auteur.

1676. Recueil de la Société libre d'agriculture, sciences et arts d'Autun. *Autun*, *in*-4°, an X.

1677. Recueil de lettres et dissertations sur l'agriculture; les avantages qu'on retirerait du parcage des bêtes à laine, s'il était plus généralement pratiqué; les moyens qu'il faudrait employer pour rendre plus abondantes nos récoltes en blés et fruits de toute espèce, etc., par M. DE SCEVOLE, propriétaire et cultivateur à Argenton; 2 vol. *in*-12, 1805.

1678. Recueil de mécanique relatif à l'agriculture et aux arts, et description des machines économiques, par M. PERSON DE BARAINVILLE; *in*-4°, 1801.

1679. Recueil de Mémoires, concernant l'économie rurale, par une Société établie à Berne en Suisse. *Berne*, 1760.

Ce recueil, très-estimé, est composé d'un grand nombre de volumes. Je crois que c'est d'après ces mémoires qu'on a composé l'Encyclopédie dont le titre est rapporté sous le N° 571. Je n'ai pu vérifier si cette conjecture est fondée.

1680. Recueil de Mémoires concernant la fabrication du pain; *in*-4°.

Sans date.

1681. Recueil de Mémoires concernant les pommes-de-terre, par MUSTEL, PARMENTIER et autres. *Paris*, 8 vol. *in*-8° ou *in*-12, 1767 et suiv.

1682. Recueil de Mémoires sur la culture et le rouissage du chanvre, et sur les moyens de prévenir les inconvéniens des routoirs, couronnés et approuvés par la Société royale de Lyon; contenant, 1° le Mémoire qui a remporté le prix, par M. l'abbé ROZIER; 2° le Mémoire qui a obtenu l'accessit, par M. PROZET; 3° un Mémoire qui a mérité les éloges de la Société royale; 4° des Instructions familières sur le même objet, à l'usage des gens de la campagne, par M. le chevalier DE PERTHUIS. *Lyon* et *Paris*, 1788.

Ce recueil offre un précis de tout ce qui avait été écrit sur le chanvre, et les nouvelles découvertes faites sur cette branche de l'économie domestique. *M. Bralle* n'avait point encore publié son ouvrage sur le chanvre.

1683. Recueil d'observations sur la maladie dont on attribue la cause aux sangsues entrées dans le corps des bêtes à cornes et à laine, par J. F. Bilhuber à Tubingue; *in*-8°, 1791.

Le Journal de médecine de 1791 loue cet ouvrage. Il paraît que l'auteur n'a point trouvé de remèdes à ces maladies, et qu'il n'y a qu'une méthode préservative et qui consiste dans le choix des pâturages.

1684. Recueil d'observations sur les différentes méthodes proposées pour guérir la maladie épidémique des bêtes à cornes, par Vicq-d'Azir; *in*-4°, 1775.

1685. Recueil de pièces sur la conservation des grains et Mémoire sur l'ergot, par Vétillart. *Paris*, *in*-4°, 1770.

1686. Recueil de plusieurs méthodes et manières d'élever les abeilles, principalement dans l'électorat de Hanovre, par Abr. Golthelt-Kastener. *Gotha*, *in*-8°, 1766.

1687. Recueil de procédés et d'expériences sur les teintures solides que nos végétaux communiquent aux laines et aux lainages, par M. L. A. Dambourney, négociant à Rouen, membre de diverses académies. Imprimé par ordre du gouvernement. *Paris*, *in*-8°.

On trouve dans cet ouvrage la liste des plantes indigènes utiles dans la teinture. On y voit que celles qui fournissent du jaune et toutes les nuances de cette couleur, sont en beaucoup plus grand nombre que les autres. Le peuplier d'Italie fournit la plus belle nuance de jaune. On voit beaucoup de plantes dédaignées injustement et qui ont une valeur réelle.

1688. Recueil pratique d'économie rurale et domestique, par madame Gacon-Dufour; *in*-12, 1804.

1689. Réduction économique ou l'amélioration des terres par économie, par M. Maupin; *in*-12, 1767.

1690. Réflexions critiques sur la mûriométrie de M. *Dubet:* ouvrage dans lequel on démontre évidemment combien l'auteur connaissait peu la matière qu'il a traitée et combien elle mérite l'attention du gouvernement, par M. Buffel, intendant des manufactures de Languedoc pour la province. *Paris*, *in*-8°, 1775.

1691. Réflexions historiques et politiques sur les révolutions qu'a essuyées l'agriculture sous nos différens gouvernemens, principalement dans le Languedoc, sur son état actuel dans cette province, et sur les moyens de l'améliorer, par M. de Cairol, ancien capitaine d'artillerie. *Toulouse* et *Amsterdam*, *in*-8°, 1787.

1692. Réflexions patriotiques sur le nouveau plan d'imposition économique; *in*-4°, 1775.

1693. Réflexions philosophiques sur l'impôt, où l'on discute les principes des économistes, et l'on indique un plan de perception patriotique, accompagnées de notes, par M. Jérôme Tifaut Delanoue; *in*-8°, 1775.

1694. Réflexions sur l'agriculture et sur ceux qui s'y consacrent, tirées de l'éloge de la ville de Moukden et de ses environs : poëme composé par Kien-Long, empereur de la Chine et de la Tartarie, actuellement régnant, traduit en français par le P. *Amiot*, missionnaire à Pékin, et publié par M. *Deguignes*, membre de l'académie royale des inscriptions et belles-lettres, et professeur des langues orientales au collége royal. *Paris*, *in*-8°, 1770.

Cet ouvrage est curieux sous plus d'un rapport.

1695. Réflexions sur la corvée des chemins, *ou* Supplément à l'essai sur la voirie, par M. Duclos; *in*-12, 1762.

1696. Réflexions sur la diminution progressive des eaux, par A. A. Cadet-de-Vaux. *Paris*, *in*-8°, an vi.

1697. Réflexions sur la nécessité et la possibilité d'améliorer les laines en France, par M. Giraud (de la Rochelle); *in*-8°, 1793.

1698. Réflexions sur la nécessité et les moyens de maintenir en France l'abondance et le prix modéré des grains,

grains, par M. F. Alexandre, ancien chef de division au ministère de la guerre; *in*-8°, 1802.

1699. Réflexions sur la réorganisation des haras, l'amélioration des chevaux et le rétablissement des manéges : suivies d'un plan organique, par M. Louis de Maleden. *Versailles*, *in*-8°, 1805.

1700. Réflexions sur le commerce des blés; *in*-8°, 1769.

1701. Réflexions sur le commerce des blés, *ou* Réfutation de l'ouvrage de M. *Necker* sur la législation des grains, par Condorcet; *Londres*, *in*-8°, 1756.

Plusieurs exemplaires de cet ouvrage ont paru sous ce titre : *Du commerce des blés, pour servir à la réfutation*, etc. *Paris*, *Grangé*, *in*-8°, 1775.

1702. Réflexions sur le danger de supprimer les jachères en France; présentées dans l'assemblée du conseil-général du département de l'Oise, session de l'an x, par un cultivateur propriétaire, membre du conseil-général; 1805 (an xiii).

L'auteur a plaidé de son mieux le système des jachères, qui fort heureusement ne compte plus qu'un très-petit nombre de partisans.

1703. Réflexions sur l'état de l'agriculture et de quelques autres parties de l'administration dans le royaume de Naples, sous Ferdinand IV; précédées d'une introduction ou coup-d'œil sur l'ancien état de ce pays, et suivies d'un mémoire intitulé : Recherches sur la plante vulgairement nommée *storta* dans le royaume de Naples, par D. Tupputi; *in*-8°, 1808.

1704. Réflexions sur l'état actuel de l'agriculture, *ou* Exposition du véritable plan pour cultiver les terres avec le plus grand avantage, et pour se passer des engrais, par M. G. Fabroni. *Nyon l'aîné*, *in*-12, 1780.

1705. Réflexions sur le genre du robinier, par Buc'hoz; *in*-8°.

Voyez *Dissertations sur les sorbiers*, etc.

1706. Réflexions sur les avantages inestimables de l'agriculture, par ROUSSEL DELACOUR.

Sans date.

1707. Réflexions sur les forêts de la république, par M. HÉBERT, agent forestier à Chauni; *in*-8°, 1801.

1708. Réflexions sur les moyens d'améliorer la culture de la soie en France, et d'augmenter son produit, par SALVATORE BERTEZEN; *in*-8°, 1792.

1709. Réformateur (le). *Paris*, *in*-12, 1756.

L'auteur de cet ouvrage a imaginé un projet d'impôt qui participe un peu de la *dîme royale* du maréchal de *Vauban*, et de *la taille tariffée* de l'abbé de *Saint-Pierre*, en tâchant d'éviter les inconvéniens de l'une et de l'autre. Parmi les réformes qu'il propose, on remarque la suppression des monastères, celle de la dîme, la réduction des cures, des évêchés, exécutées 36 ans après, de manière qu'il ne manque qu'un ton prophétique au réformateur pour lui donner une grande importance. Il était dans tous les tems de la destinée des innovateurs de ne rien proposer de neuf.

1710. Réfutation de l'ouvrage qui a pour titre : *Dialogues sur le commerce des blés*. (Les dialogues sont de l'abbé GALIANI, et la réfutation par l'abbé MORELLET;) *in*-8°, 1770 et 1774.

Voyez l'article *Galiani*; celui de *Duhamel*.

1711. Régénération (de la) des haras, *ou* Mémoire contenant le développement du vice radical du régime actuel et un plan pour propager et perfectionner la race des chevaux en France, par LAFONT-POULATI. *Paris*, *in*-8°, 1789.

1712. Régie méthodique, *ou* La comptabilité du régisseur réduite à ses vrais principes : ouvrage dans lequel toutes les parties qui constituent la recette domaniale et seigneuriale d'une terre, sont mises dans une continuelle opposition avec la dépense, et comparées année par année; avec des cartes topographiques et des tableaux; *in-fol.*

Sans date.

1713. Régime et éducation des bêtes à laine, par M. DE PERCE; *in*-12.

Sans date.

1714. Réglement du roi, et instruction touchant l'administration des haras du royaume. *Paris*, *in-4°*, 1717.

1715. Réglement pour les écoles vétérinaires de France, contenant la police et la discipline générale, l'enseignement général et particulier, et la police des études. *Paris*, *imprim. roy.* *in-8°*, 1777.

1716. Réglemens sur des matières d'eaux et forêts; 2 vol. *in-4°*.

Ce recueil, dit M. *Huzard*, est fait avec beaucoup de soins. Il commence en 1583, et renferme les lois et ordonnances particulières publiées jusqu'en 1752.

1717. Rei accipitrariæ scriptores gr. et lat. et liber de curâ canum. *Lutet.* *in-4°*, 1612.

1718. Rei agrariæ auctores legesque variæ, ex emendatione *Wilhelmi Gœsii*; accedunt ejusdem antiquitates *agrariæ*, cum notis, observationibus et glossario Nic. Rigaltii. *Amstelodami*, *Waesberge*; *in-4°*, 1674.

Ouvrage estimé et recherché; assez rare.

1719. Rei rusticæ authores varii : Cato, Terrentius Varro, Columella, Palladius Rutilius. *Venetiis*, *Jenson*; *in-fol.*, 1472.

C'est la première édition de cet ouvrage.

Ce recueil contient : 1° les 13 livres de *Columelle* : 2° les 13 livres de *Palladius Rutilius* : 3° l'ouvrage de *Marcus-Priscus Cato*, divisé en 161 chap. : 4° l'ouvrage de *Terentius Varro*, divisé en 3 livres.

La seconde édition est de 1482.

1720. Rei rusticæ authores varii iidem cum comment. Philippi Beroaldi, nec-non interpret. Jul. Pomponii Fortunati in carm. Columellæ, et Codri grammatici Bononiensis in carm. Palladii. Bononiæ anno 1494. Impensis Benedicti Hectoris Bononiensis, 13 calend. octobr. Joanne Betivo II. Reip. bono habenas feliciter moderante; *in-fol.*

1721. Rei rusticæ scriptores veteres latini iidem, cum notis variorum, et ex novâ Matth. Gesneri recensione. *Lipsiæ*, *Fritsch*, 2 vol. *in-4°*, 1735.

Bonne édition, très-estimée.

1722. Rei rusticæ elementa, in usum academiarum regni Hungariæ conscripta. *Budæ*, 2 vol. *in*-8°, 1777. (par MITTERPACHER.)

1723. Rei rusticæ libri quatuor, universam rusticam disciplinam complectentes : accessit de venatione, aucupio atque piscatione compendium, auct. CONRADO HERESBACHIO. *Coloniæ Agrip. Birckmann*, *in*-8°, 1573.

Réimprimé à *Spire*, *in*-8°, 1795.

Cet ouvrage est très-estimé. *Heresbach* est regardé comme l'*Olivier de Serres* de l'Allemagne.

1724. Reliqua librorum FRIDERICI II imperatoris, de arte venandi cum avibus, cum MANFREDI regis additionibus ; ex membranis vetustis nunc edita. ALBERTUS magnus de falconibus, asturibus et accipitribus. Augustæ Vindelicorum ; *in*-8°, 1596.

Ces ouvrages de *Frédéric II*, de *Mainfroi* et d'*Albert le grand*, n'ont jamais été séparés. *Frédéric* mourut en 1250 : il cultiva les sciences, et l'on a profité de ses recherches sur les oiseaux. *Mainfroi* était fils naturel de *Frédéric*, au traité duquel il fit des additions. Le premier avait fait traduire *Aristote* en latin. Le second étudia cet auteur. *Mainfroi* fut prince de Tarente, puis en 1254 régent de Sicile, puis usurpateur du royaume. En 1266, il mourut dans les plaines de Bénévent, en combattant contre *Charles* d'*Anjou*, frère de *Saint-Louis*. *Albert le grand*, de l'illustre famille des comtes de *Bolstat*, fut, en 1260, évêque de Ratisbonne. Il mourut en 1280, âgé de 87 ans.

1725. Remarques curieuses sur le tabac, tirées de l'histoire du tabac composée par M. DEPRADE. *Paris*, *in*-12, 1680.

1726. Remarques nécessaires pour la culture des fleurs, par P. MORIN. *Paris*, *in*-12, 1658, 1677 et 1689.

L'auteur s'était livré pendant plus de 40 ans à la culture des fleurs : c'était le *Vilmorin* de son siècle, avec cette différence, dit M. *Grégoire*, que ce dernier s'est occupé de l'utile comme de l'agréable.

1727. Remarques sur la mortalité des bêtes à cornes, contenant les instructions pour l'extirpation de la contagion, ou du moins pour en arrêter les progrès ; traduit du hollandais de M. SALOMON DE MONCHY, docteur en médecine. *Paris*, 1770.

1728. Remèdes préservatifs et curatifs pour les maladies du bétail. *Genève*, *in*-12, an VII.

1729. Remontrances (les) sur le défaut du labour et culture des plantes et de la connaissance d'icelles : contenant la manière d'affranchir et apprivoiser les arbres sauvages, par PIERRE BELON, du Mans, médecin. *Paris*, *in*-12, 1578.

Cet ouvrage a été traduit en latin en 1589, et imprimé la même année à Anvers. Cette traduction latine fut réimprimée en 1605 *in-fol.*, *cum exoticis Caroli Clusii : Antuerpiæ.*

On y trouve des objets curieux. *Belon* n'a point été assez apprécié. Voyez sa notice, 2ᵉ partie.

1730. Renati Rapini hortorum lib. IV, et cultura hortensis : historiam hortorum addidit BROTIER; *in*-8°, 1778.

Voyez l'article *Rapin*.

1731. Répertoire universel et raisonné d'agriculture. A. Résultat des expériences sur la carotte et le panais cultivés en plein champ, pour démontrer que ces racines sont les plus utiles de celles qu'on ait pu introduire dans l'exploitation des terres, et pour diriger les fermiers, etc. par M. FRANÇOIS (de Neufchâteau.) *Paris*, *in*-12, 1804.

1732. Réponses des propriétaires du troupeau d'Epluches à différentes questions qui leur ont été faites sur l'éducation des mérinos; *in*-8°, 1807.

1733. République des abeilles et moyens d'en tirer une grande utilité, par J. SIMON. *Paris*, *in*-12, *fig.*, 1758.

1734. Restauration et aménagement des forêts et des bois particuliers, par E. CHEVALIER. *Paris*, *in*-12, 1806.

1735. Restauration (de la) et du gouvernement des arbres à fruits, mutilés et dégradés par la succession annuelle de l'ébourgeonnement et de la taille, par A. A. CADET DE VAUX. *Paris*, *in*-8°, 1807.

1736. Résultat d'expériences sur les moyens les plus

efficaces et les moins onéreux au peuple, pour détruire l'espèce des bêtes voraces, par M. de Lisle de Moncel. *Paris*, *in*-8°, *fig.*, 1771.

Ouvrage utile aux habitans de la campagne.

1737. Résultats extraits d'un ouvrage intitulé, *De la richesse territoriale du royaume de France*, (par le célèbre et malheureux Lavoisier.) *Paris*, *in*-8°, 1791.

1738. Résumé des vues et des premiers travaux de la Société d'agriculture et d'économie rurale de Meillant, etc. par M. de Béthune-Charost ; *in*-8°, 1799.

1739. Richard converti, *ou* Entretien de quelques cultivateurs sur les objets les plus importans du code rural. *Paris*, chez *D. Colas*.

Ce petit ouvrage sera lu avec intérêt dans un moment où l'on sait que le gouvernement a formé près les tribunaux d'appel des commissions chargées de l'examen du projet du code rural si ardemment désiré et attendu. La forme du dialogue a mis l'auteur à même de faire connaître les objections et les réponses, et rend la lecture de ces entretiens utile et agréable.

L'auteur propose quelques vues nouvelles qui n'offrent aucun danger, parce que les rédacteurs du code sauront distinguer l'or faux du véritable, les vues utiles des rêves de l'homme de bien.

1740. Richesse (la) des cultivateurs, *ou* Dialogues entre *Benjamin Jachère* et *Richard Trefle*, laboureurs, sur la culture du trefle, de la luzerne et du sainfoin, trad. de l'allemand, par Barbé-Marbois ; *in*-8°, 1803.

Ouvrage servant de manuel aux cultivateurs des deux rives du Rhin.

1741 Richesse (la) des vignobles, par M. Maupin, *in*-8°.

1742. Richesse (sur la) du peuple, *ou* Moyen de faire baisser le prix de toutes les subsistances ; *in*-8°, 1778.

1743. Royal (le) sirop de pommes, antidote des passions mélancoliques, par Gabriel Droyn. *Paris*, *in*-8°, 1615.

L'auteur passe en revue toutes les bonnes qualités du cidre. Le *sirop de pommes* est aujourd'hui un sirop fait pour suppléer au sucre, ainsi que le sucre de raisin.

1744. Ruches et Ruchers de la Prée, par M. Gagnard, 2 vol. *in*-12, 1804.

Cet ouvrage adressé au préfet de l'Indre, a une forme singulière et une rédaction bizarre ; mais il contient des observations utiles.

1745. Rural économique : c'est-à-dire, économie rurale, *ou* Essais pratiques sur l'économie champêtre, avec différentes méthodes très-importantes pour la conduite de toutes sortes de fermes : contenant plusieurs instructions propres à diriger les travaux des fermiers ; suivis du Socrate rustique, *ou* Mémoire d'un philosophe de campagne, par l'auteur des lettres d'un fermier. *Londres*, *Becket*, *in*-12, 1770.

1746. Ruris deliciæ, par M. Bertrand ; *in*-12, 1756.

1747. Ruses (les) du braconnage mises à découvert, par Labruyère. *Paris*, *in*-12, 1771.

1748. Ruses (les) innocentes, dans lesquelles on prend les oiseaux passagers et non passagers, et plusieurs sortes de bêtes à quatre pieds, avec les plus beaux secrets, dans les rivières et dans les étangs, et la manière de faire tous les rets et filets qu'on peut s'imaginer, par F. F. F. R. D. G. dit le Solitaire inventif, avec quantité de figures. *Paris*, *in*-4°, 1668.

Cet ouvrage a eu plusieurs éditions. La 4e parut sous le titre de *Délices de la campagne*, ou *Les ruses inocentes de la chasse et de la pêche*. *Amsterdam*, *in*-8°, 1700. On a fait beaucoup de recherches pour savoir quel était ce *Solitaire inventif*. Son livre a été reproduit plusieurs fois avec des altérations dans le titre. On a des raisons de croire que ce solitaire était un *religieux*, comme le *Jardinier solitaire* était un *chartreux*. Enfin voici l'interprétation donnée aux lettres initiales : *Frère François Fauvel, Religieux de Grammont*. *Les amusemens de la chasse*, titre porté sous le N° 58 de cette Bibliographie, ne sont que la copie des *Ruses innocentes*, etc., dont on a retranché le second chap. Quelques personnes veulent que le nom de l'auteur soit *Fraustain*, au lieu de *Fauvel*.

1749. Rusticorum lib. X. *Bononiæ*, *in*-4°, 1568.

C'est un poëme en vers élégiaques sur l'agriculture, par M. T. Berroio de Bologne.

# S.

1750. Safran (le), de LAROCHEFOUCAULD. Discours du cultivement et vertu du safran. *Poictiers*, *in*-4°, 1568.

Si rare qu'on a été sur le point de douter de son existence. Après beaucoup de recherches, on en a trouvé un exemplaire dans une bibliothèque départementale. Cette rareté fait que l'ouvrage est plus cité que connu : et il serait possible que ceux qui l'ont cité ne le connussent pas.

1751. Saisons (les), *ou* Extraits des plus beaux endroits de tous les poëmes connus sur les saisons ; *in*-24, 1775.

1752. Sauve-garde (la) des abeilles et les manœuvres des ruches en hausses de paille : avec quelques parties relatives à l'économie rurale et aux amusemens de la campagne. *Bouillon*, *in*-12, *fig.*, 1771.

La première partie est consacrée aux abeilles : dans la seconde on trouve la manière de déraciner les arbres, de cultiver les pommes-de-terre ; enfin, de détruire les taupes, les renards et les oiseaux de proie. L'auteur est M. DE CUINGHIEN.

1753. Scheuchzeri (Joh.) agrostographia, sive graminum, juncorum, cyperorum, cyperoidum, iisque affinium historia. *Tiguri*, *in*-4°, *fig.*, 1719.

1754. Science (la) de l'arpenteur, par M. DUPAIN DE MONTESSON ; *in*-8°, 1766.

1755. Science (la) du bonhomme Richard, *ou* Moyen facile de payer l'impôt, traduit de l'anglais. *Paris*, *Rault*, *in*-12, 1778. (Traduit de l'anglais de Francklin, par *Dequerlon* et M. *l'Écuy*.)

Nouvelle édition, avec un abrégé de la vie de l'auteur, par M. GINGUENÉ. *Paris*, *in*-12, an II.

1756. Science (la) du cultivateur américain : ouvrage destiné aux colons et aux commerçans, par M. DESTÈRE, propriétaire à St.-Domingue. ; *in*-8°, 1800.

1757. Scriptores rei rusticæ ; Marcus-Priscus Cato, Marcus-Terentius Varro, Lucius-Junius-Moderatus

Columella, et Palladius-Rutilius-Taurus Æmilianus. *Venetiis*, *Nic. Janson*, *in-fol.*, 1472.

Première édition très-rare, très-précieuse et de la plus belle exécution.

1758. Scriptores rei rusticæ veteres latini, Cato, Varro, Columella, Palladius, Vegetius de Mulo-medicinâ, et Gargilii Martialis fragmentum, cum notis integris variorum, curante Matthia Gesnero. *Lipsiæ*, *Fritsch*, 2 vol. *in-4°*, avec *fig.*, 1735.

Recueil très-estimé.

Il y a des exemplaires dont le titre commence par ces mots : *Rei rusticæ scriptores*, etc. Ce qui nous a déterminés à mettre ce recueil sous les deux lettres *R.* et *S.*

1759. Sebaldi Justini Brugmans dissertatio de plantis inutilibus et venenatis, quæ prata inficiunt, horumque diminuunt fertilitatem, et de mediis aptissimis illis substituendi plantas salubres ac utiles, nutrimentum sanum ac abundans pecori præbituras. *Groningæ*, *in-8°*, 1783.

J'ignore si cette dissertation est traduite dans notre langue, mais elle mériterait de l'être. L'auteur démontre (ce que l'on commence à sentir généralement) combien il est essentiel de former ses prés d'espèces de plantes qui conviennent aux bestiaux.

1760. Seconde (la) richesse du mûrier blanc, qui se trouve en son écorce, pour en faire des toiles de toutes sortes, non moins utiles que la soie, provenant de la feuille d'iceluy. Eschantillon de la seconde édition du *Théâtre d'agriculture d'Olivier de Serres*, seigneur du Pradel. A *Messire Pompone de Bellièvre*, chancelier de France. *Paris*, *Abraham Saugrain*, rue S$^{t}$.-Jacques, aux Deux-Vipères, petit *in*-8°, 1603.

Cet ouvrage forme le chapitre 16 du 5$^{me}$ livre du *Théâtre d'agriculture* de l'édition de 1603.

La manière de filer l'écorce du mûrier blanc est une découverte qui appartient entièrement à *Olivier de Serres*. M. *Broussonet* observe qu'elle peut être très-avantageuse dans les provinces où la rigueur des saisons ne permet pas d'élever le ver à soie.

1761. Secret (le) des secrets, *ou* le Secret de faire rapporter à une terre beaucoup de grains avec peu de semences. *Paris*, *in*-12, 1698.

1762. Secretorum agri Enchiridion primum, hortorum curam, auxilia secreta et medica præsidia, inventu prompta ac paratu facilia, libris pulcherrimis complectens : auctore ANTONIO MIZALDO, monlucensi medico. *Lutetiæ*, *Morel*, *in*-8°, 1560.

Plein de contes puériles et d'idées superstitieuses.

Cet ouvrage réimprimé à Cologne, à Genève en 1577, et à Paris en 1607, a été traduit par *Caille*, médecin.

1763. Secrets (les) de la nature et de l'art, développés pour les alimens, la médecine, l'art vétérinaire, etc. 4 vol. *in*-12, 1769.

1764. Secrets de la vraie agriculture, traduit de l'italien d'*Augustin Gallo*, par FR. DE BELLE-FOREST. *Paris*, *in*-4°, 1571.

La traduction est très-mauvaise ; *Fr. de Belleforêt*, comme l'a observé un auteur estimable, gâtait tout ce qu'il touchait.

1765. Seigle ergoté, par M. OLÉAD ; *in*-8°, 1771.

1766. Semis (des) et plantations des arbres et de leurs culture, par M. DUHAMEL DUMONCEAU ; *in*-4°, 1760.

1767. S'ensuyt le livre du roi *Modus* et la roine *Ratio*, lequel fait mention comment on doit deviser de toutes manières de chasses. *Chambéry*, *in-fol.*, 1486.

Cette édition est extrêmement rare. Il y en a une autre de 1526, *in*-4°, caractère gothique, avec quelque différence dans le titre. En 1560, *Vincent Sertenas* réimprima cet ouvrage bizarre sous ce titre ; *Le roi Modus, du déduit de la chasse, vénerie et faulconnerie* ; auquel livre l'auteur ne s'étant voulu nommer, s'est contenté de feindre un roi nommé *Modus* qui instruit ses apprentifs en l'art de la chasse des bêtes et oiseaux ; corrigé au langage et réimprimé. *in*-8°, 1560.

Le livre est divisé en cinq parties qui traitent de diverses espèces de chasse. Ce sont des dialogues où le roi *Modus* explique à ses disciples l'art de la vénerie. La reine *Ratio* débite, en quelques endroits, des moralités allégoriques, exprimées souvent d'une manière peu décente. Il y a une édition faite en 1526, et qui est ornée de figures en bois, dont plusieurs sont bizarres. Celle du commencement représente un homme assis et lisant, ayant sur ses épaules une femme nue. Leur attitude n'est pas plus décente dans la gravure, que leur langage dans l'ouvrage même.

1768. Sérodocimasie (la), *ou* Histoire des vers qui filent la soie, poëme, par FRANÇOIS DE BÉROALDE, sieur DE VERVILLE. *Tours*, *in*-12, 1600.

1769. Seule (la) richesse du peuple, en forme de lettres, à MM. les journalistes de la capitale, *ou* Moyen certain, universel et invinciblement démontré de prévenir la disette dans tous les pays, et de soulager l'agriculture et le peuple de deux cent trente millions par année, en France seulement, en attendant plus, par M. Maupin, auteur de l'art de la vigne et de celui des vins. *Paris*, *in*-8°, 1786.

1770. Seule (la) richesse du peuple, *ou* Moyen de faire baisser le prix de toutes les subsistances, projet utile aux grands comme aux petits : avec un plan de culture. *Paris*, *in*-8°, 1778.

1771. Singulier traicté contenant la propriété des tortues, escargots, grenouilles et artichaultz, par Daigue ou de Laigues. *Paris*, *in*-4°, 1530.

1772. Socrate (le) rustique, *ou* Description de la conduite économique et morale d'un paysan philosophe traduit de l'allemand de M. *Hirzel*, premier médecin de la république de Zurich, par un officier suisse au service de France et dédié à l'Ami des hommes. *Zurich* et *Limoges*, *Barbou*, in-12, 1763.

Nouvelle édition augmentée, *Lauzanne*, 2 vol. petit *in*-8°, 1777. Le traducteur est M. *Frey* des Laudres.

« Ce livre souvent réimprimé, dit M. *François* (*de Neufchâteau*,) n'est pas encore assez répandu. Le paysan philosophe dont cet ouvrage est l'histoire, vivait près de Zurich, dans le tems où *Gessner* commençait à y ressentir l'inspiration du génie bucolique et moral, dont la nature l'avait doué. *Klyiogg* et *Gessner* devaient être contemporains. »

Ce paysan s'appelait *Jacques Gouyer* ; il était né à Wernetschweil dans la paroisse d'Uster : mais il n'était connu dans le pays que par le sobriquet de *Klyiogg* (*Petit Jacques*). C'est l'histoire de cet homme singulier, c'est la description de sa conduite économique, que *Hirzel* a publiée sous le titre de *Socrate rustique*. Cet ouvrage réunit l'utile à l'agréable ; et comme les mémoires de *Turbilly* dont j'ai parlé, il intéresse, il attache le lecteur en même tems qu'il l'instruit.

1773. Sommaire traité des melons, par J. P. D. E. M. *Lyon*, *de Tournes*, *in*-8° 1583 ; ibid., *Rigaud*, *in*-16, 1586. (Jacques Pons, docteur en médecine.)

1774. Somme rural, par JEAN BOUTILLIER. *Bruges ; Colard Mansion*, *in-fol.*, 1479.

Livre très-rare qui n'a de prix que pour les curieux et les amateurs de la typographie ancienne. M. *de la Serna Santander*, dans son Dictionnaire bibliographique, donne des détails sur cet ouvrage qu'il considère seulement sous le rapport typographique.

Le premier livre de *Somme rural*, finit par ces mots : *cy finent les rubrices et distinctions des chappitres de la première partie de ce présent volume intitule Somme rural compose par maistre Jehan Bouteillier licencie es droits canon et civil.* A la fin du volume on lit ces mots : *cy fine la Somme rural compillee par Jehan Boutillier, conseillier du roy à Paris*, et imprimée à Bruges, l'an 1479. M. *de la Serna* ajoute cette note.

« Jean de Boutillier, Bouthellier ou Boutiller, conseiller du » roi, était de Mortagne, près de Valenciennes. Son ouvrage eut » beaucoup de vogue de son tems. *Boutillier* florissait au com» mencement du 15me siècle. » (V. l'art. *Boutillier*, 3me part.)

1775. Somme (la) rurale compilée par JEHAN BOUTILLIER. *Abbeville*, *P. Gérard*, *in-fol.*, goth. 1486.

Autre édition en 1488, *Paris*.

Voyez l'article précédent. M. *de la Serna* ne parle pas de ces deux éditions, qui ne sont pas effectivement aussi curieuses que la première.

1776. Specimen de viti-culturâ Richovillena, à FRID. GUILL. FAUDEL, Argentor. ; *in-4°*, et *in-8°*, 1780.

1777. Spéculatif (le), *ou* Dissertation sur la liberté du commerce des grains, par M. de S. M. ; *in-12*, 1770.

1778. Spirodiphire (le), *ou* Char à planter le blé, inventé par F. CH. L. SICKLER fils, avec deux planch. *Paris*, *in-8°*, 1805.

1779. Statique des végétaux, par HALES, traduit par M. *de Sauvages*, *in-4°*, 1750.

1780. Statistique générale et particulière de la France et de ses Colonies, avec une nouvelle description topograph. phys. agricole de cet Etat, par PEUCHET, SONNINI, DE LALAUZE, PARMENTIER, DEYEUX, GORSE, AM. DUVAL, DUMUYS et HERBIN ; 7 vol. *in-8°*, avec un atlas *in-4°*, 1803.

1781. Suite des expériences relatives à la dissertation sur la cause qui corrompt les grains de blé, par M. TILLET. ; *in-4°*, 1755.

1782. Supplément à l'ami des jardins d'utilité et d'ornement ; contenant des notions sur la culture de diverses plantes ; entre autres le rutabaga ou chou-navet de Laponie, qui ne gèle jamais en terre, et qui remplace le colsa ; sur de nouveaux arbres et arbrisseaux, tels qu'un nouveau rosier, le maugoustan et autres ; avec deux listes des panachés, dont l'une des plantes vivaces en pleine terre, et l'autre d'arbres et arbrisseaux, par M. Fr. Lemarié. *Paris*, *in*-12.

1783. Supplément à l'avis aux cultivateurs dont les récoltes ont été ravagées par la grêle, par l'abbé de Commerelle, *in*-8°, 1788.

1784. Supplément à l'Encyclopédie rurale, économique, etc. ; 1783.

1785. Supplément à l'essai sur la police générale des grains, par Herbert ; *in*-12, 1757.

1786. Supplément à toutes les dissertations analytiques publiés par Buc'hoz.

Ces dissertations sont en si grand nombre, qu'on pourrait croire qu'elles n'avaient pas besoin de supplément.

1787. Supplément au dictionnaire des jardiniers, qui comprend tous les genres et toutes les espèces non détaillées dans le dictionnaire de *Miller*, par Chaselle, jadis président à mortier au parlement de Metz. *Metz* et *Nanci*, *in*-4°, 1790.

1788. Supplément au dictionnaire économique, contenant divers moyens d'augmenter son bien : considérablement augmenté, par divers curieux. *Paris*, *in-fol.*, 1743.

1789. Supplément au mémoire de M. *Vétillard*, sur le seigle ergoté, par M. de Villiers, médecin, 1771.

1790. Supplément au traité de l'éducation économique des abeilles, par M. Ducarne de Blangy ; *in*-12, 1776.

1791. Supplément au traité de la conservation des grains, par Herbert ; *in*-12, 1757.

1792. Sur la canne, et sur le moyen d'en extraire le sel essentiel : suivi de plusieurs mémoires sur le sucre, sur le vin de canne, etc., par M. DUTRÔNE DE LA COUTURE, *Paris*, 1790.

Cet ouvrage est divisé en deux parties. L'histoire de la canne à sucre, sa culture, l'analyse de ses sucs, occupent la première : et la seconde est consacrée à la théorie de la manipulation et à la cristallisation du sucre.

1793. Sur la culture de la vigne dans le département de Seine et Oise : Mémoire en réponse aux questions du C. *Dussieux*, par le C. JUMILHAC : précédé du rapport fait par les CC. *Luffi* et *Seres*. *Versailles*, *in*-8°, an IX.

1794. Sur la fabrication et le cuvage des vins, par le C. JUMILLAC. *Versailles*, *in*-8°, an VIII.

1795. Sur la formation des jardins, par l'auteur des Considérations sur le jardinage, (par DUCHESNE fils.) *Paris*, *in*-8°, 1775.

1796. Sur la législation et le commerce de grains, par M. NECKER. *Paris*, *Pissot*, *in*-8°, 1775.

1797. Sur la nature des engrais ; essai, par ARTHUR YOUNG, écuyer, membre de la Société royale de Londres. Ouvrage couronné par la Société de Bath et de l'ouest de l'Angleterre pour l'encouragement de l'agriculture : traduit de l'anglais, par M. **. *Paris*, *in*-12, 1808.

C'est, je crois, un extrait de ce qu'*Young* a écrit dans ses annales, sur les engrais : du moins y ai-je retrouvé des passages entiers : d'autres ressemblent à des passages du Traité des engrais de M. *Maurice*, qui avait traduit ce que les auteurs anglais ont écrit sur cette matière. Il résulterait de cette conjecture que je crois fondée, que l'*Essai* en question n'est pas nouveau. Ce n'en est pas moins un bon ouvrage.

1798. Sur l'état présent de l'agriculture en Angleterre, traduit de l'anglais, avec des remarques sur l'agriculture en France, par l'abbé BEAUDEAU, *in*-8°, 1778.

1799. Sur les avantages et la nécessité du commerce libre des blés. *Paris*, *in*-8°, 1775.

1800. Sur les fourneaux à la Rumford, et les soupes économiques, par DE CANDOLE. *Paris*, *in*-8°, *fig.*, an VIII.

1801. Sur les progrès de l'agriculture et de l'industrie en Piémont, depuis mille ans; mémoire du C. NUVOLONE, vice-président de la Société d'agriculture de Turin, etc. *Turin*, an XIII.

1802. Sylva et Pomona. *Londres*, *in-fol.*, 1679.

Sous ce titre, M. *Evelyn*, l'un des premiers membres de la Société royale de Londres, et commissaire des plantations, publia l'histoire des forêts et des arbres à fruits.

La première partie (*Sylva*) traite de la manière de cultiver et conserver les bois de manière à ne jamais en manquer, ni pour les constructions, ni pour le chauffage. La seconde (*Pomona*) est principalement consacrée aux pommiers. A son retour en Angleterre, en 1660, *Charles II* avait fait planter un grand nombre de pommiers et de poiriers, et établir de vastes pépinières de ces arbres. *Evelyn* rend à cet acte utile toute la justice qu'il mérite, et donne au roi les éloges qui lui sont dus. Le livre de cet auteur eut beaucoup de succès.

1803. Syntagma de rebus rusticis et œconomicis, ex mandato serenissimi celsissimique principis ac domini *Ernesti Augusti*, ducis Saxorum Vimariensis, è potioribus rei rusticæ, atque aliis scriptoribus, perpetuum in usum gymnasii Vimariensis, conscriptum et cum indice quadripartito editum à WOLFANGO-ADOLPHO SCHRŒNIO. *Erfardiæ*, *in*-8°, 1735.

En 1730, *Ernest-Augusto*, duc de Saxe-Weimar, fit une ordonnance pour la réforme des écoles de son duché. Il chargea le savant *Schrœnius* d'extraire ce que les Grecs et les Romains avaient écrit de mieux sur l'agriculture, et de renfermer cet extrait dans un seul volume. Il est résulté du travail de Schrœnius, cet ouvrage qui est entré dans le nombre des livres classiques des écoles du duché de *Saxe-Weimar*.

1804. Système de la fertilisation; *in*-8°, 1773.

Ouvrage de l'abbé BEXON, né à Remiremont, en 1748; mort, en 1784.

En voyant les Nos 231, 232 et 708, on se convaincra que le même ouvrage a paru sous des titres différens; nous ignorons si ce manége est du libraire ou de l'auteur.

1805. Système général de l'art d'élever et de dresser

les chevaux dans toutes ses branches. *Paris*, 2 vol. *in-fol.*, 1743.

Le premier volume contient une traduction de l'ouvrage du duc de *Newcastle*. Le second est divisé en quatre parties. Les deux premières sont consacrées au choix des étalons et des cavales, et à la manière d'élever, sevrer et former les poulains.

# T.

1806. Tabacologia, hoc est, tabaci descriptio, per Jo. Neandrum. *Lug. Batav. Elzevir*, *in-4°*, *fig.*, 1622.

En 1626 on traduisit cet ouvrage en français.

Il y a eu une édition latine ainsi intitulée : *Johannis Neandri Tabacologia, hoc est, tabaci seu Nicotianæ descriptio et ejus preparatio ac usus in omnibus corporis humani incommodis*; in-4°.

Cet ouvrage est encore estimé. Il a eu un assez grand nombre d'éditions.

1807. Tableau agricole et industriel de la commune de Cavaillon, et de son territoire, par Chabouillé; *in*-12.

1808. Tableau de l'agriculture toscane, par Simonde de Genève. *Genève*, 1801.

1809. Tableau dendrologique, contenant la liste des plantes ligneuses, indigènes et exotiques acclimatées; la manière dont elles se propagent, le terrain et l'exposition qui leur conviennent, par le C. Morel. *Lyon*, *in*-12, 1800 (an VIII).

Ce tableau est réimprimé et plus complet dans le second volume de la *Théorie des jardins*, du même auteur. (V. cet art.)

1810. Tableau des maladies aiguës et chroniques qui affectent les bestiaux de toute espèce : ouvrage couronné par la Société de médecine de Paris, par de Villaine. *Neufchâtel*, *in*-8°, 1782.

1811. Tableau et compte annuel de la culture flamande, par le C. François (de Neufchâteau.) *Paris*, an X.

1812. Tableaux détaillés des prix de tous les ouvrages de bâtiment, suivant leur genre différent, par Morisot, vérificateur, grand *in*-8°, 1805.

1813. Taille raisonnée des arbres fruitiers; nouvelle édition, augmentée d'un supplément sur la greffe, par

par Hervy, ancien jardinier des Chartreux; *in*-8°, 1802.

1814. Taille raisonnée des arbres fruitiers, et opérations relatives à leur culture, démontrées clairement par des raisons physiques tirées de leur différente nature, par Butret, jardinier; 4me édition *in*-8°, 1795.

Réimprimée en 1804 pour la dixième fois.

1815. Terriers (les) rendus perpétuels; ouvrage utile à tous les propriétaires. *Paris*, *in-fol.*, 1786.

1816. Théâtre d'agriculture et ménage des champs d'*Olivier de Serres*, seigneur du Pradel, dans lequel est représenté tout ce qui est requis et nécessaire pour bien dresser, gouverner, enrichir et embellir la maison rustique: nouvelle édition conforme au texte, augmentée de notes et d'un vocabulaire, publiée par la Société d'agriculture du département de la Seine. *Paris*, 2 vol. *in*-4°, 1804.

Cette édition, la plus correcte et la meilleure de toutes celles qui ont été faites de cet ouvrage, offre beaucoup de notes qui retracent les expériences faites depuis *Olivier de Serres*, et complètent les connaissances transmises par ce père de l'agriculture française.

Les notes sur *de Serres* sont suivies d'un Essai historique sur l'état de l'agriculture au 16me siècle, dans lequel on trouve des recherches intéressantes et curieuses; il est du sénateur *Grégoire*.

Voici le nom des auteurs qui ont ajouté des notes explicatives ou supplétives au texte d'*Olivier de Serres*.

MM. *Cotte*, *Cels*, *Chaptal*, *Deyeux*, *Dussieux*, *François* (de Neufchâteau), *Izarn*, *Tessier*, *Huzard*, *Lasteyrie*, *Olivier*, *Parmentier* et *Yvart*. Voici le titre de la première édition, qui, ainsi que les suivantes, ne peut plus avoir d'autre mérite que celui qui tient à la rareté bibliographique: « Le théâtre » d'agriculture et mesnage des champs, d'*Olivier de Serres*, sei» gneur du Pradel. *Paris*, 1600, par *Jamet Métayer*, imprimeur » ordinaire du roi, avec privilége de sa majesté et de l'empereur. » Cette édition, moins complète que les suivantes, est très-belle et ornée de planches.

En 1603 et en 1605, il y eut de nouvelles éditions.

En comptant celle de M. *Gisors*, dont nous allons parler, on a fait vingt éditions de cet ouvrage.

1817. Théâtre d'agriculture et ménage des champs d'*Olivier de Serres*, remis en français moderne, par

A. M. Gisors. *Paris*, *Meurant*; 4 vol. *in*-8°, 1802.

Dans la dernière et belle édition du Théâtre d'agriculture d'*Olivier de Serres*, faite par la Société d'agriculture du département de la Seine, on fait remarquer les erreurs, les contresens et les omissions de M. *Gisors*, Sans entrer dans l'examen de ce livre, pour lequel le lecteur peut consulter les notes des nouveaux éditeurs, nous nous contenterons d'observer qu'*Olivier de Serres* avait un style expressif et naïf qu'on lit encore avec plaisir, et que l'on entend encore. Il était hasardeux de le mettre en français. *Montaigne*, mort en 1591, avait écrit avant *Olivier de Serres*, qui mourut en 1619, et personne ne s'est avisé de mettre en *français moderne* les *Essais* du premier. Tout ce qu'on pouvait se permettre, et qui vient d'être fait, était d'expliquer, dans une nouvelle edition, les passages obscurs susceptibles d'une double interprétation, et d'ajouter des notes, soit pour confirmer les observations du Columelle français, soit pour en ajouter de nouvelles, (ce qui était nécessaire dans les préceptes sur un art qui n'a d'autre base qu'un recueil de faits et d'expériences,) soit enfin pour combattre un très-petit nombre de remarques dues à la superstition des tems où vivait *Olivier de Serres*, qui cependant n'a payé qu'un très-léger tribut à son siècle. Sous tous les rapports, l'édition de 1804 est préférable à toutes celles qui l'ont précédée, sans en excepter celle de M. *Gisors*.

1818. Théâtre des plans et jardinages, contenant des secrets et inventions incognus à tous ceux qui jusqu'à présent se sont meslés d'écrire sur cette matière; avec un traité d'astrologie, propre pour toutes sortes de personnes, et particuliérement pour ceux qui s'occupent à la culture des jardins, par Claude Mollet. *Paris*, chez *Charles de Sercy*, *in*-4°, avec 22 planch. de dessins inventés par *André*, *Jacques* et *Noel*, fils de l'auteur; 1652.

Cet ouvrage a été réimprimé plusieurs fois à Paris. C'est le premier livre où l'on ait fait l'application de la météréologie (que l'auteur appelle *astrologie*) aux travaux du jardinage.

1819. Théorie de la culture du trèfle, traduit de l'allemand de *Frommel*. *Lauzanne*, 1784.

1820. Théorie de l'art des jardins, traduit de l'allemand, par Hirschfeld. *Leipsick*, 5 vol. *in*-12, avec atlas *in*-4°, 1770.

1821. Théorie des foyers de cuisine et des poêles, par M. Ritter, *in*-8°, 1775.

1822. Théorie des jardins, *ou* l'Art des jardins de la nature, *in*-8°, 1776. Nouvelle édition, enrichie de notes, et suivie d'un tableau dendrologique, par M. Morel, architecte, membre de plusieurs sociétés d'agriculture, etc.; 2 vol. *in*-8°, 1803.

Cette nouvelle édition est, sous tous les rapports, préférable à la première.

1823. Théorie et nouveaux procédés pour la fermentation et l'amélioration de tous les vins blancs et des cidres, etc., par M. Maupin; 1783.

1824. Théorie (la) et la pratique du jardinage, où l'on traite à fond des beaux jardins de plaisance et de propreté, contenant plusieurs plans et dispositions générales de jardins, nouveaux dessins de parterres, de bosquets, de boulingrins, labyrinthes, salles, galleries, portiques et cabinets de treillages, terrasses, escaliers, etc., par A. Leblond, qui expose les principes de *Lenostre*. *Paris*, *in*-4°, 1713.

M. *Dezallier d'Argenville* est l'auteur de cet ouvrage: la première édition parut sous son nom, ainsi que la troisième, faite en 1722. Nous ignorons pour quel motif il prit dans la seconde un nom supposé. Cet ouvrage est divisé en quatre parties; la première traite des jardins en général; la seconde, des ornemens qui leur conviennent; la troisième expose les principes de la culture des plantes, et la quatrième enseigne la distribution des eaux. Depuis l'époque où l'auteur écrivait, le goût a changé et les compartimens symétriques ont très-heureusement disparu de nos jardins. On attribua d'abord l'ouvrage au libraire *Mariette*, puis à *Alexandre Leblond*.

1825. Théorie et pratique du jardinage, par M. l'abbé Roger Schabol, ouvrage rédigé après sa mort par M. *D*., avec fig. en taille-douce; nouv. édit. *Paris*, 3 vol. *in*-12, 1774.

Le rédacteur est M. *Dezallier d'Argenville* le fils, qui a pris soin des ouvrages de M. *Schabol*, dont il a publié un abrégé sous le titre de *Manuel du jardinier*. (V. ce titre.)

L'abbé *Roger Schabol* voulait faire prendre à l'agriculture une nouvelle face: il établit, dans sa *Théorie*, une réforme universelle dans ce qui concerne la végétation, considérée du côté de l'industrie. Il démontre que la lenteur des progrès de la culture vient de ce qu'on n'a pas osé franchir les préjugés qui s'y opposaient. Un traité de la cure des maladies et des préservatifs contre les ennemis nombreux qui attaquent les arbres, une analogie établie entre les plaies des végétaux et celles des animaux, prouvent que l'auteur a envisagé son sujet en physicien éclairé. Note du P. *Lelong*.

1826. Théorie, *ou* Leçon sur le tems le plus propre à couper la vendange dans tous les pays et dans toutes les années, par M. MAUPIN; *in*-8°, 1782.

1827. Thrésor des sentences, par G. MEURIER; 1577.

Une partie de ces sentences est relative à l'agriculture. Tous les proverbes populaires sur ce qui a rapport à l'économie rurale se trouvent dans ce recueil.

1828. Topographie du département du Gers, par le C. DRALET.

Cette topographie est complète, et si nous en possédions une pareille de chaque département, nous connaîtrions notre pays mieux que nous ne le connaissons. Celle-ci occupe plus de la moitié du second volume des *Mémoires d'agriculture*, publiés par la Société du département de la Seine; an IX. Cet excellent ouvrage devrait être imprimé séparément: en étant plus connu, il serait peut-être plus imité.

1829. Topographie rurale, économique et médicale de la partie méridionale des départemens de la Manche et du Calvados, connue, ci-devant, sous le nom de *Bocage*; suivie d'un exposé de quelques moyens propres à fertiliser cette contrée, et à rendre ses transactions commerciales plus faciles; avec des notes, par le C. ROUSSEL, médecin. *Paris*, *in*-8°, an VIII.

1830. Toute-puissance (la) divine, manifestée dans les abeilles industrieuses, par ADAM GOTTLOB SCHIRACH. *Dresde*, *in*-8°, avec *fig.*, 1767.

1831. Tractandorum apum doctrina, experientiâ probata, conscripta, per GASP. HOFLERN. *Lipsiæ*, *in*-4°, 1614.

1832. Tractatus de apum regimine historicus, physicus, moralis, per SAMUEL. PURCHAS. *Londini*, *in*-4°, 1657.

1833. Tractatus de Butyro. *Groningæ*, *in*-12, 1664. (Par MARTIN SCHOOCKIUS.)

Cet auteur fit aussi un traité sur la bière, *liber de Cervisiâ*.

1834. Tractatus de servitutibus urbanorum prædiorum. *Romæ*, *in-fol.*, 1475. (Par BARTHOLOME CEPOLLA, né à Véronne; il vivait en 1416.)

Curieux seulement pour les bibliographes.

1835. Traduction d'anciens ouvrages latins relatifs à l'agriculture et à la médecine vétérinaire, avec des notes, par M. SABOUREUX. *Paris*, 2 vol. *in*-8°, 1772.

Ces deux volumes, publiés d'abord sous ce titre, font partie de l'*Economie rurale*.

1836. Traduction des livres de *Mizauld*, par ANDRÉ DE LA CAILLE, savoir : le jardinage, contenant la manière d'embellir les jardins; comme il faut enter les arbres, etc. *Paris*, *in*-8°, 1578.

1837. Traduction en vers français du *Prædium rusticum*, poëme du P. *Vanières*, par ROULHAC DE CLUSAUD. *Limoges*, *in*-8°, 1779.

Couronné à l'acad. des sciences et belles lettres de Montauban.

1838. Traité anatomique de la chenille qui ronge les bois de saule, par PIERRE LYONNET. *La Haye*, *de Hondt*, 1760.

Mécontent des essais faits par les artistes pour graver cette chenille, *Lyonnet* apprit à graver, uniquement pour représenter cet insecte d'une manière fidèle. On sent qu'il dut mettre, dans cette entreprise, une constance infatigable, parce qu'il était plutôt observateur de la nature, qu'artiste : il le devint, et la gravure de la chenille du saule est d'une admirable perfection.
L'édition de 1762 est préférable à celle de 1760.

1839. Traité complet de la culture des orangers et des citroniers; *in*-18, 1781.

1840. Traité complet de la culture, fabrication et vente du tabac, par M. DE VILLENEUVE. *Paris*, *in*-8°, 1791.

Ce traité est fait d'après les procédés pratiqués dans la Pannonie, la Virginie, le Danemarck, l'Ukraine, la Valteline, la Guyane française et la Guyenne. L'auteur y a joint d'autres objets d'économie rurale, qui, dit-il, réunis au tabac, en rendent la culture encore plus utile aux propriétaires et plus intéressante pour l'État.

1841. Traité complet de l'éducation des abeilles, par M. DE PINGERON; *in*-12, 1781.

1842. Traité complet des abeilles, avec une méthode nouvelle, telle qu'elle se pratique à Syra, île de l'Archipel, par l'abbé DELLA ROCCA; 3 vol. *in*-8°, 1792.

1843. Traité complet des arbres à fruits, par M. DUHAMEL DU MONCEAU; 2 vol. gr. *in*-4°.

Ce traité est orné de près de 200 planches en taille douce.

1844. Traité complet sur la manière de planter, d'élever et de cultiver la vigne; extrait de *Miller*, par les soins de la Société économique de Berne, en allemand; traduit et augmenté par un membre de ladite société; on y a ajouté la manière de cultiver la vigne dans le canton, tirée du recueil économique de la même société. *Yverdon* et *Paris*, 2 vol. *in*-12, 1769.

La société économique de Berne a beaucoup ajouté au travail de *Miller*: le traducteur a fait, de son côté, des additions considérables, tirées des mémoires de la même société.

1845. Traité complet sur le jardin potager, également convenable au midi, au centre et au nord de la France, contenant: 1° la description, la culture, les usages, les avantages, la récolte et la conservation de toutes les plantes potagères; 2° des détails suffisans pour régler chaque culture sur le climat, la nature du terrain et les autres circonstances locales, relativement aux engrais, à la consommation et aux débouchés de la vente, chez l'homme aisé, le père de famille, et dans la ferme, soit en plein champ, soit dans les jardins; 3° quelques méthodes nouvelles de culture, soit pour des plantes anciennes, soit pour celles récemment admises dans le jardin potager. Une grande planche offrant les plans, coupe et élévation d'une serre à légumes, par un Amateur. *Paris*, un gros vol. *in*-12, 1808.

1846. Traité complet sur les pépinières, tant pour les arbres fruitiers et forestiers que pour les arbrisseaux, par M. CALVEL; 3 vol. 1805.

1847. Traité curieux et très-utile touchant le jardinage; *in*-12, 1706.

1848. Traité d'agriculture, par BLAISE (dit le chevalier de *Saint-Blaise.*) *in*-8°, 1788.

L'auteur enseigne la manière de perfectionner l'engrais des bestiaux, l'amélioration des chevaux, les défrichemens, etc.

1849. Traité d'agriculture, considérée tant en elle-même que dans ses rapports d'économie politique, avec les preuves tirées de la comparaison de l'agriculture, du commerce et de la navigation de la France et de l'Angleterre, par M. DEFRESNE; 3 vol. *in*-8°, 1788.

1850. Traité d'agriculture pratique, *ou* Annuaire des cultivateurs du département de la Creuse et des pays circonvoisins; avec des vues générales sur l'économie rurale, applicables à tous les départemens de la république, par M. ROUGIER DE LA BERGERIE; *in*-8°, 1795.

1851. Traité de charpenterie et des bois, par M. MESANGE; 2 vol. *in*-8°, 1753.

1852. Traité d'économie politique, dédié à la France: ouvrage de feu M. DE LA MAILLARDIÈRE. *Paris*, *Horin* et *Lenoir*, 3 parties *in*-8°, 1800 (an VIII.)

C'est le même qui parut en 1782 sous ce titre: *Le produit et le droit des communes.*

1853. Traité d'économie pratique, *ou* Moyen de diriger par économie différentes constructions, réparations ou entretiens: suivi de quelques principes concernant la meilleure construction des machines hydrauliques, par JUMEL. RIQUIER. *Amiens* et *Paris*, *in*-4°, 1780.

1854. Traité de l'amélioration des terres, par M. PATULLO. *Paris*, *in*-12, 1758.

1855. Traité de l'arachide ou pistache de terre; contenant la description, la culture et les usages de cette plante, avec des observations générales sur le même sujet, par C. S. SONNINI. *Paris*, *in*-8°, 1808.

1856. Traité de la carie ou blé noir, par M. L'APOSTOLE. *Paris*, *in*-8°, 1788.

L'auteur présente un examen chimique de la nature ou des excrétions de la carie et des causes qui peuvent en arrêter les effets sur les grains qui en seraient affectés.

1857. Traité de la chasse au fusil, avec le supplément, par MAROLLES. *Paris*, *in*-8°, *fig*., 1788 et 1791.

1858. Traité de la chasse, de *Xénophon*, traduit en français par M. GAIL; *in*-18, 1801.

1859. Traité de la chasse des principaux animaux qui habitent les forêts et les campagnes, tels que le cerf, le daim, le chevreuil, le bouquetin, le blaireau, le lièvre, la marmotte commune et celle de Strasbourg ou rat de Metz, pour servir de suite à la méthode pour détruire les animaux nuisibles aux agrémens des campagnes dans la chasse des oiseaux, et au traité de la pêche, par BUC'HOZ, *in*-12, 1788.

1860. Traité de la chataigne, par M. PARMENTIER; *in*-8°, 1780.

1861. Traité de la connaissance des bons fruits, par MM. MERLET et SAINT-ETIENNE; 4me édit. 1782.

1862. Traité de la connaissance des chevaux, par M. DE SAUNIER; *in-fol.*, 1737.

1863. Traité de la connaissance générale des grains, et de la nourriture par économie, par M. BÉGUILLET, 3 vol. *in*-8°, 1775.

1864. Traité de la connaissance générale des grains, par M. BÉGUILLET, 1780.

Nouvelle édition réduite en deux volumes.

1865. Traité de la conservation des grains, et en particulier du froment, par M. DUHAMEL DU MONCEAU, avec *fig*. en taille-douce. *Paris*, *Guérin*, *in*-12, 1754.

Voyez, N° 103, l'accusation de plagiat faite à M. *Duhamel* par l'abbé *Galiani*.

1866. Traité de la coupe des bois, pour les arts de charpente, menuiserie, etc., par M. EDME BLANCHART. *Paris*, *in*-4°, avec *fig*., 1772.

1867. Traité de la culture de différentes fleurs, des narcisses, girofliers, tubéreuses, anémones, jacinthes, jonquilles, iris, lis et amarantes, par M. DE SAINT-PÉRAVI; *in*-12, 1765.

1868. Traité de la culture des arbres; 1782.

1869. Traité de la culture des arbres à ouvrer, par M. ROUX; *in*-12, 1750

1870. Traité de la culture des arbres et arbustes qu'on peut élever dans le royaume, par BUC'HOZ; 1785.

Réimprimé en 3 vol. *in*-12, 1801.

1871. Traité de la culture des arbres fruitiers, contenant une nouvelle manière de les tailler, et une méthode particulière de guérir les maladies qui attaquent les arbres fruitiers et forestiers, avec 13 planches, par M. W. FORSYTH, jardinier de S. M. Britannique, traduit de l'anglais avec des notes, par *J. P. Pictet-Mallet*, de Genève. *Paris*, *in*-8°, 1803.

Ouvrage très-instructif.

1872. Traité de la culture des différentes fleurs. *Paris*, 1765.

1873. Traité de la culture des pêchers, par M. DECOMBES; *in*-12, 1745, 1750.

Réimprimé en 1770.

1874. Traité de la culture des renoncules, œillets, auricules et tulipes, par M. MORR; *in*-12, 1754.

Le P. *Lelong* dit que cet ouvrage est rempli de vols littéraires, et que l'auteur, sans rien donner au public, n'a fait que dénaturer le don des autres.

1875. Traité de la culture des terres suivant les principes de M. *Tull*, par DUHAMEL DU MONCEAU. *Paris*, 6 vol. *in*-12, 1753.

1876. Traité de la culture des vignes, par M. BIDET; 2 vol. *in*-12, 1759 : édition donnée par M. *Duhamel du Monceau*, meilleure que celle de 1752.

1877. Traité de la culture du chêne, par M. DE SAINT-MARTIN; *in*-8°, 1788.

Les meilleures manières de semer les bois, de les planter, les entretenir, de rétablir ceux qui sont dégradés, et de les exploiter, sont enseignées dans cet ouvrage, ainsi que les différens moyens de tirer un parti avantageux de toutes sortes de terrains.

1878. Traité de la culture du figuier, suivi d'observations et d'expériences sur la meilleure manière de le cultiver, par M. DE LA BROUSSE; *in*-12, 1772.

1879. Traité de la culture de la pomme de terre, par M. DE CRÈVECŒUR; *in*-12, 1786.

1880. Traité de la culture du melon, par M. l'abbé VÊLAN; *in*-8°, 1774.

1881. Traité de la culture du nopal et de l'éducation de la cochenille dans les colonies françaises de l'Amérique, par M. THIERRY DE MENONVILLE. *Paris*, 2 vol. *in*-8°, 1790.

M. *Thierry de Menonville* a voulu établir dans les Colonies françaises de l'Amérique l'éducation de la cochenille, la culture de la véritable vanille-lée, du jalap du Mexique, de l'indigo de Guatimala, de la semence du coton de la nouvelle Véra-Cruz. M. *Thierry* est mort dans la misère et l'abandon. Il avait été d'abord heureux dans le commencement de ses tentatives, mais la mort l'attendait au moment du succès; et comme, pour les achever, il fallait cette audace du génie qui ne perd point de vue l'objet dont il s'occupe, et cette constance dont M. *Thierry* était doué, il en est résulté que ces tentatives ont été abandonnées. Un autre résultat assez ordinaire aux hommes qui se souviennent beaucoup mieux du mal qu'on leur a fait, que du bien qu'on a voulu leur faire, c'est l'oubli dans lequel est tombé M. *Thierry*.

1882. Traité de la culture parfaite de l'oreille d'ours, par M. GUÉRIN; in-12, 1732, 1735.

En 1745 le même traité fut réimprimé avec cette indication: *Par un curieux de province ingénu. Bruxelles*, *in*-12.

1883. Traité de l'eau commune. *Paris*, *Cavelier*, 2 vol. *in*-12, 1730.

Cet ouvrage est traduit de l'anglais de *Jean Hanckock*, par JEAN-PIERRE NICERON, barnabite, mort en 1738, à 53 ans, auteur instruit et dont les ouvrages sont estimés. Dans ce traité sur l'eau, on démontre les propriétés de ce liquide qu'on donne comme le meilleur remède contre les fièvres.

1884. Traité de l'eau-de-vie, *ou* Anatomie théorique et pratique du vin, par BROUAUT. *Paris*, *in*-4°, 1646.

1885. Traité de l'éducation des abeilles, augmenté des

nouvelles découvertes de M. *Hubert*, par Ducarne de Blangy ; *in*-12, 1802.

1886. Traité de l'éducation des abeilles, avec la manière de les élever, de les multiplier et d'en tirer du profit, par Pingeron, *in*-12.

Nouvelle édition de l'ouvrage indiqué N° 1841.

1887. Traité de l'éducation des abeilles, et de leur conservation, par P. C. G. Béville, horti-culteur à Saint-Denis. *Paris*, *in*-8°, 1804.

1888. Traité de l'éducation des animaux qui servent d'amusement à l'homme ; *in*-12.

Sans date.

1889. Traité de l'éducation du cheval en Europe, contenant le développement des vrais principes des haras, du vice radical de l'éducation actuelle, et des moyens de perfectionner les individus en perfectionnant les espèces, avec un plan d'exécution pour la France, par Préseau de Dampierre. *Paris*, *in*-8°, 1788.

L'objet de l'auteur est d'établir en France l'art d'avoir les meilleurs chevaux et les haras les plus féconds. Placé pendant trente ans dans un haras de France, propriétaire d'un autre où il a pu se livrer sans crainte à ses essais, M. *Préseau* parle d'après son expérience. *S'il est parvenu*, dit-il, *à mieux voir que les autres, c'est une bonne fortune qu'il a payée par des erreurs et par d'assez grands sacrifices.*

1890. Traité de l'élection et choix des lieux salubres pour la construction des bâtimens, par Ponsart. *Paris*, *in*-4°, 1617.

Il est question, dans cet ouvrage, des étables, des poulaillers, des colombiers, etc.

1891. Traité de la force des bois, par M. Lecamus de Mézières, *in*-8°, 1781.

1892. Traité de la gale et des dartres dans les animaux, par P. Chabert ; 5me édit. publiée avec des notes, par *J. B. Huzard*, *in*-8°, an XI.

1893. Traité de la garance et de sa culture, avec la description des étuves pour dessécher cette plante, et des moulins pour la pulvériser, par Duhamel. *Paris*, *in*-12, pl.

1894. Traité de la garance, *ou* Recherches sur tout ce qui a rapport à cette plante, par M. de Lesbros; *in*-8°, 1768.

1895. Traité de la grande culture des terres, ouvrage utile à tous les cultivateurs, et à toutes les personnes qui voudraient faire valoir de grandes exploitations, par M. Isoré, cultivateur-propriétaire à Louveaucourt, *in*-12, 1802.

1896. Traité de l'irrigation des prés, par M. Bertrand; *in*-12, 1764.

1897. Traité de la manière de semer, dans toutes les saisons de l'année, toutes sortes de graines, de plantes et de fleurs. *Paris*, *in*-12, 1689.

1898. Traité de la manière de semer toutes sortes de graines et plantes potagères, avec le jardinier perpétuel qui enseigne ce qu'il faut faire chaque mois. *Paris*, *in*-12, 1785.

1899. Traité de la meilleure manière de cultiver la navette et le colsa, et d'en extraire une huile dépouillée de son mauvais goût et de son odeur désagréable, par l'abbé Rozier. *Paris*, *in*-8°, 1774.

1900. Traité de la nature et des propriétés des bois, du terroir qui leur est propre, de leur entretien, et des causes de leur accroissement pour perfectionner cette partie de l'économie, par M. J. Frédéric Enderlin, conseiller du margrave de Baden-Dourlach. *Paris*, *in*-8°, 1770.

Les principes de M. *Enderlin* sont fondés sur l'expérience, et ses instructions sont exposées avec beaucoup de clarté.

1901. Traité de la pêche, *ou* l'Art de soumettre les poissons à l'empire des hommes, précédé de l'histoire naturelle de ces animaux, par Buc'hoz, *in*-12, 1786.

1902. Traité de la pipée, *ou* Moyens de conserver le gibier, seconde édition augmentée de plusieurs chasses amusantes. *Paris*, *in*-12.

1903. Traité de la physique végétale des bois et des

principales opérations forestières, par GOUBE; *in*-8°, 1801.

1904. Traité de la Police. *Paris*, 2 vol. *in-fol.*, 1710.

Cet ouvrage, par le commissaire DE LAMARE, contient des articles relatifs à l'économie rurale et domestique. Dans le second volume, on trouve des observations sur la fertilité des provinces de France quant aux grains.

1905. Traité de la régie des terres, ayant pour objet la conservation, l'amélioration, les moyens économiques d'opérer les améliorations et augmentations des revenus; les plantations de toutes espèces, les clôtures et les moyens de faire mieux réussir les plançons; les principes de la végétation des arbres et des plantes potagères; ce qui peut être utile ou nuisible aux pépinières et à la fructification des arbres précoces; l'amélioration des herbages, terres labourables, engrais et ensemencement; les causes de la nielle ou charbon des blés et comment l'éviter, etc. *in*-8°, 1809.

1906. Traité de la taille de la vigne, par BERTHOLON; *in*-8°, 1800.

1907. Traité de la végétation, par M. MUSTEL; 4 vol. *in*-8°, 1700.

1908. Traité de l'accroissement des plantes, par BAZIN, médecin; *in*-8°, 1743.

1909. Traité de l'aménagement des bois et des forêts de la France, *in*-8°, 1803.

M. DE PERTHUIS, ancien officier du génie, a rédigé cet ouvrage sur les mémoires de son père: il y a joint les résultats de sa propre expérience.

1910. Traité de l'ancien pisé des Romains. Traité qui indique les qualités des terres propres au pisé, les enduits, etc. Traité sur les manufactures et les maisons de campagne. Traité qui enseigne le nouveau pisé, la manière de le faire lors des pluies, des neiges et des frimas.

Ces traités sont de M. COINTERAUX, professeur d'architecture rurale, qui imprime périodiquement de petites brochures sur son pisé, ou les constructions.

1911. Traité de l'art de la fauconnerie avec le déduit des chiens de chasse ; *in*-4°.

Sans date.

On croit cette édition de 1511 : elle est en lettres gothiques et très-rare. Le même ouvrage a été réimprimé, en 1567, à Poitiers, avec celui de *Tardif*. (Voyez ce mot.)

1912. Traité de météréologie, par le P. COTTE. *Paris*, *Imp. roy.*, *in*-4°, 1774.

Constant dans ses observations météorologiques, M. *Cotte* vient de publier, dans les Mémoires de la Société d'agriculture de la Seine, des résultats curieux.

1913. Traité de vénerie, avec les airs notés et gravés, par D'YAUVILLE. *Paris*, *Impr. roy.*, *in*-4°, 1788.

1914. Traité de vénerie et de toutes les chasses, par M. GOURCY DE CHAMP-GRAND ; *in*-4°, 1769.

Réimprimé, en 1776, en deux parties. La première traite de la chasse du cerf, du daim, du chevreuil, du lièvre, du sanglier, du loup, des renards, bléreaux, belettes, fouine, putois, lapins, etc.

La seconde, de la chasse au fusil, des piéges, des filets, avec un essai de fauconnerie, et un dictionnaire des termes de chasse.

1915. Traité des abeilles, où l'on voit la véritable manière de les gouverner et d'en tirer du profit, avec une dissertation curieuse sur leur génération, et de nouvelles remarques sur toutes leurs propriétés, par M. DE LA FERRIÈRE. *Paris*, *in*-12, 1720.

1916. Traité des accidens qui arrivent dans le sabot du cheval, par LAFOSSE ; *in*-8°, 1754.

1917. Traité des arbres, arbrisseaux et arbustes de nos forêts, par C. C. OELHAFEN DE SCHOELLENBACH, traduit par *God. Bénistant*. *Nuremberg*, *in*-4°, *fig.* 1775.

1918. Traité des arbres et arbustes qui se cultivent en France en pleine terre, par M. DUHAMEL DU MONCEAU, inspecteur-général de la marine, de l'académie royale des sciences, de la société royale de Londres ; honoraire de la société d'Edimbourg et de l'académie de marine. *Paris*, 2 vol. *in*-4°, 1755.

Avant l'édition de 1770, ce Traité était le plus rare des ouvrages de M. *Duhamel*. L'auteur a compris dans les arbres et arbustes dont il parle, les arbres et arbustes étrangers qui peuvent s'acclimater en France, et se cultiver en pleine terre. Il n'exclut que ceux qui exigent des serres chaudes et des orangeries.

Il y a 200 planches en taille douce. M. *Duhamel* s'est servi de M. *de Derriays*, amateur, pour finir les descriptions et les dessins imparfaits. Les fruits sont représentés dans toute leur beauté. Le *Traité des arbres fruitiers* se vendait 96 liv. en 1770.

1919. Traité des arbres fruitiers, extrait des meilleurs auteurs, par la Société économique de Berne; traduit de l'allemand. *Paris*, *in*-12, 1768.

1920. Traité des arbres résineux, conifères, extrait et traduits de l'anglais de *Miller*, avec des notes, par le baron de TSCHUDI; *in*-8°, 1768.

1921. Traité des assolemens, *ou* l'Art d'établir les rotations des récoltes, par CH. PICTET. *Genève*, *in*-8°, 1801.

1922. Traité des baromètres et des thermomètres, par D.... *Amsterdam*, *in*-12, avec *fig.*, de *Schoonebech*, 1688.

Le nom de l'auteur est DALENCÉ.

1923. Traité des bâtimens propres à loger les animaux qui sont nécessaires à l'économie rurale: contenant des règles sur les proportions, les dispositions et les emplacemens qu'il convient de donner aux écuries, aux étables, aux bergeries, aux poulaillers, aux ruchers; avec 50 planch. *Leipsick*, *in-fol.*, 1802.

1924. Traité des bêtes à laine, *ou* Méthode d'élever et de gouverner les troupeaux aux champs et à la bergerie, par M. CARLIER. *Paris*, *in*-12, 1770; *Compiègne*, 2 vol. *in*-4°, *fig.*

Ce traité est divisé en deux parties: dans la première est un corps d'instruction sur la manière de gouverner les bêtes à laine: la seconde contient un dénombrement et une description des principales espèces de bêtes à laine dont on fait commerce en France.

1925. Traité des bêtes à laine d'Espagne; leurs voyages, la tonte, le lavage et le commerce des laines, les causes qui donnent la finesse aux laines: auquel on a ajouté l'historique des voyages que font les moutons des Bouches-du-Rhône et ceux du royaume de Naples ; l'origine, les succès, l'état actuel du troupeau de Rambouillet, et les moyens de propager et de conserver la race espagnole dans toute sa pureté, par M. de Lasteyrie ; *in*-8°, 1799.

L'auteur a fait plusieurs voyages, et rend compte de ce qu'il a vu.

1926. Traité des bois et des différentes manières de les semer, cultiver, planter, exploiter, etc., par M. Massé, auteur du Dictionnaire portatif des eaux et forêts ; 2 vol. *in*-8°, 1769.

L'auteur a mis à la tête de ce traité un précis historique de différens droits sur les bois, et un extrait des Mémoires de M. *de Buffon* sur la culture, l'amélioration et la conservation des bois.

1927. Traité des chevaux, de leur nature, usage, maladies, remèdes, et de la manière de les élever, par Nic. Morgan de Crosane. *Londres*, 1609.

1928. Traité des communes, *ou* Observations sur leur origine et leur état actuel, etc ; *in*-8°, 1778.

1929. Traité des constructions rurales ; ouvrage publié par le Bureau d'agriculture de Londres, et traduit de l'anglais, avec des notes et des additions, par Charles-Philibert Lasteyrie ; 1 vol. *in*-8° de texte, et 1 vol. *in*-4° de planches, 1802.

Apprendre la manière de construire, d'ordonner et de distribuer les habitations des champs, des logemens pour les bestiaux, tel est le but qu'on s'est proposé dans cet ouvrage.

1930. Traité des engrais, tiré de différens rapports faits au département d'agriculture d'Angleterre ; avec des notes, suivi de la traduction du mémoire de *Kirwan* sur les engrais. *Genève* et *Paris*, *in*-8°, 1800.

Réimprimé en 1806. M. *Maurice* a rendu un service réel à l'agriculture française en traduisant cet ouvrage.

1931. Traité des fleurs à oignons, par Van Kampen et fils, fleuristes à Harlem en Hollande. *Harlem*, *in*-8°, *fig.*, 1760.

1932. Traité des fleurs qui se cultivent en hiver, etc. ; *in*-12, 1781.

1933. Traité des fraisiers, par M. DUCHESNE; *in*-12, 1760.

M. *Duchesne* s'est livré à la culture de cette plante. Des expériences qu'il a faites, il est résulté une espèce de fraisiers qu'il a nommée *monophylle* ou *fraisier de Versailles*, parce que ce fut dans un semis fait à Versailles, en 1761, que cette variété parut pour la première fois. L'ouvrage de M. *Duchesne* a servi de guide à tous ceux qui ont écrit sur les fraisiers. (Voyez N° 769, le même ouvrage sous un autre titre.)

1934. Traité des haras, traduit de l'allemand de M. *Hartmann*, sur la seconde édition, et sous les yeux de l'auteur, par M. HUZARD; *in*-8°, 1788.

M. *Hartmann*, conseiller du duc de Wirtemberg, membre de plusieurs sociétés, était fils de l'inspecteur général des haras de Wirtemberg. Son ouvrage renferme une multitude de connaissances: on pressait l'auteur de le faire traduire en français. Il n'a pu mieux choisir qu'en s'adressant à un homme versé dans la science hippiatrique, et qui a peu de rivaux parmi nous.

1935. Traité des jardins, par le sieur SAUSSAI, jardinier de madame la princesse de Condé, à Anet. *Paris*, *in*-12, 1722.

En 1732, il y eut de cet ouvrage une nouvelle édition, dans laquelle l'auteur, M. *Saussai*, prend le titre d'inspecteur des jardins du duc de Bourbon.

1936. Traité des jardins, *ou* Le nouveau Laquintinie, contenant la description et la culture des arbres fruitiers et des plantes potagères; 2 parties *in*-8°, 1775.

Cet ouvrage a été réimprimé en 1789, en 4 vol. *in*-8°, *fig.* Cette nouvelle édition est augmentée des arbres, arbrisseaux, fleurs d'ornement et des plantes d'orangerie et de serre chaude. L'auteur est M. LE BERRYAIS, qui, en 1793, a publié à Caen un abrégé de cet ouvrage en deux petits vol. *in*-12.

1937. Traité des maladies des grains, par TESSIER, *in*-8°, 1783.

1938. Traité des maladies épizootiques et contagieuses des bestiaux et des animaux les plus utiles à l'homme, par un médecin de Besançon; *in*-8°.

Sans date.

1939. Traité des mouches à miel, *ou* Les règles pour les bien gouverner, et le moyen d'en tirer un profit considérable par la récolte de la cire et du miel;

augmenté de plusieurs avis touchant les vers à soie. *Paris*, *in*-12, 1697.

1940. Traité des moyens de désinfecter l'air, de prévenir la contagion et d'en arrêter les progrès, par GUYTON-MORVEAU; 3me édit. *in*-8°, 1805.

1941. Traité des mûriers, *ou* Règles nouvelles, sûres et faciles pour les semer et faire croître promptement, en les rendant très-abondans en feuilles, suivi d'une excellente méthode pour faire éclore les vers à soie; par l'auteur du *Traité de la garence*. *Paris*, *in*-8°, 1769.

M. LESBROS, de Marseille, est l'auteur de ces deux traités. Il donne, dans celui des mûriers, les moyens de connaître la meilleure graine de cet arbre, la manière de la conserver pendant plusieurs années : il entre dans beaucoup de détails sur les soins que demandent les jeunes mûriers, et finit par exposer une méthode de faire éclore les vers à soie, beaucoup plus sûre, en entretenant une chaleur toujours égale. •

1942. Traité des œillets, par le P. DARDENNE, de l'Oratoire. *Avignon*, *in*-12, 1762. *

L'auteur rassemble ce que plusieurs écrivains ont dit avant lui, et le présente d'une manière agréable. Il ajoute à ce résumé analytique, des découvertes et des observations nouvelles.

1943. Traité des pêches, avec l'histoire des poissons qu'elles fournissent, par M. DUHAMEL-DUMONCEAU; *in-fol.*, 1779.

C'est le titre de la deuxième édition de ce bel ouvrage dont nous avons parlé.

1944. Traité des prairies artificielles, des enclos et de l'éducation des moutons de race anglaise, par M. DEMANTE. *Paris*, *Hochereau*, *in*-4°, 1778.

1945. Traité des prairies artificielles, *ou* Recherches sur les espèces de plantes propres, à former les prairies, par GILBERT; *in*-8°, 1790.

Réimprimé *in*-12, en 1802.

1946. Traité des prairies et de leurs irrigations, par M. D'OURCHES, membre de plusieurs Sociétés d'agriculture; *in*-8°, 1803.

1947. Traité des qualités des arbres et arbustes, par M. DAUBANTON; *in*-12.

1948. Traité des renoncules, dans lequel, outre ce qui concerne ces fleurs, on trouvera l'observation physique et plusieurs remarques utiles, soit pour l'agriculture, soit pour le jardinage, par M. DARDENNE, prêtre de l'Oratoire. *Paris*, 1746.

Ouvrage agréable à lire et instructif.

1949. Traité des subsistances et des grains qui servent à la nourriture de l'homme; etc., par BÉGUILLET; 6 vol. *in*-8°, 1802.

On trouve dans cet ouvrage la connaissance, la culture, les qualités, les usages des grains; leurs maladies, leur conservation, leur achat, leur commerce: la construction des greniers et des moulins: la mouture par économie: la conservation, le commerce des farines, etc.

1950. Traité des tourbes combustibles, par CHARLES PATIN. *Paris*, *in*-4°, 1663.

1951. Traité des tulipes, avec la manière de les bien cultiver; leurs noms, leurs couleurs et leurs beautés. *Paris*, *in*-12, 1678.

Sans nom d'auteur.

C'est un plagiat, dans lequel on n'a changé que le titre du *Fleuriste français*. (Voyez cet article.)

1952. Traité des tulipes, qui non seulement réunit tout ce qu'on avait précédemment écrit de raisonnable, mais est augmenté de quantité de remarques nouvelles sur l'éducation de cette belle fleur, par M. DARDENNE, prêtre de l'Oratoire. *Avignon*, *in*-12, 1760.

1953. Traité des usemens ruraux de Basse-Bretagne, par M. GIRARD.

1954. Traité des végétaux qui composent l'agriculture de l'Empire français, etc., par M. TOLLARD aîné; *in*-12, 1805.

1955. Traité du cassis ou groselier sauvage, contenant ses vertus et qualités, sa culture, sa composition, son usage et les effets merveilleux qu'il produit. *Amsterdam*, *in*-18, 1752.

Il y en a une édition en 1748, *in*-12, faite à Rouen. Ce traité a été réimprimé plusieurs fois.

1956. Traité du chanvre, par M. MARCANDIER. *Paris*, *Nyon*, *in*-12, 1758.

1957. Traité du domaine, par LEFÈVRE DE LA PLANCHE; 3 vol *in*-4°, 1764.

Avec une préface et des notes de M. *Lorry*.

1958. Traité du farcin, maladie des chevaux, et des moyens de le guérir, par M. HUREL; *in*-8°, 1775.

1959. Traité du jardinage selon les raisons de la nature et de l'art, ensemble divers desseins de parterres, pelouses, bosquets et autres ornemens servant à l'embellissement des jardins, par JACQUES BOYCEAU, escuyer, sieur de la Barauderie, intendant des jardins du roi. *Paris*, *Van-Lochom*, gr. *in-fol.*, 1638.

Réimprimé sous le titre suivant.

1960. Traité du jardinage qui enseigne les ouvrages qu'il faut faire pour avoir un jardin dans sa perfection, et la manière de faire des pépinières, de greffer, enter, etc., par M. BOYCEAU DE LA BARAUDIÈRE; *in*-12, 1639, 1707.

1961. Traité du maïs, par PARMENTIER; *in*-12.

1962. Traité du nivellement, par LEFEBVRE; *in*-4°, 1754.

1963. Traité du nivellement, par M. l'abbé PICARD; *in*-12, 1780.

1964. Traité du plantage et de la culture des principales plantes potagères, recueilli du dictionnaire de *Miller*, par les soins de la Société de Berne. *Yverdun*, *in*-12, 1768.

1965. Traité du seigle ergoté, par M. OLÉAD. *Paris*, 2^e^ édit. *in*-12, 1776.

La première est *in*-8°, 1771.

1966. Traité économique et physique des oiseaux de basse-cour, *ou* Trésor des laboureurs, contenant la description de ces oiseaux, la manière de les élever. *Paris*, *in*-12.

Sans date.

1967. Traité économique et physique du gros et du menu bétail : contenant la description du cheval, de l'âne, du mulet, du bœuf, de la chèvre, de la brebis et du cochon ; la manière d'élever ces animaux, de les multiplier, de les nourrir, de les traiter dans leurs maladies, et d'en tirer profit pour l'économie domestique et champêtre ; 2 vol. *in*-12, 1778.

1968. Traité économique sur les abeilles, par J.-B. Lapoutre, curé comtois. *Besançon*, *in*-12, 1763.

1969. Traité élémentaire sur les plantes les plus propres à former les prairies artificielles, par M. Saint-Amans. *Paris*, *in*-8°, 1797.

1970. Traité facile pour apprendre à élever des figuiers, par Liger ; *in*-12.

1971. Traité général de l'irrigation, avec figures, traduit de l'anglais de *W. Tatham*. *Paris*, *in*-8°, 1805 (an xiii).

Ce traité, généralement estimé, renferme diverses méthodes d'arroser les prés et les jardins, et la manière de conduire les prairies pour les récoltes du foin. Il contient des observations et quelques pratiques locales inapplicables en France.

1972. Traité général des pêches, et histoire des poissons qu'elles fournissent tant pour la subsistance des hommes que pour plusieurs autres usages qui ont rapport aux arts et au commerce, par M. Duhamel Dumonceau ; *in-fol.*, 1769 à 1773.

M. *Duhamel* a profité d'un manuscrit de M. *Masson Duparc*, commissaire ordinaire de la marine, et inspecteur général des pêches, qui avait présenté un ouvrage sur les pêches, au comte de *Maurepas*, ministre de la marine.

1973. Traité physique de la culture et de la plantation des arbres, avec la manière de les exploiter, de les débiter, etc., par Roux. *Paris*, *in*-12, 1750.

1974. Traité politique et économique des chetels, par M. Bannelier, *in*-12, 1766.

1975. Traité politique et économique des communes, *ou* Observations sur l'agriculture, sur l'origine, la destination et l'état actuel des biens communs, et sur les moyens d'en tirer les secours les plus puissans et les plus durables pour les communautés qui les possèdent, et pour l'État; avec cette épigraphe:

*Artium cæterarum parens ac nutrix agricultura, quando bene agitur, cum eâ omnes artes vigent.*

L'auteur est M. le comte Dessuiles.

1976. Traité pour la culture des fleurs. *Paris*, chez *de Sercy*, *in*-8°, 1682.

*De Sercy* est le nom du libraire chez lequel se vendaient presque tous les livres sur l'agriculture et le jardinage, qu'on imprimait à Paris, à la fin du 17me siècle.

1977. Traité pratique de la conservation des grains, des farines et des étuves domestiques, par Bucquet, ancien meunier, *in*-8°, 1783.

1978. Traité pratique des digues le long des rivières, ruisseaux, etc., par M. Boudet, *in*-12, 1773.

1979. Traité pratique sur l'éducation des abeilles, ouvrage qui renferme des moyens sûrs pour retirer un grand produit de ces mouches sans les faire périr, pour les soigner dans toutes les circonstances qui dépendent des localités et des années plus ou moins favorables, pour former très-facilement des essaims artificiels, pour préparer le miel et la cire, etc., terminé par un abrégé de l'histoire naturelle des abeilles; par Stanislas Beaunier. *Vendôme* et *Paris*, *in*-8°, 1804.

Cet ouvrage a été couronné par la Société d'agriculture du département de la Seine.

1980. Traité sur l'amélioration des espèces animales et végétales, par M. Laureau, historiographe; *in*-8°, 1802.

1981. Traité sur la carotte, et recueil d'observations sur l'usage et les effets salutaires de cette plante dans les maladies externes et internes, par Bridault, *in*-8°.

1982. Traité sur la cavalerie; contenant le traité des haras, de l'équitation, de la ferrure, la manière de dresser les chevaux et les hommes, par DRUMMOND DE MELFORT. *Paris*, 1 vol. de texte, et 1 vol. de pl. 1776.

1983. Traité sur la connaissance et la culture des jacinthes, par le P. DARDENNE, prêtre de l'Oratoire. *Avignon*, *in*-12, 1759.

L'auteur a rapporté ce qui était épars dans plusieurs livres : il a comparé ce qu'on avait dit sur ces plantes, en ajoutant ce qu'il avait appris par l'expérience.

1984. Traité sur la connaissance extérieure des chevaux, par FAUVRY. *Paris*, 1767.

1985. Traité sur la culture de la pomme-de-terre, par REY-DE-PLANAZU. *Meaux*, *in*-4°, 1786.

1986. Traité sur la culture des mûriers blancs, par M. POMIER; 1762.

1987. Traité sur la culture des mûriers blancs, la manière d'élever les vers à soie, et l'usage qu'on doit faire des cocons. *Orléans*, *in*-8°, *fig.*, 1763.

1988. Traité sur la culture du turneps, et sur l'avantage de cette nourriture pour les bestiaux, etc., par REY-DE-PLANAZU; *in*-4°, 1786.

1989. Traité sur la culture et les usages des pommes-de-terre, de la patate et des topinambours, imprimé par ordre du roi, par M. PARMENTIER; *in*-8°, 1789.

1990. Traité sur la culture, la récolte et la préparation du lin, par SALVIAT; *in*-8°, 1799.

1991. Traité sur la jacinthe, par GEORGE VOORHELM, fleuriste d'Harlem. *Harlem*, *fig.*, *in*-8°, 1752.

1992. Traité sur la nature et sur la culture de la vigne, sur le vin, la façon de le faire, et la manière de le bien gouverner, à l'usage des différens vignobles du royaume de France. *Paris*, *in*-12, 1752.

Dans cette première édition, l'auteur n'a fait que développer l'usage observé dans les vignobles de Champagne : mais, en 1759, le même traité reparut *augmenté et corrigé par M. Bidet, de l'académie d'agriculture en Toscane, et officier de la maison du roi; revu par M. Duhamel Dumonceau, de l'académie royale des sciences*. *Paris*, 2 vol. *in*-12, 1759. On trouve des remarques utiles sur tous les vignobles de la France. L'auteur compare entr'eux les principaux vins, et en bon patriote il donne à celui de Champagne la supériorité sur le vin de Bourgogne.

M. *Duhamel* n'est pas convenu qu'il eût revu cet ouvrage, comme l'annonce le titre de l'édition de 1759.

1993. Traité sur l'acacia. *Bordeaux*, *in*-12, 1762.

1994. Traité sur le véritable siége de la morve des chevaux, par LAFOSSE, *in*-8°, 1749.

1995. Traité sur les bêtes à laine, et sur les manufactures de laineries, par l'abbé CARLIER; 2 vol. *in*-12.

1996. Traités (deux) sur les maladies des chevaux, par M. LARCHER; *in*-12, 1763.

1997. Traité sur les moyens de composer un engrais des plus économiques et des plus avantageux, par REY-DE-PLANAZU; *in*-4°, 1786.

1998. Traité sur les mûriers blancs, par CASTELET. *Aix*, *in*-12, 1760.

1999. Traité sur les pommes-de-terre, par M. PARMENTIER; *in*-8°, 1795.

2000. Traité sur les prairies artificielles, extrait des Mémoires de la Société d'agriculture de Paris et des auteurs modernes les plus estimés : augmenté de la culture de dix plantes qui ne se trouvent pas dans *Gilbert*. On y a joint la description d'une machine simple, indispensable dans les grandes exploitations, avec laquelle on coupe facilement soixante boisseaux de racine par heure, par CRETTÉ-PALLUEL. *Paris*, *in*-8°, 1801.

2001. Traité sur les propriétés et les effets du café, par M. B. MOSELEY, docteur en médecine; traduit de l'anglais, par M. *Lebreton*, correspondant de la Société royale d'agriculture de Paris; avec les observations sur la culture du café, par M. *Fusée-Aublet*. *Paris*, *in*-12, 1786.

2002. Traité sur les réformations et les aménagemens des forêts, avec une application à celles d'Orléans et de Moutargis. *Orléans*, *in*-8°, *tableaux*, 1789.

J'ai trouvé, dit M. *Mauduit*, professeur royal de mathémathique, des faits et des raisons dans cet ouvrage ; des vues profondes, prises dans la nature, dans une expérience de 40 ans et dans un art trop ignoré jusqu'ici.

Le traité est de M. PLINGUET.

2003. Traité théorique et pratique de la végétation, par MUSTEL ; 2 vol. *in*-8°, 1781.

Ce traité contient plusieurs expériences sur l'économie et sur la culture des arbres.

2004. Traité théorique et pratique sur la culture de la vigne, avec l'art de faire le vin, les eaux-de-vie, esprit de vin, vinaigres simples et composés, par les CC. CHAPTAL, ROZIER, PARMENTIER et DUSSIEUX. Ouvrage dans lequel se trouvent les meilleurs méthodes pour faire, gouverner et perfectionner les vins et eaux-de-vie, avec vingt-une planches représentant les diverses espèces de vignes, les machines et instrumens servant à la fabrication des vins et eaux-de-vie. *Paris*, 2 vol., 1801 (an IX).

2005. Traité théorique et pratique sur la culture des grains ; suivie de l'art de faire le pain, par PARMENTIER, membre de l'Institut national et de la Société d'agriculture du département de la Seine ; l'abbé *Rozier*, auteur du *Cours complet d'agriculture*, de plusieurs académies ; *Lasteyrie*, de la Société philomathique et de celle d'agriculture de Paris, et l'abbé *de la Lauze*. Ouvrage dans lequel se trouvent les principes généraux de *Rozier*, *Fabroni*, *Duhamel*, *Tull*, *Arthur-Young*, sur la culture des terres, les moyens de se procurer les meilleures récoltes en froment, seigle, avoine, orge, maïs, riz, etc. ; orné de seize planches en taille-douce ; augmenté de notes et d'un procédé nouvellement découvert pour employer sans danger les farines infectées d'ivraie, par *J. C. Gallet*, maître en pharmacie et ancien pharmacien de première classe des armées du Nord et d'Italie. *Paris*, 2 gros vol. *in*-8°, 1802 (an X).

2006. Traité théorique et pratique sur l'engraissement des animaux domestiques, où sont décrits les qualités physiques qui disposent les bœufs, les moutons, les cochons et les volailles à engraisser; les vices de conformation, ou les maladies qui les en empêchent; les procédés les plus économiques d'engraissement, usités en France et en Europe; les moyens préservatifs et les remèdes curatifs des maladies qui surviennent pendant et après leur engraissement, par P. CHABERT et C. M. F. FROMAGE. *Paris*, *in*-8°, 1805.

2007. Traité universel des eaux et forêts de France, pesches et chasses, par N. DUVAL. *Paris*, *in*-4°, *fig.*, 1699.

Il y a un commentaire sur l'ordonnance de 1669.

2008. Traités de la chasse, composés par *Arrien* et *Oppian*, traduits en français, par *D. Hortemels*. *Paris*, *in*-12, 1690.

L'auteur est SAMUEL DE FERMAT, qui se déguise sous le nom de *Hortemels*.

2009. Transplantation (de la), de la naturalisation et du perfectionnement des végétaux, par M. le baron DE TSCHOUDI; *in*-8°, 1778.

2010. Travaux de la Société d'agriculture de Saintes, département de la Charente-Inférieure; première année. *Saintes*, *in*-8°, an XIII.

2011. Travaux (les) et les jours.

C'est le titre du premier ouvrage qui ait été fait sur l'agriculture. Il est du plus ancien des poëtes grecs; *Hésiode*, né à Cumes, élevé dans la Béotie où ses parens s'étaient retirés pour éviter leurs créanciers. On ne s'accorde point sur le siècle où il vécut. Les uns prétendent qu'il exista avant, et d'autres après *Homère*; mais le plus grand nombre croyent que ces deux poëtes furent contemporains. Plusieurs auteurs anciens racontent qu'ils disputèrent la palme dans un concours de poésie convoqué à Chalcis. En admettant l'opinion qui les fait contemporains et qui compte le plus de suffrages, on doit rapporter leur existence, suivant les Grecs et les Latins, vers la première Olympiade, soixante ans avant la fondation de Rome.

*Les travaux et les jours* sont un poëme didactique, composé par HÉSIODE pour l'instruction de son frère *Perses*, qu'il voulait détourner de l'oisiveté. Dans l'édition donnée en 1603 par *Daniel Heinsius*, ce poëme est divisé en trois parties, savoir: *les travaux*, en deux livres, et *les jours*, en un livre séparé.

La première partie renferme 360 vers, et offre un code de morale qui peut convenir à tous les hommes, étant un recueil de sentences et de maximes.

La seconde, à des peintures vives, joint quelques préceptes superficiels sur l'agriculture. *Le tems de la moisson, celui du labour et des semailles, des préceptes sur le travail, les travaux du printems, de l'été et de l'automne, quelques idées sur la navigation très-imparfaite de ce tems, sur la construction des vaisseaux et sur la saison la plus favorable pour s'embarquer*, tels sont les articles traités sommairement dans cette seconde partie.

Dans la troisième, composée seulement de 60 vers, est un recueil d'observations fausses et puériles, et de pratiques superstitieuses fondées sur les fables du paganisme.

2012. Trefle (du) et de sa culture; chapitre tiré d'un manuscrit qui a pour titre : *Entretien d'un vieil agronome et d'un jeune cultivateur, sur plusieurs objets importans de l'économie rurale*, par M. B***. *Paris*, *in*-12, 1789.

On trouve dans ce petit traité les indices auxquels on reconnait la meilleure graine du trefle; le tems et la manière de le semer; les avantages de la culture de cette plante, etc.

2013. Treize (les) livres des choses rustiques de *Palladius*, *Rutilius*, *Taurus Æmilianus*, traduits nouvellement de latin en français, par M. Jean Darces, aumosnier de monseigneur le révérendissime cardinal de Tournon. *Paris*, 1554.

Dans le premier livre on trouve divers objets d'économie rurale, des recettes, etc. Les douze autres portent en titre le nom d'un des mois de l'année. On y indique les opérations agronomiques auxquelles on doit se livrer, suivant les saisons.

2014. Trésor champêtre. *Provins*, *in*-12.

Sans date.

2015. Trésor de ce qui concerne les bêtes chevalines, traduit de l'italien. *Lyon*, *in*-16, 1619.

2016. Trésor des laboureurs dans les oiseaux de bassecour, par M. Buc'hoz; *in*-12, 1782.

Ce traité contient la description de ces oiseaux, la manière de les élever, de les multiplier, de les nourrir, etc.

2017. Trois (les) poëmes, sur l'éducation, les jardins d'ornement, et les ressources du génie. *Paris*, *in*-8°, 1769.

2018. Tubera terræ, carmen. *Taurini*, *in*-4°, 1776. (Par J. Bernard Vigi.)

C'est un poëme sur les truffes qui croissent naturellement à Turin. On y trouve la culture de cette plante et lés soins qu'elle exige.

## U.

2019. Un mot sur les inondations et leurs effets, *ou* Moyens proposés pour assainir les maisons et localités qui ont été submergées, par Dubuc. *Rouen*, *in*-8°, broch., 1807; avec cette épigraphe :

*Non quàm bellè, sed quàm benè.*

2020. Unique (l') moyen de soulager le peuple et d'enrichir la nation française, par M. de Goyon; *in*-8°, 1775.

2021. Usage (de l') de la fumée dans les vignes, contre les gelées tardives du printems, par M. Leschevin. *Paris*, *in*-8°, 1805.

2022. Utile (l') à tout le monde, *ou* Le parfait écuyer militaire et de campagne, traitant de la connaissance du cheval, de la cure de ses maladies, de la ferrure, par M. de Veyrother. *Bruxelles*, 2 vol. *in*-8°, 1767.

2023 Utilité des discussions économiques; par M. Letrosne; *in*-12, 1766.

## V.

2024. Vanierii prædium rusticum; *in*-12. (*V*. Prædium, etc.)

2025. Végétaux (des) résineux, tant indigènes qu'exotiques, avec un Mémoire de *J. Nauche* sur la manière dont les substances résineuses agissent dans l'économie animale, par F. S. Duplessy.

2026. Vegetii Renati artis veterinariæ, sive Mulomedicinæ libri IV. *Basileæ*, 1528.

2027. Venationis, piscationis et aucupii Typi. Joann.

Box depingebat, Philipp. Galleus excudebat; *in*-8°.

Curieux pour les bibliomanes.

2028. Vénerie (la) de Jacques du Fouilloux, avec quelques additions, savoir : le traité de Gaston Phœbus, comte de Foix, de la chasse des bêtes sauvages; et plusieurs traités de chasses du loup, du connil, du lièvre, et quelques remèdes pour les maladies des chiens. *Paris*, *in*-4°, 1606, 1628, 1640, 1653; *Rouen*, 1650, 1656; *Poitiers*, 1661.

Ce traité offre des observations utiles sur les chiens de chasse. Il y a quelques digressions; mais, en général, on remarque des recherches et une grande expérience. M. *de Buffon* et M. *Daubenton* citent souvent ce traité : c'est dire qu'il n'est pas sans mérite.

2029. Vénerie normande, *ou* l'Ecole de la chasse au chien courant, etc., par M. Vernier de la Conterie; 1778.

2030. Vénerie (la) royale, qui contient les chasses du cerf, du lièvre, du chevreuil, du sanglier et du renard, avec le dictionnaire des chasseurs, par Robert de Salnove. *Paris*, *Sommaville*, *in*-4°, *fig*. 1665.

Recherché.

Ce traité est divisé en quatre parties : les trois premières comprennent les chasses au cerf, lièvre, chevreuil, loup, sanglier et renard. L'auteur donne, d'après ses observations et les préceptes des anciens qu'il réfute quelquefois, une idée de la nature de l'animal qu'il faut chasser, des qualités, de l'éducation, des maladies des chiens. La quatrième partie contient un dénombrement des forêts et grands buissons du royaume, avec les situations les plus convenables aux quêtes, relais et logemens pour y chasser.

2031. Verger (le), poëme, par M. de Fontanes, *in*-8°, 1788.

2032. Véritable (le) fauconier, par M. Claude de Morais, chevalier, seigneur de Fortille, ci-devant chef du héron de la grande fauconnerie. *Paris*, *in*-8°, 1683.

C'est un traité de la chasse qui passe pour être bien écrit.

2033. Veterum scriptorum de re rusticâ præcepta in dialogos collecta, ab Adriano Kembter, *in*-4°, 1760.

2034. Vigne (la), mémoire couronné à l'académie de Metz, par M. DURIVAL le jeune, 1777.

2035. Villæ lib. XIII. *Francofurti*, *in-4°*, 1592.

C'est une maison rustique, par J.-B. PORTA.

2036. Vingt (les) journées d'agriculture d'AUGUSTIN GALLO, traduit par *Belleforest*; 1570.

Curieux seulement pour les amateurs de vieilles éditions. L'auteur italien est très-mal traduit. On lit avec intérêt l'original qui est intitulé : *Le vinti giornate dell' agricoltora, Venetia*; 1559. Il s'y trouve des réflexions judicieuses.

2037. Vinification, *ou* Fabrication de boissons vineuses et économiques, avec diverses substances, pour la classe indigente du peuple, par M. JOLIVET; *in-8°*, 1790.

Cet ouvrage utile renferme des choses curieuses. L'auteur a relevé beaucoup de méprises des Œnologistes. Il était propriétaire de vignes, et de plus, marchand de vins.

2038. Vins (les) rouges, les vins blancs et les cidres, par MAUPIN, *in-8°*, 1787.

2039. Virgilii Maronis Bucolica, Georgica et Æneis. Venetiis, Vindelinis de Spira; *in-fol.* 1470.

Edition rare, bien exécutée; c'est la seconde. La première est de 1469. *Rome*. (Pour les curieux.)

Nous ne parlons pas des nombreuses éditions de ce livre classique, connu de tout le monde.

2040. Vœu (le) d'un agriculteur, par M. SONNINI, *in-8°*, 1788.

2041. Vœu d'un agriculteur rhéno-français, par M. HELL, député d'Alsace à l'assemblée nationale; *in-8°*, 1791.

2042. Vœu d'un citoyen sur la navigation intérieure, d'où dépendent uniquement les grands progrès de l'agriculture et du commerce; précis des ouvrages de M. ALLEMAND, publiés sous le privilège de l'académie royale des sciences, avec de nouvelles observations sur cette partie et sur celle des forêts; *in-4°*, 1787.

2043. Voyage agronomique en Auvergne, précédé

d'observations générales sur la culture de quelques départemens du centre de la France, par M. DEPRADT; *in*-8°, 1803.

2044. Voyage agronomique, précédé du parfait fermier, contenant l'état général de la culture anglaise; ouvrage traduit de l'anglais d'*Arthur Young*, par DE FREVILLE. *Paris*, 2 vol. *in*-8°, 1774.

2045. Voyage en France, pendant les années 1787, 1788, 1789, 1790, par ARTHUR YOUNG, traduit de l'anglais, par *F. S.*, avec des notes et des observations par M. *de Casaux*. *Paris*, *Buisson*, 3 vol. *in*-8°, an II.

Le nom du traducteur est M. *Soulès*. *Arthur Young* parcourut la France en agriculteur, et une grande partie de ce voyage est agronomique. Dans la traduction française du *Cultivateur anglais* (Voyez ce mot), les traducteurs ont réduit ces trois volumes en un seul, en éloignant tout ce qui n'avait pas rapport à l'agriculture.

2046. Voyages agronomiques dans la sénatorerie de Dijon : contenant l'exposition du moyen employé avec succès depuis près de cent ans à Rouvres, près Dijon, et depuis, en d'autres communes, pour remédier à l'obstacle qu'oppose aux progrès de l'agriculture la trop grande subdivision des terres, par M. FRANÇOIS (de Neuf-Château.)

2047. Voyages d'un philosophe, *ou* Agriculture des iles Moluques, par PIERRE POIVRE. *Paris*, *in*-12, an IV.

2048. Vrai (le) régime et gouvernement des bergers et bergères, traitant de l'état, science et pratique de l'art de bergerie, et de garder ouailles et bêtes à laine, par le rustique JEHAN DE BRIE, le bon berger. *Paris*, *in*-12, 1542.

Ce petit ouvrage, extrêmement rare, est assez judicieusement rédigé. *Jehan de Brie* est ainsi nommé, parce qu'il était de Coulommiers en Brie. Il écrivait en 1379, sous Charles V; mais son livre ne fut imprimé que vers 1530. Les premiers exemplaires ne portaient aucune date. *Denys Janot*, pour donner aux autres un air de nouveauté, mit un feuillet qui portait la date de 1542; exemple suivi depuis pour rajeunir les éditions non-épuisées.

2049. Vraie (la) connaissance du cheval, ses maladies et ses remèdes, par I. I. D. E. M. avec l'anatomie de *Ruini*, contenant 64 figures, par J. Jourdain. *Paris*, 1647.

Réimprimé en 1654.

2050. Vraie (la) Théorie et la pratique de l'agriculture, déduites des expériences et des recherches physiques par Cutbert Clarke, traduit de l'anglais. *Paris*, *in*-4°, 1779.

2051. Vues économiques sur les moulins et pressoirs à huile d'olive, par M. l'abbé Rozier, *in*-4°, 1777.

2052. Vues générales sur l'état de l'agriculture dans la Sologne et sur les moyens de l'améliorer, par Huet de Froberville. *Orléans*, *in*-8°, 1788.

2053. Vues générales sur l'organisation de l'instruction rurale en France, par Béthune-Charost. *Paris*, *in*-8°, an III.

2054. Vues importantes sur l'agriculture et l'économie rurale, par M. le comte de Morangiès; *in*-4°, 1768.

2055. Vues relatives à l'agriculture de la Suisse, et aux moyens de la perfectionner, par Emmanuel Fellemberg; traduit de l'Allemand, par *Charles Pictet*. *Genève*, 1808.

Voyez l'article *Fellemberg*.

# SUPPLÉMENT.

## *Articles survenus pendant l'impression.*

2056. Coup-d'œil rapide sur les causes qui amènent le ravage des torrens et rivières et sur la manière simple et peu dispendieuse de s'en garantir, par G. M. *in*-8°, 1801.

L'auteur est M. Gamon-Monval, ancien capitaine dans l'arme du génie.

2057. Crambe, ion sive viola, lilium, Jac. August. Thuani poëmata. *Lutetiæ*, 1609.

2057 *bis*. Description d'une machine à puiser de l'eau, en usage dans le Levant. *Paris*, *D. Colas*, *in*-8°, 1810.

2058. Dissertatio satyrica physico-medica moralis de pica nasi, sive tabaci sternutatorii moderno ab usu et nâxo; *in*-8°, 1716.

L'auteur de cette dissertation (dont nous ne rapportons le titre que pour compléter l'énumération des ouvrages écrits sur le tabac) est, suivant M. *Barbier*, *J. Henri Cohausen*, qui avait fait une seconde partie restée manuscrite. Elle est intitulée *nasus picans, peccans*.

2059. Eloge (l') de la chasse, par le chevalier de Mailly. *Paris*, *in*-12, 1723.

Cet éloge est en forme de lettres; on y trouve des prodiges et des faits évidemment controuvés. L'auteur était filleul de Louis XIV et de la reine Anne d'Autriche. Il fit imprimer son livre en 1723 et le présenta à Louis XV.

2060. Essais politiques, économiques et philosophiques, par Benjamin, comte de Rumford, traduit de l'anglais, par L. M. D. C.

*Le marquis de Courtivron* est le traducteur. En 1802 il publia la traduction du dixième essai sur la construction des cuisines, et en 1804 celle des mémoires sur la chaleur. (Note de M. Barbier.)

2061. Flore (la) jardiniére : contenant la description de toutes les plantes, tant indigènes qu'exotiques, cultivées en France dans les jardins : leur culture et multiplication, leurs noms français, leurs noms vulgaires, d'après tous les auteurs tant anciens que modernes ; leurs noms latins, leur ordre, leur classe d'après *Linnée* ; leurs familles d'après *Jussieu* ; leurs différentes espèces et variétés ; précédés d'instructions pour les travaux à faire dans les jardins et les serres, pendant chaque mois de l'année, avec neuf planches, etc. Ouvrage composé d'après les meilleurs auteurs, par J. F. Bastien, auteur de la *Nouvelle maison rustique* ; *in*-8°, 1809.

Cet ouvrage, ainsi que tous ceux que le même auteur a publiés sur l'agriculture, est une compilation ; mais elle est bien faite et utile.

2062. Histoire des plantes et simples aromatiques venues des Indes occidentales ; de la nature des bêtes à quatre pieds, des oiseaux, des serpens et des poissons : plus un Traité de la distillation des eaux et huiles, par Linocier. *Paris*, 1584.

2063. Hortus sanitatis, de herbis et plantis, auctore Joanne Cuba. *Moguntiæ*, *in-fol.*, 1491.

2064. Instructions sur l'économie rurale, aux habitans des campagnes, publiées par la Société d'agriculture du département des Deux-Sèvres, par M. E. Jacquin. *Niort*, *Plisson*, *in*-8°, 1804.

2065. Journal de l'agriculture, du commerce et des finances. *Paris*, 30 vol. *in*-12 environ, 1764, 1774.

Voici les auteurs désignés par M. Barbier, dans son second supplément des ouvrages anonymes : MM. *Dupont*, *Quesnay*, *Mirabeau*, *de la Rivière*, *le Trosne*, *Saint-Péravi*, *l'abbé Loiseau*, *Rouxelin*, *de Butré*, *de la Touane*, etc. A dater de janvier 1772, ce journal porta au frontispice le nom de l'abbé *Roubaud* : en décembre 1774 on y voyait encore ce nom (Barbier.)

Cette explication est relative au N° 899.

2066. Leçons élémentaires sur le choix et la conservation des grains, sur les opérations de la meunerie, de la boulangerie et sur la taxe du pain ; suivies d'un Catéchisme à l'usage des gens de la campagne, sur les dangers auxquels leur santé et leur vie sont exposés, et sur les moyens de les prévenir et d'y remédier, par L. Cotte, observateur météréologiste ; *in*-12, 1809.

L'influence de l'atmosphère sur les productions de la nature ne peut plus être contestée : préserver les grains de cette influence est un des principaux moyens pour les conserver : l'expérience acquise par M. *Cotte*, dans une longue suite d'observations météréologiques, devait lui fournir plus qu'à tout autre, les moyens de calculer les effets de l'atmosphère, de les prévoir, de les prévenir et d'en garantir les grains. Ce livre doit donc être un guide fidèle pour les cultivateurs.

2067. Le parfait agriculteur, *ou* Dictionnaire portatif et raisonné d'agriculture, contenant les nouvelles inventions et découvertes faites dans cet art ; les nouveaux procédés propres à améliorer les terres, et à donner de la valeur aux terrains les plus ingrats, avec une connaissance générale de tout ce qui a rapport à la culture des bois et des plantes ; suivi d'un appendix, par ordre alphabétique, des maladies des chevaux, des bestiaux et des grains, avec les recettes les plus éprouvées pour prévenir le mal, ou pour en obtenir la guérison ; ouvrage rédigé d'après l'expérience et les avis des agriculteurs les plus célèbres, et les traités les plus modernes dans ces parties, par COUSIN D'AVALON. *Paris*, *Delacour*, 2 vol. *in*-12, 1809.

On ne rencontrera point dans ce dictionnaire ces nouvelles théories qui ne peuvent être d'aucune utilité, mais bien les premiers principes de l'agriculture, et tous les moyens possibles qui peuvent l'améliorer sans de grands frais.

2068. Manuel des officiers de bouches, par MENON. *Paris*, *in*-12, 1759.

2069. Moyen le plus économique, le plus prompt, le plus facile d'améliorer la terre d'une manière durable, par M. PARADIS DERAYMONDIS. *Bourg-en-Bresse*, *in*-12, 1789.

2070. Nouveau (le) cuisinier royal et bourgeois, par MASSIALOT. *Paris*, 2 vol. *in*-12, 1712.

2071. Nouvelle instruction pour les confitures, les liqueurs et les fruits, par MASSIALOT. *Paris*, *in*-12, 1698.

2072. Oleæ (de) culturâ et conditurâ, carmen ab uno è sacerdotibus Oratorii Domini Jesu. *Parisiis in*-8°, 1789.

Le nom de l'auteur est M. *Sabatier*, de Montpellier.

2073. Plantæ rariores quas maximam partem in horto domestico coluit, secundùm notas suas examinavit et breviter explicavit, CH. J. TREW. *Norimb.*, *in-fol.* 1763.

Cet ouvrage, d'une belle exécution, a été interrompu par la mort de l'auteur, et continué par *Bernard-Chrétien Vogel*, professeur de botanique à Altsdorff.

2074. Réflexion d'un vigneron de Besançon sur un ouvrage qui a pour titre : *Dissertation qui a remporté le prix de l'académie de Besançon, en* 1777, *sur les causes d'une maladie qui attaque plusieurs vignobles de Franche-Comté*, par le P. PRUDENT, capucin. *Vesoul*, *in*-8°, 1778.

L'ouvrage auquel ces réflexions ont rapport, est indiqué N° 1624. *Le vigneron de Besançon* est M. l'abbé *Bavarel*. Voici ce que dit, à cette occasion, M. *Barbier*. « Cette brochure, écrite d'une manière très-piquante, fit grand bruit dans le tems ; elle fut même dénoncée par les confrères du P. *Prudent*, au parlement, qui eut le bon esprit de sentir que l'affaire en question ne pouvait être décidée que par le public. »

2075. Thé (le) de l'Europe, *ou* les propriétés de la véronique, par M. ANDRY ; *in*-16, 1707.

2076. Traité de l'olivier, contenant l'histoire et la culture de cet arbre, les différentes manières d'exprimer l'huile d'olive, celles de la conserver ; *in*-8°, 1784.

M. P. J. AMOREUX fils, médecin de Montpellier, est auteur de cet ouvrage auquel il ne mit pas son nom.

2077. Traité politique et économique des Cheptels, par un ancien avocat au parlement de Bourgogne : *in*-12, 1765.

Nous avons (N° 1983) attribué, d'après l'autorité de *Camus*, cet ouvrage à *Bannelier*. *Boucher-d'Argis* l'attribue à *Colas* père de l'avocat-général de ce nom. M. *Amanton*, dans une note qu'il a communiquée à M. *Barbier*, est de mêmes avis, ajoutant que les avocats de Dijon, contemporains de Colas, conviennent que le traité en question est de ce dernier. C'est même de notoriété publique au barreau de Dijon. Il faut donc rectifier l'article indiqué, N° 1983.

2078. Traité sur l'usage des colombiers et des volières en Bourgogne. *Dijon*, *in*-8°, avec cette épigraphe :

*Dat veniam corvis, vexat censura columbas.*

L'auteur de cet ouvrage est M. LUCAN, avocat.

# CATALOGUE BIOGRAPHIQUE

## *Des Auteurs qui ont écrit sur l'économie rurale et domestique.*

*Nota.* — Les numéros renfermés entre parenthèses, qui terminent l'article de chaque auteur, renvoient aux titres de son ouvrage. Lorsque ce titre ou la note qui le suit, donnent quelques éclaircissemens sur l'auteur, on a cru inutile de les répéter dans le catalogue.

Quand on n'a pu se procurer des renseignemens sur un écrivain, on s'est contenté d'indiquer le siècle dans lequel il a vécu.

Quelques livres sont pseudonymes (tel est celui indiqué N° 978), nous avons tâché de trouver le véritable nom; mais plusieurs ont échappé à nos recherches; *Baillet*, le savant et laborieux *Peignot*, *Barbier*, etc., ont quelquefois échoué dans des recherches pareilles, et nous n'avons pas la folle prétention de nous croire aussi habiles que ces bibliographes. D'ailleurs, les documens biographiques n'étaient pas le principal but de notre travail. L'insertion, dans ce catalogue, d'un nom supposé, ne prouve donc pas qu'il ait existé un auteur qui ait porté ce nom, et l'indication du siècle annonce seulement l'époque à laquelle le livre a paru.

Les écrivains cités comme une autorité, sont inscrits dans ce catalogue, quoiqu'ils soient étrangers à l'agriculture.

Les noms de plusieurs auteurs ne sont pas toujours suivis de numéros de renvoi; les titres de leurs ouvrages n'étaient pas connus de nous. Nous indiquons seulement sur quelles parties de l'économie rurale ils ont écrit.

Enfin, nous avons cru devoir parler de quelques grands cultivateurs ou de quelques amateurs d'agriculture qui ont encouragé cet art par l'exemple ou par des établissemens utiles, plutôt que par des ouvrages. Le silence eût été une sorte d'ingratitude.

### A.

2079. ABEILLE (*F.*), né à Toulon en 1716, membre de la Société royale d'agriculture de Paris, 18 et 19e siècles. (Nos 1414, 1415.)

2080. *Agricola* (*G. A.*), auteur allemand du 18e siècle. (N° 27.)

2081. *Aigoin*, membre de la Société d'agriculture d'Ivrée, 19e siéc. (N° 1097.)

2082. *Alagona* (*Artalouche de*) seigneur de Maravecques. Plusieurs écrivains ont cru ce nom supposé. On lit dans le dictionnaire historique et dans l'ouvrage de M. *Lallemant*, (V. N° 531) qu'*Alagona* vécut dans le 15e siècle, et qu'il était chambellan du roi de Sicile. (N° 702.)

2083. *Alamanni* (*Louis*), gentilhomme florentin, célèbre poëte italien, né en 1495. Ayant conspiré contre Jules de Médicis (le pape Clément VII), il se réfugia en France, où François premier le combla de bienfaits, et l'envoya en ambassade dans plusieurs cours. Il mourut en 1556. Auteur des Géorgiques italiennes. (N° 368.)

2084. *Albert-le-Grand*, 13e siècle. (N° 1724.) (Note sur cet auteur.)

2085. *Alexandre* (*M. F.*), 19e siècle ; ancien chef de division au ministère de la guerre. (N° 1698.)

2086. *Allaire*, administrateur général des eaux et forêts ; 19e siéc. (N° 1251.)

2087. *Allemand* ; 18e siècle. (N° 2042.)

2088. *Alleon Dulac* (*Jean-Louis*), avocat à Lyon, vécut dans le 18e siècle ; il fut employé dans les fermes à St.-Etienne en Forez où il mourut en 1768. (N° 1246.)

2089. *Alletz* (*Pons-Augustin*), avocat ; né à Montpellier, mort à Paris le 7 mars 1785, à 82 ans. C'était un des plus infatigables compilateurs. Il a abrégé la *Maison rustique*. (N° 32.)

2090. *Alstroem* (*Cl.*), Suédois ; 18e siècle. (Nos 589, 616.)

2091. *Althen* ; 18e siècle. (N° 1105.)

2092. *Altomare* (*Donat-Antoine*), médecin à Rome, où il vécut dans l'intimité du pape *Paul IV*. Il mourut en 1536. (N° 418.)

2093. *Ameilhon* (*Hubert-Pascal*), né à Paris en 1730 ; ci-devant censeur royal ; ancien bibliothécaire de la ville de Paris ; membre de l'académie des inscriptions : ensuite administrateur de la bibliothèque de l'Arsenal, membre de la légion d'honneur, de l'institut, etc. (N° 900.)

2094. *Amiot* (*le P.*), missionnaire à Pékin, 18e siècle. (N° 1694.)

2095. *Amoreux*, docteur en médecine, bibliothécaire à Montpellier, a donné des mémoires insérés dans la collection de ceux de la Société impériale d'agriculture. Cité avec éloges par *Rozier et* plusieurs écrivains agronomiques. Son père, Pierre-Joseph *Amoreux*, médecin à Beaucaire, sa patrie, a écrit une lettre sur la médecine vétérinaire en 1775. (Nos 1156, 1216.)

2096. *Andrieux-Vilmorin*. Voyez *Vilmorin*.

2097. *Andry* (*Charles-Louis-François*), docteur-régent de la faculté de médecine de Paris, et professeur de chirurgie, né à Paris, dans le 18e siècle. (N° 1018.)

2098. *Angeli* (*Pierre*), 16e siècle. (N° 1517.) (Note sur cet auteur.)

2099. *Angelini* (*Augustin-Rose*), de Bergame, 19e siècle. (N° 952.)

2100. *Angran de Rueneuve*, 18e siècle. (N° 1489.)

2101. *Aquino* (*Charles d'*), né à Naples en 1654, mourut à Rome en 1740. Il se fit jésuite, professa la rhétorique et publia plusieurs ouvrages écrits en latin. (N° 1348.)

2102. *Aratinus* (*Leonardus*), traduisit les Économiques d'Aristote en 1511. (N° 550.)

2103. *Arbuthnot*, anglais, 18e siècle. (N° 91.)

2104. *Arcère* (*Louis-Etienne*), prêtre de l'Oratoire, mort en 1781, était de Marseille. Ce littérateur, instruit, a fait un ouvrage relatif à l'agriculture des Romains. (Nos 361, 637.)

2105. *Aristote*, qu'on a surnommé le *Prince des philosophes*, naquit à Stagyre, en Macédoine, environ 384 avant l'ère chrétienne, lorsque Xénophon achevait sa carrière. Il mourut à 63 ans, l'an 321 avant J. C. Le nombre et la variété de ses ouvrages forment presque une Encyclopédie. Celui qui a pour objet l'économie rurale et domestique, est divisé en deux livres. Dans le premier, on trouve la différence entre l'économie et la politique : le second, est consacré à des vues générales sur l'économie. Aristote indique quatre formes d'administation. *Vossius* et *Samuel Petit*, prétendent que ce second livre n'est point de l'instituteur d'Alexandre. Quoi qu'il en soit, tous les auteurs anciens qui ont publié des ouvrages sur l'agriculture, ont fait beaucoup de cas de celui d'Aristote. (Nos 90, 550.)

2106. *Aristote*, jardinier de Puteaux. C'est évidemment un nom supposé ; mais M. *Baillet*, dans ses *Auteurs déguisés*, ni M. *Barbier*, dans son Dictionnaire des livres anonymes et pseudonymes, ne parlent du prétendu jardinier de Puteaux. (Nos 803, 806, 1455.)

2107. *Arnaud d'Andilly* (*Robert*), né à Paris en 1588, occupa avec distinction plusieurs emplois importans. A 55 ans, il se retira à Port-Royal des Champs, solitude dans laquelle il partagea son tems entre le jardinage et les compositions d'ouvrages pieux. Comme il préférait la culture des arbres fruitiers aux autres occupations rurales, on lui attribue, mais sans preuve, le livre dont le titre est rapporté sous le N° 978.

2108. *Arrien de Nicomédie*, surnommé *Xénophon* le jeune, vivait sous les empereurs Adrien, Antonin et Marc-Aurèle. Il fut général, consul, et parvint à des emplois supérieurs. Dans son livre *De venatione*, il entreprend de détruire le crédit que les anciens donnaient aux rets, aux filets, etc., et veut démontrer qu'il est plus beau de triompher ouvertement de son ennemi, que de le surprendre. Cet ouvrage renferme, en 36 chap., beaucoup de détails intéressants. On y remarque le portrait du chien qui n'a point été inutile à M. de Buffon, suivant le témoignage de MM. Lallemant, dans leur traité curieux des *auteurs qui ont écrit sur la chasse*.

Le traité de la chasse, découvert beaucoup plus tard que les autres écrits d'Arrien, parut pour la première fois en 1644. Hostein le publia avec une version latine. Arrien fut gouverneur de la Cappadoce, et servit avec distinction contre les Alains, qu'il battit. (N° 2008.)

2109. *Auber (Charles-Edouard)*, médecin, 19e siècle; administrateur, commissaire du bureau d'agriculture du département de la Seine Inférieure à Rouen, professeur de belles-lettres à l'école centrale de cette ville, a écrit sur l'amélioration des bêtes à laine. (Nos 1651, 1653.)

2110. *Aubert (A.)*, médecin, 19e siècle. (N° 474.)

2111. *Audiffred*, 19e siècle. (N° 205.)

2112. *Audiger*, 17e siècle. (N° 971.)

2113. *Augier (A.)*, 19e siècle. (N° 586.)

2114. *Aussenar*, 18e siècle. (N° 1378.)

2115. *Autroche (d')*, était membre de la Société royale d'agriculture d'Orléans. Il a écrit et fait imprimer dans cette ville, en 1787, un mémoire sur l'amélioration de la Sologne. (N° 1091.)

2116. *Aygaleuq (F.)*, médecin, 19e siècle. (N° 87.)

# B.

2117. *Baard (Pierre)*, poëte latin, et médecin flamand. (N° 1563.)

2118. *Baccius (André)*, né à Saint-Elpidio, dans la Marche d'Ancône, professeur de médecine à Rome, et premier médecin de Sixte-Quint. Il a écrit plusieurs ouvrages où l'on trouve des recherches curieuses. Il mourut à la fin du 16e siècle. (N° 71.)

2119. *Bagot*, membre de la Société d'Agriculture du département de la Seine, 19e siècle. (N° 72, 1238.)

2120. *Baillard*, auteur du 17e siècle. (N° 464.)

2121. *Baillon de Montreuil*, 18e siècle. (N° 1619.)

2122. *Baillon*, né à Montreuil-sur-mer, a écrit en 1791, sur les bois.

2123. *Ballaud*, a écrit sur l'administration forestière, 18e siècle. (N° 1438.)

2124. *Bannelier* (*Jean*), avocat au parlement de Bourgogne, doyen de l'université de Dijon, est mort en 177 . (N° 1974.) C'est par erreur qu'on lui attribue l'ouvrage inscrit sous ce numéro. Voyez Supplément (N° 2077.)

2125. *Barbé-Marbois*, de Metz, jadis intendant des îles françaises sous le vent, a été membre des anciens, puis conseiller d'état, ministre du trésor public; est aujourd'hui premier président de la cour des comptes, grand officier de la légion d'honneur. (Nos 317, 1740.)

2126. *Barberet* (*Denis*), médecin, né en 1714, a écrit sur la physique, l'œnologie et l'agriculture. (Nos 1082, 1221.)

2127. *Barbeu-du-Bourg* (*Jacques*), médecin de Paris, né à Mayenne en 1709, mort en 1779; ami de Francklin, il traduisit ses œuvres. (Nos 950, 1483.)

2128. *Barbeuf*, 18e siècle. (N° 205.)

2129. *Barbier* (*Ant.-Alexandre*), né à Coulommiers, département de Seine-et-Marne, en 1765, bibliothécaire du conseil d'état, bibliographe, connu par plusieurs ouvrages. (Nos 103, 978.)

2130. *Bario* (*Arnaud*) prêtre du 17e siècle. (N° 266.)

2131. *Barras* (*Marie-Thérèse Quiqueran Beaujeu, veuve*), née à Salon en Provence, en 1753, a écrit sur les abeilles. Madame de Barras est de la famille de l'évêque de Senez, dont le nom est célèbre dans les Annales de l'agriculture française. (N° 1125.) Lisez *Barras*.

2132. *Barré de Saint-Venant*, ancien capitaine d'artillerie, colon de Saint-Domingue, a fait un travail sur le code rural. Ce travail fut envoyé à la Société d'agriculture du département de la Seine.

2133. *Barrelier* (*Jacques*), dominicain et botaniste estimé; élu, en 1646, assistant du général des frères prêcheurs, il parcourut avec lui la France, l'Espagne et l'Italie. *Jussieu* a publié l'ouvrage de *Barrelier*, ainsi que nous le disons N° 1539.

2134. *Barret*, 18e siècle. (N° 215.)

2135. *Barruel-Beauvert*, ancien capitaine de dragons, a critiqué le Poëme des jardins, 18e siècle. (Nos 947, 1528.)

2136. *Barthez* (*Guillaume*), né à Narbonne, médecin, membre de plucieurs Sociétés savantes, etc.

2137. *Barthez de Marmorières*, successivement secrétaire d'ambassadeur, lieutenant-colonel au régiment suisse de Backman, membre des Sociétés économiques de Berne, Lucerne et Bâle, né dans la principauté de Saint-Gallen, vers 1743, a fait un essai sur les avantages que l'on pourrait retirer de la côte de Languedoc relativement à l'agriculture, 1759. (N° 1263.)

2138. *Bartlet*, auteur anglais du 18e siècle. (No 726.)

2139. *Bassius* (*Cassionus*), avocat à Constantinople dans le 10e siècle, rassembla, par ordre de l'empereur Constantin VII, tout ce qui restait des anciens sur l'économie rurale et domestique. Voyez *Géoponiques*. (No 727.)

2140. *Bastide*, 19e siècle. (No 640.)

2141. *Bastien* (*Jean-François*), libraire à Paris, a fait des éditions soignées de plusieurs de nos bons auteurs, et qui sont connues sous son nom, dans le commerce de la librairie.

Quelques ouvrages sur l'agriculture portent son nom : ce sont des compilations utiles, faites avec soin et avec goût. (Nos 66, 211, 972, 1394.)

2142. *Baud* (*F. R.*), de Saint-Claude, 19e siècle. (No 389.)

2143. *Baudeau* (*Nicolas*), abbé, prévôt de Widzimisk en Pologne, prieur des chanoines réguliers de Saint-Lô en Normandie, né en 1730, à Amboise, mort en 178 , a écrit divers traités économiques. Il eut des démêlés avec plusieurs écrivains, sur ses systèmes de finance et de commerce. (Nos 160, 787, 1405, 1580, 1798.)

2144. *Baudrillart* (*J. J.*), employé dans l'administration des eaux et forêts, 19e siècle. (No 677, 816, 1365.)

2145. *Bauman* (*F. G.*), 18e siècle. (No 226.)

2146. *Baumé* (*Antoine*), apothicaire et chimiste à Paris, de l'académie des sciences, de celle de Madrid ; né à Senlis en 1728, a écrit sur la nature des terres les plus propres à l'agriculture, et sur les moyens de fertiliser celles qui sont stériles. 1770. (Nos 1143, 1197, 1286.)

2147. *Bauze*, receveur-général du canal des deux mers, 19e siècle. (No 1638.)

2148. *Bazin* (*Gilles-Augustin*), médecin de Strasbourg, mort en 1754, a écrit sur les plantes, les abeilles et les insectes. (Nos 768, 1468, 1908.)

2149. *Béarde de l'Abbaye*, mort jeune à Paris en 1771, s'attacha à l'étude de l'économie rurale. Il est auteur d'une dissertation, couronnée à l'académie de Pétersbourg, sur cette question : *Est-il avantageux à un état que les paysans possèdent des terres en propriété? Paris*, *in-8o*, 1769. (Nos 487, 647, 703.)

2150. *Beaugrand*, 17e siècle, a écrit sur l'art vétérinaire. (No 1041.)

2151. *Beaumont* (aîné), inspecteur vétérinaire, 19e siècle. (Nos 174, 862.)

2152. *Beaunier* (*Stanislas*), 19e siècle, cultivateur près de Vendôme, s'est particulièrement livré à l'éducation des abeilles. (No 1979.)

2153. *Beaupied Dumesnil*, de la Société d'agriculture de la Rochelle, vivait dans le dernier siècle. (N° 1222.)

2154. *Beckman*, auteur allemand du 18e siècle. (N° 559, 867.)

2155. *Bedford (duc de)*, l'un des plus riches particuliers de l'Angleterre, célèbre par son goût pour l'agriculture, et la protection qu'il accordait à ceux qui se livraient à cet art. Il est mort au commencement de ce siècle. (N° 951.)

2156. *Bédos de Celles (Jean-François)*, bénédictin, membre de l'académie de Bordeaux, né à Caux en Normandie, mourut en 1779. (N° 733.)

2157. *Beffroy (L. E.)*, 18e siècle. (Nos 156, 1647.)

2158. *Béguillet (Edme)*, avocat au parlement de Dijon, se livra à l'étude de l'agriculture. Il mourut en mai 1786; il a fait beaucoup de brochures relatives à l'économie rurale. (Nos 376, 1020, 1198, 1477, 1864, 1949.)

2159. *Bélair (A. P. Julienne de)*, anciennement au service de la Hollande et de la Prusse, était en 1792, ingénieur en chef de Paris. Il est aujourd'hui au nombre des généraux français; a écrit sur l'art militaire et sur l'agriculture. (N° 1231.)

2160. *Bélin de Ballu (Jacques-Nicolas)*, de l'académie des inscriptions et belles-lettres, professeur de langues aux écoles centrales en 1795; a traduit des ouvrages sur la chasse. (Nos 237, 1490.)

2161. *Bellay (Jean du)*, évêque de Paris, cardinal, né en 1492, protégea l'agriculture. Il mérite d'être cité parmi les agronomes. Il fit des efforts incroyables pour perfectionner le jardinage; il tirait beaucoup d'arbres de l'étranger. *Belon* lui en avait procuré un grand nombre d'espèces. *Du Bellay* poussait les précautions jusqu'à faire passer par l'eau bouillante les terres destinées à la culture des plantes rares, afin d'extirper les insectes.

2162. *Belleforest (François de)*, né en 1530, près de Samaten, pays de Comminge, en Guyenne, mourut en 1583, après avoir publié plus de cinquante ouvrages sur des matières différentes. La plupart sont des compilations ou des traductions. On a donné une idée assez juste de *Belleforest*, en disant qu'il gâtait tout ce qu'il touchait.

*Bayle* prétend que cet écrivain *était un de ces auteurs qui font rouler leurs familles sur la pointe de leur plume*. *Du Haillen* disait *qu'il avait des moules auxquels, avec grande promptitude, il jetait des livres nouveaux*. Le fécond *Buc'hoz* mérite le même langage, quoique les siens valent mieux que ceux de *Belleforest*. (N° 1764.)

2163. *Bellery*, professeur de mathématiques à Amiens, ingénieur du comte d'Artois, écrivait au milieu du dernier siècle. (N° 498.)

2164. *Bellisaire Aquaviva*, duc de Nardo, frère d'André Matthieu, duc d'Atri, vivait au commencement du 16e siècle. Ce dernier publia une *Encyclopédie*. *Bellisaire* écrivit, sur la chasse, un traité estimé et curieux. En voici le titre : *Aliquot aurei libelli de principum liberis educandis, de venatione, de aucupio, de re militari, de singulari certamine. Basileæ, in-fol.*, 1518. *Neapoli*, 1519.

2165. *Bélon* (*Pierre*), *Petrus Bellonius*. Quoiqu'à la tête de tous ceux de ces ouvrages qu'il a publiés en langue française, on lise, par *Pierre Bélon du Mans*, cet auteur n'était point né dans la capitale de la province du Maine. Il nous apprend lui-même, qu'il a pris naissance à *la Soulletière*, à peu de distance du bourg de Fouletourte, au pays du Maine. La Soulletière est un hameau de la paroisse et commune d'Oisé, diocèse du Mans, département de la Sarthe.

Les noms de ses père et mère ne sont pas connus, et on ne fixe que par conjecture la date de sa naissance à l'an 1518. Une gravure en bois qui représente sa figure, à la tête de son *Traité des oiseaux*, publié en 1555, porte que ce portrait a été fait lorsque Bélon avait 36 ans. Ainsi, en supposant que ce soit pour orner le traité dont il s'agit, que Bélon se soit fait peindre, ce sera probablement en 1554, et s'il avait 36 ans en 1554, il est né en 1517 ou 1518. *Dès son jeune âge*, il reçut des bienfaits de René du Bellay, évêque du Mans, et s'en montra toujours reconnaissant. Il fut commensal, ou, comme on disait alors, *de la famille* de M. Guillaume Duprat, évêque de Clermont. Il compta au nombre de ses maîtres, le docte Valérius Codrus, professeur à Virtemberg, qu'il accompagna *en ses enquestes sur le naturel des plantes et animaux, par les pays de Bohême, Saxone, et tels autres lieux d'Allemagne*.

Le cardinal de Tournon, auquel il s'attacha, lui procura les moyens de voyager en Italie, à Constantinople, en Grèce, en Egypte, à Jérusalem, dans l'Asie mineure. Il rencontra dans les états du grand seigneur, entr'autres voyageurs français, Pierre Gyllius ou *Gylii* d'Albi, avec lequel il a fait des observations sur le Bosphore. Ce Gyllius, dont le nom, dans notre langue, doit être *Gylli*, et non pas *Gylles*, comme l'écrivent quelques auteurs, fut moins heureux que Bélon. Retenu à Alger, il ne sortit de ce pays que par les soins du cardinal d'Armagnac, et sous la protection de l'ambassadeur de France, M. d'Aramont. Pierre Gyllius ou Gylli se fixa à Rome, y publia plusieurs ouvrages, et mourut en 1555. Bélon avait obtenu, en Egypte, la permission d'accompagner le baron de Fumet, (d'autres écrivent Fumel (gentilhomme de la chambre du roi Henri II, dans le voyage que ce gentilhomme se proposait de faire au mont Sinaï et à Jérusalem, il profita de cette permission. De retour à Constantinople, il repassa en Italie, et de Rome, se rendit à Paris, où il mit en ordre ce qui lui restait de ses nombreuses collections.

Dès 1551, il publia et dédia à Odet, cardinal de Chastillon, évêque de Beauvais, l'*Histoire naturelle des estranges poissons marins, avec la vraie peinture et description du daulphin, et de plusieurs autres de son espèce.* (Paris, Regnaud Chaudière.) Il fut trouver Charles Estienne, médecin et imprimeur, et lui communiqua, outre ses dessins d'oiseaux, de quadrupèdes, de serpens et de plantes, une histoire des poissons. Charles Estienne fut charmé de la beauté de ces ouvrages, et résolut de les imprimer, mais il aurait désiré pour l'auteur un riche et puissant Mécène. Bélon le trouva dans le même cardinal de Chastillon, frère de l'amiral Coligny. Il lui présenta, au mois d'octobre 1552, un traité latin intitulé : *De aquatilibus libri duo, cum iconibus*, etc. L'impression de cet ouvrage fut terminée en 1553. Bélon, en s'adressant au cardinal, l'assure que dans son livre il n'y a rien de feint, rien de supposé, mais que tout y est rendu fidèlement et d'après les observations qu'il a faites dans le Pont, l'Hellespont, les mers Thyrenènes, Erithérénènes et Adriatiques, ainsi que dans la partie de l'Océan qui baigne nos côtes. Cependant, il rapporte quelques faits peu vraisemblables sur les monstres marins ; mais il rapporte ces faits comme des *on dit*, qu'il faut vérifier. Il ne nie pas ce qu'il n'a connu que par les écrits des autres, mais il note tout ce qui lui paraît extraordinaire, avec l'intention d'en faire un sérieux examen. Telle devait être la disposition d'esprit d'un homme qui ayant voulu étudier, sur les lieux mêmes, les phénomènes dont parlent les anciens, a fait de grandes recherches pour reconnaître toutes les productions de la nature, désignées par des noms dont le peuple avait cessé de se servir, et dont les savans ne faisaient que trop souvent de fausses applications. Bélon, dans d'autres ouvrages, nous dit que *les choses viles et de petite estime sont rendues précieuses par cérémonies, et que les choses de petite valeur prennent authorité, étant anoblies de la superstition.* Il pense qu'*il n'y eut onc assemblée d'hommes vivans d'autre manière que le peuple commun*, suivant une coutume superstitieuse, *qui n'ait eu des secrets.* Il cite en preuve les Druides et les Vestales.

*Les hommes*, à son avis, *sont bien insensés de rechercher avec tant de soins et de dépense, des médicamens nouveaux et extraordinaires, comme la mumie ou momie.* Il s'étonne, à bon droit, de ce que les riches et les rois font un si grand cas du cadavre de quelque Egyptien ou de quelque Juif, enduit de poix et de bitume, depuis deux ou trois mille ans. Espèrent-ils que les restes d'un mort leur rendront la santé ? Mais cette santé, dont ils abusent, ils la confient aux charlatans les plus effrontés ! Cependant, Bélon leur répète qu'il n'y a que *fraude* dans les *démarches* de ces gens-là, qu'*illusions* en leurs *promesses. Qui voudra de sorcelleries*, dit-il, *sçavoir quelque chose, sera trouvé que c'est pure fable et mensonge.* Il ajoute : *tels promettent les royaumes à ceux desquels ils empruntent un écu.* Bélon traduisit en français son traité, *De aquatilibus*, sous ce titre : *De la nature et diversité des poissons, avec leurs portraits.* Charles Estienne fut encore l'éditeur de cette traduction. L'épître dédicatoire est datée de l'abbaye Saint-Germain-des-Prés lès Paris, 25 janvier 1554.

Bélon avait, l'année précédente, publié en français le livre qui a pour titre : *Les observations de plusieurs singularités et choses mémorables*, etc. Le privilège pour l'impression de cet ouvrage est du quinzième jour de mars 1552, et il a été achevé d'imprimer le 20 mai 1553. Ces observations ont été traduites en langue latine par l'*Ecluse*.

L'ouvrage latin, *De admirabili operum antiquorum*, parut le 8 juillet de la même année 1552. L'un et l'autre sont dédiés au cardinal de Tournon, qui lui avait donné un logement à l'abbaye Saint-Germain-des-Prés.

Un autre ouvrage en latin, dont le titre est : *De arboribus coniferis*, fut publié aussi en 1553, et présenté à François Olivier chancelier de France.

Le 12 janvier 1554, Bélon dédia au roi Henri II, dont il se dit l'*un des très-humbles escoliers*, l'*Histoire de la nature des oiseaux, avec les descriptions*, etc. en sept livres. Cet écrit fut achevé d'imprimer en 1555. L'auteur y insiste sur l'avantage qu'il a fait entrevoir précédemment, de comparer l'anatomie des animaux avec celle de l'homme.

Nous ne considérons que comme un recueil de pur agrément, les portraits, d'*oiseaux*, *animaux*, *hommes*, *femmes*, etc. donnés en 1557, sous format *in*-4°, avec une explication en rime française, et des quatrains sous chaque figure ; mais, l'écrit qu'il publia sous le titre de, *Remontrances*, contient des observations utiles et curieuses.

Ces *Remontrances d'agriculture* parurent en 1558. Elles furent traduites en latin, et réimprimées dans cette langue l'année suivante. Bélon était alors médecin ; il avait eu de la peine à se faire admettre dans la faculté de médecine de Paris. Le roi lui avait fait expédier un brevet de six cents livres de pension, à imputer sur un bénéfice ; mais il fit de vains efforts pour obtenir que cette promesse fût réalisée. Cependant, le cardinal de Lorraine appuyait sa demande, et Bélon promettait d'établir une pépinière d'arbres étrangers dont il donnait la liste. Cette pépinière eût fourni des sujets pour la décoration des parcs et des jardins des maisons royales. Il engageait aussi le collége des médecins de Paris, *tant pour leur délectation que pour l'augmentation du savoir des doctes*, à établir un lieu public, où, à l'exemple de ce qui se pratiquait déjà en Allemagne et en Italie, on éléverait et cultiverait avec soin diverses sortes de plantes.

Bélon, à qui le connétable de Montmorenci, à la recommandation du cardinal de Lorraine, avait fait délivrer quelques déniers, avait, en 1557, entrepris un dernier voyage en Italie, en Savoie, Dauphiné, Auvergne. Le roi Charles IX lui donna un logement au petit château de Madrid. Il y préparait un ouvrage d'une certaine étendue sur l'*Agriculture* ; il y traduisait les ouvrages de *Dioscoride* et de *Théophraste* ; il était dans la force de l'âge et du talent, lorsqu'en 1564, revenant de ce château de Madrid, à Paris, il fut assassiné dans le bois de Boulogne. La calomnie l'a poursuivi dans le tombeau, où le fer d'un ennemi l'a précipité. Sainte-Marthe, dans l'éloge de Pierre Gyllius ou Gylli, accuse Bélon d'avoir dérobé les manuscrits de ce Gylli, et de s'en être servi pour composer ses ouvrages; le président de Thou a dit à-peu-près la même chose; Baillet et quelques autres l'ont suivi. Le père Nipeceron venge Bélon de tout reproche de plagiat. Les principaux livres de ce naturaliste ont paru du vivant de Gyllius ou Gylli. Ce savant n'a point reproché à son ancien camarade de voyage aucun infidélité; les contemporains ne l'en ont point accusé. Si Bélon eut des ennemis, il eut aussi des partisans zélés, des protecteurs puissans: il a conservé leur bienveillance jusqu'à sa mort. Mais il fût devenu la fable du public, il eût perdu tout crédit auprès des grands, s'il eût été aussi vil que le dit Baillet, sans fournir aucune preuve à l'appui de ses calomnieuses allégations.

Plein de zèle pour la science et de respect pour la vérité, Bélon, au-dessus des idées superstitieuses du vulgaire, ne néglige rien de ce qui peut intéresser ou plaire. Il observe avec une égale attention, et les productions de la nature et celles de l'art. Il ne veut parler que de ce qu'il a vu; mais il voudrait tout voir, tout approfondir. Un trait assez singulier de la vie de cet homme célèbre, dont Buffon, Mauduit et Lamarck ont fait l'éloge, c'est que, revenant d'Allemagne, et se rendant par Thionville à Metz, il fut arrêté à Thionville, et que pour le remettre en liberté, on exigeoit de lui une forte rançon. Il ne pouvait en payer qu'une partie; un gentilhomme, nommé M. de Hammes, *voulut bien*, dit-il, *en faveur du savoir de mon de Ronsard, fournir ce qui restait à payer pour me racheter.*

Le P. *Lelong* prétend que *Bélon* mourut à Rome en 1555, à 65 ans; mais c'est une erreur. Il fut assassiné, comme nous l'avons dit, en 1564, près de Paris.

La Société libre des arts, séant au Mans, a mis au concours l'éloge de ce savant, dans l'année 1808. M. *de Passac* a obtenu le prix. (Nos 324, 1074, 1518, 1729.)

2166. *Belzais-Courmenil* (*Nicolas-Bernard-Joachim-Jean*), né en 1747, Écouché département de l'Orne, jadis avocat: successivement membre des états-généraux, du collége électoral, du conseil des cinq cents, et préfet du département de l'Aisne, mort en 1804. A écrit plusieurs mémoires relatifs à l'économie rurale, et un ouvrage sur les causes qui retardent parmi nous les progrès de l'agriculture.

2167. *Benini*, auteur italien du 18e siècle. (No 368.)

2168. *Benistant* (*God.*), 18e siècle. (No 1917.)

2169. *Benoist*, chef de division au ministère de l'intérieur, membre de la société d'agriculture de Paris, a eu part à la traduction du *Cultivateur anglais*. (No 308.)

2170. *Berchtold*, auteur anglais du 18e siècle. (No 592.)

2171. *Berdoulat*, 18e siècle. (No 122.)

2172. *Berland d'Alouvry*, 18e siècle. (544.)

2173. *Bernard de Poy-Montclar*. C'est sous ce nom que parut, en 1563, une traduction de l'ouvrage de *Végèce*, réclamée depuis par Charles Étienne. Voyez l'art. *Végèce* et le No 1605.

2174. *Bernard (de l'Oratoire)*, 18e siècle. (Nos 656, 1213.)

2175. *Beroald (Philippe)*, né à Bologne en 1453, secrétaire du sénat de Bologne, avait beaucoup d'érudition. (No 1486, 1720.)

2176. *Beroalde (François)*, sieur de Verville, 16e siècle. (No 1768.)

2177. *Berrier*, 18e siècle. (No 810.)

2178. *Berroi*, 16e siècle. (No 182, 1749.) *Nota*. C'est le même ouvrage sous deux titres différens.

2179. *Berthelot*, 18e siècle. (No 1046.)

2180. *Berthezen (Salvatore)*, italien, naturalisé français; a écrit en 1792, sur les mûriers. (No 1708.)

2181. *Bertholon*, mort à Lyon, sa patrie, en 1799, professeur de physique à Montpellier, ensuite d'histoire à Lyon. Il fut l'ami de *Francklin*. Tous ses ouvrages sont consacrés à l'utilité publique. (Nos 355, 358, 413, 1062, 1611, 1906.)

2182. *Bertin*, de la Société d'agriculture à Rennes, 19e siècle. (No 604.)

2183. *Bertrand*, inspecteur général des ponts-et chaussées. (No 161.)

2184. *Bertrand (Elie)*, pasteur à Orbe, né en 1739; membre de plusieurs académies. (No 564, 1896.)

2185. *Bertrand (Jean)*. frère du précédent, né à Orbe, en Suisse, mort en 1782. (No 356.)

2186. *Bertrand (François-Séraphique)*, avocat au parlement de Bretagne, né à Nantes en 1702, mort en 1752. (No 316, 1746.)

2187. *Besançon*, abbé, 18e siècle. (No 442.)

2188. *Besnier*, médecin à Paris, 18e siècle. (No 874.)

2189. *Besson (Jacques)*, ingénieur et mathématicien, né dans le Dauphiné, en 15 , a inventé plusieurs machines. (No 378.)

2190. *Béthune-Charost*, directeur de la Société d'agriculture et d'économie rurale, à Meillan, département du Cher; est mort au commencement de ce siècle. Le duc de *Béthune* avait des vues philanthropiques, et l'amour plutôt que le talent des arts. Il faisait beaucoup de bien. (No 1738, 2053.)

2191. *Béthusy*, 18e siècle. (No 1536.)

2192. *Béville*, notaire à Saint-Denis, homme estimable, membre de de la Société d'agriculture de Seine-et-Oise ; a écrit, en 1804, sur les abeilles. (N° 1887.)

2193. *Bexon* (*Scipion*), né à Remiremont en 1748, mort à Paris en 1784. *Buffon* se l'associa pour la rédaction des derniers volumes de son histoire naturelle. (N°s 231, 232, 708, 1804.)

2194. *Bianchini*, né en 1683, mort en 1749 ; a écrit en italien un *Traité de la culture des oliviers.*

2195. *Bidet*, 18e siècle. (N° 1876, 1992.)

2196. *Bienaimé* d'Evreux ; a écrit sur les abeilles, 1780. (N°s 1195, 1196.)

2197. *Bigothérius* (*Claudus*), nom sous lequel parut, dans le 16e siècle, un poëme latin sur les raves. (N° 1632.)

2198. *Biguet*, membre de la Société d'agriculture de Lyon, 19e siècle. (N° 1240.)

2199. *Bilhuber* (*J. F.*), 18e siècle. (N° 1683.)

2200. *Bilistein* (*Charles-Léopold-Adrien de*), 18e siècle. (N° 660.)

2201. *Billecocq* (*Jean-Baptiste-Louis-Joseph*), homme de loi, né à Paris en 1765 ; a eu part à la traduction d'*Arthur Young*. (N° 308.)

2202. *Binet* (*Claude*), de Beauvais en Picardie, avocat au parlement de Paris ; fut pourvu, par la reine Elizabeth, douairière de Charles IX, de la charge de lieutenant-général de la Sénéchaussée de Riom. Il écrivait en 1572. (N° 1529.)

2203. *Bizet*, de l'académie d'Amiens, 18e siècle. (N° 1159.) Le numéro 1169 indique une nouvelle édition de l'ouvrage mentionné sous le numéro précédent.

2204. *Blair*, 18e siècle. (N° 411.)

2205. *Blanchart* (*Edme*), 18e siècle. (N° 1866.)

2206. *Blancheville*, nom supposé pris par l'abbé *Carlier*. (N° 1218.)

2207. *Blanchon*, 18e siècle. (N° 765.)

2208. *Blassières* (*Jean-Jacques*), 18e siècle. (N° 766.)

2209. *Blavet*, était bibliothécaire du prince de Conti. M. *Nelin* était son collaborateur. (N° 598.)

2210. *Blondet*, écrivait sur l'art vétérinaire vers le milieu du dernier siècle. (N° 493.)

2211. *Boehmer.* (*D. G. R.*), 18e siècle. (N° 186.)

2212. *Boesnier de l'Orme*, Économiste. Voyez ce mot, 18e siècle. (N° 583.)

2213. *Boisguillebert*, 17e siècle, participa, suivant le P. Lelong, à l'ouvrage du maréchal de *Vauban*. (N° 1592.)

2214. *Boisjugans (Godefroi de)*, des Sociétés d'agriculture de Rouen et de Caen, a écrit sur les abeilles en 1771. (N° 1377.)

2215. *Boissier de Sauvage*, abbé, membre de plusieurs académies, 18e siècle. (N° 314, 1282.)

2216. *Bol (Jean)*, (N° 2027.)

2217. *Bolot (Louis-Magdeleine)*, de Dijon, a écrit sur le mûrier blanc et le peuplier d'Italie, 18e siècle. (N° 607.)

2218. *Bon de Saint-Hilaire*, premier président honoraire de la chambre des comptes de Montpellier, membre de l'académie des sciences; mort en 1761. (N° 1223.)

2219. *Boncerf*, de la municipalité de Paris en 1789. En cette qualité il fut chargé d'installer le tribunal judiciaire dans le même local où le parlement avait condamné un de ses ouvrages (*sur les droits féodaux.*) Traduit au tribunal révolutionnaire, il n'échappa à la mort qu'à la majorité d'une seule voix. Le chagrin causé par sa détention le mena rapidement au tombeau. Il était membre de la Société d'agriculture. (N° 1181.)

2220. *Boniol*, médecin à Bordeaux, 18e siècle. (N° 494.)

2221. *Bonnefond*, 17e siècle. (Nos 880, 930.)

2222. *Bonnelle (Charles)*, né en Artois, a vécu dans le siècle dernier. (N° 875.)

2223. *Bonnet (Charles-Henri)*, agent près l'administration forestière de l'arrondissement de Tourneheim, département du Pas-de-Calais, 19e siècle. (N° 250.)

2224. *Bonnet (Charles)*, des académies de Londres, de Berlin, associé de celle des sciences de Paris, etc., né à Genève en 1720, mourut en 1793. Observateur profond, écrivain laborieux, le célèbre Charles *Bonnet* a publié, sur l'histoire naturelle, des ouvrages pleins de recherches curieuses. (N° 940, 1664.)

2225. *Borch (comte de)*, Piémontais, 18e siècle. (N° 956.)

2226. *Borelly (Jean-Alexis)*, né en Provence en 1739. (N° 901.)

2227. *Borie*, préfet du département de l'Ille-et-Vilaine, 19e siècle. (N° 388.)

2228. *Bosc d'Antic (L. A. G.)*, membre de plusieurs sociétés savantes, 19e siècle. (Nos 653, 1189, 1361.)

2229. *Bottin*, 19e siècle. (N° 82.)

2230. *Boucher d'Argis (Antoine-Gaspard)*, né à Paris en 1708, avocat au parlement, conseiller au conseil souverain de Dombes, associé de plusieurs académies. Il a fait les articles de jurisprudence de l'Encyclopédie. Il écrivit sur l'économie rurale (N° 253.)

2231. *Boucher (P. B.)*, 19e siècle. (N° 1507)

2232. *Bouchet Lagetière* (*Ant.-François*), jadis inspecteur des haras, est mort en 1801. (N° 1459.)

2233. *Boudet* (*Antoine*), Imprimeur-libraire à Paris, né à Lyon, mort en 1789. (N°s 906, 1978.)

2234. *Bouillon Lagrange*, professeur de physique et de chimie à l'école polytechnique, au lycée Napoléon : membre de la Société libre de pharmacie, de celle de médecine, etc. 19e siècle. (N° 102.)

2235. *Boullay* (*J.*), chanoine d'Orléans, dans le 17e siècle. (N° 976.)

2236. *Bouquet*, 18e siècle. (N° 149.)

2237. *Bourdon Desplanches*, ancien premier commis des finances. 18e siècle. (N° 83, 1595.)

2238. *Bourgelat* (*Claude*), directeur des écoles vétérinaires, mort le 3 janvier 1779. Il a écrit beaucoup d'ouvrages utiles sur l'art vétérinaire, et avec une élégance de style dont cette matière ne paraissait pas susceptible. (N°s 566, 568, 569, 1219, 1353.)

2239. *Bourgeois*, médecin suisse, 18e siècle. (N° 1338.)

2240. *Bousmard* a écrit sur les plantations, 1788. Un officier du génie, de ce nom, a passé au service de la Prusse. Au commencement de la révolution, il se fit naturaliser ; fut chargé en 1807, de la défense de Dantzick, et fut tué la veille de la reddition de cette place. Nous ignorons si c'est le même. (N° 1083.)

2241. *Bouthier*, avocat à Vienne en Dauphiné, 18e siècle. (N° 247.)

2242. *Boutigny Despréaux*, 18e siècle. (N° 1627.)

2243. *Boutillier* (*Jean*). Nous avons rapporté, article *Somme rurale*, ce que M. *De la Serna* disait sur cet auteur, oublié par la plupart des compilateurs, faiseurs de dictionnaires et bibliographes. Voici ce qu'on trouve dans le premier volume de l'ouvrage intitulé : *Nouvelle bibliothèque historique et chronologique des principaux auteurs du droit*, par *Denys Simon*, Paris, 1695, page 61. « *Jean Bouthillier* conseiller au parlement de Paris, qui vi- » vait sous Charles VI, est auteur de la *Somme rurale*, que M. » *Cujas* a appelée un très-bon livre, et *Denys Godefroy* a assuré » qu'il était aussi nécessaire pour apprendre ce qui est d'usage, » que le code de Justinien l'était pour l'intelligence du droit : et » il ne faut pas juger du mérite de la *Somme rurale*, par le style » et la rusticité, mais plutôt par les belles décisions qui y sont » contenues. *Carondas* y a fait de bonnes notes. Le testament de » *Jean Bouthillier*, qui est à la fin de son livre, est du 16 sep- » tembre 1402. »

On voit que la *Somme rurale* a été écrite à la fin du 14e siècle, et qu'elle n'a dû être imprimée qu'après la mort de l'auteur.

Malgré les notes de *Carondas*, les éloges de *Cujas*, et ceux de *Denys Simon*, ce livre n'a plus de prix que pour les bibliographes. (Nos 1774, 1775.)

2244. *Boutrolle* ou *Bouterolles* (*J. G.*), a écrit sur les devoirs du bouvier, 18e siècle. Son livre a eu dix éditions. (No 1504.)

2245. *Bouvier*, 19e siècle. (Nos 357, 671.)

2246. *Boyceau*, écuyer, sieur de la Baraudière, intendant des jardins du roi Louis XIII, 17e siècle. (No 1959, 1960.)

2247. *Bradley* (*Jacques*), astronome du roi d'Angleterre; né en 1692, mort en 1762. (Nos 210, 1406.)

2248. *Brale*, curé de Tertri près d'Amiens, a écrit sur le chanvre un ouvrage estimé, 18e siècle. (Nos 68, 849.)

2249. *Branche* (*Pierre*), 17e siècle. (No 876.)

2250. *Breton* (*F. le*), anciennement inspecteur-général des remises des capitaineries royales, de l'académie d'Upsal, membre de la Société royale d'agriculture de Paris; né à Lognes près de Rosny, a écrit plusieurs ouvrages sur le sucre, le café et l'économie rurale, 18e siècle. (No 522.)

2251. *Brevet*, secrétaire de la chambre d'agriculture du Port-au-Prince, 18e siècle. (No 606.)

2252. *Brezé* (*de*), 18e siècle. (No 633.)

2253. *Bridault*, 18e siècle. (No 1981.)

2254. *Bridel* (*J. B.*), employé dans les eaux et forêts à Orléans, 18e siècle. (No 1033.)

2255. *Bridelle de Neuvilan*, écrivit dans le 18e siècle sur l'œnologie. (No 1035.)

2256. *Brisieux*, écrivit sur les constructions rurales, dans le 18e siècle. (No 99.)

2257. *Brisson*, inspecteur du commerce à Lyon, 18e siècle. (Nos 833, 1069, 1275.)

2258. *Brodeau* (*Jean*), chanoine de Tours, mourut en 1563; éditeur des ouvrages de Xénophon et d'Oppien, il y a ajouté des notes instructives. (No 1489.)

2259. *Brossard* (*Davy* ou *David*), religieux au Mans, était d'une famille qui existe encore dans le Maine. Il s'occupait beaucoup de pépinières; il vivait dans le 16e siècle. Plusieurs bibliographes ont défiguré son nom. (Nos 147, 986, 1608.)

2260. *Brottier* (*Gabriel*), prêtre, de l'académie des inscriptions et belles lettres; ne à Tanai, dans le Nivernois, en 1723; mort à Paris en 1789. C'était un homme fort instruit; il a fait des éditions soignées d'auteurs latins sur l'agriculture. (No 1546.)

2261. *Brouaut*, 17e siècle. (No 1884.)

2262. *Broussonet (Pierre-Marie-Auguste)*, membre de l'assemblée législative, de la commission des monumens, associé régnicole de l'institut national, secrétaire de la Société d'agriculture de Paris, de l'académie royale de Gœttingue, etc. A eu beaucoup de part aux mémoires de la Soc. royale d'agric. de 1785 à 1792.

M. Broussonet était né en 1761 ; il est mort le 21 juillet 1807. A 24 ans il fut nommé de l'académie des sciences à l'unanimité des suffrages : premier exemple depuis 120 ans que cette académie existait. Il s'adonna d'abord à l'histoire naturelle.

. Des sociétés d'agriculture avaient été établies en différentes généralités en 1761. Elles étaient, en général, composées de grands propriétaires ou de simples laboureurs. Elles avaient peu d'activité dans leurs trvaux, et celle de Paris n'avait publié, en 24 ans, que quelques instructions. L'intendant de cette ville, M. *Berthier de Sauvigny*, voulant lui rendre de l'éclat, s'adressa, en 1785, à M. *Broussonet*. Des mémoires utiles publiés chaque trimestre, des instructions distribuées dans les campagnes, des assemblées de laboureurs, des prix acquirent bientôt à cette Société une considération générale, qui détermina le gouvernement à en faire une corporation centrale dont le ressort s'étendrait à toute la France. (Nos 77, 712, 1494, 1760.)

2263. *Brugmans* ou *Burgmans (Seb. Just.)*, 18e siècle. (No 1080, 1759.)

2264. *Brugnone*, 19e siècle. (No 1133.)

2265. *Bruley*, 19e siècle. (Nos 1457, 1622, 1639, 1649.)

2266. *Buch'oz (Pierre-Joseph)*, ancien médecin du roi de Pologne, de Monsieur et du comte d'Artois, docteur aggrégé du collége royal, et de la faculté de médecine de Nanci, associé de plusieurs Sociétés savantes, né à Metz en 1731, mort à Paris le 30 janvier 1807. Il passa la fin de sa vie dans une véritable détresse. Cet auteur fécond s'est constamment occupé d'objets utiles. Il a écrit plus de trois cents volumes relatifs à la médecine, à l'agriculture, à l'art vétérinaire et à l'histoire naturelle. Le botaniste l'*Héritier*, impatienté de cette fécondité, et trouvant dans un de ses voyages une herbe extrêmement commune, l'avait nommée *Buch'oziana*. (Nos 59, 60, 95, 223, 451, 457, 486, 489, 497, 503, 505, 506, 507, 508, 509, 511, 512, 513, 514, 515, 517, 518, 520, 521, 758, 759, 772, 774, 934, 937, 948, 990, 1024, 1029, 1036, 1037, 1038, 1039, 1048, 1052, 1132, 1140, 1177, 1304, 1315, 1316, 1322, 1356, 1382, 1396, 1472, 1603, 1705, 1786, 1859, 1870, 1901, 2016.)

2267. *Bucquet (César)*, ancien meunier, vivait dans le dernier siècle. Il a écrit sur l'art du meunier, la conservation des grains et la moulure économique. Son *Manuel du meunier* a éte rédigé par M. *Béguillet*. (Nos 1021, 1141, 1232, 1977.)

2268. *Buffel*, intendant des manufactures de Languedoc, 18e siècle. (Nos 1344, 1690.)

2269. *Buffon* (*George-Louis-Leclerc, comte de*), né à Dijon en 1707, mort de la pierre, à Montbard, en 1788, écrivain immortel, admirable dans ses descriptions, sera toujours un modèle de style. La science fera des progrès, mais il est un de ceux qui ont donné à la langue française le dernier degré de perfection.

On lui attribue une traduction de l'ouvrage indiqué sous le numéro 1779. (No 2028.)

2270. *Bulliard*, mort à Paris en 1793, âgé de 41 ans. (No 157.)

2271. *Buniva*, 19e siècle. (Nos 1061, 1423.)

2272. *Burgsdorf* (*N. de*), grand-maître des forêts en Prusse, 19e siècle. (No 1365.)

2273. *Burtin* (*François-Xavier*), médecin, en Lorraine, 18e siècle. (Nos 216, 1165, 1626.) Les deux derniers numéros indiquent le même mémoire sous des titres différens.

2274. *Busching*, professeur, 18e siècle. (No 270.)

2275. *Bussao*, 18e siècle. (No 1335.)

2276. *Busson-Descars*, ingénieur des ponts et chaussées, 19e siècle. (No 627.)

2277. *Butler* (*C.*), Anglais, du 17e siècle. (No 1321.)

2278. *Butret* (*C.*), jardinier, a écrit, en 1795, sur les arbres fruitiers, un livre qui, en 1804, était à sa dixième édition. (No 1814.)

# C.

2279. *Cabanis de Salagnac*, né à Issoudun, mort, en 1786, à 63 ans; avocat au parlement, membre de la Société d'agriculture de Limoges, de Brive-la-Gaillarde, 18e siècle. (No 641.)

2280. *Cadet-de-Vaux* (*Antoine-Alexis*), né en 1743, fils de M. Cadet, arrière-neveu de Vallot, premier médecin de Louis XIV; membre de plusieurs Sociétés d'agriculture, du collége de pharmacie, des académies de Madrid, Munich, etc.

Toujours occupé d'objets qui intéressent l'humanité, M. *Cadet-de-Vaux* a provoqué plusieurs établissemens utiles, participé à la formation de quelques autres; enfin, contribué à la suppres-pression de plusieurs abus. Nous citerons l'*Ecole de boulangerie*, conçue par M. *Parmentier*, et dont l'existence est due au zèle de M. *de-Vaux*; le projet des pépinières préfecturales et communales, adoptées d'abord à Colmar, et successivement dans plusieurs autres départemens; l'amélioration du pain des hôpitaux, dont la qualité fut réglée par une loi, d'après sa réclamation ; l'établissement des comices agricoles, institution qui fut couronnée du plus heureux succès, que les circonstances révolutionnaires ont fait abandonner, et qui pourrait répandre sur l'agriculture de nouveaux bienfaits, si elle recevait l'impulsion énergique que donne à tout ce qui émane de sa pensée l'auguste monarque auquel l'empire français doit sa gloire et sa prospérité. La suppression de l'usage pernicieux dans lequel on était d'apporter le lait de la ville à la campagne dans des vases de cuivre, celle des lames de plomb qui couvraient le comptoir des marchands de vin ; l'obtention de réglemens sages pour restreindre l'emploi du cuivre et du plomb ; des mémoires sur la diminution des eaux ; les dégradations des forêts ; les maladies des blés ; la falsification des vins ; un traité complet d'œnologie ; le blanchissage à la vapeur ; la direction des arbres à fruits ; la peinture au lait, etc. L'émulation des travaux qu'un zèle philanthropique a fait entreprendre à M. *Cadet-de-Vaux*, demanderait un espace qui sortirait du cadre dans lequel nous sommes obligés de nous circonscrire ; les différens mémoires qu'il a publiés formeraient un recueil intéressant et utile que les amis de l'agriculture et de l'économie domestique attendent de lui. Disons qu'il a fait à l'amour du bien public plus d'un sacrifice ; souvent même celui de l'amour-propre, le plus coûteux de tous. Traducteur des Instituts de chimie de *Spielmann*, auteur de plusieurs ouvrages dont le mérite est reconnu, il n'hésita point à mettre celui d'un savant à la portée d'un plus grand nombre de lecteurs, parce que c'était une entreprise utile. (Nos 177, 188, 293, 504, 663, 832, 1123, 1157, 1249, 1339, 1430, 1696, 1735.)

2281. *Cadet-de-Gassicourt*, chevalier de l'empire, pharmacien de S. M. l'Empereur, neveu du précédent, et fils de M. *Cadet*, de l'académie des sciences, est auteur d'un Dictionnaire de chimie en 4 vol. *in-8o* ; a coopéré à plusieurs recueils scientifiques. M. *Cadet* a cultivé les lettres avec beaucoup de succès, et publié des ouvrages auxquels il n'a pas voulu mettre son nom. Il est un préjugé qui semble interdire la réunion des sciences et des lettres, et qui rend les unes l'objet du dédain des autres. Ce préjugé est absurde, et c'est pour cette raison qu'il est plus difficile à détruire. (Nos 293, 504, 1175.)

2282. *Caille*, médecin du 16e siècle, qui a traduit en mauvais français les médiocres ouvrages de *Mizauld*. (Nos 36, 92, 336, 374, 460, 1410, 1762, 1836.)

2283. *Cairol* (*de*), ancien capitaine d'artillerie, maire de Mirepoix ; a écrit, en 1787, des réflexions sur les révolutions qu'a essuyées l'agriculture. (No 1691.)

2284. *Calignon* (*Jacques*), cultivateur à Arc-sur-Tille, près de Dijon, 18e siècle. (No 1187.)

2285. *Calonne*, avocat, 18e siècle. (No 648.)

2286. *Calonne* (*Charles-Alexandre de*), ancien avocat au parlement, contrôleur-général des finances, mort en 1803 à Paris ; a écrit avec élégance sur plusieurs sujets. On a de lui un mémoire sur l'agriculture, inséré dans le Journal économique.

2287. *Calvel* (*Etienne*), membre du musée de Toulouse, après avoir été de l'académie des jeux floraux, de plusieurs Sociétés littéraires et d'agriculture. Cet auteur a fait, sur plusieurs branches de l'économie rurale, des recherches qui ne peuvent manquer d'être utiles aux cultivateurs, parce qu'il a porté dans l'examen, auquel il a soumis plusieurs productions et quelques opérations agronomiques, de l'attention, des lumières, et l'esprit d'analyse. (Nos 88, 277, 386, 1032, 1057, 1122, 1354, 1846.)

2288. *Camérarius* (*Joachim*), né à Bamberg en 1500, est un des plus savans hommes du 16e siècle. Plusieurs princes l'honorèrent de leur estime ; entr'autres *Charles-Quint* et *Maximilien II*. Il a traduit en latin des extraits de *Xénophon*, et fait un traité intitulé *Hippocomicon* (art d'élever les chevaux), qui eut, dans le tems, beaucoup de succès. Il fut alors recteur de l'université de Léipsick, où il mourut en 1574.

2289. *Camérarius* (*Joachim*), fils du précédent, naquit en 1534 à Nuremberg. Il se livra à l'étude de la chimie, de la médecine et de la botanique. L'ouvrage que nous citons numéro 385, fut réimprimé, en 1596, sous ce titre : *Electa georgica, sive opuscula de re rusticâ*, *in*-8° ; cette édition est recherchée. Outre cet ouvrage, il a publié un traité *De plantis*, *in*-4°, 1586. (Nos 385, 1493.)

2290. *Camp*, membre de la Société littéraire d'Arras, a écrit sur la Garance, 18e siècle. (N° 1349.)

2291. *Campestri* (*Etienne*), jadis ingénieur pour les aménagemens des forêts, 19e siècle. (N° 439.)

2292. *Camus* (*Ant. et Nicolas le*), étaient deux frères. Le premier, né à Paris en 1722, y mourut en 1772. Il a fait sur la médecine plusieurs ouvrages. Il a travaillé au *Journal économique*, depuis 1753 jusqu'en 1765. Son frère, né en 1721 à Paris, et mort en 1779, était architecte ; il a écrit sur son art. Le seul ouvrage qui ait quelque rapport avec les propriétaires ruraux, pour lesquels nous écrivons ces notices, est *Le guide de ceux qui veulent bâtir*, 2 vol. *in*-8°. (Nos 906, 1891.)

2293. *Caraccioli* (*Louis-Antoine*), né à Paris, où il est mort en 1803. Il avait été colonel au service de Pologne. Il a écrit beaucoup d'ouvrages, dont un sur l'agriculture. (N° 29.)

2294. *Carlier* (*Claude*), jadis prieur d'Andresi, né à Verbérie en 1725, a été couronné neuf fois par les académies : quatre fois par celle des inscriptions et belles-lettres, deux fois par celle de Soissons, et trois fois par celle d'Amiens. Ces neuf couronnes sont un phénomène oublié, comme l'auteur, mais cependant bon à rappeler. (Nos 280, 773, 823, 1218, 1924, 1995.)

2295. *Carpentier*, né à Beauvais, mort en 1778, à 39 ans. Il était expert-estimateur. (Nos 527, 792.)

2296. *Carrard*, pasteur dans le canton de Berne, 18e siéc. (N° 360.)

2297. *Carrouge* (*Bertrand-Augustin*), né à Dol en 1741, mort à Paris en 1798. (N° 172.)

2298. *Casaux* (*de*), propriétaire à la Grenade, de la Société royale de Londres, de celle d'agriculture de France; a ajouté des notes à la traduction du voyage d'Arthur Young en France; a écrit sur l'impôt territorial, etc., 18ᵉ siècle. (Nᵒˢ 13, 2045.)

2299. *Castel* (*René-Richard*), professeur au lycée Napoléon. Cet auteur, dont le mérite est reconnu, a écrit plusieurs ouvrages sur l'histoire naturelle, 19ᵉ siècle. (N° 1543.)

2300. *Castellan* (*A.-L.*), de Paris, auteur judicieux d'un voyage, fort estimé, dans les îles Céphaloniques, vient de publier pendant l'impression de cet ouvrage, la *Description d'une machine à puiser l'eau, en usage dans le Levant.* Ce procédé, introduit parmi nous, est un éminent service rendu aux propriétaires et aux manufacturiers. Cette utile brochure, accompagnée de six planches, se vend chez D. Colas, rue du Vieux-Colombier. (N° 2057.)

2301. *Castellano*, piémontais, a écrit sur une question intéressante pour l'agriculture. (N° 693.)

2302. *Castellet* (*Constant*), s'est occupé de la culture des mûriers, et de l'éducation des vers à soie, 18ᵉ siècle. (Nᵒˢ 126, 1998.)

2303. *Castillon* (*Jean et J. L.*), deux frères, de Toulouse, ont travaillé au Journal encyclopédique et à celui des beaux arts. Le premier, Jean, est mort en 1799, à 80 ans. (N° 455.)

2304. *Caton*, le censeur, (*Marcus-Portius-Cato*), d'une famille plébéïenne, originaire de Tusculum ou Tivoli, naquit l'an 233 avant J. C. Il servit d'abord sous Fabius Maximus, s'établit à Rome où son mérite le fit parvenir aux premières charges. Il eut le triomphe, le consulat, la censure. Il réforma les mœurs avec sévérité. Il mourut en opinant la ruine de Carthage, à 83 ans, regardé comme un homme juste, mais implacable.

*Caton* est le premier des Romains qui ait écrit sur l'économie rurale. Son ouvrage a près de deux mille ans d'antiquité. Général habile, savant jurisconsulte, orateur renommé, il composa plusieurs ouvrages, au nombre desquels ceux sur l'agriculture tiennent le premier rang.

Les précautions à prendre avant d'acquérir un fonds de terre; les devoirs d'un père de famille; des préceptes sur les bâtimens; les ustensiles nécessaires; la construction des étables; les devoirs d'un métayer; la désignation du terrain pour chaque espèce de production; la désignation des matériaux pour les édifices, de ce qui est nécessaire pour les oliviers et les vignes, du tems propre pour couper le bois; des avis pour la construction d'un pressoir, pour les préparatifs des vendanges, pour la manière de faire le vin; l'ordre à observer pour les semailles; l'emploi du fumier; la nourriture des bestiaux; la culture de la vigne; les tems où il faut ensemencer, les travaux des différentes saisons; des avis pour enter et propager les arbres frutiers, et des détails enfin sur l'économie rurale, les maladies des bestiaux, les remèdes, etc., tels sont les objets que présente l'ouvrage de *Caton*, qui n'écrivait que pour les gens simples et ne cherchait qu'à les instruire; particularité qu'il ne faut pas oublier en jugeant cet ouvrage et l'auteur. Caton a voulu mettre ses préceptes à la portée de tout le monde. (Nos 153, 384, 543, 1318, 1486, 1719, 1721, 1757, 1758.)

2305. *Cavendish* (*William*), duc de Newcastle, né en 1592, aimé des rois Jacques Ier et Charles Ier, à qui il fut fidèle, passa au moment de l'usurpation de Cromwell, sur le Continent; puis il accompagna Charles II à son retour en Angleterre. Il mourut en 1676. Il a écrit sur les chevaux. (V. *Soleysel* et les Nos 1307, 1400, 1805.)

2306. *Caylus* (*N. de*), jadis inspecteur des pépinières royales, 18 et 19e siècles. (No 763.)

2307. *Cels* (*Jacques-Martin*), membre de l'institut, de la société d'agriculture de Paris, mort au commencement du 19e siècle. (Nos 80, 178, 840, 1591, 1816.)

2308. *Cepolla* (*Barthél.*), Italien du 15e siècle. (No 1834.)

2309. *Cérutti* (*Joseph-Ant.-Joachim*), né à Turin en 1738, entra chez les jésuites, et se rendit fameux à la suppression de cet ordre par son *apologie de l'Institut*. Il fut l'ami de *Mirabeau*, dont il prononça l'éloge à Saint-Eustache, aux obsèques de ce grand orateur. Il a été le principal rédacteur de *la Feuille villageoise*, destinée aux habitans de la campagne. Mort en 1792. (Nos 713, 890.)

2310. *Chabert* (*Philippe*), inspecteur-général des écoles vétérinaires, membre de la légion d'honneur, directeur de l'établissement d'Alfort, 18 et 19e siècles. (Nos 45, 46, 293, 405, 406, 524, 821, 829, 844, 853, 1007, 1892, 2006.)

2311. *Chabouillé*, 19e siècle. (Nos 412, 1034, 1807.)

2312. *Chailland*, 18e siècle. (No 447.)

2313. *Challan*, membre des Sociétés d'agriculture de Paris et de Versailles, a écrit sur le perfectionnement des charrues, 19e siècle. (Nos 1641, 1652.)

2314. *Chalumeau* (*Marie-François*), membre de plusieurs Sociétés d'agriculture; né dans le département de la Côte-d'Or en 1741. (Nos 233, 315, 969, 1572.)

2315. *Chambon*, a écrit sur les abeilles. Nous ignorons si c'est le médecin, maire de Paris. (No. 994.)

2316. *Chambray* (*Louis, marquis de*), né en 1703. S'est particulièrement occupé de la culture des pommiers et du cidre. (Nº 109, 114, 641.)

2317. *Chamousset* (*Charles-Humbert-Piarron de*), maître des comptes, mourut à Paris en 1773. Sa vie entière a été consacrée à la bienfaisance et au soulagement des malheureux. (Nºs 954, 1448.)

2318. *Champier* (*Simphorien*), premier médecin d'Antoine, duc de Lorraine, était de Lyon. Il se trouva avec le duc de Lorraine aux batailles d'Aignadel en 1509, de Marignan en 1515. Il se distingua à cette dernière, fut fait *eques auratus*, (*chevalier aux éperons dorés*) et reçut l'accolade, ce qui ne l'empêcha pas d'aller se faire recevoir médecin. Il fut deux fois échevin de Lyon, et contribua à l'établissement du collége des médecins et à celui du collége de la Trinité, fondés dans cette ville, où il mourut en 1532, suivant les uns, et en 1540, suivant les autres. Il avait épousé *Marguerite Duterrail*, proche parente du chevalier Bayard. Il a écrit beaucoup d'ouvrages. (Nºs 216, 646, 784.)

2319. *Champion*, officier municipal à Bar-le-duc, 1791. (Nº 1089.) C'est par erreur qu'il y a *Champron*.

2320. *Champion*, jésuite. (Nº 1547.)

2321. *Chancery*, 18e siècle. (Nº 1199.)

2322. *Changeux* (*Pierre-Jacques*), né à Orléans en 1740, mort en 1800; a écrit sur la météréologie. (Nº 1299.)

2323. *Changrain* (de), a écrit en 1780, sur la chasse. (Nº 1009.)

2324. *Chanin*, maitre d'études au Prytanée de Saint-Cyr, 19e siècle. (Nº 1524.)

2325. *Chanvallon*, oratorien, mourut en 1765. (Nº 1001.)

2326. *Chappeville*, 18e siècle. (Nº 1375.)

2327. *Chaptal* (*Jean-Ant.-Claude*), chimiste, membre de l'institut, trésorier du sénat conservateur, grand-officier de la légion d'honneur, etc. (Nºs 11, 116, 624, 1361, 1816, 2004.)

2328. *Charles IX*, né en 1550, mort en 1574. Voyez article *Chasse royale*, ce que nous disons de ce prince. (Nº 240.)

2329. *Charles*, médecin, 18e siècle. (Nº 1449.)

2330. *Charpentier Cossigny*, jadis ingénieur du roi et capitaine d'infanterie à l'Isle-de-France, où, par des moyens de fabriquer avec plus de perfection et d'économie la poudre à canon, il rendit des services qui devaient être récompensés, et qui ne l'ont pas été à cause des changemens de gouvernement arrivés depuis cette époque.

Il a écrit différens mémoires pour démontrer la possibilité de cultiver dans le midi de la France, des productions des îles, comme le cotonnier et la canne à sucre, etc.; mort en 18(?). (Nos 293, 941, 1331.)

2331. *Charpentier* (*N.*), 18e siècle. (No 1391.)

2332. *Charvet*, préfet du département des Pyrénées orientales, 19e siècle. (No 1674.)

2333. *Chassiron* (*Pierre-Charles Martin de*), né à la Rochelle en 17?0; député aux états-généraux; membre de plusieurs législatures, du tribunat, de la Société d'agriculture du département de la Seine, est aujourd'hui membre de la cour des comptes. Il a écrit sur plusieurs objets d'utilité publique et sur l'agriculture. (Nos 919, 932, 1172, 1361, 1739.)

2334. *Chatenay-Lanty* (*Erard-Louis-Guy de*), a été député à l'assemblée constituante par le département de la Côte-d'Or.

Il a reçu, dans l'an XIII, une médaille de la Société d'agriculture de Paris, pour avoir fait exécuter, en 1788, l'arpentage et la réunion en grandes pièces contiguës, de toutes les propriétés éparses qui composent le territoire de la commune d'Essarois, où la terre de ce nom, appartenant à M. de Chatenay, est située.

2335. *Chatenay-Lenty* (*mad. de*), connue dans la littérature par deux ouvrages estimés. (No 208.)

2336. *Chavassieu d'Audebert*, médecin à Versailles, a écrit sur les maladies des bestiaux, 18e siècle. (No 670, 687.)

2337. *Chaumontel*, membre de la Société d'agriculture de Paris, a donné dans la collection des mémoires de cette Société, plusieurs dissertations. Il a coopéré aux tomes XI et XIIe du Cours d'agriculture de Rozier, 18 et 19e siècles. (No 293.)

2338. *Chazelles*, jadis doyen des présidens à mortier au parlement de Metz, et ancien directeur de l'académie de cette ville, a traduit Miller. (Nos 426, 1787.)

2339. *Cherrier* (*J.-B.*), jardinier, 19e siècle. (No 1117.)

2340. *Chesnau* (*René-Charles*), propriétaire à Montreuil-Bellai, département de Maine-et-Loire; jadis commissaire aux droits féodaux à Paris; a écrit sur le cadastre. (No 1590.)

2341. *Chevalier* (*Etienne*), cultivateur à Argenteuil, a acquis beaucoup d'expériences en agriculture. (Nos 293, 1734.)

2342. *Chevalier* (*J.-G.-A.*), ingénieur-opticien, dont le nom se trouve périodiquement une fois par semaine, au moins, dans tous les journaux, 19e siècle. (No 732.)

2343. *Chomel* (*Noël*), curé de la paroisse de Saint-Vincent de la ville de Lyon, mort en 1712. Son neveu, médecin, a publié, en 1761, une *Histoire des plantes usuelles*, dont le fils de ce dernier a fait un abrégé; il a pareillement écrit sur les maladies des bestiaux.

Le *Dictionnaire économique* a joui d'une grande réputation. Il est même encore estimé aujourd'hui. Mais il faut considérer cet ouvrage dans deux états différens, tel qu'il était en 1709, lorsqu'il sortit des mains de l'auteur, âgé alors de 76 ans, et tel qu'il parut en 1767 par les soins de M. *Delamarre*. Cette édition est préférable à la première et à celles qui ont paru entre ces deux époques, parce que l'éditeur a eu soin de la corriger et de l'enrichir des découvertes de *Duhamel*, etc.

L'entreprise de M. *Chomel* était trop vaste pour être exempte de taches et d'imperfections. Les sciences et les arts ont fait des progrès depuis la publication de ce dictionnaire, et même depuis l'édition de M. *Delamarre*. Ainsi il est encore et (comme tous les dictionnaires de ce genre) sera toujours nécessairement incomplet. Mais on n'en a pas moins d'obligation à l'auteur, puisque son livre rempli d'érudition lui a coûté des peines et des travaux immenses. On pourrait, dit M. *L. Bonnaterre*, le comparer à un cabinet précieux d'histoire naturelle, sans cesse enrichi par de nouvelles productions.

Il paraîtrait étonnant que M. *Chomel* ait eu le tems de concilier avec les devoirs de son ministère, qu'il exerçait dans une vaste paroisse, la composition d'un ouvrage aussi étendu, si l'on ne savait que l'auteur avait été chargé pendant quelque tems, par M. *Tronçon*, supérieur de Saint-Sulpice, d'administrer les biens du château et séminaire d'Avron, près de Vincennes. Ce château avait dans sa dépendance des bois, des vignes, des étangs, et réunissait tout ce qui peut contribuer à l'agrément comme à l'utilité du cultivateur.

C'est là que M. *Chomel* se livra à la pratique de l'agriculture; il fit dans l'économie et dans l'art d'administrer les biens de la campagne, beaucoup de découvertes. Il communiquait le résultat de ses expériences à M. *de la Quintinie*. Quant aux recettes, aux remèdes et traitemens des maladies qui se trouvent en grande quantité dans le dictionnaire économique, M. *Chomel* a dû nécessairement acquérir beaucoup de connaissances en médecine, ayant été long-tems économe de l'hôpital de Lyon, et s'étant appliqué, pendant qu'il exerçait cet emploi, à l'art de guérir les maux qui affligent l'humanité, assistant les médecins dans leurs visites. Il avait d'ailleurs un penchant naturel pour la médecine, comme il le dit lui-même, et ce goût était celui de sa famille. Il était petit-neveu de M. *Delorme*, médecin de Henri IV, Louis XIII et Louis XIV. Son frère était doyen des médecins du roi, et ses deux neveux docteurs en médecine.

On voit que la vie de M. *Chomel* fut le plus utilement employée et que tous ses momens furent consacrés au bien de l'humanité. Son livre, comme on le sent bien, n'est pas susceptible d'analyse. (Nos 5, 928.)

2344. *Chopin* (*René*), né en 1537, à Bailleul en Anjou, mourut à Paris en 1606; il fut avocat et bon jurisconsulte. (N° 377.)

2345. *Choul (Jean du)*, fils de l'antiquaire de ce nom, vivait dans le 16e siècle. (Nos 422, 894.)

2346. *Choyselat (Prudent le)*, procureur du roi à Sézanne; vivait dans le 17e siècle. Voyez note sur son livre No 468.

2347. *Chrestien (Florent)*, né à Orléans, précepteur de Henri IV, et garde de sa bibliothèque à Vendôme, était, suivant *Lacroix du Maine*, *homme très-savant ès langue et très-excellent poëte latin et français*. Il mourut à Vendôme en 1596. Il a publié plusieurs ouvrages. Le seul qui ait rapport à l'économie rurale, est la traduction qu'il a faite du grec en vers français, de la *vénerie d'Oppian*, imprimée à Paris en 1575.

2348. *Cirini (André)*, clerc régulier de Messine, mort à Palerme en 1664 à l'âge de 46 ans, a écrit sur la chasse. Ses ouvrages sont *De venatione et naturâ animalium*, Palerme, *in*-4°, 1653. *De naturâ et solertiâ canum. Ibid.*

2349. *Ciszeville*, 19e siècle. (No 392.)

2350. *Clairambault (Louis)*, 17e siècle. (No 1547.)

2351. *Clairval*, 18e siècle. (No 1170.)

2352. *Clamorgan (Jean de)*, sieur de *Saave*, premier capitaine et chef de la marine du Ponent, servit 45 ans sur mer. Il vécut sous François Ier, Charles IX et Henri II. Il a écrit sur la chasse du loup un ouvrage qui a été imprimé plusieurs fois. Il dédia à François Ier une nouvelle forme de mappemonde, avec les latitudes et longitudes. (No 239.)

2353. *Claret (F. de)*, 17e siècle. (No 1386.)

2354. *Clarke (Cutbert)*, Anglais, 18e siècle. (No 2050.)

2355. *Clause*, 19e siècle. (No 1570.)

2356. *Clavières (Richard de)*, 18e siècle. (No 917.)

2357. *Cliquet-Blervache*, né à Reims le 7 mai 1723, inspecteur des manufactures et du commerce, a écrit sur l'agriculture et le commerce, des ouvrages estimés. (Nos 54, 516, 1162, 1332.)

2358. *Clouet*, 18e siècle. (No 1084.)

2359. *Cochin*, échevin, 18e siècle. (No 872.)

2360. *Cognatus*. C'est le nom qu'a pris *Gilbert Cousin*, chanoine de Nozerai, qui mourut en 1567, dans les prisons de Besançon, où il était enfermé pour cause de religion. (No 338.)

2361. *Cointereaux (François)*, professeur d'architecture rurale, a écrit sur son art et sur l'économie rurale beaucoup de petites brochures. Il est principalement connu par son pisé, 18 et 19e siècles. (Nos 44, 89, 241, 297, 408, 409, 530, 540, 581, 704, 1373, 1385, 1910.)

2362. *Colaine* (*L.-V.*), artiste vétérinaire, 19e siècle. (No 1355.)

2363. *Colardeau* (*Charles-Pierre*), né à Janville dans l'Orléanais, en 1735, mourut en 1776, avant d'être reçu de l'académie, où il venait d'être nommé. Il est célèbre par la traduction de l'*Epître d'Héloïse à Abeilard*, et quelques autres ouvrages de poésie, entre lesquels on distingue l'*Epître à M. Duhamel* sur les charmes de l'agriculture. Elle offre des peintures champêtres pleines de fraîcheur. C'est ce motif qui nous a engagés à dire un mot de Colardeau.

2364. *Colas*, abbé, était d'Orléans, 18e siècle. (No 1010.)

2365. *Colérus* (*J.*), auteur du 16e siècle. (Nos 206, 549.)

2366. *Colombier* (*Jean*), de la Société royale de médecine; de plusieurs académies, censeur royal, etc.; né à Toul en Lorraine, en 1736; mort en 1788.

2367. *Columelle* (*Lucius-Junius-Moderatus*), philosophe romain, né à Gades (Cadix), sous l'empereur *Claude*, vers l'an 42 de J. C.

Il composa, sur l'économie rurale et domestique, un excellent ouvrage qui rappelle la belle latinité du siècle d'Auguste. L'élégance du style, jointe à la solidité des préceptes, rend la lecture de cet ouvrage très-agréable. Ce traité d'agriculture est formé de douze livres. Dans la préface qui les précède, *Columelle* se plaint de l'état d'avilissement où l'agriculture était alors. Il rappelle ces tems heureux où la république était si florissante, parce qu'elle honorait cet art, le plus utile au genre humain.

On prétend que *Columelle* avait d'abord composé une économie rustique en trois ou quatre livres; mais que peu content de ce premier ouvrage, il le supprima et composa le nouveau traité d'agriculture en douze livres, tel qu'il existe aujourd'hui.

Les premiers préceptes qu'il donne ont pour objet la connaissance de l'agriculture, la faculté de dépenser et la volonté de le faire.

Il s'occupe ensuite de la situation du domaine, de la position de la métairie, de la distribution des bâtimens et des qualités d'un bon fermier. C'est la matière du premier livre.

Les différentes espèces de terres et les productions qui leur conviennent, fixent l'attention de *Columelle*, ainsi que la manière de labourer, le tems des semences, la culture des prés, celle des légumes, la plantation des vignes, les animaux domestiques, le jardin; enfin, les différens travaux de l'année suivant l'ordre des saisons et des mois.

*Columelle* a encore laissé un *Traité sur les arbres*, qui se trouve, ainsi que l'ouvrage dont nous venons de parler, dans le *Rei rusticæ scriptores*. (Nos 153, 542, 543, 961, 967, 968, 1486, 1719, 1720, 1721, 1757, 1758.)

2368. *Combrune*, écrivain anglais du 18e siècle. (No 101.)

2369. *Comès* ( *Natalis* ) ou *Noël le Comte*, Vénitien, mourut en 1582. Il a fait un poëme latin sur *la chasse*, en quatre livres, imprimé à la suite de la *mythologie* du même auteur, traduite en français et publiée à Paris en 1605.

2370. *Commelin* ( *Jean* ) et *Gaspard Commelin*, son neveu, ont écrit sur la botanique. Le premier vivait dans le 17e siècle, et le second dans le 18e. (No 978.)

2371. *Commerel* ou *Commerelle* (l'abbé de), jadis aumônier de la princesse de Lowenstein; membre de la Société d'agriculture de Paris; s'est utilement occupé d'agriculture, 18e siècle. (Nos 1090, 1119, 1783.)

2372. *Condorcet* ( *Marie-Jean-Ant.-Nicolas Caritat*, *marquis de* ), né à Ribemont en Picardie, en 1743, membre de l'académie française et de celle des sciences. En 1793, il fut trouvé mort à Bourg-la-Reine, dans un cachot, où on l'avait mis la veille. On croit qu'il s'empoisonna. L'amour des sciences et le goût de l'étude l'avaient empêché, dans sa jeunesse, d'entrer au service : carrière où sa naissance et des protections lui promettaient de l'avancement. Il est étonnant que dans un âge mûr le même goût ne l'ait pas empêché de se jeter dans des discussions politiques qui l'auraient conduit à l'échafaud, si il n'eût prévenu le supplice en s'empoisonnant. (Nos 185, 927, 1701.)

2373. *Constant* ( *Pierre* ), était de Langres. Il publia, en 1582, un poëme sur les abeilles. On ignore la date de sa mort. Il vivait à Dijon en 1595; il a écrit plusieurs ouvrages, entr'autres *contre le parricide attenté sur le roi Henri IV* en 1595. Il était, *dit Lacroix du Maine*, *homme docte et gentil poëte français*. (No 2.)

2374. *Constantin VII*, porphyrogénète, fils de Léon le sage, né à Constantinople en 905, empereur en 911, mourut en 959. On lui a attribué plusieurs ouvrages, entr'autres un traité *De re rusticâ*, un autre sur les affaires de l'empire (que cependant il gouverna fort mal), et *les Géoponiques*, qui parurent sous son règne. En voulant que son nom fût inscrit à la tête de ce recueil, Constantin eût recherché une *publicité* (je ne dis pas un genre de gloire) fort peu digne d'un empereur. Aussi ce prince n'a-t-il fait que donner les ordres nécessaires pour réunir en un corps d'ouvrage les fragmens relatifs à l'agriculture. (Nos 194, 727.)

2375. *Constantin* ( *Antoine* ), médecin, vivait dans le 16e siècle. (No. 201.)

2376. *Contarini* ( *Vincent* ), né à Venise, où il mourut en 1617, âgé de 40 ans, a laissé diverses ouvrages imprimés *in-4o*, à Venise, en 1609. (No 382.)

2377. *Copineau*, abbé, vivait à la fin du 18e siècle. (No 1499.)

2378. *Coquereau* ( *Charles-Jacques-Louis* ), docteur-médecin, professeur d'anatomie à Paris, membre de l'académie des sciences, né à Paris en 1744, mourut dans cette ville en 1796. (No 872.)

2379. *Corb[illegible]n* (*Jehan*), de l'ordre de Saint-Augustin, vivait dans le 14e siècle. (No 320.)

2380. *Corneto* (*Adrien*), cardinal, dont le nom de famille était *Castellési*; ayant conspiré contre Léon X, il fut obligé de s'enfuir, en 1518, déguisé en moissonneur, sans qu'on ait jamais su ce qu'il était devenu. Il écrivait élégamment en latin. Il a fait un poëme sur *la chasse*, en vers phaleuques, qu'il dédia au cardinal *Ascagne*. Ce poëme fut imprimé à Strasbourg en 1512, à Bâle en 1518, à Cologne en 1522, et en 1532 à Paris chez *Coline*.

2381. *Cornus* (*Georges*), appelé par plusieurs écrivains *Gorgole de Corne*, était de Florence. Il vivait dans le 16e siècle. (Nos 979, 983, 1608.)

2382. *Costa* (*Ch.*), membre des Sociétés économiques de Chambéri et de Berne, de plusieurs académies; a écrit sur l'agriculture de la Savoie, 19e siècle. (No 599.)

2383. *Coste*, médecin, 18e siècle. (Nos 646, 1045.)

2384. *Cotelle*, abbé, 18e siècle. Voyez ses titres à celui du livre indiqué No 826.

2385. *Cotereau* (*Claude*), natif de Tours, étudia à Poitiers, fut chanoine de l'église de Paris. Il mourut en 1560. Il a traduit l'ouvrage de Columelle; il publia cette traduction en 1555, Paris, *in*-4°. Ce qu'il y a de singulier, c'est que le dixième livre (sur 12) est en vers; les onze autres sont en prose. *Jean Thierry*, de Beauvoisis, y ajouta des notes. (No 915.)

2386. *Cotte* (*L.*), jadis de la congrégation de l'oratoire, a écrit beaucoup d'ouvrages utiles; il est particuliérement connu par des observations météréologiques qu'il a faites à Montmorenci, où il a demeuré très-long-tems et où il habite encore. Il a été et est encore membre de plusieurs Sociétés savantes. (Nos 230, 911, 1284, 1816, 1912.)

2387. *Coupé*, de l'Oise, 18 et 19e siècles. (No 47.)

2388. *Coupé*, auteur des *Soirées littéraires*. Ecrivain estimable, cité No 240.

2389. *Cournand* (*Antoine*), professeur de littérature au collége de France, 18 et 19e siècles. (Nos 728, 730.)

2390. *Court* (*Benoist*), de Saint-Symphorien le Chastel, en Lyonnais, a commencé à écrire en 1533. Il était prêtre du chapitre de Saint-Jean de Lyon. Anecdote sur l'ouvrage de cet auteur. (No 782.)

2391. *Crachet* (*Pierre-Marie*), médecin de Montpellier, a fait l'exposition d'une nouvelle doctrine sur la médecine des chevaux, 18e siècle. (Nos 655, 688.)

2392. *Cramezel*, 18e siècle. (No 366.)

2393. *Crasquin (Alexandre)*, laboureur flamand, est du petit nombre des cultivateurs pratiques qui ont écrit sur l'agriculture, 18e siècle. (No 909.)

2394. *Credo*, 18e siècle. (No 1155.)

2395. *Crescent* ou *Crescentiis (Pierre de)*, né à Bologne, où il exerça d'abord la profession d'avocat; voyagea pour éviter les troubles qui agitèrent sa patrie, où il revint à l'âge de 70 ans. Il composa à cet âge, par ordre de *Charles II*, roi de Sicile, un ouvrage sur *le Ménage des champs*, dans lequel il réunit à une pratique consommée, une théorie lumineuse. Tous les savans de l'université de Bologne lui communiquèrent leurs connaissances, et son livre passa pour le meilleur traité d'agriculture qui eût paru jusqu'alors. Il fut traduit dans presque toutes les langues de l'Europe. *Charles V* en fit faire, en 1486, une édition françoise.

Cet ouvrage est divisé en douze livres. Le premier renferme des observations sur la salubrité de l'air, l'exposition des vents, la bonté de l'eau, la situation de la maison, les matériaux nécessaires pour bâtir; en un mot, sur la nécessité de reconnaître les lieux qu'on doit habiter.

Le second livre traite des labours qui varient suivant la diversité des plantes, des lieux et des tems.

Dans le troisième livre, il est question des différentes espèces de grains, de l'aire et des greniers où les blés doivent être renfermés, de la culture de ces grains et de leurs différens usages.

La culture de la vigne, et la manière de faire le vin, sont l'objet du quatrième livre.

Le cinquième traite de la culture des arbres, que l'auteur divise en deux classes: les arbres à fruits et ceux qui ne donnent point de fruit.

Le sixième livre est consacré à tout ce qui a rapport à la culture des plantes en général, et à celles du jardin.

Les prés et les bois occupent le septième. Les ouvrages d'agrément, et les décorations qui étaient en usage pour orner les jardins et les vignes, sont décrits dans le huitième livre. Les animaux de la ferme, de la basse-cour, les abeilles, sont l'objet du neuvième. Les différentes manières de détruire les oiseaux de proie et les animaux malfaisans, sont traitées dans le dixième.

*P. Crescent* récapitule, dans le onzième, tout ce qu'il a dit dans son ouvrage, en suivant l'ordre dont il s'est servi.

Enfin, le douzième est consacré aux travaux qu'un cultivateur doit faire pendant chaque mois de l'année. Ce calendrier agronomique est suivi d'un petit traité sur la manière de planter, d'enter et de cultiver les arbres que produit l'Italie. Ce traité termine l'ouvrage.

Voici le titre du manuscrit qui existe encore de la traduction de l'ouvrage de *Crescent*: « *Rustican du labour des champs*, » translaté du latin de *Pierre de Crescens* en français, par l'ordre » de *Charles V*, roi de France, en 1373. »

L'analyse que nous venons de faire, donne une idée de l'ouvrage de P. Crescent, et les numéros qui terminent cet article, indiquent les éditions ou traductions de cet ouvrage. (Nos 302, 303, 964, 1491, 1492, 1519.)

2396. *Cretin (Guillaume)*, poëte qui a vécu sous Charles VIII, Louis XII et François Ier. Il était chantre de la Sainte-Chapelle, trésorier de Vincennes, qualifié de *chroniqueur du roi*. On croit qu'il mourut en 1525.

C'est une erreur avancée par *Moréri*, et adoptée sans examen par *Goujet*, de croire que ce poëte s'appelait *Dubois*, et que *Cretin* était un sobriquet : il datait ses lettres *du bois de Vincennes*. *Cretin* a composé, sur la chasse, un poëme fort ennuyeux. L'auteur eut cependant une grande réputation.

2397. *Cretté-Palluel (François)*, successivement député à l'assemblée législative, administrateur du département de Paris, juge-de-paix à Pierrefite, est mort à Paris le 29 novembre 1798, à 57 ans.

Cultivateur-pratique qui a encouragé, par son exemple et ses écrits, l'agriculture à laquelle il se livrait avec beaucoup de zèle. Outre les ouvrages indiqués plus bas, voici une idée sommaire de ses travaux. — Un mémoire sur les engrais en général, leurs propriétés, leurs proportions ; un autre sur la manière de nourrir les moutons avec les feuillages ; sur les semailles, la nourriture et l'engraissement des bestiaux ; sur les arbres qui peuvent croître sans les soins du semis, etc. Cet habile cultivateur a inventé une machine à hacher la paille ; une charrue ratissoire pour biner les bois nouvellement plantés, les pommes-de-terre ; un rouleau cylindrique pour l'ameublissement des terres ; une ratissoire à oreilles ; un moulin à cylindre pour couper les pommes-de-terre ; un louchet coudé pour le défrichement des marais ; une charrue bâtarde à deux coudes pour le défrichement des prés, et beaucoup d'autres instrumens agraires d'une grande utilité. (Nos 718, 1095, 1172, 1182, 1189, 1266, 2000.)

2398. *Crevecœur (Saint-John)*, écrivain estimable, auteur des *Lettres d'un cultivateur américain*, qui respirent une douce sensibilité, 18 et 19e siècles. (No 1879.)

2399. *Creuzé-la-Touche (Jacques-Antoine)*, né en 1750, député de Chatellerault à l'assemblée constituante, puis à la convention, membre du conseil des anciens, du sénat-conservateur, de l'institut, mort le 28 octobre 1800. (No 401.)

2400. *Crignon-Vandeibergue*, né à Orléans, était de plusieurs académies de provinces, Villefranche, Clermont, etc., a traduit *Vida*. (No 1495.)

2401. *Cubières-de-Palmézeau (Michel)*, né à Roquemaure près d'Avignon, en 1752. Ce fertile auteur de beaucoup de brochures éphémères, s'est appelé, pendant la révolution, *Dorat-*

*Cubières.* Il a fait un poëme sur les abeilles. Il était jadis écuyer de la comtesse d'Artois.

2402. *Cubières* (aîné), écrivain estimé, membre des Sociétés d'agriculture de Versailles et de Paris, a écrit sur l'érable. (Nos 1183. 1194.)

2403. *Cuinghen*, 18e siècle. (No 1732.)

2404. *Curaudeau*, a perfectionné les cheminées, inventé des fourneaux, établi une manufacture d'alun à Vaugirard, publié quelques mémoires, lus à l'institut, sur la chimie, etc., 19e siècle. (No 293.)

2405. *Curtan* (aîné), architecte, 19e siècle. (Nos 287, 740.)

# D.

2406. *Dahuron* (*René*), jardinier du duc de Brunswick, 17e siècle. (No 1374.)

2407. *Daigues* ou *Delaigues* (*Etienne*), seigneur de Beauvais en Berri, vivait en 1510. Il a commenté Pline dans un ouvrage intitulé : *Stephani Aquæi Bituricensis in omnes Plinii naturalis historiæ libros commentarii. Paris*, 1530. (No 1771.)

2408. *Dalband* (*N.*), 18e siècle. (No 1398.)

2409. *Dalencé*, 18e siècle. (No 1922.)

2410. *Dambourney* (*L. A.*), né à Rouen en 1722, mort dans sa propriété d'Oissel en 1795, à 73 ans. Outre l'ouvrage indiqué ici, et qui a été imprimé aux frais du gouvernement, il a écrit sur la culture de la garence, dont il s'est occupé particulièrement Par ses procédés, celle qu'on a acclimatée en France, est égale en qualité à celle de Smyrne et supérieure à celle de Hollande. (No 1687.)

2411. *Dany*, c'est David *Brossard*. Voyez ce mot.

2412. *Dappers* (*Olivier*), médecin à Amsterdam ; il mourut en 1690, après avoir décrit, de son cabinet, beaucoup de pays qu'il ne connaissait que par les relations des voyageurs. (No 499.)

2413. *Darbez* (*Roch*), cultivateur, 19e siècle. (1291.)

2414. *Darces* (*Jean*), appelé en latin *Darcius*, aumônier du cardinal de Tournon, était de Venosa dans la Basilicate. Ayant longtems habité la France, et s'y étant naturalisé, il apprit si bien la langue française, qu'il écrivit dans cette langue. Il a traduit de français en latin les treize livres des choses rustiques de *Palladius*, imprimés à Paris en 1553. *J. Darces* vivait sous le règne de Henri II. (No 2013.)

2415. *Dardenne* (*Jean-Paul*), prêtre de l'Oratoire à Marseille, meurut en 1769, près de Forcalquier, dans une campagne où il distribuait des remèdes aux pauvres. Il a écrit sur la culture des fleurs. (Nos 75, 715, 1942, 1948, 1952, 1983.)

2416. *Dargenville-Dezallier* (*Ant.-Joseph*), né à Paris où il mourut en 1765. Il était maitre des comptes, et fit sa principale étude de l'histoire naturelle.

Il a fourni les articles d'*hydrographie* et de jardinage qui sont dans le *Dictionnaire encyclopédique*. (Nos 435, 1015, 1482, 1564, 1824, 1825.)

2417. *Dassigny* (*N. Flamen*), ancien ministre de France, a été jusqu'au mois de novembre 1809, sous-gouverneur de la maison des pages; originaire du Nivernois. Son discours est écrit avec beaucoup de feu et d'énergie. (No 345.)

2418. *Daubenton* (*Jean-Louis-Marie*), de l'académie des sciences, ensuite du sénat-conservateur, né en 1716, mort le 31 décemb. 1799. Il étudiait en médecine, quand Buffon, son compatriote, le prit pour son collaborateur.

« *Buffon*, dit *Cuvier*, n'écoutait que son imagination, et *Dau-* » *benton* se tenait presque toujours en garde contre la sienne. » (Nos 80, 808, 2028.)

2419. *Daubenton*, 19e siècle. (Nos 812, 1947.)

2420. *Daurac*, 18e siècle. (No 1627.)

2421. *Debaër* (*Frédéric-Charles*), docteur en théologie; de Strasbourg; écrivait en 1776 sur les maladies des bestiaux. (No 1667.)

2422. *Debrie* (*Jehan*), surnommé le *bon berger*, naquit à Villiers sur Rougnon, près de Coulommiers en Brie. Il vivait en 1379; il a écrit sur les bêtes à laine. (N. 2048.)

2423. *Debure* (*Guillaume-François*), libraire de Paris, connu par sa bibliographie. Il mourut en 1782 à 50 ans. (Nos 402, 468.)

2424. *Decandolle Augustin-Pyrance de*), professseur de zoologie à Genève. (Nos 642, 1361, 1800.)

2425. *Decombles*, de Lyon. Son *école du jardin potager* a été réimprimée pour la cinquième fois en 1802.

M. *Decombles* a commencé à écrire sur l'agriculture en 1745. Après avoir mené une vie agitée, il se retira dans une campagne près de Paris où il s'adonna au jardinage. Son nom est écrit dans *Ersh* et dans quelques journaux *Decombes*. (Nos 536, 1873.)

2426. *Deferrière*, chef du bureau de la statistique au ministère de l'intérieur. (No 63.)

2427. *Defrêne*, 18e siècle. (No 1849.)

2428. *Degrace* (*Thomas-Franc.*). Jusqu'à la révolution il était attaché au secrétariat de l'académie des inscriptions et belles-lettres; a été instituteur; mort en 1799 à 85 ans. (Nos 529, 724.)

2429. *Deguignes*, professeur de langues orientales au collége de France, 18e siècle. (N° 1694.)

2430. *Dejoyeuse*, 18e siècle. (N° 1615.)

2431. *Dekaie (Jean)*, 16e siècle. Note sur cet auteur (N° 893.)

2432. *Delabère-Blaine*, Anglais; professeur de médecine-vétérinaire. (N° 1360.)

2433. *Delachesnée-Monstereuil (Ch.)*, 17e siècle. (N° 715.)

2434. *Delafage*, laboureur, 19e siècle. (N° 407.)

2435. *Delamarre*, commissaire au châtelet, 18e siècle. (Nos 709, 1904.)

2436. *Delandine (François-Ant.)*, de plusieurs académies; né à Lyon en 1786. Cité (N° 413.)

2437. *Delanoue (Pierre)*, 17e siècle. (N° 236.)

2438. *Delarue*, architecte à Alençon. S'est occupé de l'amélioration des toits. Il a publié sur cette matière un ouvrage intitulé: *Essai d'une nouvelle couverture en tuiles sur planches en charpente, avec égouts formant terrasses. Alençon, in-fol.*, 1789.

2439. *Deleuze (J. P. F.)*, célèbre par sa traduction des amours des plantes et par celle des saisons de *Thompson*, 19e siècle. (N° 55.)

2440. *Delille (Jacques)*. M *Ersch*, dans sa *France littéraire*, donne à ce poëte célèbre le nom de *Montanier*. Nous ignorons si c'est le nom de famille de l'abbé *Delille* qui a immortalisé celui-ci. Jadis professeur au collége royal, de l'académie française, etc.

Sa traduction des Géorgiques parut en 1770. Le chantre des jardins avait déjà été couronné en 1765 par l'académie de Marseille pour son *Epître sur les voyages*.

M. *Delille* est né à Clermont le 28 juin 1738. (Nos 728, 776, 889.)

2441. *Delisle-de-Moncel*, ancien capitaine de cavalerie, écrivait sur les moyens de détruire les loups en 1768, et sur les bois en 1791. (Nos 1190, 1308, 1736.)

2442. *Delisle-de-Sales (J.)*, né à Lyon en 1740, membre de l'institut national, a publié beaucoup d'ouvrages étrangers à l'agriculture. (N° 453.)

2443. *DellaRocca*, abbé, vicaire-général de Syra dans l'Archipel, a écrit en 1790 sur les abeilles. (N° 1842.)

2444. *Delorme (Philibert)*, né à Lyon, mourut en 1557, était surintendant des ouvrages et constructions de François Ier; il bâtit les Tuileries, le fer-à-cheval de Fontainebleau etc.; et inventa une coupole en planches qu'on a depuis exécutée à la nouvelle halle de Paris, qui vient d'être brûlée, et où l'on voyait son buste. Le plus bel hommage qu'on pût rendre à cet architecte habile, était d'adopter sa méthode, qui réunit à la solidité l'élégance et la légèreté. M. *Menjot d'Elbenne* (Voyez son art.) l'a perfectionnée en y faisant quelques modifications utiles. (N° 281.)

2445. *Delpierre*, 19e siècle. (N° 1225.)

2446. *Delporte*, correspondant de la Société d'agriculture de Boulogne, écrivait en 1761 sur l'éducation des troupeaux, et en 1798 sur l'agriculture des environs de Boulogne. (Nos 400, 1127.)

2447. *Demante*, 18e siècle. (N° 1944.)

2448. *Démétrius-Pepagomène*, médecin de l'empereur, vivait dans le treizième siècle. On lui attribue un Traité de fauconnerie et le *Cynosophion* ou Traité des chiens, publié sous le nom de *Phoemon* qui, d'après les recherches infructueuses des critiques, paraît être un nom supposé. Le manuscrit du *Cynosophion*, trouvé au siége de Rhodes, fut vendu à *J. Fresler*, médecin à Dantzick. La première édition parut en 1545, à Wirtemberg, avec des notes d'*Aurifaber*. Cet ouvrage a été réimprimé en 1654, et à Londres en 1700. (N° 939.)

2449. *Demetz*, 19e siècle. (N° 1357.)

2450. *Demusset* (*Victor-Donatien*), 19e siècle. (N° 293.)

2451. *Demusset* (*Louis-Alexandre-Marie*), ancien militaire, propriétaire dans le département de la Sarthe, membre de la Société d'agriculture de ce département et associé de celle de Paris, a fait un mémoire sur les progrès de l'agriculture dans le duché de Vendôme, et d'autres sur différentes parties de l'économie rurale et domestique. (N° 293.)

2452. *Denesle*, 18e siècle. (N° 1257.)

2453. *Depère*, membre du sénat-conservateur, de la légion d'honneur; est du petit nombre des propriétaires qui partagent leur tems entre des fonctions d'état et les travaux champêtres. (N° 991.)

2454. *Deperle*, (N° 1713.)

2455. *Deprade*, auteur, du 17e siècle. (Nos 764, 1725.)

2456. *Depradt* (*D.*), né en Auvergne en 1764, a été vicaire-gén. de l'archevêque de Rouen, membre de l'assemblée constituante. Il est aujourd'hui archevêque de Malines, aumônier de l'Empereur et membre de la légion d'honneur. (Nos 362, 2043.)

2457. *Derieule*, 18e siècle. (N° 1264.)

2458. *Derouillac*, 19e siècle. (N° 73.)

2459. *Desagneaux* (*P. C. L.*), géomètre, a écrit, en 1804, sur le mesurage des terres. (N° 1166.)

2460. *Desbois* (*François-Alexandre-Aubert de la Chesnay*), né à Ernée dans le Maine en 1699, est mort en 1784, à Paris, dans un hôpital. C'est un des plus infatigables compilateurs du 18e siéc. (Nos 430, 431, 454, 1506.)

2461. *Desbout* (*N.*), chirurgien, vivait dans le 18e siècle. Il a publié sur l'art vétérinaire et sur les épizooties des animaux domestiques, des mémoires dont les titres ne sont pas connus de nous.

2462. *Descamps*, 17e siècle. (N° 272.)

2463. *Descemet*, membre de la Société d'agriculture du département de la Seine ; l'un des hommes qui par ses connaissances et sa moralité honorent le plus l'art du pépiniériste, auquel il s'est livré avec un zèle qui a triomphé des obstacles que des accidens physiques et les circonstances politiques semblaient élever à la formation d'un des plus beaux établissemens que la France possède en ce genre. Son courage et son activité persévérante ont réparé des pertes considérables ; les pépinières qu'il possède à St.-Denis présentent aujourd'hui une riche collection d'arbres exotiques et indigènes les plus précieux ; une profonde instruction a dirigé les travaux de ce cultivateur, qui par son expérience et une longue pratique est devenu, pour les propriétaires, un guide aussi sûr qu'empressé à leur rendre tous les services dont les véritables amis de l'agriculture font un échange officieux. Il a publié dans le *Journal d'économie rurale et domestique* ou *Bibliothèque des propriétaires ruraux*, entr'autres articles, un Traité sur la culture des arbres propres aux plantations des grandes routes, dans lequel on trouve une foule de vues neuves et des détails intéressans. Il est à désirer qu'il ait un jour assez de loisir pour compléter ce travail par le traité des arbres fruitiers, 19e siècle. (N° 188.)

2464. *Desourein*, d'Etampes, 18e siècle. (N° 1467.)

2465. *Desestrières-Murat*, 18 et 19e siècles. (N° 301.)

2466. *Desgraviers* (*N.*), ancien capitaine de dragons, lieutenant de louveterie, a écrit sur la chasse en 1785. Son ouvrage a été réimprimé en 1804. (N° 585.)

2467. *Desjardins-Fontvanne*, de la Société d'agricult. de Versailles, 19e siècle. (N° 1653.)

2468. *Dessuiles*, 18e siècle. (N° 1975.)

2469. *Desmars*, médecin de Boulogne-sur-mer, mort en 1767. Il écrivait sur les maladies des moutons en 1763. (N° 1148.)

2470. *Desmousseaux*, préfet de l'Ourte, 19e siècle. (N° 389.)

2471. *Desplaces* (*Laurent-Benoist*), ancien officier d'infanterie, né à Rouen, dans le 18e siècle. (Nos 753, 1573.)

2472. *Desplas*, artiste-vétérinaire, 18 et 19e siècles. (N° 861.)

2473. *Despommiers*, gouverneur de Cherol, en Gâtinois. Ecrivait en 1762. Son livre a eu trois éditions. (N° 129.)

2474. *Despresménil* (*Jean-Duval*), né à Pondichéri en 1746 ; mort sur l'échafaud en 1794 ; célèbre par ses talens et les rôles qu'il a joués. Après avoir été opposé à la cour, il en fut un des plus zélés défenseurs. (N° 285.)

2475. *Destère*, propriétaire à St.-Domingue. 19e siècle. (N° 1756.)

2476. *Detmar-Basse* (*N.*), Allemand d'origine, a acheté, près de Paris, la terre de Villegenis, qui, depuis qu'il en est propriétaire, offre un domaine rural dans le meilleur état. (Nos 371, 805.)

2477. *Deville* (*Nicolas*), 18e siècle. (No 760.)

2478. *Deyeux* (*Nicolas*), membre de l'institut ; de la Société de médecine de Montpellier. A eu part à l'édition du Théâtre d'agriculture d'Olivier de Serres. (Nos 1566, 1780, 1816.)

2479. *Dickson* (*Adam*), né en Écosse, est mort à la fin du siècle dernier. Il se livra à l'agriculture dont il fit sa principale occupation. Il a fait une excellente analyse des auteurs latins connus sous le nom de *Rei rusticæ scriptores*, et qu'il a publiée à Londres en 1788, sous le titre d'*Agriculture des anciens*. En 1765 il avait publié un traité estimé sur l'agriculture. (Nos 23, 346, 950.) C'est par erreur qu'il y a *Dickinson* à l'un de ces articles, et *Dixon* à l'autre.

2480. *Diderot* (*Denis*), né à Langres en 1713, mourut subitement en sortant de table, le 30 juillet 1784. A fait l'article *Agriculture* dans l'Encyclopédie, et plusieurs articles relatifs à cet art. Trop vanté par les uns, trop dénigré par les autres, *Diderot* est du petit nombre des hommes de lettres envers lesquels il est difficile d'être juste.

2481. *Didier* (*L. A.*), arpenteur à Créci en Brie, 18e siècle. (Nos 132, 1565.)

2482. *Diesbey*, receveur des finances à la Tête-de-Buch, 18e siéc. (Nos 1146, 1616.)

2483. *Diétricht* et *Hammer*, nom des deux auteurs qui ont écrit en 1802, sur les plantations des routes. (Nos 1285.)

2484. *Digby* (*Kenelme*), connu sous le nom de *chevalier Digby*, né en 1603, mourut en 1665. (Nos 476, 499.)

2485. *Digger* (*Léonard*), géomètre anglais, mort en 1574. A fait un ouvrage sur les *Pronostics ruraux*, peu estimé ; et un autre sur la *Manière de mesurer les pierres, les terres et les bois*, 1647, *in-4o*, meilleur que le précédent. (No 1598.)

2486. *Dispan* (*P.*), 19e siècle. (No 1359.)

2487. *Dixon* (*Adam*). Voyez *Dickson*.

2488. *Dodard* (*Denis*), médecin, membre de l'académie des sciences, naquit à Paris en 1634, et y mourut en 1707. Outre l'ouvrage indiqué, et plusieurs autres sur la médecine, on a de ce savant, des *Mémoires pour servir à l'histoire des plantes*. Paris, *in-fol.* 1676. (No 921.)

2489. *Donat* (*Bernard*), 16e siècle. (No 550.)

2490. *Dossie*, 18e siècle. (No 1276.)

2491. *Douette-Richardot*, cultivateur à Langres. Il a beaucoup défriché et planté : s'il n'est pas l'inventeur de la coupe entre deux terres, il est du moins le premier qui ait publié cette méthode sur la bonté de laquelle on s'accorde généralement, 18 et 19e siècles. (Nos 340, 349, 1640.)

2492. *Dourches* (*Charles*), membre de plusieurs Sociétés d'agriculture, a écrit sur les prairies et les forêts. Son ouvrage sur les prairies a eu une seconde édition en 1806. (Nos 85, 1946.)

2493. *Dralet*, conservateur des forêts de l'arrondissement de Toulouse; membre de plusieurs Sociétés d'agriculture. Son *Art du taupier* en était, en 1801, à sa neuvième édition.

A écrit, sur l'agriculture, des ouvrages estimés; a remporté un prix, et donné un modèle de topographie qu'on devrait adopter et suivre. (Nos 140, 1078, 1828.)

2494. *Dransy*, 18e siècle. (No 1202.)

2495. *Dreux-du-Radier* (*Jean-François*), avocat, né à Châteauneuf en Thimerais en 1714, mort en 1780, connu par des compilations historiques. (No 906.)

2496. *Droyn* (*Gabriel*), 17e siècle. (No 1743.)

2497. *Drummond-de-Melfort*, 18e siècle. (No 1982.)

2498. *Dubet* (*A.*), de Châteauroux, écrivait, en 1770, sur les vers à soie. (No 1344.)

2499. *Dubois-de-Crancé* (*Edouard-Louis-Alexis*), jadis maréchal-de-camp, député à l'assemblée constituante, puis ministre de la guerre, et général. A écrit sur la contribution foncière et l'impôt en nature, en 1804. (No 1103.)

2500. *Dubois* (*Louis*), né à Lisieux en 1770, bibliothécaire du département de l'Orne, membre de plusieurs Sociétés savantes. Son ouvrage sur le pommier, le poirier et le cormier, est recommandable. (Nos 293, 526.)

2501. *Dubois* (*J.-B.*), membre associé de la Société d'agriculture du département de la Seine. A fait un mémoire intéressant sur l'industrie, le territoire de la ville de Sauves dans le département du Gard, et sur les fourches du micocoulier (alisier), qu'on y fabrique. Ce mémoire est imprimé par la Société. (Nos 711, 712, 866.)

2502. *Dubois* (*Jean-Baptiste*), conseiller de la cour du roi de Pologne; bibliothécaire de l'école royale militaire de Varsovie. En 1795, professeur d'agriculture à Paris; membre des académies de Berlin, Florence, etc. Né à Faucigni, près de Dijon, en 1753.

2503. *Dubois*, théologal d'Orléans, botaniste, etc., 18 et 19e siéc. (No 1306.)

2504. *Dubost* (*J.-F.*), officier de gendarmerie, associé correspondant de la Société libre d'agriculture de Lyon, a écrit sur les abeilles en 1800. (No 1302.)

2505. *Dubuc*, 19e siècle. (No 2019.)

2506. *Dubuisson*, 18e siècle. (No 136.)

2507. *Ducarne-de-Blangy* (*Jacques-Joseph*), de la Société d'agriculture de Laon, né à Hirson, département de l'Aisne, en 1728. A commencé à écrire sur les abeilles en 1771. (Nos 1313, 1314, 1790, 1885.)

2508. *Ducellier*, 18e siècle. (No 714.)

2509. *Duchesne* (*Ant.-Nicolas*), professeur d'histoire naturelle à l'école centrale de Versailles. A commencé d'écrire en 1764. Il a publié un *aperçu géologique et agricole du département de Seine et Oise*. (Nos 188, 716, 769, 1795, 1933.)

2510. *Duchet*, chapelain en Suisse, 18e siècle. (No 312.)

2511. *Duchosal*, 18e siècle. (No 475.)

2512. *Duclos* (*Charles-Dineau*), secrétaire perpétuel de l'académie française, historiographe de France, né à Dinant en Bretagne, en 1705, mort en 1772. L'un des écrivains les plus distingués du 18e siècle. (No 1695.)

2513. *Ducoudray* (*Alexandre-Jacques-Louis*), ancien mousquetaire du roi, né en 1744 à Paris. A écrit beaucoup d'ouvrages. Son *Essai sur l'agriculture*, imprimé en 1774, n'a pas eu, que nous sachions, une autre édition. (No 596.)

2514. *Ducouédic*, 18 et 19e siècles. S'est occupé de l'éducation des abeilles, et a fait à ce sujet des expériences dont il a publié le résultat sous ce titre : « Résultat d'essais fait pendant le printems » et l'été de 1806, au *Cormier*, commune de Maure, départe- » ment de l'Ille-et-Vilaine, sur la ruche écossaise de M. *de la* » *Bourdonnaye*, avec la description d'une ruche pyramidale au » moyen de laquelle on retire chaque année un essaim et au moins » deux paniers de cire et de miel, sans jamais détruire, transva- » ser, châtrer ni fumer les abeilles. » (No 1358.)

2515. *Dufal*, médecin, 18e siècle. (No 1075.)

2516. *Duhamel-du-Monceau* (*Henri-Louis*), inspecteur de la marine, membre de l'académie des sciences, de la Société royale de Londres, etc., mort en 1782, à plus de 80 ans.

Voyez No 103, l'accusation de plagiat faite à ce savant par l'abbé *Galiani*, et qui ne peut se concilier avec le caractère de M. *Duhamel*, s'il était aussi modeste qu'on l'a dit. Il consacra sa vie à l'agriculture, au commerce, à la marine et aux arts mécaniques. Il écrivit sur ces différens sujets. Les ouvrages relatifs à l'agriculture sont sous les Nos 30, 134, 135, 144, 171, 332, 363, 410, 562, 674, 684, 756, 911, 992, 1028, 1131, 1184, 1467, 1525, 1766, 1843, 1865, 1875, 1876, 1893, 1918, 1943, 1972, 1992.

2517. *Duhamel*, 19e siècle ; a écrit en l'an XI un mémoire intéressant sur le sol et les productions de l'arrondissement de Coutances.

2518. *Duhaux*, curé, 18e siècle. (N° 608.)

2519. *Dulac*, abbé, 18e siècle. (N° 734.)

2520. *Dumesnil* (*Nicolas*), 16e siècle. (N° 1608.)

2521. *Dumas* (*Philippe*), né à Issoudun en Berri ; a été professeur d'éloquence à Toulouse, associé de l'académie des inscriptions et belles-lettres.

Il publia sa traduction des *œconomiques de Xénophon* en 1768. Elle est estimée, ainsi que les autres ouvrages de cet auteur. (N° 551.)

2522. *Dumont-Courset*, né à Boulogne-sur-mer en 1746 ; des Soc. d'agriculture de cette ville, de Paris, d'Amiens ; jadis membre de plusieurs académies. Cet auteur instruit s'est retiré à *Courset*, près de Boulogne, où il prépare une nouvelle édition de son *Botaniste cultivateur*, ouvrage qui jouit d'une estime méritée, et dont l'utilité ne saurait être révoquée en doute. (Nos 195, 1121.)

2523. *Dumont* (*Georges-Marie-Butel*), né à Paris en 1725, mort en 1788, secrétaire d'ambassade à Pétersbourg ; a publié divers ouvrages estimés. (N° 1658.)

2524. *Dumont* (*Charles*), 19e siècle. (N° 438.)

2525. *Dumoulin*, 18e siècle. Ce sont deux éditions du même ouvrages, avec quelques changemens dans le titre. (Nos 1311, 1312.)

2526. *Dumuys*, 19e siècle. (N° 1780.)

2527. *Dupain-de-Montesson*, ancien ingénieur-géographe des camps et armées du roi ; a donné des traités sur l'arpentage, 18e siéc. (Nos 9, 1754.)

2528. *Dupanty* (*P.-C.*), ancien avocat au conseil, de la Société d'agriculture de Paris et de Versailles. (N° 1501.)

2529. *Dupaty-Declam*, ancien mousquetaire, membre de l'académ. de Bordeaux, est auteur d'un *Traité de l'équitation, avec une traduction de Xénophon*, 1769, et d'un ouvrage intitulé : *La science et l'art de l'équitation, démontrés d'après nature*. 1777.

2530. *Dupin*, fermier-général, a eu chez lui J.-J. Rousseau, à Chenonceaux dans la Tourraine, pour précepteur de son fils M. *Dupin de Chenonceaux*. Le père a fait quelques ouvrages relatifs à l'agriculture, extrêmement rares, parce qu'ils n'étaient pas mis dans le commerce de la librairie, 18e siécle. (Nos 1204, 1476.)

2531. *Dupin*, préfet du département des Deux-Sèvres ; publia, en 1803, un Dictionnaire agronomique de ce département. (N° 441.)

2532. *Duplessy* (*F.-S.*), 19e siècle. (N° 2025.)

2533. *Dupont*, de Nemours (*Pierre-Samuel*), né à Paris en 1739; député de Nemours à l'assemblée constituante; membre du conseil des anciens; de l'institut; de plusieurs Sociétés d'agriculture. Auteur de plusieurs ouvrages instructifs. (Nos 67, 364, 685, 899, 932, 933.)

2534. *Dupré-de-St.-Maur* (*Nicolas-François*), maître des comptes à Paris, où il mourut en 1774. Il était de l'académie française. Il s'occupa de littérature dans sa jeunesse, et consacra sa vieillesse à l'étude de l'agriculture, de l'économie et d'autres sciences. (Nos 630, 1662.)

2535. *Dupuy-Damporte*, 18e siècle. (No 725.)

2536. *Dupuy* (*N.*), 18e siècle. (No 1441.)

2537. *Duquesnoy*, né à Thiancourt, a écrit, en 1797, sur les bêtes à laine. (No 1126.)

2538. *Durande*, médecin de Dijon, est mort dans cette ville en l'an VII, 1799. Il a fait plusieurs ouvrages estimés sur la botanique. (No 1368.)

2539. *Durand*, 17e siècle. (No 555.)

2540. *Durival* (*Nicolas Luton*), anciennement secrétaire de l'intendance de Lorraine, puis greffier du conseil d'état du roi Stanislas et lieutenant de police de Nanci. Né à Commerci en 1723; écrivait en 1763 et 1766 sur la clôture et les pacages. (No 1100, 1586.)

2541. *Durival* (*Clément*), frère du précédent, a écrit sur les finances et l'économie rurale: l'académie de Metz a couronné, en 1777, son *Mémoire sur la vigne*, qui est très-estimé. M. *Durival* est né à Saint-Aubin en 1728. (Nos 1274, 2034.)

2542. *Dussieux* (*Louis*), né à Angoulême, membre du conseil des anciens, de la Société d'agriculture de Paris; est mort en 1805 à 59 ans. Sa veuve est une des dames institutrices de la maison d'Ecouen. M. *Dussieux* a traduit ou composé un grand nombre d'ouvrages, et quelques mémoires sur l'agriculture, insérés dans la collection de ceux de la Société de Paris. Il avait pour l'agriculture une passion bien malheureuse. J'ai recueilli, à Chartres (ville dans les environs de laquelle est située la propriété qu'il a cultivée tant bien que mal), plusieurs anecdotes qui prouvent combien il était systématique. Mais il était de bonne foi, et s'il fit des dupes, il commença par l'être de lui-même. (Nos 11, 1816, 2004.)

2543. *Dutens* (*J.*), 19e siècle. (No 399.)

2544. *Dutrône-de-la-Couture*, 18e siècle. (No 1792.)

2545. *Dutour*, membre de la Société d'agriculture de Paris, 19e siècle. (No 1361.)

2546. *Duval (Guillaume)*, 17e siècle. (N° 90.)

2547. *Duval (N.)*, 17e siècle. (N° 2007.)

2548. *Duval (Amaury)*, rédacteur de la Décade, puis du Mercure. (N° 1780.)

2549. *Duval d'Eoulleville (Bon-Marin)*, du département de la Manche, a publié, en 1809, un *Traité sur les principes de l'agriculture*, avec cette épigraphe :

*Tous les arts ont leurs principes fixes, l'agriculture a aussi les siens.*

2550. *Duvaure*, jadis avocat, membre des Sociétés d'agriculture de Paris, de Lyon et Rouen ; agent forestier ; écrivait en 1790 sur l'agriculture, les mûriers, etc. (Nos. 1180, 1200, 1270.)

2551. *Duvergé*, ancien médecin à Tours, de la Société d'agriculture de cette ville, a publié, en 1763, des ouvrages relatifs à l'agriculture. (N° 61.)

# E.

2552. *Ehrmann (Frédéric-Louis)*, né à Strasbourg en 1741, mort en 1800 ; professeur de physique et de chimie. (N° 794.)

2553. *Eidous (Marc-Antoine)*, né à Marseille, et mort à la fin du siècle dernier. Il a fait des traductions médiocres d'ouvrages anglais. (N° 22.)

2554. *Elie-de-Beaumont*, célèbre avocat du 18e siècle. Encouragea l'agriculture, et donna un prix à celui qui trouverait la meilleure manière de cultiver les landes de Bordeaux. (N° 1616.)

2555. *Ellis (Jean)*, savant naturaliste anglais, membre de la Soc. royale de Londres ; il est mort en 1770. Il était étroitement lié avec le célèbre *Linnée*. Ses ouvrages sont recherchés. (N° 761.)

2556. *Eloy (Nicolas-François-Joseph)*, jadis conseiller-médecin du duc Charles de Lorraine, mort le 10 mars 1788. (N° 1663.)

2557. *Enderlin (J.-Frédéric)*, conseiller du Margrave de Baden-Dourlach, 18e siècle. (N° 1900.)

2558. *Enguehard*, médecin à Paris : 18e siècle. (N° 579.)

2559. *Eobanus (Elius)*, surnommé *Hessus*, parce qu'il naquit en 1488, sur les confins de la Hesse, sous un arbre, au milieu des champs, mourut en 1540. Poëte facile ; écrivait en latin. Il a fait des *Bucoliques* estimées, imprimées à *Hales* en 1539, *in*-8°. Il y chante les délices de la vie champêtre.

2560. *Eon de Beaumont (Charlotte-Geneviève-Louise-Auguste-André-Timothée d')*, né à Tonnerre en 1728, morte en 1790. Docteur en droit, avocat au parlement de Paris, censeur royal, puis capitaine de dragons, chevalier de Saint-Louis, ministre plénipotentiaire en Russie et en Angleterre, lectrice de l'impératrice. L'énumération de ses titres forme un des chapitres les plus curieux de l'histoire de mademoiselle d'*Eon*. Beaucoup de personnes veulent croire, bon gré, mal gré, que cette femme était un homme. Pour répandre quelque variété dans cet ouvrage, qu'il me soit permis de rapporter une anecdote qui m'a eté contée par M. *Heu*..... de Tonnerre, avoué à la cour d'appel de Paris, et cousin de mademoiselle d'*Eon*.

Un Anglais qui avait parié une somme considérable sur le sexe de mademoiselle d'*Eon*, arrive à Paris pour prendre des informations. On l'envoie pour plus de sûreté à *Tonnerre*. Il consulte les registres de la paroisse, ne doutant point que d'après les noms du patron ou de la patronne de mademoiselle d'*Eon*, il n'y aurait plus d'équivoque. Il trouve six noms, dont trois masculins et trois féminins : il n'y en avait cependant qu'un qui fut celui d'une sainte (*Geneviève*). Il lit attentivement l'acte qui était plein de fautes d'orthographe ; il y avait *nó* d'hier, puis a été *baptisée* par nous, etc. Il prend d'autres renseignemens ; tous se trouvent contradictoires. On lui dit enfin que monsieur ou mademoiselle d'*Eon* avait, à Paris, un parent avec lequel elle était liée depuis son enfance. L'Anglais se rend dans la capitale, chez M. *Heu*......, et le conjure de lui apprendre si *Geneviève d'Eon* était homme ou femme, ou n'était ni l'un ni l'autre. M. *Heu*...... lui conte qu'il a demeuré avec elle pendant sept ans, dans une pension, rue du Vieux-Colombier, et qu'ils ont habité la même chambre. Le visage de l'Anglais s'épanouit pendant ce récit, qu'il interrompt en disant : *Eh bien ! est-elle femme ?* Je n'en sais rien, répond M. *Heu*...... L'Anglais se lève impatienté en disant que cette retenue pendant sept ans, est plus extraordinaire que le problème du sexe de mademoiselle d'*Eon*. Il repart, retourne dans son île, aussi peu instruit qu'auparavant. M. *Heu*......, en me contant ce trait, ajouta que lorsque mademoiselle d'*Eon* eut ordre de Louis XVI de reprendre les habits de son sexe, elle fut voir son cousin qui lui dit : *C'était donc bien vrai ? — Que veux-tu ! le roi le veut*, lui réplique mademoiselle d'*Eon*, qui, par cette réponse évasive, se tire d'affaire sans donner aucun éclaircissement.

Mademoiselle d'*Eon*, plus célèbre par son changement de sexe et ses aventures, que par ses ouvrages, qui ne sont cependant pas sans mérite, a écrit en 1758 sur l'éducation des vers à soie. (N° 916.)

2561. *Eschassériaux* l'aîné, successivement membre de la convention et du tribunat ; membre de la Société d'agriculture ; chargé d'affaire au Vallais. (N° 1644.)

2562. *Esparron* (*Charles d'Arcussia vicomte d'*), seigneur provençal, s'occupa de la chasse au faucon. Il vivait en 1580. (N° 701.)

2563. *Espuller* (*baron d'*), ancien militaire, 18e siècle. (N° 31.)

2564. *Etienne* (*Charles*) et *J. Liébault*. *Ch. Etienne*, médecin de la faculté de Paris, donna, dans les premières années du 16e siècle, plusieurs petits traités sur le jardinage, et différens objets relatifs à l'agriculture. En 1529, il les réunit dans un corps d'ouvrage sous le titre de *Prædium rusticum*. Les jardins, les arbres, les vignes, les champs, les prés, les lacs, les forêts, les vergers et les collines, tel est l'ordre qu'il suit dans son livre.

Ayant marié sa fille à *Jean Liébault*, médecin de la faculté de Paris, il travailla conjointement avec lui à faire connaître les ouvrages des auteurs qui ont écrit sur l'agriculture, et tous deux publièrent un traité d'économie rurale, en 1570. Cet ouvrage était intitulé : *Agriculture et maison rustique, de MM. Charles Etienne et Jean Liébault, docteurs en médecine*.

Cet ouvrage est divisé en sept livres. La situation de la maison de campagne et de ses dépendances est l'objet du premier. Les auteurs suivent à-peu-près le même ordre que *Caton* avait tracé dans son agriculture.

Le second est consacré aux jardins à fleurs et parterres.

Le troisième, à la culture du verger et de chaque espèce d'arbre en particulier ; à différentes manières de distiller les eaux, de faire les huiles et les cidres.

Tout ce qui concerne les prés et prairies est renfermé dans le quatrième.

Le cinquième traite des terres destinées à la culture des grains, de la manière de mesurer les terrains, de les ensemencer, etc. Ce livre est terminé par des notions sur la boulangerie.

Les vignes, leur culture, les vendanges, la manière de faire le vin, et l'énumération des différentes espèces de vin fabriqués en France, sont l'objet du sixième livre.

Le septième et dernier livre est consacré aux garennes, aux oiseaux et aux manières de les prendre. Quoique cet ouvrage ne paraisse être qu'une compilation de ce qu'on trouve dans les auteurs grecs et latins ; comme les préceptes qui y sont réunis sont adaptés au terrain national, il est intéressant sous ce rapport. (Nos 25, 383, 421, 972, 1556.)

Voici les titres des ouvrages qu'il publia.

*De Re Hortensi libellus*. Parisiis, 1535, *in-8°*.

*Seminarium et plantarium fructiferarium*, *præsertim arborum, etc.* Parisiis, 1536, *in-8°*.

*Vinetum in quo varia vitium*, *uvarum*, *vinorum*, *etc*. Parisiis, 1537, *in-8°*.

*Arbustum*, *fonticulus*, *spinetum*. Parisiis, 1538, *in-8°*.

*Sylva*, *frutetum*, *collis*. Parisiis, 1538, *in-8°*.

*Pratum*, *lacus*, *arundinatum*. Parisiis, 1543, *in-8°*.

Tous ces traités furent réunis, en 1554, sous le titre de *Prædium rusticum*. Enfin, en 1565, il publia l'*Agriculture et maison rustique*, que son gendre *Liébault* augmenta en 1570. A eu 30 éditions.

2565. *Etienne*, cultivateur à Riaillé près d'Ancenis. On attend depuis long-tems un ouvrage de M. *Etienne*. (N° 192, note.)

2566. *Eutecnius*, sophiste grec, a paraphrasé le poëme d'*Oppien sur la chasse aux oiseaux*. *Erasme Windineg* a fait imprimer cet ouvrage d'après un manuscrit du Vatican.

C'est à Copenhague que parut cette édition, en 1702, *in*-8°. Cet ouvrage est composé de trois livres. *Les oiseaux de proie* font le sujet du premier; *les oiseaux amphibies*, du second; et dans le troisième, sont *les manières de prendre les oiseaux*. On ne connaît ni la patrie d'*Eutecnius*, ni le siècle où il vécut.

2567. *Evelyn* (*Jean*), savant anglais, né en 1620, mort en 1706. (N° 1802.)

2568. *Eyssemberg* (*N. baron d'*), 18e siècle. (N° 84.)

# F.

2569. *Faber Ferrarius imperatoris Caroli V.* On ignore le nom de cet ouvrier en fer, dont l'ouvrage est indiqué sous le N° 957. Le titre de cet ouvrage ferait croire que l'auteur était artiste-vétérinaire.

2570. *Fabre*, 18e siècle. (Nos 610, 620.)

2571. *Fabregon*, médecin, compilateur, 18e siècle. (N° 394.)

2572. *Fabroni* (*Adam*), de l'académie royale et économique de Florence, a composé, en italien, 26 ouvrages, tant sur l'agriculture que sur l'économie rurale. Ses *Instructions élémentaires* parurent en 1786. Elles ont été traduites, dans notre langue, par M. Vallée. Cet ouvrage avait été fait sur la demande du grand-duc *Léopold*. (Nos 1704, 2005.)

2573. *Faiguet*, 18e siècle. Note sur cet auteur. (N° 53.)

2574. *Fanon*, propriétaire à Crépi, a écrit, en 1804, sur l'amélioration des forêts. (N° 1411.)

2575. *Fauchet* (*Claude*), né en 1744 dans le Nivernois, est plus célèbre par le rôle qu'il joua dans la révolution, que par ses sermons et ses ouvrages. Il périt sur l'échafaud en 1793, après avoir donné des marques de repentir sur la folie de sa conduite. (N° 481.)

2576. *Fauchet*, préfet. (N° 389.)

2577. *Faucogney* (*le P. Prudent de*), capucin, 18e siéc. (N° 1624.)

2578. *Faudel* (*Fréd.-Guill.*), 18e siècle. (N° 1776.)

2579. *Faujas-de-Saint-Fond*, professeur au muséum d'histoire naturelle, propriétaire du domaine de Saint-Fond, près de Lauriol, département de la Drôme.

Ce savant géologiste a vengé la mémoire de *Bernard-Palissy*. Voyez ce mot. (Nos 1325, 1481.)

2580. *Faura (L.-E.)*, 19e siècle. (Nos 180, 1240.)

2581. *Faust*, docteur, 19e siècle. (No 163.)

2582. *Fauvel (frère François)*, religieux de Grammont. Voyez note sur cet auteur. (No 1748.)

2583. *Faucry*, 18e siècle. (No 1984.)

2584. *Fellemberg (Emmanuel)*, célèbre cultivateur, qui, ayant acheté le domaine d'Hofwil, près de Berne, y a fait le plus bel établissement d'agriculture qu'on ait encore vu. Hofwil est un vaste théâtre d'expériences sur le premier des arts. La pratique y est éclairée, et on y trouve un institut agronomique où l'on forme les jeunes gens qui se destinent à la culture. Les sacrifices nombreux faits par M. *Fellemberg*, ne sont point restés sans récompense. Il jouit de celle à laquelle il attachait le plus de prix : l'estime universelle. (Nos 1635, 2055.)

2585. *Fellon*, jésuite, 18e siècle. (No 1547.)

2586. *Fera-Rouville*, cultivateur, 19e siècle. (No 1234.)

2587. *Fermat (Samuel de)*, fils d'un conseiller au parlement de Toulouse, célèbre par des ouvrages sur les mathématiques. Il vivait dans le 17e siècle. On lui attribue une traduction du *Traité de la chasse d'Arrien*.

M. l'abbé *Genty*, secrétaire de la Société d'agriculture d'Orléans, membre de l'académie de Toulouse, publia en 1784, à Orléans, un ouvrage intitulé : *De l'influence de Fermat sur son siècle*. Ce mémoire fut couronné par l'académie de Toulouse qui avait mis au concours cette question : *Quelle a été l'influence de Fermat sur son siècle, relativement aux progrès de la haute géométrie, et à l'avantage que les mathématiques ont retiré et peuvent encore retirer de son ouvrage ?* Le mémoire de M. *Genty*, ou plutôt l'éloge de *Fermat*, a pour épigraphe ce passage d'Horace :

*. . . . Usquè ego posterâ*
*Crescam laude recens.*

Il y a deux ouvrages de *Fermat*, dont voici les titres :
1o *S. F. S. T. Variorum carminum* libri IV, *in*-8o, 1680.
2o *S. F. S. T. Dissertationes*, *in*-8o, 1680. Ces lettres initiales signifient : *Samuelis Fermat, senatoris Tolosani*.

2588. *Ferrand (de)*, chevalier de Saint-Louis. 18e siècle. (No 1077.)

2589. *Ferrari (Jean-Baptiste)*, jésuite de Sienne, mort en 1665. (Nos 333, 372, 706, 707, 748.)

2590. *Ferrera*, Espagnol, a fait, pour obéir au cardinal *Ximénès*, un *Traité complet d'agriculture*, dans lequel il recueillit tout ce qui avait été dit avant lui d'important sur cet art. Cet ouvrage fut utile dans le tems.

2591. *Feyet*, 15e siècle. (No 320.)

2592. *Filassier (N.)*, cultivateur ; directecteur d'une pépinière près de Meudon ; des académies de Lyon, Toulouse, Arras, Marseille, etc., né à Warwick, en Flandres. A écrit sur l'asperge en 1779, et sur le jardinage en 1789. (Nos 310, 436.)

2593. *Flanc-Martin*, botaniste, 19e siècle. (No 694.)

2594. *Flandrin (Pierre)*, professeur-directeur adjoint de l'école vétérinaire, membre du conseil d'agriculture et de l'institut national, né à Lyon en 1752, mort en 1796 : neveu de *Chabert* dont il fut l'élève. Ecrivit sur les moutons et les chevaux, sur l'engraissemment des bestiaux, sur l'éducation des vaches, etc. (Nos 45, 350, 853, 1161, 1561.)

2595. *Fontagne*, agent national près l'administration forestière de Saint-Mihel, département de la Meuse. Ecrivait en 1800. (No 1085.)

2596. *Fontalard (Jean-François de)*, de la Lorraine, 18e siècle. (No 1584.)

2597. *Fontanes (Louis)*, grand-maître de l'université, président du corps législatif, etc. (No 2031.)

2598. *Forbonnais (François Véron de)*, inspecteur-général des manufactures de France, membre de l'institut, né au Mans en 1722, est mort à Paris à la fin de l'an 8. S'est rendu célèbre par des ouvrages sur les finances. Il s'occupa beaucoup d'agriculture dans une terre située près du Mans. (No 1581.)

2599. *Forsyth*, jardinier du roi d'Angleterre, à Kensington, depuis vingt-trois ans, après l'avoir été à Chelsea, a écrit sur la culture des arbres fruitiers un ouvrage que M. *Pictet-Mallet*, de Genève, a traduit, et qui passe pour un des meilleurs traités que l'on ait sur cette matière. (No 1871.)

2600. *Foubert*, 17e siècle. (No 1362.)

2601. *Fougeroux (Auguste-Denis)*, né à Paris en 1732, mort en 1789, de l'institut de Bologne, de la Société d'Edimbourg, pensionnaire de l'académie des sciences de Paris ; était neveu de *Duhamel*, qui lui inspira le goût des arts et des connaissances utiles. Les arts de l'ardoisier, de la verrerie, du tonnelier, du coutelier, qui font partie de la collection de l'académie des sciences, sont de ce savant laborieux.

2602. *Fouilloux (Jacques du)*, gentilhomme poitevin, mort sous *Charles IX*, fit un ouvrage sur *la chasse*, qu'il dédia à ce roi, imprimé à Poitiers en 1562, à Paris en 1573, à Rouen en 1656, à Paris en 1653, et à Poitiers en 1661, *in-4o*. Cet ouvrage, cité souvent par *Buffon* et *Daubenton*, est très-estimé. *Du Fouilloux était*, dit *Lacroix du Maine*, *gentilhomme des plus exercés à la chasse et vénerie, qu'autre de son tems.* (Nos 1372, 2028.)

2603. *Fourcroy-de-Ramecourt (Charles-René de)*, maréchal-de-camp, directeur dans le corps du génie, associé-libre de l'académie des sciences, né à Paris en 1715, mort en 1791; a servi avec distinction.

Il écrivait, en 1766, l'art du chaufournier; il a enrichi de remarques le *Traité des pêches de Duhamel*, et d'observations le *Traité des forêts*. (Nos 144, 348.)

2604. *Fourcroy* (*Antoine-François*), docteur en médecine de la faculté de Paris, jadis censeur royal, membre de la convention, du conseil des anciens, de l'institut, professeur à l'école polytechnique, membre du conseil d'état, directeur-général de l'instruction publique, commandant de la légion d'honneur, etc.

Son système des connaissances chimiques, qui a eu plusieurs éditions, a été traduit en plusieurs langues; c'est un livre très-utile aux cultivateurs qui veulent joindre la théorie à la pratique. L'application de la chimie à l'agriculture, est un point de doctrine reconnu, et la première est pour la seconde un art auxiliaire dont elle ne peut se passer. M. *Fourcroy* est mort subitement en 1809.

2605. *Fourneau* (*Nicolas*), ancien maître charpentier à Rouen, a écrit, en 1767, sur son art. (No 142.)

2606. *Fournier*, 18e siècle. (No 1451.)

2607. *France*, de Vaugency, 18e siècle. (Nos 316, 1115.)

2608. *Francheville* (*Joseph Dufresne de*), de l'académie de Berlin, né à Dourlens, en Picardie, en 1704. Est plus connu par la première édition du Siècle de Louis IV, qui parut sous son nom, que par ses autres ouvrages. (No 224.)

2609. *Francières* ou *Franchières* (*Jean de*), chevalier de Rhodes, commandeur de Choisi, et grand prieur d'Aquitaine, vivait sous Louis XI.

La première édition de son livre était ainsi intitulée: *C'est le livre de l'art de faulconnerie, lequel frère Jehan de Franciéres a extrait et assemblé, c'est à savoir*, etc. (No 963.)

2610. *Francini* (*Horace de*), 17e siècle. (No 752.)

2611. *Franklin* (*Benjamin*), né à Boston, dans la Nouvelle-Angleterre, en 1706, mort en 1790. Célèbre par ses vertus, par l'indépendance de l'Amérique, à laquelle il concourut puissamment, par ses connaissances en physique, etc. Ses découvertes sur l'électricité, et la liberté qu'il assura à sa patrie en l'affranchissant du joug des Anglais, ont inspiré ce vers à M. *Turgot*:

*Eripuit Cœlo fulmen, sceptrumque tyrannis.*

Il encouragea l'agriculture par ses écrits. (No 1483.)

2612. *François*, frère chartreux à Paris, 18e siècle. (No 885.)

2613. *François* (*Nicolas*), né en 1752, à Neufchâteau, dont il porte le nom, successivement député, avocat, procureur-général du conseil supérieur du Cap Français, membre de l'assemblée législative, juge, directeur, ministre, est aujourd'hui membre du sénat, de l'institut, de la Société d'agriculture de Paris.

Depuis quelques années M. *François* s'occupe beaucoup d'agriculture, et les mémoires de la Société de Paris sont remplis d'articles intéressans de cet auteur, relatifs à l'économie rurale et domestique. (Nos 165, 231, 389, 614, 645, 727, 918, 938, 939, 951, 1648, 1731, 1772, 1811, 1816, 2046.)

2614. *Franconville*, 18e siècle. (No 802.)

2615. *Frédéric II*, empereur, né en 1194, fut excommunié deux fois par Grégoire IX, et déposé par Innocent IV. Appréciant ces anathêmes à leur juste valeur, il se vengea du premier pape; mais tous les princes ayant pris le parti du second contre lui, il en conçut un chagrin qui abrégea ses jours. Il a écrit sur la chasse. (No 1724.)

2616. *Fromin*, cultivateur instruit, 19e siècle. (No 1204.)

2617. *Freminville (Edme de la Poix de)*, ancien bailli de la Palisse, né, en 1680, à Verdun-sur-Doubs, mourut en 1773, à Lyon. A écrit sur l'administration des biens ruraux et sur les fiefs.

2618. *Frénais (Joseph-Pierre)*, né à Fretteval près Vendôme, et mort à Paris en 1788, a traduit beaucoup d'ouvrages anglais. Le seul qui ait rapport à l'agriculture est *Le guide du fermier, in-12*. Dans l'édition de 1782, il augmenta cet ouvrage d'un traité sur la manière de faire la bière, et d'un autre sur l'art de cultiver les pommes-de-terre pour en faire du pain. (No 742.)

2619. *Frêne (Théophile-Rodolphe)*, pasteur à Tavannes, dans l'évêché de Bâle, né en 1729. A fait, en 1768, un mémoire sur les moyens les plus propres à tirer le parti le plus avantageux des montagnes du Jura. La Société économique de Bienne a couronné ce mémoire.

2620. *Fresnais de Beaumont*, procureur du roi à l'amirauté de Nantes, membre de la Société d'agriculture de Tours; écrivait sur des objets relatifs à l'agriculture en 1778 et 1785. (No 1347.)

2621. *Freville (A. F.)*, a été professeur de littérature à l'école centrale de Seine-et-Oise. Traduisait Young en 1774. (Nos 91, 2044.)

2622. *Frey-de-Landres (Jean-Rodolphe)*, né à Basle en 1739, jadis lieutenant-colonel d'infanterie, en France; publia la traduction du *Socrate rustique* en 1762. Il y a eu en 1764, 1770 et 1774, trois autres éditions de cet ouvrage. (No 1772.)

2623. *Froger*, curé de Mayet, diocèse du Mans, de la Société d'agriculture de Tours, écrivait, en 1769, sur l'agriculture. (No 850, 1609.)

2624. *Froidour*, 18e siècle. (No 810.)

2625. *Fromage-de-Feugré* ( *C. Michel F.* ), professeur à l'école vétérinaire d'Alfort, membre de la Société d'agriculture de Caen, de la légion d'honneur, etc.; a publié beaucoup d'ouvrages sur l'art dans lequel il est un des professeurs les plus distingués. (Nos 46, 244, 293, 405, 406, 524, 1337, 2006.)

2626. *Fromé* ( *J.* ), 17e siècle. (No 737.)

2627. *Frommel*, Allemand, 18e siècle. (No 1819.)

2628. *Frontin* ( *Sextus-Julius* ), guerrier et jurisconsulte, était préteur en 70 et consul après. *Nerva* lui donna l'intendance des eaux et aqueducs de Rome, sur lesquels il composa un ouvrage en deux livres, imprimé à Basle et à Florence. *Turnèbe* fit imprimer, à Paris, son traité *de Qualitate agrorum*.

2629. *Fulvius-Ursinus*, autrement nommé *Fulvic-Orsini*, Romain, qu'on a cru être bâtard de la maison des *Ursins*, mourut à Rome en 1600. Il a laissé des notes sur *Varron* et *Columelle*.

2630. *Fusée-Aublet*, 18e siècle. (No 2001.)

# G.

2631. *Gabiot*, 18e siècle. (No 888.)

2632. *Gaces de la Vigne*, premier chapelain des rois Philippe de Valois, Jean et Charles V, écrivait encore en 1373; a fait un poëme sur les oiseaux de fauconnerie; il le commença à Redefort, en Angleterre, par ordre du roi *Jean*, en 1359. Ce prince faisait faire cet ouvrage, *afin que messire Philippe, son quart fils, duc de Bourgogne, qui addonc était jeune, apprit les déduits, pour eschever les péchés oiseulx et qu'il en fut mieux enseigné en mœurs et vertus.*

Le poëme de *Gaces* fut imprimé d'une façon tronquée, et mis à la fin du *Miroir des déduits de la chasse* par le C. de Foix, à qui même on l'a attribué.

2633. *Gacon-Dufour* ( *Marie-Armande-Jeanne*, d'abord madame *d'Humière* ), née à Paris, en 1753, membre de plusieurs sociétés. (Nos 452, 996, 1688.)

2634. *Gaertner* ( *J.* ), 18e siècle. (No 334.)

2635. *Gaëtan Harasti*, religieux, 18e siècle. (No 1216.)

2636. *Gaffet* ( sieur *de la Briffardière* ), 18e siècle. Note sur cet auteur. (No 1375.)

2637. *Gagliando*, professeur d'agriculture à Tarente, 18e siècle. (No 827.)

2638. *Gagnard* ( *N.* ), 19e siècle. (No 1744.)

2639. *Gail* (*J.-B.*), de l'Institut de France, chevalier de l'ordre de Saint-Wladimir de Russie, professeur de littérature grecque au collége de France, a traduit le Traité de la chasse de Xénophon: il est auteur de plusieurs autres ouvrages qui tous prouvent sa vaste érudition et son goût éclairé: nous n'en donnons pas ici les titres, parce qu'ils n'ont aucun rapport avec l'agriculture. (N° 1868.)

2640. *Galiani* (*Ferdinand*), né à Naples en 1728, mourut à Paris en 1787, célèbre par son esprit et ses connaissances. Son ouvrage sur le *commerce des grains* fit beaucoup de bruit, parce qu'il parut à l'époque des querelles des économistes en France; il est d'ailleurs plein de sel et d'originalité. Cet abbé a accusé *Duhamel du Monceau*, d'une manière très-dure, d'avoir fait un plagiat. (N° 103.) Cette accusation ne peut ternir la gloire de notre agronome, et en supposant que la machine, dont on lui reproche le vol, ne soit réellement pas de son invention, il lui reste assez d'autres titres à la gloire. Voyez l'article *Inthiéri*. (N°s 103, 424, 1710.)

2641. *Galland* (*Antoine*), savant académicien et professeur d'arabe au collége de France, *né en 1646, mort en 1716*, fit plusieurs voyages dans l'Orient; connu principalement par sa traduction des *Mille et une Nuits*. (N°s 369, 1498.)

2642. *Gallet*, maître en pharmacie, et ancien pharmacien de première classe des armées du Nord et d'Italie. (N° 2005.)

2643. *Gallo* (*Augustin*), Italien, 16e siècle. (N°s 1764, 2036.)

2644. *Gallon*, 17e siècle. (N° 267.)

2645. *Gallos*, 18e siècle. (N° 144.)

2646. *Gamon-Monval*, ancien officier du génie, 19e siècle. (N° 2056.)

2647. *Gardini*, 18e siècle. (N°s 339, 558.)

2648. *Garnier Deschesnes*, notaire honoraire, membre de la Société d'agriculture de Paris, né à Montpellier, le 1er mars 1732, d'une famille de magistrature originaire de Troyes. Après avoir été dans l'Oratoire, il a exercé le notariat à Paris; il était en 1808 candidat au corps-législatif; a publié des mémoires *sur les constructions rurales, sur les réunions et enclosures, sur quelques points du droit civil relatifs au code rural, et des observations demandées par le gouvernement sur le projet de ce code*. Ces mémoires ou rapports ont été insérés dans le recueil imprimé des travaux annuels de la Société d'agriculture de Paris. Outre ces ouvrages, M. *Garnier* en a publié d'autres, parmi lesquels on distingue un *Traité élémentaire de Géographie*, couronné par le conseil des Cinq-Cents en 1795. Un vol. in-8°. (N° 1065.)

2649. *Garnier* (*Germain*), né en 1754, préfet, puis sénateur, commandant de la légion-d'honneur. (N°s 1599, 1600.)

2650. *Garnier* (*Claude*), 17e siècle. (N° 980.)

2651. *Garsaut*, 19e siècle. (N° 1369.)

2652. *Gaston de Foix*, connu également sous le nom de *Gaston*

*Phœbus* ou le *Roi Phœbus*, fils de Gaston II, comte de Foix, et d'Éléonore de Comminge, naquit en 1331; il épousa, en 1349, *Agnès*, fille de Philippe III, roi de Navarre, et de Jeanne de France. Il se livra à l'astrologie judiciaire, et croyant à son existence, il prit un soleil pour devise, et ne voulut point avoir d'autre nom que celui de *Phœbus*. A cette folie se joignit ou succéda une passion excessive pour la chasse; il nourrissait seize cents chiens. Son ouvrage sur la chasse est divisé en 85 chapitres; on y trouve des détails curieux.

Il mourut à 72 ans, en 1390, au retour de la chasse, et au moment où il se mettait à table pour souper. (Nos 402, 1521.)

2653. *Gauchet* (*Claude*), natif de Dammartin, poëte français, a été aumônier de Charles IX. Quelques écrivains prétendent qu'il remplit les mêmes fonctions près de Henri IV; il écrivit sur la chasse et la fauconnerie. (No 1531.)

2654. *Gautier* (*Jean-Jacques*), jadis curé de la Lande de Gal, département de l'Orne, 18e siècle. (No 636.)

2655. *Gautier* (*Jules*), de Marseille, membre du Lycée des Sciences et Arts et des Arcades de Rome, a publié, en 1799, *un Essai sur la restauration des finances et l'organisation générale de l'agriculture*. Un vol. in-4o, Marseille.

2656. *Gazon-Dourxigné* (*Sébastien-Marie-Mathurin*), de Quimper, mort en 1784, a fait, du poëme des *Jardins* du P. *Rapin*, une traduction, qui est plutôt une imitation qu'une version exacte.

2657. *Gélieu* (*Jonas de*), bourgeois de Neufchâtel, pasteur de Colombier et d'Avernier, membre de la Société Économique de Berne, né en 1740, a écrit sur les essaims, les abeilles, en 1770, 1772, 1792, 1794 et 1795. Nos 593 (il faut lire *Gélieu*, et non *Gélion* dans le titre), 1402.

2658. *Genet* (*Edme-Jacques*), mourut à Paris, en 1781 ou 1783; il a traduit beaucoup d'ouvrages de l'anglais. In-8o. (No 999.)

2659. *Genneté*, 18e siècle. (No 1004.)

2660. *Gentil*, docteur-régent de la Faculté de Paris, ancien médecin des armées du roi, écrivait, en 1787, sur le café. (No 502.)

2661. *Gentil*, ex-prieur de l'ordre de Citeaux, 19e sicle. (No 1158.)

2662. *Georgel*, 19e siècle. (Nos 1071, 1416.)

2663. *Gérard* (*P. S.*), 19e siècle. (No 626.)

2664. *Geraud*, de l'Oratoire, 18e siècle. (No 656.)

2665. *Gessner* (*Conrad*), né à Zurich, en 1516; mort en 1565. Sa grande érudition, ses connaissances en histoire naturelle, lui méritèrent le surnom de *Pline germanique*. (No 958.)

2666. *Gesner* (*Mathieu*), 18e siècle. (No 1721, 1758.)

2667. *Gibelin*, médecin à Paris, 18e siècle. Outre l'ouvrage que nous indiquons, il en a publié, en 1790, un autre sur la botanique, l'agriculture et l'économie rurale. Deux vol. (N° 8.)

2668. *Gilbert* (*François-Hilaire*), né à Châtelleraült en 1757, membre du Corps Législatif, correspondant de la Société royale d'agriculture, directeur-adjoint de l'école vétérinaire à Alfort, membre du bureau d'agriculture, de l'Institut national, etc., est mort à Seigneuriolano, près de St.-Hildephonse, le 5 septembre 1800, dans son voyage d'Espagne, où il était allé pour choisir des mérinos et achever l'exécution du traité de Bâle relatif à cet objet. *Gilbert* a été la victime de son zèle pour l'agriculture. Ses ouvrages ont eu plusieurs éditions; ils ont été copiés, soit dans des dictionnaires, soit dans des livres sur l'agriculture, quelquefois même sans être cités. (N°s 834, 837, 840, 843, 847, 1168, 1665, 1666, 1945.)

2669. *Gillet Laumont*, membre du conseil des mines Ce laborieux savant s'occupe à rechercher quels sont les arbres, venus de graine, qui produisent des fruits mangeables; il espère obtenir des variétés nouvelles plus abondantes, 19e siècle.

2670. *Gilloton Beaulieu* (*Charles*), 18 siècle. (N° 1233.)

2671. *Ginet*, arpenteur à la maitrise des eaux et forêts à Paris, a écrit en 1770 et 1783 sur l'arpentage. (N° 1364.)

2672. *Ginguené* (*Pierre-Louis*), né à Rennes en 1748, de l'Institut national, connu par plusieurs ouvrages estimés, par quelques poésies agréables, par une critique judicieuse, par un goût délicat, enfin, par une vaste érudition littéraire; vient de publier un recueil de fables, toutes de bon goût; et dont plusieurs, imprimées à diverses époques, avaient obtenu les suffrages du public: le monde littéraire attend impatiemment le grand ouvrage sur la littérature italienne, dont il s'occupe depuis plusieurs années; successivement directeur-général de l'instruction publique, ambassadeur à la cour de Sardaigne, membre du tribunat; a rédigé en 1791 et 1792 avec M. *Grouvelle*, et seul en 1793, 1794 et 1795, la *Feuille Villageoise*. (N°s 713, 1755.)

2673. *Girard*, 18e siècle. (N° 1953.)

2674. *Girardin* (*René*), jadis colonel de dragons. C'est en 1777 que parut la première édition de sa *Composition des Paysages*, qui en a eu plusieurs autres, et a été traduite en anglais, en allemand, etc. (N° 261.)

2675. *Giraud de la Rochelle* (*A. A.*), député de la Charente-Inférieure à la convention, a écrit, en 1793, sur l'amélioration des laines (N° 1697.)

2676. *Girod-Chantrans*, ancien officier du génie, membre de plusieurs sociétés savantes, 19e siècle. (N°s 290, 577, 692.)

2677. *Girodet aîné* (*M. A. E.*), a écrit, en 1801, sur l'art de former un colombier. (N° 1395.)

2678. *Gisors*, a remis en français l'ouvrage d'*Olivier-de-Serres*, dont le style n'avait besoin que d'un très-petit nombre de notes interprétatives. Voyez ce que nous disons de l'ouvrage de M. *Gisors*. (N° 1817.)

2679. *Gobet*, 18e siècle. (N° 1481.)

2680. *Godine (jeune)*, 19e siècle. (Nos 681, 1183.)

2681. *Goesius (G.)*, 17e siècle. (N° 1718.)

2682. *Gohier (J.-B.)*, professeur à l'école vétérinaire de Lyon, 19e siècle. (Nos. 403, 1252, 1421.)

2683. *Gohorry (Jacques)*, Parisien, surnommé le solitaire, *lecteur ordinaire ès mathémathiques à Paris*, *philosophe*, *grand chimiste*, tels sont les qualités que lui donne *Lacroix-du-Maine*. *Gohorry* a publié beaucoup d'ouvrages, tantôt sous son nom, tantôt avec ces lettres J. G. P. (*Jacques Gohorry Parisien*), ou avec celles-ci, L. S. S. (*Leo Suavius Solitarius.*) Il mourut en 1576. (Nos. 421, 795.)

2684. *Gottheil-Kastener (Abr.)*, 18e siècle. (N° 1686.)

2685. *Gommer-de-Lusancy (P. de)* et *François de Gommer-Dubreuil* son frère, 16e siècle. (N° 154.)

2686. *Gorse*, 19e siècle. (N° 1780.)

2687. *Goube*, conservateur des bois ; a écrit sur les bois en 1801. (N° 1903.)

2688. *Goudard*, 18e siècle. (N°. 696.)

2689. *Gouge-de-Cessières*, avocat du roi au présidial de Laon, 18e siècle. (N° 892.)

2690. *Goujon (de la Somme)*, membre de l'assemblée législative. A écrit, en 1803 et 1804, sur les bois et les forêts. (N° 1295.)

2691. *Goulin (Jean)*, né à Reims en 1728, mort en 1799 ; a fait beaucoup d'ouvrages, de traductions et de bonnes éditions, auxquelles il ajouta des notes. De ce nombre sont l'*Agronome* et le *Traité d'agriculture de Mortimer*.

Il était médecin, membre de plusieurs académies, professeur d'histoire de la médecine à Paris. (N° 906.)

2692. *Gouyer (Jacques)*, paysan Suisse, qui vivait dans le 18e siècle, et dont la vie a été publiée par M. *Hirzel*, sous le titre du *Socrate rustique*. Note sur ce cultivateur. (N° 1772.)

2693. *Gourey-de-Champgrand*, 18e siècle. (N° 1914.)

2694. *Goy (J.)*, 18e siècle. (N° 110.)

2695. *Goyon-de-la-Plombanie (Henri)*, né à Bassa, diocèse de Périgueux ; écrivait sur l'agriculture en 1762 et 1775. (Nos 719, 720, 1058, 1138, 2020.)

2696. *Grangent*, 19e siècle. (N° 388.)

2697. *Gratarole (Guillaume)*, médecin de Bergame, professa à Padoue ; il mourut en 1568. Ses ouvrages sont estimés. (N° 1589.)

2698. *Gratius et Némésien*. *Gratius* est le premier des poëtes latins qui ait entrepris de traiter en vers les préceptes de la chasse. Il était contemporain d'Ovide.

*Némésien* était de Carthage, et vivait sous les empereurs *Carus*, *Carin et Numérien*, dont il fut l'ami. Son poëme sur la chasse était, sous Charlemagne, un livre classique.

On réunit ces deux poëmes, et on les imprima à Augsbourg en 1534, *in*-8°; puis ils ont paru dans plusieurs recueils. (N° 1548.)

2699. *Graville* (*Barthélemi-Claude-Graillard de*), né à Paris en 1727, mort en 1764; publiait, en 1759, son *Journal villageois*, sous le nom de *J. J. Thibaut-de-Pierrefite*. (N° 907.)

2700. *Grégoire* (*Henri*), jadis curé d'Emberménil, député du clergé de Lorraine aux états-généraux, puis évêque de Blois, député du département de Loir et Cher, à la convention nationale et au conseil des cinq cents, membre du sénat-conservateur; de l'institut des sciences et des arts, de la Société d'agriculture; né à Vého, près de Lunévile, en 1750.

La belle edition du Théâtre d'agriculture d'*Olivier-de-Serres*, publiée par la Société d'agriculture de Paris, contient un *Essai sur l'agriculture au 16e siècle*. Cet essai, qui suppose une infinité de recherches, est très-satisfaisant; il réunit à l'érudition, une manière agréable et variée de présenter des faits et des points de discussion importans. Une histoire de l'agriculture ainsi rédigée et complète, ne laisserait rien à désirer. (N° 644.)

2701. *Grenet*, 18e siècle. (N° 1226.)

2702. *Greppo*, propriétaire, 19e siècle. (N° 1462.)

2703. *Grew* (*Néhémie*), médecin anglais, estimé dans sa patrie, morte subitement en 1711. (N° 70.)

2704. *Grignon*, chevalier de l'ordre du roi, maître de forges à Bayart, correspondant de l'académie des inscriptions et belles-lettres, etc.; écrivait en 1776 sur les épizooties. (N° 1461.)

2705. *Grognier* (*L. F.*), professeur à l'école impériale vétérinaire de Lyon, 19e siècle. (N° 1353.)

2706. *Gros-de-Besplas* (*Joseph-Marie-Anne*), docteur de Sorbonne, vicaire-général de Besançon, prédicateur du roi, aumônier de Monsieur, né à Castelnaudari en 1734; mort à Paris en 1783. Ecrivait, en 1768, sur les causes du bonheur public. (N° 235.)

2707. *Gros* (*abbé le*), député à l'assemblée nationale, mourut en 1789. Publia, en 1787, son Analyse du système des économistes.

2708. *Grouvelle* (*Ph. A.*), jadis secrétaire du cabinet du prince de Condé, de l'académie de Dijon, ministre plénipotentiaire de la république française en Danemarck, associé de l'institut nationale; mort à la fin de 1806, de chagrin, dit-on, d'avoir été l'objet d'une critique littéraire trop rigoureuse. A rédigé la Feuille villageoise, de société avec M. *Ginguené*, en 1791 et 1792. (No 713.)

2709. *Gruau* (*Louis*), curé de Sauge dans le Maine, 17e siècle. (No 1392.)

2710. *Grunwald*, 19e siècle. (No 1256.)

2711. *Guerchy* (*Louis Reynier, marquis de*), publia, en 1789, son calendrier, sous ce titre: l'*Agriculture anglaise*, ou, etc. (No 209.)

2712. *Guérin-de-Rademont*, receveur des finances en 1715. (No 1592.)

2713. *Guérin*, 18e siècle. (No. 1882.)

2714. *Guettard* (*Jean-Etienne*), médecin, du diocèse de Sens, de l'académie des sciences, de celles de la Rochelle, Florence et Stockholm, garde du cabinet d'histoire naturelle de M. le duc d'Orléans. Voyez dans sa *Table raisonnée* l'art. *Journaux d'agriculture*. (Nos 767, 1242, 1467.)

2715. *Guillemeau* (*Jean-Louis-Marie*), membre du jury-médical du département des Deux-Sèvres, né à Niort en 1766; a écrit, en 1800, l'histoire et la culture de la rose. (No 207.)

2716. *Guillot* (*Julien-Jean-Jacques*), 18e siècle. (No 479.)

2717. *Guilo* (*Charles*), professeur à l'université de Turin, 19e siéc. (No 1079.)

2718. *Guinau-Laoreins*, 19e siècle. (No 1593.)

2719. *Guyot*, 18e siècle. (No 93, 1028.)

2720. *Guisan Jean-Samuel*), d'Avanches, canton de Fribourg, chef de brigade du génie helvétique, inspecteur-général des ponts-et-chaussées de Berne. Ecrivait, en 1800, sur l'amélioration des chemins de traverse.

2721. *Guyton-Morveau* (*Louis-Bernard*), né à Dijon en 1737, avocat-général au parlement de Dijon, membre de l'assemblée législative et de la convention, directeur de l'école polytechnique, administrateur des monnoies, membre de l'institut, de la légion d'honneur, d'un grand nombre d'académies, etc. (No 1940.)

2722. *Gylli* (*Antoine*), vivait dans le 16e siècle. Le nom de cet auteur a été défiguré par *Collètet*, que les biographes ont copié. Il est connu sous le nom de *Gilles*. Cette erreur est réparée (No 959.)

# H.

2723. *Halès* (*Etienne*), Anglais, né en 1677, mort en 1761; membre de la Société royale, savant laborieux. Quelques bibliographes prétendent que sa *Statique des végétaux* a été traduite en 1735 par M. *de Buffon*. (N° 1779.)

2724. ***Hall***, Anglais, 18e siècle. (N° 725.)

2725. ***Hammer*** (*F. L.*), jadis professeur d'histoire naturelle à Colmar, résidant à Nuremberg, professeur d'histoire naturelle à Strasbourg. A publié, en 1802, un mémoire sur les plantations le long des grandes routes.

M. *Hammer* enrichit de tems en tems le Journal d'économie rurale, de traductions de ce qui parait de plus nouveau en Allemagne, sur l'agriculture.

2726. ***Hamon*** (*Jean*), né à Cherbourg, fut d'abord précepteur de M. de Harlai, ensuite médecin. Au moment où il acquérait une grande célébrité, il distribua son patrimoine aux pauvres, pour se retirer, en 1650, dans la solitude de Port-Royal des champs. Il n'avait que 33 ans; il y passa 36 ans dans une pénitence austère, et s'occupa d'abord de la culture de la terre; ensuite il servit le docteur Arnauld. Enfin, il reprit l'exercice de la médecine pour le service des religieuses, et des solitaires de Port-Royal et des pauvres. Il mourut le 22 février 1687, à 69 ans. Il publia des ouvrages anonymes sur l'agriculture; quelques personnes l'ont cru auteur de l'ouvrage inscrit sous le N° 105.

2727. ***Hanbury*** (*William*), 18e siècle. (N° 294.)

2728. ***Hanckook*** (*J.*), Anglais, 17e siècle. (N° 1883.)

2729. ***Hardy***, médecin, 18e siècle. (N° 682.)

2730. ***Harmont*** (*Pierre*), 16e siècle. (N° 1319.)

2731. ***Hartiz*** (*Georges-Louis*), Allemand, 18e siècle. (N° 677, 816, 1428.)

2732. ***Hartmann***, Allemand, 18e siècle. (N° 1934.)

2733. ***Hastfer*** (*F. W.*), 18e siècle. (N° 824.)

2734. ***Haumond*** (*Thomas*), 18e siècle. (N° 1040.)

2735. ***Hebert*** (*C. J. B. L.*), agent forestier à Chauni, département de l'Aisne, 19e siècle. (N° 1707.)

2736. ***Hécart***, écrivait, en 1795, un ouvrage sur les arbres qu'on pourrait cultiver et naturaliser dans le nord de la France.

2737. ***Hégemon*** (*Philibert*), né à Châlons-sur-Saone, le 22 mars 1535, de Philippe-Guide, procureur du roi au bailliage de cette ville; changea, pour se donner un air savant, le nom de *Guide* qui était celui de sa famille, en celui de *Hégemon*, qui signifie *guide* en grec. Il remplit la charge de son père; sa devise était: *Dieu pour guide*. Il alla à Genève embrasser la religion réformée, et mourut à son retour, à Macon, en 1595. (N° 257.)

2738. ***Hell***, cultivateur, des bords du Rhin, député à l'assemblée nationale. (N° 2041.)

2739. *Henriquez* (*Jean*), jadis procureur du roi, et procureur-fiscal du prince de Condé, à Dun en Clermontois.

En 1783, 84, 87 et 89, écrivait sur les bois, les eaux, la chasse et les forêts. (Nos 252, 1230, 1440.)

2740. *Henry*, 19e siècle. (No 400.)

2741. *Hensler* (*Philippe-Gabriel*), docteur en médecine, 19e siéc. (No 1444.)

2742. *Herbert* (*Claude-Jacques*), né en 1700, mort à Paris en 1758, se fit un nom parmi les économistes. Il a publié un écrit intitulé : *Essai sur la police des grains*, avec un supplément, 1755 et 1757, 2 vol. *in*-12. (Nos 482, 615, 1785, 1791.)

2743. *Herbin*, 19e siècle. (No 1780.)

2744. *Heresbach* (*Conrard*), né en 1509, dans le duché de Clèves, fut chargé par le duc, dont il était conseiller, d'affaires importantes. Il mourut en 1576. On trouve dans ses ouvrages beaucoup de connaissances, mais quelquefois trop de crédulité. Ce défaut était celui de son siècle. (Nos 416, 1723.)

2745. *Hérissant* (*Louis-Antoine-Prosper*), né à Paris en 1745, de *Jean-Thomas Hérissant*, célèbre imprimeur. Il mourut avant 30 ans. (Nos 289, 872, 1467.)

2746. *Hérouard* (*T.*), artiste-vétérinaire, 19e siècle. (No 1355.)

2747. *Herrenschwand* (*Jean-Ferdinand*), docteur en médecine à Berne, né à Morat, dans le canton de Berne. Ecrivait, en 1790, son *Discours sur la division des terres en Angleterre*.

2748. *Hervy*, ancien jardinier des Chartreux à Paris, 18e siècle. Son ouvrage a été réimprimé en 1802, avec un supplément sur la greffe. (No 1813.)

2749. *Herwin*, a écrit, en l'an XI, sur la culture des terres du département de la Lys. Cet auteur est probablement l'un des deux frères de ce nom qui ont conquis à l'agriculture un espace de 16 à 18 mille arpents submergés par les eaux, situés dans les départemens du Nord et de la Lys, et connus depuis long-tems sous le nom de grandes et petites *moëres* : c'étaient plusieurs lacs avant le défrichement opéré par les frères *Herwin*.

2750. *Hésiode*. Voyez No 747, Note sur Hésiode. (No 2011.)

2751. *Hesson* (*Jacques*), du Dauphiné, vivait dans le 16e siècle. (No 351.)

2752. *Heurtaut-Lamerville* (*L.*), de Dun-sur-Auron. Son ouvrage sur les bêtes à laine, imprimé en 1786, a été réimprimé en 1799.

L'auteur était en 1786 adjoint à l'administration provinciale du Berri. Il s'est particulièrement livré, et avec beaucoup de succès, à l'éducation des bêtes à laine. Il réunit la pratique à une théorie savante. (Nos 293, 790, 1435, 1487.)

2753. *Hirschfeld*, Allemand, 18e siècle. (N° 1820.)

2754. *Hirzel*, médecin, 18e siècle. (N° 1772.)

2755. *Hoflern* (*Gaspard*), Allemand, 17e siècle. (N° 1831.)

2756. *Hoffman* (*Godefroy-Daniel*), 18e siècle. (N° 1412.)

2757. *Holbach* (*Paul Thiry, baron d'*), de l'académie de Berlin, mort en 1789 à 66 ans; célèbre par ses liaisons avec les beaux esprits du siècle de Louis XV; assez maltraité par *J. J.*, qui avait à se plaindre de lui; a publié plusieurs ouvrages ou scientifiques ou métaphysiques, et des livres sur la science des économistes.

2758. *Holsten*, originaire de Hambourg, chanoine et bibliothécaire du Vatican; mourut en 1661. Il publia l'ouvrage d'*Arrien*. Voyez ce mot.

2759. *Home* (*François*), médecin anglais, 18e siècle. (Nos 1577, 1578.)

2760. *Hortemels* (*D.*), nom que prit *Samuel Fermat*, pour publier la traduction des traités d'*Arrien* et d'*Oppian*. (N° 2008.)

2761. *Houdard*, 19e siècle. (N° 1642.)

2762. *Huber* (*François*), naturaliste de Genève. Devenu aveugle, découvrit la manière dont les abeilles étaient fécondées. (Voyez *Abeilles*.) C'est sur les observations de *François Burnens*, son lecteur, qu'il publia cette découverte. (N° 1407.)

2763. *Huet* (*P. Daniel*), évêque, d'Avranches, célèbre par son esprit, ses connaissances, et ses ouvrages, 17e siècle. (N° 1547.)

2764. *Huet-de-Froberville*, 18e siècle. (N° 2052.)

2765. *Huguenin*, avocat. Son mémoire sur les étangs, couronné en 1778, par l'académie de Lyon, a eu plusieurs éditions. (Nos 656, 1214.)

2766. *Humières* (*N. d'*), 19e siècle. (Nos 284, 389.)

2767. *Hurel*, maître maréchal à Paris, publia, en 1770, son ouvrage sur le farcin, qui a été traduit en allemand, et réimprimé plusieurs fois en France. (Nos 510, 1958.)

2768. *Huzard* (*Jean-Baptiste*), membre de l'institut, de la Société d'agriculture de Paris, médecin vétérinaire; a publié des ouvrages très-utiles sur les bestiaux, et ajouté à d'autres livres des notes qui doivent faire préférer l'édition où elles se trouvent. Tels sont l'*Instruction sur les bergers*, par *Daubenton*; le *Théâtre d'agriculture*, d'*Olivier-de-Serres*, etc. (Nos 45, 263, 264, 635, 799, 808, 819, 821, 844, 848, 853, 859, 861, 863, 915, 1160, 1361, 1641, 1716, 1816, 1892, 1934.)

# J.

2769. *Jacquin* (*M. E.*), 19e siècle. (Nos 818, 1260, 2064.)

2770. *Jansen* (*H. J.*), libraire à Paris, bibliothécaire du P. de Taleyrand; a écrit sur la tourbe en 1787, et sur le tabac en 1791. (Nos 341, 762.)

2771. *Jars* (*Gabriel*). né à Lyon en 1732; employé dans les ponts-et-chaussées. En 1757, il visita, avec *Duhamel*, les mines d'Allemagne, et en 1760, celles du Nord. Il était membre de l'académie des sciences. Il mourut en 1769. (N° 144.)

2772. *Jaubert*, 18e siècle. (N° 234.)

2773. *Jaume-Saint-Hilaire*, est auteur des Nos de 1, à 16 du nouveau *Traité des arbres*, de *Duhamel*; collaborateur de *Jussieu*, dans le Dictionnaire des sciences naturelles; à Paris, 18e siècle. (Nos 689, 1544.)

2774. *Ingelhoulz*, savant du 18e siècle. (N° 683.)

2775. *Inthiéri* (*Barthélemi*), Toscan, homme de lettres et géomètre, selon l'abbé *Galiani*, inventa, en 1726, une étuve à blé. En 1754, *Inthiéri* était âgé de 82 ans, et presqu'aveugle. *Galiani* voulant faire connaître cette machine utile, composa une brochure sur l'art de conserver les grains. Cette brochure copiée par *Duhamel*, ou plutôt la gravure de la machine, est devenue un sujet de reproche. *Nous racontons*, *sous le* N° 103, cette querelle.

Nous observons ici qu'*Inthiéri* ne serait pas connu sans *Galiani*, qui, dans sa lettre à madame d'*Epinai*, appelle le mécanicien *homme de lettres*. Il est étonnant que ce prétendu homme de lettres n'ait pas eu le talent ou le loisir d'écrire quelques pages pour faire connaître sa machine, qui, sans *Duhamel*, serait totalement ignorée, puisque *Galiani* n'a pas grandement réussi à la tirer de l'obscurité. En supposant l'accusation de plagiat fondée, la machine excellente, il en faut conclure qu'il est très-heureux quelquefois que des hommes célèbres s'emparent de la découverte des autres.

Dans le numéro de janvier 1756 du Journal économique, on trouve, page 13, l'éloge de l'ouvrage d'*Inthiéri*.

2776. *Jolivet*., 18e siècle. (N° 2037.)

2777. *Joly* (*Joseph-Romain*), né à Saint-Claude, en 1715, capucin. (N°. 944.)

2778. *Jolyclerc*, botaniste, 18 et 19e siècles. (N° 1526.)

2779. *Jonston* (*Jean*), né à Sambter, dans la grande Pologne, en 1603, mourut en 1675 dans sa terre de Ziebendorf en Silésie. C'était un naturaliste savant qui a écrit plusieurs ouvrages recueil-

lis

lis et réimprimés en dix tomes *in-folio*, de 1755 à 1768. (Nos 323, 893.)

2780. *Joubert de la Bourdinière*, a publié, en 1793, un ouvrage intitulé : *L'ami des bonnes gens*, ou *Nouvelle philosophie rurale*, instruction destinée aux gens de la campagne, *in*-8°.

2781. *Jourdain (Jean)*, a écrit dans le 17e siècle, sur les chevaux.

2782. *Jourdain (Maur)*, bénédictin, mort le 20 juillet 1782; a écrit sur l'agriculture en général.

2783. *Journu-Aubert*, 19e siècle. (No 1092.)

2784. *Jousse (Daniel)*, conseiller au présidial d'Orléans, né à Orléans en 1704; a écrit, en 1772, sur les eaux et forêts. (No 259.)

2785. *Jouy (Louis-François de)*, avocat au parlement de Paris, né en 1714; mort en 1771. (No 1582.)

2786. *Isidore-de-Séville*, fils d'un gouverneur de Carthagène en Espagne; évêque de Séville, mort en 636. Placé au rang des pères de l'église et des écrivains agronomiques. On trouve dans ses *Origines*, des chapitres entiers consacrés à l'agriculture; le livre 17 a pour titre : *De rebus rusticis*, et le 20e : *Traité des instrumens aratoires*.

2787. *Isnard*, 17e siècle. (No 1271.)

2788. *Isoré*, cultivateur-propriétaire à Louveaucourt, en Picardie, publia, en 1802, son ouvrage sur la grande culture. (No 1895.)

2789. *Juge-de-Saint-Martin*, de la Société d'agriculture à Limoges, a écrit sur le chêne en 1788, sur la météorologie en 1791, sur les arbres du Limousin en 1790. (Nos 1350, 1877.)

2790. *Jumillac*, propriétaire-cultivateur, 19e siècle. (No 1793, 1794.)

2791. *Jussieu (Antoine de)*, médecin célèbre par ses vastes connaissances, 17e siècle. (No 1539.)

2792. *Jussieu (Bernard de)*, a parcouru avec le même succès la même carrière que son frère. C'est à lui qu'on doit le cèdre du Liban. La science est héréditaire dans la famille des *Jussieu*, comme elle l'était dans les *Sainte-Marthe*, 18e siècle. (No 221.)

2793. *Izarn*, 19e siècle. (No 1816.)

## K.

2794. *Kirwann*, anglais, cultivateur; cité souvent par *A. Young*, 19e siècle. (No 1930.)

2795. *Kléeman*, 18e siècle. (No 1152.)

2796. *Knoop* (*Jean-Herman*), mort à la fin du 18e siècle. Cet auteur était jardinier à Leuwarde, en Frise. (Nos 721, 1549.)

2797. *Krantz* (*Guillaume*), Allemand, 18e siècle. (No 19.)

2798. *Kréysig*, 18e siècle. (No 183.)

2799. *Kulbel* ou *Kuelbel*, 18e siècle. (Nos 473, 490.) L'ouvrage indiqué sous ces deux numéros, est le même, avec un titre différent.

# L.

2800. *Laboëtie* (*Etienne*), né à Sarlat, en Périgord, conseiller du roi au parlement de Bordeaux; a publié beaucoup d'ouvrages, parmi lesquels est *La ménagerie de Xénophon*, qu'il traduisit du grec en français, et fit imprimer à Paris en 1571. C'était un ami de *Montaigne*, qui en parle beaucoup dans ses Essais.

2801. *Labastide* (*Vergile de*), 18e siècle. (No 1433.)

2802. *Labourdonnaye* (*Bernard-François Mahé de*), né à SaintMalo, en 1699; fut gouverneur-général des *îles de France* et de Bourbon. C'était un marin habile : injustement accusé, renfermé à la Bastille, il fut rétabli dans ses honneurs; mais il mourut de chagrin en 1754. Il avait fait une étude particulière des abeilles. On lui doit l'introduction en France de la ruche écossaise.

2803. *Labourdonnaye-de-Blossac*, de la même famille que le précédent; intendant de Poitiers, qu'il embellit par une belle promenade publique qui porte son nom, 18e siècle. (No 1076.)

2804. *Labretonnerie*, 18e siècle. (Nos 285, 534.)

2805. *Labrousse*, docteur-médecin de Montpellier, maire d'Aramond; a écrit, en 1774, sur la culture du figuier. (Nos 1055, 1878.)

2806. *Labruyère-Champier*, neveu de *Symphorien Champier*, vivait en 1533. Il y a des auteurs qui attribuent l'ouvrage intitulé : *De re cibariâ* au cardinal *Laurent Campegge*. Ils prétendent que ce prélat, chargé par le pape de réconcilier *Henri VIII* avec *Catherine d'Arragon*, ne put y parvenir. Pour ne pas perdre son tems, il fit une étude comparée des cuisines anglaise, française et italienne, et de cette étude il en résulta l'ouvrage en question. (No 381.)

2807. *Lachataigneraye*, 17e siècle. (No 271.)

2808. *Lacombe* (*François*), né à Avignon en 1730, avocat à Paris, mort en 1794; écrivait sur le blé en 1777. (Nos 423, 429.)

2809. *Lacoste*, de Plaisance; a été professeur d'histoire naturelle à Clermont-Ferrand, et de morale à Toulouse. Il a publié des observations sur l'agricult. dans les montagnes du Puy-de-Dôme. (N° 1623.)

2810. *Lacroix*, 18 et 19e siècles. (Nos 843, 1361.)

2811. *Ladmiral*, 18e siècle. (N° 106.)

2812. *Lafaille (Clément)*, né à La Rochelle ; contrôleur ordinaire des guerres, avocat au parlement de Toulouse, de l'académie d'Augsbourg, de la Société économique de Berne ; des Sociétés d'agriculture de Bretagne, Lyon et Tours, secrétaire perpétuel de l'académie de La Rochelle, 18e siècle. (Nos 609, 1229, 1279.)

2813. *Laferrière*, 18e siècle. (Nos 1296, 1915.)

2814. *Laffenas (Barthélemy de)*, né à Beausemblant en Dauphiné ; valet-de-chambre du roi ; il vivait à la fin du 16e siècle. Dans un de ses écrits, il se qualifie de *sieur de Bauthor, contrôleur-général du commerce de France*. Il y a des éditions où son nom est écrit, *Laflémas*. (Nos 697, 796, 1346, 1575.)

2815. *Lafont-Pouloty (Esprit-Paul de)*, 18e siècle. (Nos 343, 1370, 1711.)

2816. *Lafosse*. C'est le nom de deux maréchaux des écuries du roi, qui tous deux ont publié des ouvrages estimés sur différentes maladies des chevaux. (Nos 293, 300, 427, 495, 744, 1000, 1007, 1403, 1420, 1916, 1994.)

2817. *Lagalissonière*, 18e siècle. (N° 171.)

2818. *Lagrenée*, 18e siècle. (N° 121.)

2819. *Laillerault*, 18e siècle. (N° 1661.)

2820. *Lair (Pierre-Aimé)*, 19e siècle. (N° 1646.)

2821. *Lalanne*, 19e siècle. (Nos 1484, 1554.)

2822. *Lalauze*, abbé, 18 et 19e siècles. (Nos 308, 346, 1780, 2005.)

2823. *Lalive-de-Sacy*, 18e siècle. (N° 1008.)

2824. *Lallemant (Richard)*, juge-consul et imprimeur à Rouen ; auteur d'un dictionnaire latin et français, adopté dans les écoles jusqu'à celui nouvellement publié par M. *Noël* ; a fait une *Bibliothèque* curieuse des auteurs qui ont écrit sur la chasse. Elle se trouve au commencement de l'*Ecole de la chasse*, par *Verrier de Laconterie*. (N° 531.)

2825. *Lamarck*, membre de l'institut, de la légion d'honneur. Sa *Flore française*, méthode ingénieuse et sûre pour apprendre la botanique, fait regretter qu'il n'ait point appliqué cette méthode aux plantes étrangères. (N° 293.)

2826. *Lamarre*, homme de lettres à Paris, né dans le département de la Manche, est l'un des traducteurs des œuvres anglais d'*Young*. (Nos 308, 332, 437, 992.)

2827. *Lambert-de-Cambray*, 18e siècle. (No 1467.)

2828. *Lamberville* (*Charles de*), 17e siècle. (No 469.)

2829. *Lamoignon-Malesherbes* (*Chrétien-Guillaume*), né à Paris le 16 décembre 1721, condamné à mort en 1793, par les bourreaux qui, à cette époque, déshonoraient la France; subit son jugement avec un courage héroïque. M. *de Malesherbes* eut la confiance et l'amitié du roi. Sa vie est remarquable par de beaux traits, par l'exercice de toutes les vertus, par un goût pour les arts et par l'amour de son pays. (Nos 788, 1224, 1466.)

2830. *Lancisy* (*J.-M.*), médecin, et habile botaniste, né à Rome en 1654. Ses ouvrages ont été recueillis et imprimés à Genève en 1718, en 2 vol. *in*-4o. (No 485.)

2831. *Landé* ou *Landrin* (*Christophe*), 16e siècle. (No 1474.)

2832. *Landrio*, 16e siècle. (No 15.)

2833. *Langlois* (*N.-G.*), répétiteur à l'école d'Alfort; a publié, en 1804, une notice de cette école avec M. *Lévesque*. (No 1351.)

2834. *Lapostole*, 18e siècle. (No 1856.)

2835. *Lapoutre*, curé de Franche-Comté, 18e siècle. (No 1968.)

2836. *Laquintinie* (*Jean de*), né en 1626 à Chabanois, près d'Angoulême, est mort vers 1700. Destiné au barreau, il vint à Paris pour se faire recevoir avocat; mais un goût ou plutôt une passion véritable pour l'agriculture, lui fit trouver plus de charmes dans la lecture de Virgile, Columelle, etc., que dans les auteurs de droit. Chargé de l'éducation d'un jeune homme, il parcourut l'Italie avec son élève, et il augmenta ses connaissances dans ce voyage. A son retour, le père de son élève lui confia la direction de ses jardins. *Laquintinie* y fit beaucoup d'observations et d'expériences. On lui doit plusieurs découvertes sur la manière dont un arbre transplanté reprend dans la terre, sur la méthode de tailler les arbres, et de les forcer à donner du fruit à l'endroit où l'on veut qu'il vienne. Bientôt la réputation de *Laquintinie* s'étendit au loin. Le grand Condé, amateur de l'agriculture, prenait plaisir à s'entretenir avec lui. *Jacques II*, roi d'Angleterre, lui offrit une pension considérable pour l'attacher à la culture de ses jardins. *Laquintinie* refusa. *Louis XIV* créa, pour lui, la charge de directeur-général des jardins à fruits et potagers de ses maisons royales. Il ne paraît pas que son excellent *Traité des jardins fruitiers et potagers* ait été imprimé de son vivant. La première édition que nous connaissions est de 1725. (Nos 30, 841, 856.)

2837. *Larcher*, 18e siècle. (Nos 625, 1996.)

2838. *Larivière (de)*, a publié, avec M. *Dumoulin*, en 1769, un écrit sur la culture des arbres à fruit, et la direction des treilles. (Nos 1311, 1312.) Sous ces deux numéros sont indiquées deux éditions du même ouvrage. C'est par erreur qu'il y a *Dumonceau* au No 1311.

2839. *Larochefoucauld*, 16e siècle. (No 1750.)

2840. *Larochefoucauld-Liancourt*, député de Clermont en Beauvoisis à l'assemblée nationale ; a fait un grand nombre d'expériences relatives à l'économie rurale et domestique, et de vastes entreprises d'agriculture.

2841. *Larouvière*, bonnetier du roi, 18e siècle. (No 594.) Note sur cet auteur.

2842. *Lasteyrie* (*Charles-Philibert de*), membre de la Société d'agriculture de Paris, et de plusieurs Sociétés savantes ; a publié plusieurs ouvrages justement estimés sur des objets relatifs à l'agriculture : tels sont la culture du cotonnier, les constructions rurales, et particulièrement sur les bêtes à laine fine. Il a eu part à l'édition d'*Olivier-de-Serres*, aux tomes XI et XII du Cours d'agriculture de *Rosier*, qu'il a enrichi de notes instructives. M. *de Lasteyrie* a voyagé avec fruit et en observateur. Beaucoup de matériaux instructifs et curieux se trouvent dans son portefeuille. (Nos 523, 592, 755, 1280, 1816, 1925, 1929, 2005.)

2843. *Lataille-des-Essarts*, 17e siècle. (No 1192.)

2844. *Latapie*, 18e siècle. (No 119.)

2845. *Latouche-le-Vassor*, député à l'assemblée nationale ; a publié, en 1788, un ouvrage sur les différens fonds de terre, leur emploi en diverses cultures, pour servir de bases aux impôts, et une méthode pour dessécher les marais. (No 1310.)

2846. *Lavoisier* (*Antoine-Laurent*), célèbre chimiste moderne, né à Paris en 1743. Il a enrichi le recueil de l'académie des sciences, dont il était membre, de plus de quarante mémoires savans. Il fut condamné à mort et exécuté en 1794. On s'accorde à croire qu'il aurait fait faire à la chimie des pas rapides. (No 1737.)

2847. *Laureau*, écuyer, jadis historiographe du comte d'Artois, 18e siècle. (Nos 359, 389, 1980.)

2848. *Lauremberg* (*P.*), 17e siècle. (Nos 337, 780.)

2849. *Laurent* (*Jean*), 17e siècle. (No 12.)

2850. *Leavensworth* (*Marc*), 19e siècle. (No 632.)

2851. *Lebègue-de-Presle* (*Achille-Guillaume*), docteur-régent de la faculté de Paris, censeur royal, etc., né à Pithiviers, 18e siècle. (Nos 189, 545, 1022.)

2852. *Lebelin*, conseiller au parlement de Bourgogne, 18e siècle. (No 1627.)

2853. *Leberriays*, a beaucoup contribué à la rédaction du *Traité des arbres fruitiers*, publié, en 1768, par M. *Duhamel-Dumonceau*. Le même *Leberriays* a fait *le Nouveau Laquintinie*, et l'abrégé de ce travail. Il est mort en 1808. (N° 1936.)

2854. *Lebeuf-de-Joigny*, 18e siècle. (N° 1627.)

2855. *Leblanc* (*Guillaume*), 16e siècle. (N° 462.)

2856 *Leblanc* (*Thomas*), jésuite de Vitri; mort à Reims en 1669; a fait *Le bon vigneron*, *Le bon laboureur*. Ce sont deux ouvrages qui traitent des devoirs de ces deux états.

2857. *Leblanc-de-l'Arbréaupré*, 18e siècle. (N° 1538.)

2858. *Leblond*, 18e siècle. (N° 1824.)

2859. *Leblond-de-Saint-Martin* (*Nicolas-François*), avocat au parlement, des académies de Caen et de Dijon; né à Châteauthierri en 1748; a écrit sur les défrichemens de l'Artois en 1766.

2860. *Leboucher-du-Croser*, 18e siècle. (N° 1217.)

2861. *Leboucq* (*Guy*), doyen de l'église collégiale de Saint-André de Chartres, professeur au collége royal de cette ville; né à Chartres en 1732. (N° 472.)

2862. *Lebreton-Dussault*, propriétaire et cultivateur dans les environs de Boulogne. Il a inventé une *charrue*, dont nous parlerons à ce mot, 3e Partie. Il a fait beaucoup de dépense pour la faire examiner à Paris, où il est venu sans pouvoir obtenir aucun résultat, parce que M. *Lebreton* a bien la persévérance nécessaire pour se livrer à des essais agronomiques, mais non pas celle qu'il faut pour former le siége d'un bureau, et triompher des dégoûts qu'on y éprouve. Il a publié un mémoire contre son fermier, qui avait, sous prétexte de tailler et d'émonder, abattu un grand nombre de tiges d'arbres fruitiers. Dans ce factum on trouve des principes utiles sur l'usage de la taille et la circulation de la sève, 19e siècle.

2863. *Lebreton* (*Robert*), 16e siècle. (N° 20.)

2864. *Lebreton*, 18e siècle. (N° 2001.)

2865. *Lechapelier*, membre de l'assemblée constituante; condamné à mort et exécuté en 1794. (N° 185.)

2866. *Léche*, mort en 1764, membre de l'académie de sciences de Stockholm, a rédigé, par ordre du roi de Suède, un ouvrage publié après la mort de l'auteur, sous ce titre: *Instruction sur la plantation des arbres et arbrisseaux sauvages*, etc. Cet ouvrage est, en grande partie, extrait de ceux de *Linnée* et d'autres savans sur cette matière.

2867. *Lechènes*, 19e siècle. (N° 389.)

2868. *Leclerc* (*Nicolas*), médecin, membre de plusieurs académies;

a successivement exercé la médecine en Russie et en France ; écrivait, en 1766, sur les maladies des bestiaux. En 1800, il s'était retiré à Châlonne, où il était correspondant de l'institut. (Nos 652, 945.)

2869. *Lécluse*, 16e siècle. (No 218.)

2870. *Lecomte* (*Noël*), 16e siècle. (No 1345.)

2871. *L'Ecuy*, docteur de Sorbonne, abbé général des Prémontrés, chanoine honoraire de l'église de Paris, aujourd'hui l'un des rédacteurs du Journal de Paris. (Nos 1483 - 1755.)

2872. *Lefébure* ou *Lefevre* (*Jean-Louis*), agent-général de la Société d'agriculture, et membre du lycée des arts ; a travaillé à la *Feuille du cultivateur*. En 1793, il rendit compte à la Société d'agriculture de Paris, des travaux faits et projetés, par elle, depuis le 30 mai 1786. (Nos 265, 712, 1381, 1414.)

2873. *Lefébure* (*E.-A.*, aide à l'école de santé de Strasbourg ; a fait, en 1801, des expériences sur la germination des plantes. (No 680.)

2874. *Lefebvre*, membre du conseil des mines. (Nos 86, 1962.)

2875. *Lefebvre-de-la-Planche*, 18e siècle. (No 1957.)

2876. *Lefuël*, curé de Jammericourt dans le Vexin, 18e siècle. (No 1615.)

2877. *Legendre*, nom supposé, pris, à ce qu'on croit, par l'abbé de *Pont-château*, solitaire de Port-royal ; du moins c'est notre opinion, après avoir examiné attentivement les discussions élevées à ce sujet. Nous convenons cependant que nous n'avons pas plus que les autres de preuves positives. Mais parmi les conjectures faites à ce sujet, celle qui attribue à l'abbé de *Pont-château* le livre publié sous le nom de *Legendre*, nous parait la plus plausible. Nous en disons les raisons No 105. Voyez aussi l'article *Pont-château*. (No 978.)

2878. *Legras* (*Jacques*), avocat de Rouen, mort en 1600, a traduit en vers français les *Œuvres et les jours d'Hésiode*.

2879. *Legris-Lasalle*, membre du corps-législatif. (No 929.)

2880. *Lelarge-de-Saint-Fargeau* (*Jacques-Augustin*), avocat ; écrivait, en 1762, sur l'agriculture.

2881. *Lelong* (*Jacques*), né en 1665. Il entra dans l'oratoire à son retour de l'ile de Malte. Il possédait les langues anciennes et cinq langues modernes. Plaisanté par le P. *Mallebranche*, sur les recherches minutieuses auxquelles il se livrait, il lui répondit : *La vérité est si aimable, qu'il ne faut rien négliger pour la découvrir, même dans les plus petites choses*. Il mourut en 1721. C'était un homme modeste d'une vaste érudition. (Nos 1467, 1519, 1592.)

2882. *Lemaistre*, 18e siècle. (N° 722.)

2883. *Lemarié* (*Fr.*), 19e siècle. (N° 1782.)

2884. *Lemercier-de-la Rivière*, conseiller au parlement de Paris, ancien intendant de la Martinique, 18e siècle. (N° 943.)

2885. *Lemoine* (*Léonor*), instituteur d'une école théorique et pratique du jardinage, rue d'Enfer, a écrit, en 1801, 1804 et 1805, sur les arbres à fruit, la taille du pêcher, les pépinières. (Nos 295, 299, 1023.)

2886. *Lemonnier* (*Louis-Guillaume*), premier médecin du roi, membre de l'académie des sciences, etc., né à Paris en 1717, mort en 1799. Etablit à Saint-Germain-en-Laye, chez le maréchal de Noailles, des pépinières curieuses. Dans les dernières années de sa vie, il se retira à Montreuil, y vécut dans l'obscurité, et échappa de cette manière aux persécutions.

Ce savant médecin a écrit, en 1773, sur la culture du café. (N° 922.)

2887. *Lenain*, intendant de Poitiers, 18e siècle. (N° 1070.)

2888. *Lepayen*, procureur du roi au bureau des finances de la généralité de Metz, de l'académie de cette ville; écrivait, en 1767, sur les moulins à scie. (N° 637.)

2889. *Lepileur-d'Appligny*. (Nos 123, 831.)

2890. *Lequinio*, 18e siècle. (No. 533.)

2891. *Leriget*, 19e siècle. (N° 306.)

2892. *Lerouge*, religieux de l'abbaye royale de Trisay, ordre de Citeaux; écrivait, en 1773, sur l'agriculture. (N° 1579.)

2893. *Leroi-de-Loxembrune* (*François*), a été conseiller et instructeur des archiducs d'Autriche; mort en 1801, à 50 ans. (N° 1428.)

2894. *Lesbros-de-la-Versane* (*Louis*), de Marseille, 18e siècle. (Nos 1894, 1941.)

2895. *Lescalopier-de-Nourar* (*Charles-Armand*), maître des requêtes; né à Paris en 1709, mort en 1779. (N° 1569.)

2896. *Leschevin*, membre de la Société d'agriculture du département de la Seine, 19e siècle. (Nos 370, 1637, 2021.

2897. *L'Etang-de-la-Salle* (*Simon-Philibert de*), conseiller au présidial de Reims, mort en 1765; s'occupa d'agriculture. Il a publié deux ouvrages estimés sur cet art. (Nos 332, 992, 1559.)

2898. *Letellier*, 17e siècle. (N° 200.)

2899. *Letrosne* (*Guillaume-François*), avocat du roi à Orléans; né en 1728, mort en 1780. Il a fait plusieurs brochures sur des discussions économiques. M. *Turgot* imprima, à ses frais, son *Traité du commerce des grains*. (Nos 14, 960, 1244, 2023.)

2900. *Leulières (abbé)*, de l'académie de Montauban; a écrit sur les moyens de perfectionner l'agriculture, en 1772, un mémoire couronné par l'académie de Pau. (N° 1617.)

2901. *Levasseur*, 17e siècle. (N° 70.)

2902. *Levayer*, 18e siècle. (N° 638.)

2903. *Levesque (J.-F.-O.)*, artiste-vétérinaire, 19e siècle. (N° 1351.)

2904. *Levette (J.)*, 17e siècle. (N° 322.)

2905. *Lézay-de-Marnézia*, né à Besançon, mort à Paris dans l'an 9, âgé de 66 ans, avait été membre de l'assemblée constituante. (Nos 347, 612, 1515.) Ces numéros indiquent le même ouvrage sous des titres différens.

2906. *Lezermes*, 18e siècle. (N° 225.)

2907. *Liébault (Jean)*, médecin, né à Dijon, mort à Paris en 1596; a fait plusieurs ouvrages sur la médecine et l'agriculture. Ces derniers furent réunis dans la *Maison rustique*, composée par *Charles-Etienne*, beau-père de *Liébault*. Voyez l'art. *Etienne*. (Nos 25, 198, 421, 972.)

2908. *Leutaud*, seigneur d'Aiglun, 18e siècle. (N° 1210.)

2909. *Liger (Louis)*, né en 1658, mort en 1717. L'auteur commença par publier plusieurs instructions sur les soins industrieux du ménage, la culture des jardins et des potagers, les plantations, la taille des arbres. En 1713, il fit paraître son *Théâtre d'agriculture*. Cet ouvrage est divisé en cinq livres.

Premier livre. Après avoir parlé des qualités du corps et de l'esprit qui forment le plus avantageusement un homme pour l'économie rurale, *Liger* entre dans des détails sur les diverses espèces de terroirs qu'on peut cultiver, sur la construction d'une maison de campagne, le prix des matériaux, leur choix et leurs usages; en un mot, les connaissances nécessaires à celui qui veut se livrer à l'économie rurale.

Livre second. Des avis sur la manière d'élever et de nourrir toutes sortes d'animaux domestiques, tant volatiles que quadrupèdes, sur les haras, les mouches à miel, les vers à soie, la garenne, le clapier, etc.

Livre troisième. Ce livre offre tout ce qu'un laboureur doit faire dans le cours de l'année, les tems propres au labour, des instructions sur les semailles, la moisson, les foins, les vendanges et les bois; les outils, etc.

Livre quatrième. L'auteur traite d'abord des jardins utiles, tant potagers que fruitiers, des pépinières, des arbres à fruit, de leur taille, sur laquelle *Liger* donne beaucoup de préceptes.

Ensuite des jardins d'agrément, les fleurs et la conduite des eaux.

Livre cinquième. Ce livre roule sur les plaisirs qu'on se procure à la campagne, la chasse, la pêche, et sur le commerce des bêtes à laine et des denrées.

*Liger* a écrit d'autres ouvrages sur l'agriculture. *La maison rustique ; La culture parfaite des jardins ; Le dictionnaire pratique du bon ménager ; Les amusemens de la campagne*. Ces livres ne diffèrent entr'eux que par le titre : ils offrent les mêmes préceptes, présentés seulement sous une forme différente. Il s'est approprié l'ouvrage de *Charles Etienne* et de *Liébault*. (Nos 57, 318, 440, 445, 541, 878, 972, 1341, 1371, 1393, 1970.)

2910. *Lihus* (*Chrétien de*), 19e siècle. (No 1576.)

2911. *Limbourg* (*Robert*), docteur en médecine à Theux près de Spa ; membre de l'académie de Bruxelles. (Nos 488, 1612.) C'est le même ouvrage sous deux titres différens.

2912. *Linguet* (*Simon-Nicolas-Henri*), avocat au parlement, puis à Bruxelles ; retourna à Paris en 1790 ; cultivateur à Marne près Versailles ; né à Reims en 1736 ; décapité en 1794. Cet auteur avait une imagination ardente, du talent, un amour de célébrité qui lui fesait soutenir des paradoxes. Il a écrit pour prouver que le pain fournissait une nourriture malsaine. (No 525.)

2913. *Linocier* (*Geoffroy*), natif de Tournon en Vivarais ; bachelier en médecine ; vivait en 1550. (No 2062.)

2914. *Lippius* (*Laurentius*), peintre et poëte florentin ; mort en 1664. Il a traduit un Ouvrage d'*Oppien* en vers latin. (Nos 1488, 1489.)

2915. *Lombard* (*C.-P.*), cultivateur, membre des Sociétés d'agriculture de Paris et de Versailles. S'est particulièrement consacré à l'éducation des abeilles, sur lesquelles il a composé des ouvrages utiles. (Nos 188, 293, 658, 1030.)

2916. *Longuet*, 18e siècle. (No 249.)

2917. *Lorens* (*J.-B.*), 19e siècle. (No 1012.)

2918. *Lorry*, 18e siècle. (No 1957.)

2919. *Lottinger*, médecin à Strasbourg, 18e siècle. (No 1615.)

2920. *Lucan*, avocat, 18e siècle. (No 2078.)

2921. *Luchet*, 18e siècle. (No 669.)

2922. *Lullin-de-Châteauvieux*, de Genève. S'est livré à des expériences utiles pour les progrès de l'agriculture. Son nom est souvent associé à celui de *Duhamel*, 18e siècle. (No 674.)

2923. *Lullin*, petit-fils du précédent, suit avec beaucoup de succès la même carrière que son aïeul. Il s'est particulièrement occupé des plantes fourragères et de l'éducation des mérinos, deux branches importantes de l'économie rurale, sur lesquelles il a publié deux très-bons ouvrages. (Nos 1458, 1558.)

2924. *Lyonnet* (*Pierre*), né à Maëstricht en 1707, mort à la Haye en 1789. Passionné pour l'histoire naturelle, il a publié des recherches curieuses et instructives sur cette science. (No 1838.)

# M.

2925. *Machet*, 18e siècle. (No 268.)

2926. *Machy* (*Jacques-François*), maître apothicaire; démonstrateur de chimie à Paris: membre des académies de Rouen, de Berlin, des curieux de la nature; né à Paris en 1728, a écrit en 1773 et 1785, sur l'art du vinaigrier, du distillateur. (Nos 137, 146, 548.)

2927. *Macquer* (*Pierre-Joseph*), célèbre chimiste, membre de l'académie des sciences; né en 1718, mort en 1784. A fait beaucoup d'ouvrages estimés avant les progrès de la chimie, et la nouvelle nomenclature. (No 1130.)

2928. *Magné-de-Marolles*, 18e siècle. (Nos 238, 1857.)

2929. *Maignan* (*Eloy*), médecin, vivait dans le 16e siècle. (No 238.)

2930. *Maillard* (*J.-B.*), a publié, en 1803, une septième édition de l'Abrégé des plantes usuelles de *Chomel*, augmentée de la synonymie de *Linnée*, etc., 2 vol. *in*-8o. (No 5.)

2931. *Maillardière* (*Charles-François*, *vicomte de*) lieutenant de roi au gouvernement de Picardie, capitaine de cavalerie, chevalier d'honneur à la chambre des comptes de Bourgogne, membre honoraire des académies d'Amiens, de Dijon et de Lyon. Ecrivait, en 1782, sur le produit des communes. (Nos 1587, 1852.)

2932. *Mailly*, 18e siècle. (Nos 571, 2059.)

2933. *Mainfroi*, 13e siècle. Note sur ce prince. (No 1724.)

2934. *Majow* (*Jos.*), 14e siècle. (No 1320.)

2935. *Malcden* (*Louis de*), 19e siècle. (No 1699.)

2936. *Malesherbes*. Voyez *Lamoignon*.

2937. *Mallet* (*Robert-Xavier*). En 1780, il publia deux ouvrages sur l'agriculture, et en 1790, une dissertation sur la culture du tabac. (Nos 179, 311, 561, 1568.)

2938. *Mallet* (*autre*), 18e siècle. (No 492.)

2939. *Malville* (*Ant.-Claude*), avocat à Paris, 17e siècle. (No 791.)

3940. *Malouet*, membre célèbre de l'assemblée nationale, actuellement (1808) préfet maritime à Anvers. Il a, dans plusieurs ouvrages, parlé d'agriculture, particulièrement dans la *Collection des mémoires sur l'administration des Colonies*. Paris, an X, *in*-8°, tome IV.

2941. *Malouin* (*Paul-Jacques*), médecin de la reine, professeur en médecine au collége royal, censeur royal, de l'académie des sciences, de la Société royale de Londrés; né à Caen en 1701, mort à Paris en 1778; a eu beaucoup de réputation. En 1767, il publia un ouvrage sur l'art du meunier, du boulanger, etc., dans lequel on trouve sur le blé les observations les plus intéressantes. (Nos 139, 397.)

2942. *Malpighius* (*Marcellus*,) né en 1628, près de Bologne, mort en 1694. C'était un médecin savant et laborieux. (N° 69.)

2943. *Mandel* (*Fr.*), 19e siècle. (Nos 113, 1430.)

2944. *Mandirola*, Italien, 18e siècle. (1018.)

2945. *Manesse*, abbé, a publié, en 1787, un traité sur la manière de conserver les laines, 18e siècle.

2946. *Mann* (*A.-I.*), chanoine de Courtrai, membre de plusieurs académies, ou sociétés savantes et littéraires, 18e siècle. (N° 1215.)

2947. *Maphée* (*Raphaël*), appelé le Volaterran, parce qu'il était né à Volterre dans la Toscane, en 1450; il mourut en 1521. On lui doit une traduction latine de l'*Economie de Xénophon*.

2948. *Marais*, 18e siècle. (N° 1577.)

2949. *Marcandier*, conseiller à l'élection de Bourges; a écrit, en 1757, sur le chanvre, et en 1766, sur l'agriculture en général, 18e siècle. (Nos 1253, 1628, 1956.)

2950. *Marchais*, propriétaire à Oger, département de la Marne; a publié un mémoire intéressant sur les plantes qui peuvent croître dans les terrains stériles, 19e siècle. (Nos 1620, 1805.)

2951. *Marchand* (*Jean-Henri*), avocat et censeur royal. Après avoir fait beaucoup d'ouvrages futiles, publia les *Délassemens champêtres*, 1768, 2 vol. *in*-12, qui sont d'un genre plus sérieux, et relatifs aux jardins d'agrément. (N° 352.)

2952. *Marchangy*, 18e siècle. (N° 191.)

2953. *Marchant*, vivait dans le 15e siècle. (N° 262.)

2954. *Marchant*, 17e siècle. (N° 496.)

2955. *Marculfe*, moine français du 8e siècle. D'autres prétendent qu'il vivait dans le 7e. (N° 217.)

2956. *Maréchal* (*Pierre-Sylvain*), né à Paris en 1750, mort le 18 janvier 1803; fameux par son dictionnaire des athées; a publié beaucoup d'ouvrages; un seul a quelque rapport à l'agriculture. (N° 329.)

2957. *Maret*, 18e siècle. (Nos 477, 678.)

2958. *Markam* (*Gervais*), Anglais; a écrit sur la chasse et l'agriculture, et s'est battu long-tems pour Charles Ier. (No 1362.)

2959. *Marmontel* (*Jean-Franç.*), né à Bord en Limousin, en 1719 ou 1723, mort à Paris le 31 décembre 1799; de l'académie française, du conseil des anciens, etc. Est un des écrivains les plus distingués du 18e siècle. (Nos 600, 1081.)

2960. *Marné*, ex-agent de la république française, 19e siècle. (Nos 229.)

2961. *Marshal*, nom d'un cultivateur anglais, qui marche sur les traces d'*Arthur Young*. Il est membre de la Société des arts de Londres. Son ouvrage a été traduit, en 1806, dans notre langue sous ce titre: *La maison rustique anglaise*, ou *Voyage agronomique en Angleterre*. Paris, *Gide*, libraire, 1806, cinq vol. *in*-8o. Le traducteur ne s'est pas fait connaître. On trouvera, No 28, le même ouvrage sous un autre titre. (Nos 28, 225, 974.)

2962. *Martialis* (*Gargilius*), 3e siècle. (No 723.)

2963. *Massabiau* (*F.*), 18e siècle. (No 621.)

2964. *Massac* (*Pierre-Louis-Raimond de*), né en 1728 dans l'Agénois, mort en 1789, quitta la carrière du barreau pour s'occuper d'agriculture. Il publia, en 1766, *in*-12, un mémoire sur la manière de gouverner les abeilles; un autre, en 1767, sur la qualité et l'emploi des engrais. Enfin, en 1779, il publia une seconde édition de ces mémoires sous le titre indiqué No 1675. (Nos 466, 1136, 1164.)

2965. *Massé* (*Jean*), Champenois, docteur en médecine, a traduit et publié, en 1563, l'*Art vétérinaire*, ou *la grande mareschallerie, en laquelle il est amplement traité de la nourriture, maladie et remèdes des bêtes chevalines*. Ce livre, originairement écrit en grec et attribué à *Hiéroclès*, fut traduit en latin par *Jean Ruel*, médecin. C'est probablement sur cette version que *J. Massé* fit la sienne. (No 150.)

2966. *Massé* (*Jean*), avocat au parlement, a écrit, en 1766 et en 1769, deux ouvrages sur les bois. (Nos 443, 1926.)

2967. *Massialot*, 17e siècle. (Nos 2070, 2071.)

2968. *Massieu* (*Guillaume*), né à Caen en 1665, mort à Paris en 1722; était de l'académie française. Ce littérateur distingué a fait un poëme latin sur le café, publié par l'abbé d'*Olivet*. (No 1547.)

2969. *Masson-de-Blamont* (*Charles-François-Philibert*), major en Russie, directeur des études du corps des cadets nobles d'artillerie de Saint-Pétersbourg. Exilé de Russie en 1797; en 1802, secrétaire de préfecture à Coblentz, associé de l'institut; né à

Blamont, petit fort du pays de Montbelliard, en 1762; a publié, en 1790, un poëme sur les jardins. (Nos 128, 869, 89..)

2970. *Masson*, 18e siècle. (No 1509.)

2971. *Maupin*, a publié un assez grand nombre d'ouvrages sur divers objets d'économie rurale, entr'autres sur l'œnologie; il a commencé à écrire en 1763; il était valet-de-chambre de la reine. (Nos 39, 124, 127, 175, 528, 622, 679, 920, 1006, 1304, 1397, 1689, 1741, 1769, 1823, 1826, 2038.)

2972. *Maurice*, membre de plusieurs *Sociétés savantes*, secrétaire de celle de Genève, membre de la légion d'honneur, maire de Genève; a écrit plusieurs ouvrages estimés sur l'agriculture, entr'autres un traité des engrais, qui a eu deux éditions, 19e siècle. (Nos *1797, 1930.*)

2973. *Mayet* (*Etienne*), né en 1731, à Lyon, directeur des fabriques de soie à Berlin, membre des académies de Lyon, Villefranche, etc., correspondant de la Société d'agriculture de Paris; a publié, en 1790, un mémoire sur la culture du mûrier, et en 1790, un mémoire pour défricher les terrains stériles de la Champagne. (No 1228.)

2974. *Mayer* ou *Meyer*, Allemand, 18e siècle. (Nos 229, 231, 1550, 1551.)

2975. *Maysonade*, 18e siècle. (No 1110.)

2976. *Médicis* (*Sébastien*), de l'illustre famille de ce nom. Il vivait en 1550. On ignore l'époque de sa naissance et celle de sa mort. Il a écrit sur la chasse. (No 417.)

2977. *Médicus* (*F.-C.*), Allemand, 19e siècle. (No 939.)

2978. *Meibonius* (*J.-H.*), médecin, 17e siècle. (No 330.)

2979. *Menc*, dominicain, 18e siècle. (No 1207.)

2980. *Menjot-d'Elbenne*, ancien lieutenant-colonel d'artillerie, ancien membre du corps législatif, propriétaire de la terre de *Couleon*, près Conneré; a d'abord perfectionné la méthode de *Philibert de l'Orme*, ce qui l'a conduit à un mode de construction plus solide et moins dispendieux. Créateur de la terre qu'il habite, il en a décuplé le revenu en remplaçant de stériles bruyères par de vastes plantations. (No 281.)

2981. *Menon*, 18e siècle. (No 2068.)

2982. *Menuret*, médecin de Paris; a publié plusieurs ouvrages sur sa profession, 19e siècle. (No 1106.)

2983. *Mériale*, cultivateur; a écrit, en 1805, un ouvrage sur les jardins d'utilité et d'ornement. (No 52.)

2984. *Merlet* (*Jean*), écrivait, en 1771, sur la manière de connaitre et de cultiver les arbres. En 1782, une quatrième édition du même ouvrage parut sous les noms de *Merlet* et de *Saint-Etienne*. (Nos 6, 1861.)

2985. *Merlet* (*Gratien*), élève de *la Guérinière*, chef de l'école d'équitation à Bordeaux, a publié, en 1803, un traité sur les haras.

2986. *Mésange*, 18e siècle. (No 1851.)

2987. *Meurant*, libraire, 19e siècle. (No 222.)

2988. *Meurier* (*G.*), 16e siècle. (No 1827.)

2989. *Meursius* (*Jean*), mort à Leyde, en 1613, à la fleur de son âge. (No 326.)

2990. *Michaux* (*F.-A.*). Ce naturaliste voyageur a fait, au profit de la science agronomique, de longs voyages, dont le résultat a été d'enrichir notre sol d'un grand nombre de productions utiles. (Nos 1124, 1150.)

2991. *Micheli* (*Jacques-Barthélemi*), né à Genève en 1692, mort en 1766 ; a publié, sur la météorologie, des écrits savans et estimés. Outre le *Traité de météorologie*, il a écrit plusieurs mémoires sur cette science, qui se trouvent dans le recueil des actes de la Société helvétique de Basle.

2992. *Milart*, 18e siècle. (No 903.)

2993. *Mill* (*Thomas*), Anglais, surnommé *Wild-man* (*homme sauvage*), était parvenu à se faire suivre par les abeilles, qui couvraient son corps sans le piquer. Le moyen dont il se servait consistait à prendre la reine dans sa ruche, que l'essaim entier abandonnait pour accompagner leur reine. Il publia, en 1768, à Londres, un *Traité sur l'éducation des abeilles*, dans lequel il copie souvent *Réaumur* et *Maraldi*, 18e siècle.

2994. *Miller*, cultivateur anglais du 18e siècle. (Nos 30, 629, 1787, 1844, 1964.)

2995. *Milly* (*Nicolas, Christiern de Thy, comte de*), né en 1728, mort en 1784, victime de la manie qu'il avait pour les remèdes mystérieux. Après avoir servi avec distinction, il cultiva les sciences. On a de lui un *Mémoire sur l'analyse végétale*, inséré dans ceux de l'académie des sciences.

2996. *Mirabeau* (*Victor Riquetti, marquis de*), mort en 1790. Auteur de la *Théorie de l'impôt*, *in-12*, et de l'*Ami des hommes*, 3 vol. *in-12*. Il y a dans ce dernier ouvrage des considérations relatives à l'agriculture. (Nos 552, 567, 910, 953.)

2997. *Miniscalchi* (*Aloysius*), 18e siècle. (No 1323.)

2998. *Miroudot* (*D.*), 18e siècle. (No 1189.)

2999. *Mitterpacher*, 18e siècle. (No 1722.)

3000. *Mizaud*, né à Montluçon dans le Bourbonnais, mourut à

Paris en 1573, dans un âge avancé. Il passa de l'étude des mathématiques à celle de la médecine, qu'il exerça d'abord avec beaucoup de réputation ; mais l'amour des nouveautés, des recherches vaines, des systèmes singuliers de l'astrologie lui fit perdre successivement le peu de gloire qu'il avait acquise, la fortune et la vie.

Il a fait d'autres ouvrages que ceux dont nous rapportons les titres, mais ils n'ont aucun rapport avec l'agriculture ; et une partie de ceux que nous citons n'en a même que parce que la météorologie n'est point étrangère à l'économie rurale.

Il y a un ouvrage de *Mizaud*, publié en 1565 sous le titre : *Nouvelle invention pour incontinent juger du naturel d'un chacun, par la seule inspection du front et de ses linéamens.* On voit que cette prétention, renouvelée de nos jours, n'est pas nouvelle. (Nos 36, 92, 336, 374, 460, 578, 1300, 1410, 1523, 1597, 1762, 1836.)

3001. *Mochard*, pasteur à Motiers, 18e siècle. (No 1618.)

3002. *Model*, médecin, né à Neustadt en Franconie, passa en Russie, et mourut à Pétersbourg, en 1775, à 64 ans. Il a publié plusieurs ouvrages d'économie, que M. *Parmentier* a traduits sous le titre : *Récréations physiques, économiques et chimiques. Paris*, 2 vol. in-8o, 1774.

3003. *Modus*, nom supposé. (Nos 914, 1767.)

3004. *Moer*, 18e siècle. (No 1874.)

3005. *Moline*, abbé, prieur chévecier de la commanderie de Saint-Antoine, ordre de Malte, à Paris, a écrit, en 1778, sur la meilleure manière de distiller les vins.

3006. *Mollet* (*Claude*), premier jardinier de Henri IV et de Louis XIII, créa en France, en 1582, les parterres à compartimens ; en 1595, il planta les jardins de Saint-Germain-en-Laye, de Monceaux et de Fontainebleau ; en 1607, il avait planté à Fontainebleau 7000 pieds d'arbres fruitiers ; il avait fait, en 1608, dans le jardin des Tuileries, de belles plantations de cyprès, que l'hiver rigoureux de 1608 fit périr. — Ce cultivateur, oublié dans tous les dictionnaires bibliographiques, méritait d'autant plus une place dans cet ouvrage qu'il a écrit sur les jardins. M. *Huzard* l'a vengé de l'injuste oubli auquel on semblait l'avoir condamné. (No 1818.)

3007. *Mollet* (*André*), parent et contemporain du précédent. (Nos 871, 989.)

3008. *Monchy* ou *Mouchy* (*Salomon de*), médecin hollandais, 16e siècle. (No 1727.)

3009. *Monnier*, négociant, 18e siècle. (No 1279.)

3010. *Montagne*, marquis de Poncins, 18e siècle. (No 736.)

3011. *Montalembert*, officier-général, du 18e siècle, connu par un

nouveau

nouveau système de fortification, qui a eu dans le corps du génie beaucoup plus de critiques que de partisans. (N° 242.)

3012. *Monte (de)*, a écrit sur les prairies artificielles et sur les moutons.

3013 *Montaudouin*, né à Nantes en 1722, a fait des Mémoires sur l'économie, la police des grains, insérés dans le *Journal du Commerce de Bruxelles*. C'est sur un Mémoire qu'il adressa aux Etats de Bretagne, que ceux-ci établirent *la Société d'agriculture, de commerce et des arts* : cet établissement fut en partie adopté dans presque toute la France.

3014. *Montfort (Alexandre de)*, 17e siècle. (N° 1553.)

3015. *Montigny (Etienne Mignol de)*, né en 1714, mort en 1782, correspondant de l'Académie des sciences, a écrit, en 1775, sur les maladies du bétail. (N° 798.)

3016. *Montlinod*, abbé, 18e siècle (N° 1625.)

3017. *Montréal (Arm.)*, 18e siècle. (N° 1144.)

3018. *Montvert*, 18e siècle. (N° 1460.)

3019. *Morais (Charles de)*, chevalier, seigneur de Fortille, 17e siècle. Il a écrit sur la chasse un ouvrage très-estimé. (Nos 1372, 2032.)

3020. *Morand (Jean-François-Clément)*, docteur-régent de la faculté de médecine de Paris, membre de l'Académie des sciences, né en 1726, mort en 1784; a écrit, en 1750, sur la houille, ou charbon de terre. (N° 1154.)

3021. *Morangier*, 18e siècle. (N° 2054.)

3022. *Moreau de la Rochette (François-Thomas)*, né en 1720, à Rigni-le-Férou, près d'Ervi en Bourgogne (départ. de l'Aube), inspecteur général des pépinières de France, a créé le plus bel établissement de ce genre qu'on eût encore vu; c'est la pépinière de *La Rochette*, nom d'un très-petit village à gauche de la Seine, au-dessus de Melun. Le sol est naturellement caillouteux; mais M. *Moreau* l'a métamorphosé dans la pépinière la plus florissante.

En 1765, il fit prendre, de l'agrément du gouvernement, dans la maison de la Pitié vingt-quatre enfans trouvés, qu'il employa à différentes cultures, et forma une espèce d'école d'agriculture pour la partie des jardins, des potagers, des pépinières, et de toute espèce de plantations de bois. En 1765, un arrêt du conseil d'Etat ordonna que la pépinière de La Rochette serait cultivée par cinquante enfans trouvés, qui seraient libres d'en sortir à l'âge de vingt-cinq ans. Cette pépinière devait être le centre de toutes celles de la France. Elle éprouva diverses révolutions : détruite, en 1769, par M. *d'Inveau*, elle fut rétablie, en 1770, par M. l'abbé *Terrai*, et supprimée entièrement, en 1780, par

M. *Necker*, sous prétexte d'économie. Il paraît étrange, comme l'observe judicieusement M. *François* de Neufchâteau, que le nom de M. *Necker* se trouve lié à la destruction totale d'un établissement unique en France et dans l'Europe. Il résulta de cette mesure que les malheureux enfans recueillis à La Rochelle furent abandonnés, devinrent mendians, etc. Dans le cours de treize années que dura cet établissement, il est sorti un million d'arbres de tiges (dont cent quatre mille huit cent quatre-vingts arbres fruitiers délivrés gratuitement à des habitans des campagnes), et trente-un millions de plants forestiers. Le découragement qu'éprouva M. *Moreau* de cette suppression influa sur sa pépinière. Ce cultivateur estimable mourut en 1791. Ses deux enfans, livrés par goût à la culture, continuent de défricher et de planter, et il reste encore aujourd'hui une grande partie de cette vaste pépinière. M. *Moreau* a laissé dans ses papiers un projet pour le défrichement des landes de Bordeaux, les plans et les dessins des plantations à former, des canaux à ouvrir, et du village à construire dans cette partie de la France inculte et déserte.

3023. *Morel* (*N*.....), de Lyon, né en 172..., ancien architecte, membre de la Société d'agriculture de Lyon, etc., a ramené le bon goût en France pour la formation des jardins. (Nos 111, 1809, 1822.)

3024. *Morel de Vindé*, membre de la Société d'agriculture du département de la Seine, 18e siècle. (Nos 1066, 1129.)

3025. *Morellet* (*André*), membre de l'Académie française, né en 172..., aujourd'hui (1810) membre du corps-législatif, a, dans ses travaux littéraires, su réunir l'utile à l'agréable. Il publia quelques ouvrages d'un grand intérêt pour l'agriculture. (Nos 64, 936, 1710.)

3026. *Morgan de Crosane* (*Nic.*), 16e et 17e siècles. (No 1927.)

3027. *Morin* (*Pierre*). (Nos 800, 1726.)

3028. *Morin*, graveur. (No 1360.)

3029. *Morisot* (*M. R. J.*), vérificateur, a publié, en 1802 et 1804, un Traité sur les prix de tous les ouvrages d'un bâtiment. (No 1812.)

3030. *Mortimer*, Anglais, 18e siècle. (No 22.)

3031. *Moseley* (*M. B.*), médecin anglais, 18e siècle. (No 2001.)

3032. *Mottin* (abbé). (No 613.)

3033. *Muntirgius* (*Abraham*), médecin, professeur de botanique à Groningue, né en 1626, mort en 1682. (No 4.)

3034. *Muret*. (No 1149.)

3035. *Mustel*, ancien capitaine de dragons, chevalier de Saint-Louis; des Académies de Rouen, Dijon, Châlons; de plusieurs Sociétés d'agriculture, aujourd'hui maire de Bernai en Normandie, a écrit, en 1768, 1770, sur les pommes-de-terre; en 1784, sur l'économie végétale et rurale. (Nos 1107, 1236, 1660, 1681, 1907, 2003.)

# N.

3036. *Nagoorge* (*Thomas*), né à Straubing en Bavière, en 1511, mort en 1578. Son véritable nom était *Kirchmayer*; il a fait un ouvrage intitulé *Agricultura sacra*, *in*-8°. (N° 1551.)

3037. *Navier* (*Pierre-Toussaint*), médecin, 18e siècle. (N° 1060.)

3038. *Néandre* (*J.*), médecin de Brême, 17e siècle. (N° 1806.)

3039. *Necker* (*Jacques*), né près de Genève, en 1732; il a été deux fois ministre sous Louis XVI; mort au commencement du 19e siècle.

On a souvent examiné si M. *Necker* avait été plus nuisible qu'utile à la France : cette question est étrangère à l'objet que nous nous proposons; et nous nous bornerons à dire que M. *Necker* a écrit sur la législation des grains, en 1775.

Consultez l'article *Moreau de La Rochette*. (Nos 64, 1701, 1796.)

3040. *Nelis*, 19e siècle. (N° 1247.)

3041. *Nemesien* (*Aurelius-Olympius-Nemesianus*), poëte latin, né à Carthage, vivait en 281, sous l'empereur Numérien; est auteur d'un poëme intitulé *Cynegetica*, *sive de Venatione*, qui resta inconnu jusqu'au moment où *Sannazar* le découvrit manuscrit à Tours, et l'emporta en Italie. (N° 1548.)

3042. *Nemesien*, poëte latin du 3e siècle; ses vers sont peu estimés. Il reste deux fragmens d'un poëme intitulé *Ixeutique*, ou *de la Chasse à la glu*, qui se trouve dans les *Poetæ rei venaticæ*, Leyde, 1728, *in*-4°, et dans *Poetæ minores latini*, Leyde, 1731, 2 vol. *in*-4°.

Il ne faut pas confondre ce poëte avec l'autre du même nom. (N° 1548.)

3043. *Newcastle* (duc de). Voyez *Cavendish*.

3044. *Neuve-Eglise* (*Louis-Joseph Bellepierre de*), ancien garde-du-corps du roi et lieutenant de cavalerie, né en 1727; a beaucoup écrit sur des objets relatifs à l'économie rurale. (Nos 33, 100, 103, 196, 273, 465, 975, 1514.)

3045. *Nicéron* (*Jean-Pierre*), barnabite, bibliographe estimé, 18e siècle. (N° 1883.)

3046. *Nivernois* (*Louis-Jules Mancini*, duc de), né en 1716, mort en 1798, était de l'académie française. Il a traduit, en 1784, l'*Essai sur les Jardins* par *Horace Walpole*. (N° 623.)

3047. *Noël*, 18e siècle. (N° 1295.)

3048. *Noisette*, 19e siècle. (N° 188.)

3049. *Nolin*, 18e siècle. (N° 5 8.)

3050. *Nuvelone*, 19e siècle. (N° 1801.)

# O.

3051. *OElhafen de Schoellenbach* (*C. C.*), Allemand, 18e siècle. (N° 1917.)

3052. *Ogier* (*J. A.*), cultivateur à Dissai, près de Poitiers, de l'athénée de Poitiers, et de la société d'agriculture du département de la Vienne. En 1802, écrivait sur les moutons. (N° 1994.) Lisez *Ogier*.

3053. *Olaus Magnus*, archevêque d'Upsal, en Suède, mourut en 1555. (N° 775.)

3054. *Olead*, 18 siècle. (Nos 1765, 1965.)

3055. *Olivet* (*Joseph Thoullier d'*), né à Salins en 1682, de l'académie française; mort en 1768. (N° 1547.)

3056. *Olivier* (*G. A.*), 18e siècle. (Nos 1098, 1816.)

3057. *Oppien*, poëte grec, né en Cilicie, vivait dans le 2e siècle, sous le règne de Caracalla; il mourut de la peste à trente ans. Il a composé cinq livres de la *Pêche* et quatre de la *Chasse*.
*Florent Chrétien* et *Samuel Fermat* ont traduit ces ouvrages, le premier en très-mauvais vers (1575, *in*-4°), et le second en prose (1690). (Nos 237, 1488, 1489, 1490, 2008.)

3058. *O'Reilly* (*R.*), rédacteur des *Annales des arts et manufactures*, a écrit, en 1802, sur le blanchiment à la vapeur; mort en 1807. (Nos 73, 624.)

3259. *Ortlieb* (*Michel*), vigneron, 18e siècle. (N° 1537.)

3060. *Ourte* (*L. P.*), à Bruxelles, a publié, en 1800, un *Manuel élémentaire et économique*, ou *Cuisine du citoyen*; 1 vol. *in*-8°, Bruxelles et Paris, 1800. (N° 305.)

# P.

3061. *Pache*, 18e et 19e siècles. (N° 1201.)

3062. *Paillet*, 18e siècle. (N° 830.)

3063. *Pajot des Charmes*, ancien inspecteur des manufactures, membre de plusieurs sociétés. (N° 133.)

3064. *Pajot* (*Louis-Léon*), comte *d'Onsenbray*, né à Paris en 1678, mort en 1753, était membre de l'académie des sciences à qui, en mourant, il légua le cabinet le plus curieux de l'Europe, sur-tout en mécanique, et qu'il avait formé à Berei. Le recueil de cette académie contient des Mémoires du comte *d'Onsenbray* sur l'*aéromètre*, et sur un instrument pour peser les liquides.

3065. *Palissy* (*Bernard*), né à Agen en 1524, était potier de terre, suivant les uns, et faïencier à Saintes, suivant les autres. Il peignait sur verre et cultivait la chimie et les arts. Les rois et les grands de la cour faisaient venir leur vaisselle de la manufacture de *Palissy*. Il a composé plusieurs ouvrages beaucoup au-dessus du siècle où il vivait, et dans lesquels on voit qu'il avait commencé à soulever le voile qui couvrait alors la chimie; il reconnut l'existence de l'*oxigène*, qu'il définit bien avant les chimistes modernes; il ne manque à la description qu'il en fait que le nom qu'on lui donne aujourd'hui. C'est à *Palissy* qu'on doit l'invention de la *tarrière*, machine avec laquelle on découvre facilement les marnes, en perçant le terrain à une grande profondeur. Il imagina de revêtir sa vaisselle d'émail; ce qui, en la rendant élégante, lui donna une grande vogue. Il a écrit sur l'agriculture, le feu, la marne, les abus de la médecine, etc. On recueillit ces divers traités en deux vol. in-8°, publiés en 1636, à Paris, sous ce titre: *Moyen de devenir riche*. Mais ce recueil, qui ne contient pas tous les ouvrages de *Palissy*, est rare. Cet auteur, bien au-dessus de son siècle, ne méritait pas l'oubli où très-probablement il serait tombé, sans MM. *Faujas de Saint-Fonds* et *Gobet*, qui donnèrent, en 1774, une édition complète des *Œuvres de Palissy*, qu'ils enrichirent de notes.

Il y avait, au château d'Ecouen (aujourd'hui maison impériale pour les filles des membres de la légion d'honneur), deux tableaux en faïence représentant des batailles, dessinées et exécutées par *Palissy*. Ces deux morceaux, uniques et précieux, servaient de pavement dans la chapelle du château. Je crois qu'on les conserve au Museum français. *Palissy* mourut vers 1602 ou 1604.

Quand on pense à son succès dans les arts, à quelques-uns de ses ouvrages qu'on lit encore avec fruit, on est étonné que cet auteur ait écrit sans savoir le grec ni le latin, sans avoir eu d'éducation; et l'on est obligé de convenir qu'il s'est formé lui-même, et qu'il présente, dans le 16e siècle, le même phénomène, renouvelé dans le 18e par *Jamerai Duval*, qui, de simple berger, devint bibliothécaire du grand-duc de Toscane.

*Palissy* prenait le titre d'*inventeur des rustiques figulines*, ou poteries du roi; ce qui prouve que la manie de donner aux livres un titre extraordinaire et scientifique n'est pas moderne: *Palissy* n'avait pas besoin de ce petit charlatanisme. Voyez l'article *Discours admirables*, etc. (Nos 461, 1325, 1481, 1656.)

3066. *Palladius*. On croit que cet auteur écrivait vers l'an 140, sous le règne de l'empereur *Antonin-le-Pieux*. Il a puisé dans les meilleures sources, et s'est approprié toutes les découvertes qu'on avait faites depuis ceux qui s'étaient occupés d'agriculture dans leurs ouvrages jusqu'à lui. *Palladius* a, pendant long-tems, obtenu un brillant succès. La distribution qu'il a faite des travaux de la campagne, par mois, n'y a pas peu contribué, parce qu'elle abrège les recherches.

Le premier livre de son *Economie rurale* est rempli d'observations sur les précautions à prendre quand on veut acheter un domaine; de préceptes sur l'emplacement de la maison, la distribution du logement, la position du jardin, de l'aire, et l'entretien des ruches. Ces avis sont suivis d'un calendrier agronomique; et l'ouvrage est terminé par un poëme sur les greffes, adressé par l'auteur à *Posiphilus*, qui passait pour très-savant. (Nos 153, 543, 961, 968, 1486, 1719, 1720, 1721, 1757, 1758, 2013.)

3067. *Palteau* (*Guillaume-Louis Formanoir de*), né au château de Palteau, diocèse de Sens, en 1712, a écrit sur les ruches en 1756, et sur l'agriculture en 1766. (Nos 1387, 1422, 1437.)

3068. *Pannelier d'Annel* écrivait en 1778 sur les forêts. (No 611.)

3069. *Panseron*, ancien professeur de dessin à l'école royale militaire, et professeur d'architecture, a écrit sur son art en 1785, et sur les jardins français.

3070. *Papio-Verreri*, cultivateur dans l'Anjou, 18e siéc. (No 1534.)

3071. *Papion*, chef et propriétaire de l'ancienne fabrique des damas et lampas de Tours, 18e siècle. (No 279.)

3072. *Paradis de Raymondis* (*Jean-Zacharie*), né en 1746, mort en 1792, a écrit sur divers objets d'agriculture, et entr'autres sur l'amélioration des terres. (No 2069.)

3073. *Pardies* (*Ignace-Gaston*), né à Pau en 1636, se fit jésuite. Il mourut en 1673. On lui doit la *Description et Explication de deux machines propres à faire des cadrans avec une grande facilité*. Paris, 1678.

3074. *Paris*, architecte, 18e siècle. (No 23.)

3075. *Parmentier* (*Antoine-Augustin*), né le 17 août 1737, à Montdidier, département de la Somme, pharmacien, inspecteur-général du service de santé, membre de l'institut de France, de la légion d'honneur, de l'administration des hospices civils, du conseil de salubrité, etc., etc., et de toutes les sociétés d'agriculture françaises et étrangères.

Peu d'écrivains ont illustré leur carrière par un aussi grand nombre d'ouvrages importans ou utiles que ce savant respectable, laborieux par goût et philanthrope par caractère. Toutes ses vues, sa vie même, ont été consacrées au bien public, à des objets d'un intérêt présent et direct; ce qui est bien plus essentiel à la société que des recherches plus relevées, seulement propres à satisfaire la curiosité de l'esprit, et qui ne sont d'ordinaire, ni à la portée, ni à l'usage du monde. On doit savoir gré à ceux qui humanisent la science, qui l'appliquent à nos besoins journaliers dans l'économie domestique et rurale. Eux-mêmes jouissent de tous les bienfaits qu'ils répandent, de tous les heureux qu'ils font. Il vaut mieux avoir écarté la famine en popularisant la culture de la pomme de terre, que d'avoir fait une découverte dans une science abstraite. Les anciens ont plutôt élevé des autels au premier cultivateur, qu'à des philosophes pour leurs systèmes.

*Traité de la châtaigne*, *Paris*, *in*-8°, 1770. Cet ouvrage, qualifié d'*excellent* par des savans, renferme les notions les plus exactes sur ce fruit sec, sur la méthode pour le sécher, le dépouiller de ses écorces, le faire cuire, le réduire en farine, etc. L'auteur démontre qu'on n'en peut pas faire du véritable pain, quoique dans les Cévennes, en Corse et ailleurs on ait divers moyens de l'apprêter, de lui ôter son âpreté, et de développer sa saveur sucrée.

*Mémoire*, qui a remporté le prix de l'académie de Besançon, *sur les plantes alimentaires. Paris*, *in*-12, 1772. Il s'agissait de rechercher quelles plantes, dans nos pays, peuvent suppléer, dans les tems de disette, aux autres nourritures de l'homme, et quelle était la nature de l'aliment qu'on pouvait tirer de ces végétaux. Cet objet important a été encore mieux développé dans un autre ouvrage du même auteur, dont nous parlerons.

*Examen chimique des pommes-de-terre*, dans lequel on traite des parties constituantes du froment et du riz. *Paris*, *Didot*, *in*-12, 1773. L'auteur montre que la pomme-de-terre contient une grande quantité de fécule amylacée (ou amidon), aussi propre à la nutrition que celle du blé et des autres graines céréales; car alors on rejetait l'usage de la pomme-de-terre, et on ne la regardait que comme propre à engraisser les bestiaux. On sait que l'amidon des pommes-de-terre fait aujourd'hui la bâse du *gâteau de Savoie*, met délicat.

*Récréations physiques, économiques et chimiques de Model*, premier apothicaire de l'impératrice de Russie, ouvrage traduit de l'allemand, avec des observations et des additions, par *Parmentier. Paris*, 2 vol. *in*-8°, 1774. On trouve plusieurs objets relatifs à l'économie domestique et rurale dans ces additions; par exemple, sur l'*ergot* du seigle, sorte de maladie, sur l'eau-de-vie de grain, etc. Cet ouvrage a été fort accueilli dans le tems.

*Méthode facile pour conserver à peu de frais les grains et les farines. Paris*, brochure *in*-12, 1774. Il est important d'empêcher les farines de *se piquer*; on connaît divers moyens de les tenir en *rame*, comme dans les pays méridionaux, ou en *garenne*, ou en *sacs empilés*, tous plus ou moins mauvais; elles se conservent mieux en sacs isolés. Le commerce des farines doit être préféré à celui des grains.

*Analyse de la carie du froment*, lue à la Société royale de médecine en 1776. *Paris*, *in*-4°. En 1775, plusieurs champs des environs de Montdidier furent affectés de la maladie du *noir*, l'auteur se procura de ce blé pour le soumettre à diverses expériences chimiques, et déterminer la nature de cette maladie. La même analyse a été reproduite il y a quelques années, comme un travaille moderne.

*Avis aux bonnes ménagères des villes et des campagnes, sur la manière de faire leur pain. Paris*, brochure *in*-8°, 1777. L'auteur y développe très-bien tous les procédés pour l'exacte *panification*; la quantité d'eau, de sel, levain, le tems de la fermentation, etc.

*Le parfait boulanger*, ou *Traité complet sur la fabrication et le commerce du pain. Paris, in*-8°, 1778. Il serait superflu de s'étendre ici sur toutes les observations intéressantes de ce travail; elles sont de trois sortes: 1° sur les farines, 2° sur l'eau, 3° sur le pétrissage et la fermentation panaire. La manière dont on doit faire le pain de biscuit, celui de munition, celui d'épeautre, de seigle, de maïs, de sarrasin, etc., y est aussi succinctement traitée. C'est depuis cette époque que la chimie a tourné ses regards sur la préparation de ce premier et de ce plus essentiel de nos alimens.

*Manière de faire le pain de pommes-de-terre sans mélange de farine. Paris*, brochure, imprimerie royale, 1779. Avant d'obtenir que l'on fît usage de la pomme-de-terre, combien ne fallut-il pas employer de moyens de la présenter sous des formes attrayantes au citadin délicat? L'auteur a tenté d'en fabriquer une sorte de pain savoureux, agréable, en employant moitié de la pulpe, et moitié amidon de ces racines. Il formait également des vœux pour qu'on parvînt à la panification des patates, des ignames, des giraumons, des bananes, etc., dans les colonies; et ces tentatives faites ont présenté d'heureuses espérances.

*Mémoire sur les difficultés à vaincre dans l'analyse des eaux minérales. Paris*, brochure, 1780. On était alors dans l'opinion qu'à l'aide de quelques réactifs, on pouvait analyser vingt espèces d'eaux minérales en un jour. L'auteur conseille de prendre pour guide la savante analyse des eaux *de Bagnères, de Luchon*, par *Bayen*. C'est un modèle d'exactitude, de clarté, de précision; le naturaliste, le chimiste, le philosophe, l'antiquaire même y puiseront de nouvelles lumières.

*Recherches sur les végétaux nourrissans qui, dans les tems de disette, peuvent remplacer les alimens ordinaires; avec de nouvelles observations sur la culture des pommes-de-terre. Paris, in*-8°, 1781. Voici, à notre avis, un des plus excellens ouvrages de M. *Parmentier*. Il présente l'ensemble de nos ressources territoriales; il décrit les moyens de tirer tous les avantages possibles des fruits, racines, semences par lesquels on peut suppléer à nos besoins. Telle substance qu'on dédaigne, peut offrir les alimens les plus sains, quelquefois les plus agréables, au moyen de quelques préparations que l'auteur indique. Les observations sur la culture des pommes-de-terre sont pleines de vues utiles.

*Expériences et réflexions relatives à l'analyse du blé et des farines. Paris, in*-8°, 1781. La découverte de la partie glutineuse ou végéto-animale du froment, a donné lieu à plusieurs recherches curieuses à ce sujet. *Linguet*, avec son éloquence et ses paradoxes, supposait que ce *gluten* était une substance très-nuisible et même mortelle, parce que, prise seule, elle avait causé des indigestions à des chiens. Mais l'expérience montre l'utilité du gluten dans les farines des graines céréales pour faire du bon pain.

*Remarques sur l'usage et les effets des champignons. Paris*, brochure, 1782. L'auteur conseille de s'abstenir des champignons, puisque le plus sain en apparence cause souvent des indigestions et d'autres accidens. Les ouvrages des plus célèbres botanistes ne fournissant guère de certitude sur la qualité de ces productions, l'auteur a fait des expériences sur des animaux ; il en résulte que le poison réside sur-tout dans la partie fixe du champignon ; il vaut donc mieux s'en abstenir tout-à-fait, que de s'exposer à des méprises fatales.

*Recueil de pièces concerrant les exhumations faites dans l'enceinte de l'église de Saint-Eloy, de Dunkerque, en* 1784. L'exposé des moyens employés pour les exhumations en cette ville, a paru tellement important, qu'on l'a proposé comme un modèle à suivre : aussi plusieurs souverains, frappés du bien qui en résulterait, l'ont fait traduire et connaître dans les divers pays de leur domination. Les états de Bourgogne ont notamment arrêté qu'il serait imprimé et distribué dans leur province.

Mémoire couronné par l'académie royale de Bordeaux, sur cette question : *Quel serait le meilleur procédé pour conserver le plus long-tems possible, ou en grain, ou en farine, le maïs (blé de Turquie, plus connu dans la Guienne sous le nom de blé d'Espagne)? Quels seraient les différens moyens d'en tirer parti dans les années abondantes, indépendamment des usages co··us et ordinaires dans cette province?*

> Si mon œuvre n'est pas un assez bon modèle,
> J'ai du moins ouvert le chemin ;
> D'autres pourront y mettre une dernière main. LA FONTAINE.

*Bordeaux*, *in*-4°. Cet ouvrage traite complètement tout ce qui a rapport au maïs ; ce qu'on n'avait jamais fait jusqu'alors. Sa culture, l'emploi des tiges en fourrages, des semences, la manière de les conserver intactes dans des sacs isolés, de faire même du bon pain avec leur farine, et une foule d'autres procédés utiles y sont très-bien exposés. Ce sujet est d'une haute importance encore aujourd'hui pour nos départemens méridionaux.

*Instruction sur les moyens de suppléer à la disette des fourrages et d'augmenter la subsistance des bestiaux. Paris*, broch. 1785 ; imprimé par ordre du gouvernement. Le contôleur-général fit rédiger cette instruction qui fut fort remarquée dans ce tems. M. *Decandolle* l'a mal-à-propos attribuée à *Broussonnet*, Elle peut encore servir aujourd'hui pour cet objet si intéressant.

*Chimie hydraulique de La Garaye*, nouvelle édition avec notes, par *Parmentier. Paris*, *in*-12.

*Mémoire sur les avantages du commerce des farines, subsitué à celui des grains. Paris*, , brochure. Le même auteur a développé ailleurs, en détail, les motifs de cette préférence à donner aux farines.

*Mémoire* (en commun avec M. *Cadet-de-Vaux*) *sur les blés du Poitou.* Paris, 1785, brochure. La chenille de l'Angoumois, qui dévora les récoltes de ce pays en 1760, et fut observée par *Duhamel*, fit un tort considérable aux blés du Poitou, en 1785.

*Dissertation sur la nature des eaux de la Seine*, avec quelques observations relatives aux propriétés physiques et économiques de l'eau en général à Paris. Paris, 1787, in-8°. Cette Dissertation parut d'abord dans le Journal de Physique (février 1775). L'eau étant devenue depuis cette époque un objet d'agiotage, et chacun prêtant à l'auteur des vues différentes, M. *Parmentier* reproduisit ce Mémoire avec des éclaircissemens essentiels.

*Vues générales sur les principales eaux minérales de France. Ibid.*, brochure. L'auteur y passe en revue ces eaux, soit thermales, soit acidules, soit gazeuses, soit salines, etc.

*Observations sur les Fosses d'aisance*, et moyens de prévenir les inconvéniens de la vidange. Paris, 1787, brochure. Le gouvernement, frappé de la multiplicité des accidens occasionnés par le *plomb* ou les vapeurs méphitiques de ces fosses, nomma commissaires MM. *Laborie*, *Cadet* jeune et *Parmentier*, membres du collége de pharmacie, pour faire ce rapport.

*Mémoire sur la culture des pommes-de-terre aux plaines des Sablons et de Grenelle*, lu à la séance publique de la société royale d'agriculture, le 19 juin 1787. Paris, *idem*, in-8°. L'année rurale de 1785 a été remarquable par des calamités qui se sont étendues sur plusieurs points de la France. La disette des fourrages a causé la perte de beaucoup de bestiaux, et la moucheture des blés a réduit les récoltes au tiers dans certains cantons. Le gouvernement, alarmé de ces fléaux, s'est empressé d'en arrêter les suites, en chargeant plusieurs agronomes de rédiger des instructions sommaires sur les diverses ressources, selon les cantons et la nature du sol. M. *Parmentier* a été chargé de beaucoup de ces instructions. Parmi ces ressources, la pomme-de-terre a été spécialement recommandée et a rempli les espérances complètement. En conséquence, on en a planté sur 54 arpens pris au hasard dans ces vastes plaines incultes, sans engrais ; et malgré les circonstances les plus contraires, leur végétation a été belle. Cette plantation à la plaine des Sablons, par M. *Parmentier*, est une grande leçon *pratique et en même tems* une des époques les plus mémorables dans l'histoire des travaux des sociétés d'agriculture, puisqu'il y a, dans tous les pays du monde, des terrains absolument inutiles et qui pourraient fournir à nos besoins réels. Quel exemple plus imposant pour les habitans de la capitale que ces 54 arpens fertilisés, et donnant en automne des milliers de sacs d'une racine précieuse presque aussi substantielle que le pain !

*Mémoire sur le Chaulage*, considéré comme préservatif de plusieurs maladies du froment. Paris, *idem*, brochure in-8°, par ordre du gouvernement.

*Mémoire sur les moyens d'augmenter la valeur réelle des blés mouchetés. Idem*, par ordre du gouvernement.

*Mémoire sur la manière de cultiver et d'employer le maïs comme fourrage. Idem*, *idem*. Ces instructions ont été rédigées pour l'occasion, et ont rendu de grands services. On les lira toujours avec fruit. Le maïs en fourrage est excellemment propre à l'engrais des bestiaux. On détruit beaucoup de causes de maladies du froment, en le faisant tremper dans de l'eau de chaux avant de le semer.

*Avis aux habitans des villes et des campagnes de la province de Languedoc*, sur la manière de traiter leurs grains et d'en faire du pain. Avec cette épigraphe :

> Travaillez, prenez de la peine,
> C'est le fonds qui manque le moins. LA FONTAINE.

Paris, 1787, 7 feuilles in-4°. Imprimé par ordre des états de Languedoc, qui l'ont jugé très-utile pour l'instruction du peuple dans cette province.

*Avis aux cultivateurs dont les récoltes ont été ravagées par la grêle*. Paris, 1788, brochure. Le 13 juillet de cette année, plusieurs cantons ayant été dévastés par la grêle, le gouvernement fit publier cette instruction, qui indique les moyens de tirer le meilleur parti des productions endommagées.

*Mémoire sur les avantages qui résulteraient, pour la multiplication des animaux domestiques, d'étendre la culture en grand des racines potagères*; lu à la séance publique de la société royale d'agriculture, le 28 novembre 1788. L'art de créer et de perfectionner les subsistances parait avoir été le premier objet et la plus sérieuse étude de M. *Parmentier*. Il a voulu aussi que la nourriture des animaux fût plus assurée, plus abondante et plus salutaire. Grace à ses efforts, les carottes, les panais, les navets, les topinambours, les pommes-de-terre sont maintenant cultivées dans les grandes exploitations rurales. Pour cet objet, chaque ferme a son moulin à couteau pour diviser les racines et les administrer en hiver aux bestiaux.

*Traité sur la culture et les usages des pommes-de-terre, de la patate et du topinambour*; publié par ordre du roi. Paris, 1789, un vol. in-8°. Dans cet important ouvrage, l'auteur considère son objet sous ses divers aspects; il montre comment la pomme-de-terre vient aisément dans toutes sortes de terrains, se propage sans peine, fournit une subsistance abondante, assurée. Le topinambour, quoique moins employé, offre aussi les résultats les plus satisfaisans en culture; ce qui vient encore d'être certifié par des expériences de M. *Yvart*.

*Mémoire sur les avantages que la France peut retirer de ses grains*, considérés sous leurs différens rapports avec l'agriculture, le commerce, la meûnerie et la boulangerie; avec un manuel sur la manière de soigner les blés et d'en faire du pain; le tout orné de figures. Paris, 1789, un vol. in-4°. L'un des objets les plus essentiels de ce traité est de montrer l'utilité de faire le commerce des farines plutôt que celui du blé en grains, parce qu'on y gagne le son et la main-d'œuvre. En tenant la farine dans des sacs isolés, en lieu sec, on l'empêche de s'échauffer et de se *piquer*.

*Moyens pour perfectionner en France la meûnerie et la boulangerie*. Paris, *idem*, brochure in-12.

*Discours* prononcés à l'ouverture du cours de l'école de boulangerie. *Id., ibid.* Avant que M. *Parmentier* eût tourné ses regards sur la préparation de notre premier aliment, le pain était fabriqué par une sorte de routine, tellement qu'il était tout différent dans divers quartiers de Paris. Depuis les travaux de cet illustre savant, on a su faire un pain léger, savoureux, facile à digérer et salutaire.

*Instruction sur la conservation et les usages des pommes-de-terre,* publiée par ordre du gouvernement. Paris, *idem*. Elle met à la portée du public les connaissances relatives à la précieuse racine de la *morelle-parmentière,* ainsi nommée aujourd'hui par les agronomes.

*Economie rurale et domestique* (formant partie de la collection de la *Bibliothèque des Dames*). Paris, 1790, 8 vol. in-16. Cet ouvrage est aussi agréable qu'instructif. Les portraits de la ménagère, de la laitière offrent les plus charmans détails, comme les soins des oiseaux, ceux de la basse-cour, la préparation des fromages, des confitures, etc., et une foule d'autres objets qui doivent plaire aux femmes qui aiment le ménage, et qui instruiront les hommes.

*Mémoire* (en commun avec M. *Deyeux*) qui a remporté le premier prix sur cette question proposée par la société royale de médecine : Déterminer, par l'examen comparé des propriétés physiques et chimiques, la nature des laits de femme, de vache, de chèvre, d'ânesse, de brebis et de jument. Paris, 1790, in-8°. Le même ouvrage (toujours en commun avec M. *Deyeux*) a été augmenté de nouvelles recherches, et publié sous le titre de :

*Précis d'expériences et d'observations sur les différentes espèces de lait,* considérées dans leurs rapports avec la chimie, la médecine et l'économie rurale. Strasbourg, 1799, un vol. in-8°. Cet ouvrage savant fait voir les diverses proportions de serum, de caseum, de beurre, de sel essentiel et autres parties constituantes de chaque sorte de lait; il indique en outre les usages de ces laits. Les ruminans donnent un lait plus épais et plus caséeux, la femme un lait plus sucré.

*Mémoire* (en commun avec M. *Deyeux*) *sur le sang,* dans lequel on répond à cette question : Déterminer, d'après des découvertes modernes chimiques et par des expériences exactes, quelle est la nature des altérations que le sang éprouve dans les maladies inflammatoires, dans les maladies fébriles, putrides et dans le scorbut. Couronné par la société de médecine. Paris, 1791, in-4°. Quoique cet ouvrage ne concerne pas l'économie domestique ou rurale, on y trouvera quelques observations utiles à connaître pour les animaux sur le sang desquels plusieurs expériences ont été faites.

*Mémoire sur la nature et la manière d'agir des engrais.* Paris, 1791, brochure in-8°. Il appartenait à M. *Parmentier* de donner sur cette grande question des idées claires et succinctes, relativement à la nature des sucs destinés à la nourriture des végétaux, à la manière dont ils sont transmis à leurs organes, et à battre en ruine l'opinion de l'existence des *sels* dans les différentes terres labourables et de leur influence dans la végétation. Les traités, publiés depuis sur cet agent de la fécondité du sol, ont beaucoup emprunté de ce mémoire; mais l'auteur avoue franchement qu'il nous manque encore une suite d'expériences concernant les engrais, envisagés sous leurs rapports avec les terrains et les productions. Si cette partie de l'économie rurale était mieux connue, on verrait peut-être des cultures réussir dans des terrains qui paraissent s'y refuser maintenant.

*Analyse de la patate*, lue à l'académie des sciences de Toulouse, en 1792. Brochure. Cette racine contient également de la fécule comme les autres racines nutritives. Elle se cultive même en pleine terre dans plusieurs cantons du midi, et avec succès. Elle vient fort bien sur couche à Paris, et même, avec quelques précautions, en pleine terre. Louis XV en mangeait souvent.

*Mémoire sur les salaisons*. Paris, 1793, broch. in-8°. Chargé cette année, par ordre du gouvernement, de se rendre à Honfleur pour visiter l'établissement des salaisons formé par les frères *Hellot*, et d'en rendre compte, l'auteur observa que cet établissement pouvait devenir à peu de frais susceptible de prendre une grande extension, et que, moyennant quelques encouragemens, il serait en état de fournir aux besoins de l'Empire. C'est alors que l'auteur proposa au département de la marine de désosser les viandes, comme un grand moyen d'améliorer les salaisons : 1° parce que les os ne prennent pas le sel; 2° que les chairs qui recouvrent le plus immédiatement la charpente animale sont celles qui se gâtent avec le plus de promptitude et de facilité.

*Avis sur la préparation et la forme à donner au biscuit de mer*. Paris, 1795, brochure. Cet objet ne pouvait pas échapper au père de la boulangerie en France, puisqu'il intéresse l'aliment principal d'une classe de défenseurs de la patrie. Le procédé pour le biscuit variait dans chaque port. L'auteur en a fixé les bases en faisant voir que sa composition tenait aux principes généraux de la fabrication du pain. Il a proposé de donner aux galettes la forme carrée au lieu de la ronde qu'on employait, parce qu'on en range par ce moyen davantage au four, qu'on place mieux ce biscuit dans les *soutes* ou caisses; ce qui laisse moins de vide et de moyen aux insectes d'y pénétrer.

*Eloge historique de M. Bayen, membre de l'Institut* (à la tête du Recueil de ses Œuvres). Paris, 1798, 2 vol. in-8°; et à part, brochure in-8°.

*Rapport sur le pain des troupes*. Paris, 1800, brochure in-8°. Les considérations renfermées dans ce rapport ont déterminé le gouvernement à ordonner l'extraction de 15 livres de son par quintal de farine pour le pain des troupes; et cette réforme salutaire, tant désirée, a tari la source d'une foule d'abus. Après avoir médité sur les moyens les plus efficaces d'améliorer la nourriture fondamentale des défenseurs de la patrie, l'auteur pense qu'elle doit se rapprocher autant que possible de celle que consomment les habitans des pays où elles sont en garnison; que dans les endroits où l'on cultive indistinctement froment et seigle, on peut, sans inconvénient, continuer de s'en tenir à ce mélange dans les proportions adoptées par la loi; que même dans ceux où le seigle et l'orge sont plus communs, on pourrait faire avec ces deux grains une bonne qualité de pain; mais dans tous les cas, il recommande de séparer la presque-totalité du son; car l'écorce diffère essentiellement de la substance farineuse. La purée de haricots se digère toujours très-bien : les haricots entiers se digèrent quelquefois fort mal.

*Rapports au ministre de l'intérieur : 1° Sur l'inoculation gratuite de la vaccine aux indigens. 2° Sur les soupes de légumes, dites à la Rumfort. 3° Sur la substitution de l'orge mondé au riz, avec des observations sur les soupes aux légumes. Paris, in-8°*, brochure, 1804. Ces rapports, sur-tout ceux Nos 2 et 3, sont remplis de vues ingénieuses et utiles sur l'appropriation de ces nourritures à la classe indigente du peuple, et sur les moyens de rendre ces soupes aussi saines qu'agréables au goût. On y trouve la recette et les proportions des substances pour faire de bonnes soupes économiques.

*Instruction sur les moyens d'entretenir la salubrité, et de purifier l'air des salles dans les hôpitaux militaires. Paris, in-8°*, br. Les fumigations d'acide muriatique oxigéné, suivant la méthode de M. *Guyton de Morveau*, et les autres moyens de salubrité, sont bien exposés dans cette brochure. Ils peuvent également servir pour purifier les étables des bestiaux, infectées de quelques maladies contagieuses.

*Vues générales sur la méthode de gouverner les vins en tonneaux et en bouteilles. Paris, in-8°.* Cet objet est fort essentiel, pour les pays de vignobles sur-tout; on y voit ce qu'il faut faire quand le vin se pique, ou qu'il tourne à *la graisse*, etc.

*Mémoire sur les clôtures*, lu à la séance publique de la Société d'agriculture du département de la Seine. *Paris, in-4°*, broch. L'auteur était déjà partisan des clôtures avant le voyage qu'il a fait en Angleterre, et depuis son retour il a été convaincu plus que jamais qu'elles sont une des causes auxquelles ce pays doit l'état florissant de son agriculture. Dans une contrée où les bestiaux sont abondans, tout, en effet, doit être clos. La Normandie et les départemens de l'Ouest sont parmi nous les cantons qui connaissent le mieux les avantages attachées aux clôtures. Partout on peut les établir, partout elles offriront une augmentation permanente de revenu au propriétaire, et de bien-être aux fermiers. Mais c'est spécialement sur les routes très-fréquentées par les bestiaux qu'on amène aux boucheries des grandes villes, que les haies protégeraient les propriétés contre ces conducteurs vagabonds qui mènent à l'aventure, le jour, la nuit, en toute saison, leurs troupeaux errans dans le premier champ qui se présente, et laissant souvent le germe de la clavelée ou des autres maladies contagieuses.

*Code pharmaceutique à l'usage des hospices civils, des secours à domicile.* Troisième édition, plus complète. *Paris, in-8°*, 1807.

Cet ouvrage, l'un de ceux qui font le plus d'honneur à son auteur, a eu beaucoup de succès. Après la description de la matière médicale, on y passe aux compositions des médicamens, qui ont été fort simplifiées par l'auteur. On y trouvera sur-tout des remarques neuves et judicieuses au sujet des vins et des miels médicamenteux. Plusieurs de ces objets ne sont pas étrangers à l'économie domestique, vers laquelle M. *Parmentier* dirige toujours ses vues.

*Vues générales de l'eau, considérée comme boisson des troupes. Paris, in-8°*, broch. L'eau joue un grand rôle dans les arts chimiques, mais le succès de certaines opérations ne dépend que de sa nature; et c'est une vérité que M. *Parmentier* s'est attaché à démontrer, en prouvant que l'opinion des boulangers, des brasseurs et des bouilleurs, sur l'influence de l'eau dans leurs fabriques, n'était nullement fondée. Tous obtiendront de bon pain, d'excellente bière et de forte eau-de-vie de grains, avec toutes sortes d'eaux, quand ils auront disposé leurs matières à une fermentation graduée et convenable. L'auteur a tourné ensuite ses vues vers les moyens de désinfecter les eaux par l'intermède du charbon, et de leur rendre de l'air par l'agitation, afin de les approprier à la boisson des troupes.

*Instructions sur les sirops et conserves des raisins destinées à remplacer le sucre. Paris, in-8°*, 1808, et la seconde édition, *id.* 1809. Voici encore un travail extrêmement intéressant, puisque l'auteur y montre comment le sirop de raisins, adouc... le moyen de la craie, peut tenir lieu du sucre, sur-tout dans cette foule de préparations journalières en économie domestique, les compotes, les ratafias, etc. Ceci est d'une grande importance relativement à l'économie; et la saveur agréable du sirop de raisin, le rend un succédanée précieux, quoiqu'il ne soit point avantageux de le réduire sous la forme sèche de cassonnade. Déjà les instructions de M. *Parmentier* sur ce sirop, ont amené les plus heureux résultats, et ils pourront contribuer par la suite à l'amélioration des vins acerbes des départemens de la France les moins bien exposés.

Après avoir donné la note des écrits de M. *Parmentier*, nous indiquerons succintement les grands ouvrages dans lesquels il a pris part. Il serait difficile d'énumérer ici les très-nombreux articles qu'il a fournis. Il suffira de recourir à ces ouvrages pour les y trouver.

Il a travaillé à différentes parties du *Cours complet d'agriculture de l'abbé Rozier*, (et postérieurement, au *Supplément* qu'on en a publié. en 2 vol. *in-4°. Paris*, 1805.)

On trouvera beaucoup de ses articles dans la *Bibliothèque physico-économique*, dont il a été l'un des rédacteurs.

Le *Journal de physique* s'est également enrichi de plusieurs pièces intéressantes de ce savant.

Les *Mémoires de la Société royale d'agriculture* en présentent un assez grand nombre.

L'*Encyclopédie méthodique* (partie de l'agriculture et économie domestique), renferme pareillement de très-importans articles.

Il a été un des principaux rédacteurs de la *Feuille du cultivateur* et du *Journal de pharmacie*, in-4°.

Il coopère aux *Annales de chimie*.

Les *Mémoires de l'Institut* (classe des sciences physiques), renferment plusieurs objets d'économie rurale et domestique de ce membre distingué.

Il a fourni des notes et des additions à l'édition du *Théâtre d'agriculture d'Olivier de Serres*, par M. *Huzard*. *Paris*, in-4°, 1806.

Il fut l'un des principaux auteurs du *Nouveau dictionnaire d'histoire naturelle*, pour la partie de l'économie domestique.

Le *Bulletin de pharmacie*, dont il est l'un des coopérateurs, paraît sous ses auspices.

Dans le *Nouveau cours complet d'agriculture*, il y a un grand nombre d'articles de lui, ainsi que le *Discours préliminaire* de cet ouvrage.

Il a répandu, enfin, beaucoup d'autres écrits et instructions dans plusieurs feuilles périodiques; et l'on peut dire que dans l'économie domestique et rurale, *il a éclairé son siècle*. (Nos 11, 80, 115, 164, 173, 292, 547, 664, 665, 673, 712, 817, 845, 982, 1102, 1153, 1186, 1202, 1208, 1241, 1309, 1330, 1361, 1464, 1500, 1503, 1566, 1670, 1681, 1780, 1816, 1860, 1961, 1989, 1999, 2004, 2005.)

3076. *Patin* (*Charles*), fils du médecin de ce nom, naquit à Paris en 1633; et mourut à Padoue en 1694. Il était moins caustique et plus savant que son père, 17e siècle. (N° 1950.)

3077. *Pattarol* (*Laurent*), 18e siècle. (N° 327.)

3078. *Patulo*, 18e siècle. (Nos 332, 600, 1854.)

3079. *Paulet* (*Jean-Jacques*), docteur en médecine à Montpellier, né à Anduse, près d'Alais; actuellement à Fontainebleau; membre du jury de médecine du département de Seine-et-Marne; a écrit, en 1775, sur les maladies épizootiques. On doit à ce savant médecin un traité précieux sur les champignons. (Nos 1007, 1659.)

3080. *Paulmier* (*Julien*), de Grantemesnil, mort à Caen en 1588; fut disciple de *Fernel* et médecin célèbre.

Témoin de la Sainte-Barthélemi, il eut pendant trois ans des palpitations de cœur et devint hypocondre. Pour se guérir, il se retira dans la Normandie, renonça au vin et ne but que du cidre. Etant guéri, il écrivit sur cette boisson, qu'il met au-dessus du vin. *Guy-Patin* écrivit contre cette doctrine, et dit en parlant de *Paulmier*, *qu'un homme qui est à la fois Normand et médecin, avait par-là deux puissans moyens pour devenir charlatan*. (N° 420.)

3081. *Paulmier-de-la-Tour* (*A.*), cultivateur à Nemours; a écrit, en 1791, sur les bois, les friches, etc. (Nos 471, 631.)

3082. *Pecquet* (*Antoine*), grand-maître des eaux et forêts de Rouen, mort en 1762 à 58 ans. Il était savant et homme de lettres. (N° 965.)

3083. *Peignot* (*G.*), bibliothécaire de la Haute-Saone; a fait un *Dictionnaire raisonné de bibliologie*, et un *Manuel bibliographique*. On trouve dans le dictionnaire, le plus parfait qui existe en ce genre, tout ce qu'il importe de savoir sur la science bibliologique, des discussions intéressantes, des notions saines et judicieuses, des faits éclaircis, des notes savantes, des recherches faites avec soin et terminées toujours d'une manière satisfaisansante; enfin, des systèmes exposés avec clarté. L'auteur a su répandre de l'intérêt et de l'agrément sur une matière qui en paraissait peu susceptible. Nous citons quelquefois M. *Peignot*, sans crainte de nous égarer avec un pareil guide; 19e siècle.

3084. *Pelée-de-Saint-Maurice*, de la Société d'agriculture de la généralité de Paris, au bureau de Sens. Son ouvrage sur les peupliers d'Italie a eu plusieurs éditions, 18e siècle. (N° 108.)

3085. *Pelletier-de-Frépillon*, écrivait, en 1773, sur les arbres fruitiers. (N° 617.)

3086. *Pepin* (*Pierre*), né à Montreuil, près Paris, en 1722, mort en 1802; célèbre par la culture et la taille des pêchers. Il fut, en 1761, membre de la Société d'agriculture de Paris dès sa formation: il a été successivement maire et juge de paix de Montreuil. *Pepin* n'a jamais écrit sur son art, et l'on regrette que ses observations n'ayent point été recueillies. La Société d'agriculture du département de la Seine, sentant de quel prix serait un pareil recueil, avait chargé une commission de suivre et de décrire les travaux de *Pepin*, aux époques de la taille, de l'ébourgeonnement et de l'effeuillaison. Ces commissaires ont suivi pendant une saison le professeur-praticien: ils ont commencé à décrire ses procédés; mais il fallait plusieurs années pour recueillir toutes les observations acquises par une si longue expérience, et la mort a frappé *Pierre Pepin*, de manière que l'art qu'il avait perfectionné, et qui est réduit encore à une pratique longue et difficile, est concentré dans Montreuil, et le partage presqu'unique des élèves de ce cultivateur. M. *Sylvestre* a lu, dans l'an XIII, à la Société d'agriculture, sur *Pierre Pepin*, une notice qui nous a servi dans la rédaction de la nôtre.

*Pepin*, comme presque tous les cultivateurs-pratiques, condamnait en masse tous les livres sur l'agriculture; et les erreurs qui peuvent s'y trouver, lui faisaient faire le procès à ce qu'ils renferment de bon. En expliquant ses procédés aux commissaires de la Société, il terminait chaque observation en disant: *les livres ne vous apprendront rien de cela*. Un des commissaires écrivait ses remarques sur la taille, etc. Quand il en eut un certain nombre, il lui dit: *Ceci sera probablement imprimé et fera un très-bon livre*.

3087. *Perrault* (*Charles*), connu principalement par son parallèle des anciens et des modernes, qui occasionna tant de querelles, a fait un poëme sur la chasse, imprimé en 1692, 17e siècle.

3088. *Person-de-Berainville* (*Pierre-Claude*), 19e siècle. (No 1678.)

3089. *Perthuis* (*de*), ancien officier du génie, membre de plusieurs Sociétés d'agriculture, né en 1768, dans une terre près d'Auxerre. (Nos 281, 1096, 1176, 1294, 1361, 1682, 1909.)

3090. *Petit*, médecin, 18e siècle. (No 1547.)

3091. *Petit-Thouars*, a écrit, en 1802, sur l'impôt foncier. 19e siècle. (No 1535.)

3092. *Peuchet* (*J.*), membre du conseil du commerce au ministère de l'intérieur, l'un des rédacteurs du *Moniteur*, s'est particulièrement occupé de statistique; il a publié plusieurs ouvrages estimés sur cette partie et sur le commerce. (Nos 587, 1780.)

3093. *Peyssonel*, 18e siècle (No 185.)

3094. *Pfeiffer*, 18e siècle. (No 762.)

3095. *Pfluger* (*D.*), Suisse, qui est venu publier à Paris une compilation indigeste. Il a transcrit plusieurs auteurs sans en citer aucun, et s'est approprié leurs dépouilles, 19e siècle. (No 298.)

3096. *Phœmon*. On ignore la patrie et le siècle de cet auteur. On croit que *Démétrius Pépagomène*, médecin de l'empereur Paléologue, qui vivait en 1261, prit le nom de *Phœmon*, pour publier le *Cynosophion*, ou Traité du choix, de l'instruction, des maladies et des remèdes des chiens. Ce traité a paru à Paris en 1612, dans le recueil de *Rigault*, intitulé: *Accipitrariæ rei scriptores*, in-4o. Voyez l'art. *Démétrius*.

3097. *Pibrac* (*Gui-de-Faure, Seigneur de*), 16e siècle. (No 1530.)

3098. *Picard* (*Jean*), prieur de Rillé en Anjou, naquit à la Flèche. Il fut de l'académie des sciences; il mourut en 1683; il fit des découvertes en astronomie. On lui doit un *Traité du nivellement*, augmenté et publie par *Lahire*. (No 1963.)

3099. *Pichon* (*Thomas-Jean, abbé*), né au Mans en 1731. (No 720.)

3100. *Pictet* (*Charles*), de Genève, l'un des rédarteurs de la *Bibliothèque britannique*. (Nos 698, 1621, 1921.)

3101. *Pictet-Mallet*, parent du précédent. Tous deux ont publié des ouvrages utiles. (No 1871.)

3102. *Pictor* (*Georgius*), 16e siècle. (No 1527.)

3103. *Pierre* (*Antoine*), natif de Rieux, licencié ès droit, vivait à Poitiers en 1544 et 1545, époque à laquelle parut, dans cette ville, sa traduction des *Géoponiques*, collection imprimée pour la première fois à Bâle en 1538, dans la langue latine, et publièe par *Cornarius* qui avait fait cette traduction sur le manuscrit grec. C'est sur la version latine de *Cornarius* que *Pierre* fit sa traduction française. (Voyez *Géoponiques*.)

L'ouvrage indiqué sous le N° 194, est un autre titre de la même traduction. (Nos 194, 727.)

3104. *Piet* (*Beaudouin-Vander*), né à Gand en 1546, mourut à Douai en 1609; avait une profonde érudition. Il a fait un traité intitulé : *De fructibus*.

3105. *Pingeron* (*J. C.*), né à Lyon en 1720, mort à Versailles en 1795; a publié quelques opuscules relatifs à l'agriculture, et des traductions d'ouvrages italiens et anglais. Tels sont le *Poëme sur les abeilles*, de *Ruccelai*, 1770, *in-8°*, et le *Voyage de Marshal dans le nord de l'Europe*, 1776, *in-8°*. (Nos 1, 1841.)

3106. *Pinglin*, 19e siècle. (N° 49.)

3107. *Planazu* (*Rey de*), membre de la Société physique et économique de Zurich; est mort au commencement de ce siècle. (Nos 1479, 1988, 1997.)

3108. *Pleucis* (*Marc-Ant.*), 18e siècle. (N° 1388.)

3109. *Pline* l'ancien (*C. Plinius Secundus*), né à Vérone, eut la confiance des empereurs Vespasien et Titus; il mourut en 79, en s'approchant de trop près du Vésuve. Il ne nous reste de ses nombreux ouvrages que son *Histoire naturelle*, en 37 livres. L'édition de Barbou 1779, par l'abbé *Brottier*, en 6 vol. *in-12*, est une des meilleures. *Poinsinet-de-Sivry* l'a traduite en 12 vol. Mais cette traduction n'a point fait oublier celle imprimée à Lyon en 2 vol. *in-fol*, 1566, et à Paris en 1608. Elle est d'*Antoine Dupinet*, né à Besançon dans le 16e siècle. Quoiqu'il y ait beaucoup de fautes, on la consulte encore aujourd'hui à cause des recherches du traducteur et des notes marginales qu'il y a mises.

L'ouvrage de *Pline* est le plus beau monument sur l'histoire naturelle qui soit parvenu jusqu'à nous. Les Grecs n'ont rien qui puisse lui être comparé, et *Aristote* même qui, selon l'expression de *Montaigne, a tout remué*, n'approche pas de l'abondance du naturaliste romain. Le travail immense de *Pline* est le résultat de plus de deux mille volumes, dont les extraits, conservés par cet auteur, sont des restes échappés aux ravages du tems. A ce résultat précieux qui nous instruit de beaucoup de découvertes dans les arts, sur lesquels nous n'aurions aucun renseignement sans *Pline*, se joint une multitude d'observations de cet auteur savant, de remarques importantes et de réflexions ingénieuses.

L'ordre le plus méthodique règne dans ce bel ouvrage. C'est le 18e livre que *Pline* a consacré à l'agriculture. Il commence par rapporter les opinions des anciens sur cet art, aux progrès duquel ils ont contribué par leurs travaux ou leurs conseils, et tâche d'inspirer le même goût à ses lecteurs. Rechercher ensuite avec soin les inventions anciennes et modernes qui y ont rapport, la cause de chaque pratique, et expliquer en quoi elle consiste, parler des astres et de leur influence; telle est, en peu de mots, l'idée qu'on peut se former du plan que *Pline* s'est tracé.

Les objets dont il s'occupe dans les détails, sont les espèces de grains, leur choix, les maladies des blés, les qualités des terres qui conviennent aux différentes espèces de grains, les labours, les cultures, les engrais, les semences, les travaux de chaque saison, etc. (Nos 767, 1545, 1546.)

3110. *Plinguet*, ingénieur du duc d'Orléans, écrivait sur les forêts en 1789. (N° 2002.)

3111. *Pochet*, 18e siècle. (N° 197.)

3112. *Poëderlé* (*l'aîné*), en 1772 et 1779, il écrivait sur les arbres. (N° 997.)

3113. *Poinsinet-de-Sivry*, né à Versailles en 1733, mort en 1804; a traduit l'histoire naturelle de Pline. (N° 767, 1546.)

3114. *Poinçot* (*P.-G.*), de la Société d'agriculture de Lausanne; a écrit, en 1804 et 1805, sur le jardinage et l'agriculture. (Nos 50, 51.)

3115. *Poiret*, collaborateur du *Cours d'Agriculture pratique*, en 6 vol. *in*-8°, 19e siècle. (N° 293.)

3116. *Poivre* (*Pierre*), né à Lyon en 1715, intendant des îles de France et de Bourbon. Cet homme utile consacra sa vie aux arts et à l'agriculture. Mort à Lyon en 1786. (N° 2047.)

3117. *Pommereuil* (*François-René-Jean de*), né à Fougères, département d'Ille-et-Vilaine, en 1745; successivement capitaine d'artillerie, officier général au service de Naples, membre de plusieurs Sociétés savantes, préfet d'Indre-et-Loire, et aujourd'hui préfet du Nord, général de division. (Nos 243, 455.)

3118. *Poncelet* (*Polycarpe*), récolet; a écrit sur la farine en 1776, et sur le froment en 1779. (Nos 771, 1130.)

3119. *Poncelin de la Roche-Tillac*), docteur en droit, chanoine à Montreuil-Bellai en Anjou; né à Dissais en 1746. A écrit, en 1781, sur les forêts. (N° 1511.)

3120. *Pons* (*Jacques*), Lyonnais, docteur-médecin; a publié, en 1584, un *Traité des melons*, contenant *la nature et usage d'iceux, avec les commodités et incommodités qui en proviennent.* Quoique ce titre diffère de celui auquel on renvoie, c'est le même ouvrage. (N° 1773.)

3121. *Ponsart*, 17e siècle. (N° 1890.)

3122. *Pontchâteau* (*Sébastien-Joseph du Cambout, baron de*), né en 1634, mort en 1699; entra à Port-Royal, où il exerça l'office de jardinier. En 1652, on publia à Paris, sous le nom de *Legendre*, en un vol. *in*-12, *La manière de cultiver les arbres fruitiers*, ouvrage que nous croyons être de M. de *Pontchâteau*. (Nos 105, 978, 1455, 2726.)

3123. *Ponteau*, 18e siècle. (No 548.)

3124. *Pontédera* (*Julien*), né à Pise, au commencement du dernier siècle, a fait un ouvrage intitutulé : *De florum naturâ*, 1720, *in*-4o. L'auteur était professeur de botanique à Padoue.

3125. *Porta* (*J.-B.*), gentilhomme napolitain, mourut en 1515. Il était savant pour son siècle. (Nos 321, 2035.)

3126. *Paulet*, 19e siècle. (No 828.)

3127. *Poyféré-de-Céré*, 19e siècle. (Nos 1093, 1434.)

3128. *Poyla*, 19e siècle. (No 605.)

3129. *Préaudeau-Chemilly* (*Eugène*), cultivateur à Bourneville, près de Laferté-Milon, district de Crépi, département de l'Oise, membre de la Société d'agriculture, 19e siècle. (Nos 404, 668.)

3130. *Préfontaine*, 18e siècle. (No 973.)

3131. *Préseau-de-Dampierre*, 18e siècle. (No 1889.)

3132. *Prévost* (*Bénédict*), 19e siècle. (No 1099.)

3133. *Prioux*, 18e siècle. (No 1324.)

3134. *Prigaud*, 18e siècle. (No 1031.)

3135. *Prozet*, pharmacien, 18e siècle. (No 1191.)

3136. *Prudent*, capucin, 18e siècle. (Nos 2074, 2577.)

3137. *Purchas* (*Samuel*), 17e siècle. (No 1832.)

3138. *Puisieux* (*Philippe-Florent*), avocat au parlement de Paris, né à Meaux en 1713, mort en 1772 ; a traduit de l'anglais, l'ouvrage de *Bradley* sur le jardinage, 1756. (Nos 210, 1406.)

# Q.

3139. *Quatremère-d'Isjonval* a été adjudant-général et chef de l'état-major de l'expédition du Simplon, a écrit un calendrier aréanologique, fait d'après des observations sur le rapport entre les variations de l'atmosphère et le travail ou le repos des araignées, 18e siècle. (No 923.)

3140. *Querbrat-Calloet*, 17e siècle. (Nos 16, 1329.)

3141. *Querlon* (*Anne-Gabriel Meusnier de*), né à Nantes en 1702, mort en 1780, a beaucoup écrit, analysé, compilé, etc. Il avait du goût et des connaissances. Il a eu part à la traduction de Pline par *Poinsinet*. (Nos 767, 906, 1755.)

3142. *Quesnay* (*François*), premier médecin du roi, né, en 1694 au village d'Ecquevilli, d'un cultivateur, s'occupa jusqu'à 16 ans des travaux de la campagne. Il apprit ensuite à lire, écrire, acquit beaucoup de connaissances. Il parvint à l'académie des sciences. Son ancien goût pour l'économie rurale se réveilla à la fin de sa vie, et il fut regardé comme le patriarche de la secte des économistes. Il a publié quelques ouvrages sur la science économique, et des articles dans l'*Encyclopédie* sur la même matière. Voyez l'article *Economistes*, troisième partie.

3143. *Quesnay*, fils du précédent, écrivait en 1759 sur l'administration des terres. (Nos 595, 1522.)

3144. *Quiqueran de Beaujeu*, d'une ancienne famille de Provence, mourut en 1550 à 24 ans. Il avait été nommé évêque de Sénez à 18. On a de lui un poëme latin, *de Laudibus provinciæ*, qui se trouve dans le Recueil des ouvrages de l'auteur, publié à Paris, 1551, in-folio.

Il y a une dame *de Barras*, née *Quiqueran de Beaujeu*, qui, en l'an VII, publia un *Mémoire* sur les abeilles. (Nos 1125, 1520.)

# R.

3145. *Rabaud-Saint-Etienne*, né à Nimes, décapité à Paris en 1793, à 50 ans, pour avoir dit que la convention n'avait pas le droit de juger Louis XVI. (No 713.)

3146. *Rampillon*, 19e siècle. (No 470.)

3147. 1. *Rapin* (*Nicolas*), né à Fontenai-le-Comte en 1535, fit ses études avec Scévole et Louis de Sainte-Marthe. Avocat au parlement de Paris, il était maire de Fontenai en 1570, lorsque les huguenots prirent cette ville. Il acheta la charge de prévôt des maréchaux de France, et mourut en 1608. Trois heures avant de mourir il fit de beaux vers latins. Il écrivait mieux dans cette langue que dans la sienne. (No 1533.)

3148. 2. *Rapin* (*René*), jésuite, né à Tours en 1621, mort à Paris en 1687. Son poëme latin des Jardins, traduit peu fidèlement, en 1772, par *Gazon d'Ourigné*, l'a été de nouveau en 1782, in-8e. Cette seconde traduction est préférable à l'autre. L'édition latine, publiée à Paris en 1780, par le P. *Brottier*, renferme des additions, des notes instructives, et la dissertation du P. *Rapin*, *de Disciplinâ hortensis culturæ*. (Nos 887, 888, 1730.)

3149. *Rast-Maupas*, 19e siècle. (No 1417.)

3150. *Rauch* (*F. A.*), ingénieur des ponts et chaussées, a publié en 1802 un ouvrage sur les forêts. (No 746.)

3151. *Raulin* (*Joseph*), médecin du roi, membre de plusieurs académies, mourut à Paris, en 1784, à 76 ans; il était né près d'Auch en 1708. A fait beaucoup d'ouvrages relatifs à la médecine, et un intitulé : *Examen de la houille comme engrais*, 1775, in-12. (Nos 666, 1413.)

3152. *Ravasinis* (*Thomas*), né à Parme, 18e siècle. (No 1655.)

3153. *Re* (*Philippe*), bibliographe italien, 19e siècle. (Nos 188, 930, 1231.)

3154. *Réaumur* (*René-Antoine Ferchault, sieur de*), né à La Rochelle en 1683, de l'académie des sciences, etc. Ce savant naturaliste mourut dans le Maine en 1757, des suites d'une chute. (Nos 148, 777, 1560.)

3155. *Regnier*, correspondant de la société royale d'agriculture, et membre de plusieurs académies. (No 897.)

3156. *Renaud de Baccara*, 19e siècle. (No 1206.)

3157. *Renault*, 19e siècle. (No 1108.)

3158. *Ressons* (*Jean-Baptiste Deschiens de*), né à Châlons, mort en 1736, était lieutenant-général de l'artillerie, membre de l'académie des sciences. Il réunit au goût des armes celui de l'étude, et se distingua dans l'une et l'autre carrière. (No 981.)

3159. *Retz de Rochefort*, médecin ordinaire du roi, ancien médecin de la marine royale, de plusieurs sociétés savantes, écrivait en 1778 sa *Météorologie* appliquée à l'agriculture. Cet ouvrage, couronné par l'académie de Bruxelles, a eu plusieurs éditions. (No 1301.)

3160. *Reuschius* (*Ehrard*), 18e siècle. (No 749.)

3161 *Reynier* (*Jean-François*), docteur-médecin à Lausanne, était de l'académie de Montpellier et de celle de Gottingue. Il écrivait sur une maladie des bestiaux en 1776. Il a eu part à la rédaction des articles d'agriculture dans l'*Encyclopédie méthodique*. (No 966.)

3162. *Reynier*, 19e siècle. (No. 274.)

3163. *Rhinvilliers*, 18e siècle. (No 1113.)

3164. *Ribeaucourt*, 18e siècle. (No 1243.)

3165. *Ribeiron*, prêtre surnommé *l'Ermite*, 17e siècle. (No 266.)

3166. *Riboud* (*Thomas*), procureur du roi au bailliage de Bresse, membre de plusieurs sociétés savantes, membre de l'institut, a écrit en 1796 sur les moyens d'utiliser les eaux pour l'agriculture, etc. (Nos 389, 690, 1473.)

3167. *Richard*, maitre particulier des eaux et forêts, 19e siècle. (No 1013.)

3168. *Richard de Hautesierck* (*François-Marie-Claude*), chevalier de l'ordre de St-Michel, premier médecin des armées du roi, professeur de botanique à l'école de médecine de Paris; de plusieurs sociétés savantes, etc., a coopéré à la rédaction de l'*Annuaire du Cultivateur*. (No 80.)

3169. *Richier de Belleval* (*Pierre*), né à Châlons-sur-Marne en 1558, fut le restaurateur de la botanique en France. C'est à lui qu'on doit la fondation du Jardin des Plantes à Montpellier, antérieur à celui de Paris, et le premier qu'on ait vu en France. Il mourut en 1632 à 74 ans. (N° 1494.)

3170. *Ridinger* (*J.-E.*), 18e siècle. (N° 391.)

3171. *Riem*, 18e siècle. (N° 575.)

3172. *Rigaud*, 18e siècle. (N° 1072.)

3173. *Rigaud de l'Isle*, de Crest en Dauphiné, écrivait en 1769 sur la culture du sainfoin. (N° 1109.)

3174. *Rigault* (*Nicolas*), né à Paris en 1577, mourut à Toul en 1654, a fait des notes et des corrections sur les écrivains *de re Agraria*, Amsterdam, 1674, in-4°. (Nos 730, 1718.)

3175. *Riquier* (*Jum.*), 18e siècle. (N° 1853.)

3176. *Ritter*, 18e siècle. (N° 1821.)

3177. *Rivarol* (*Antoine*), né en 1757, mort en 1797, débuta à Paris sous le nom de Parcieux, qu'on le força de quitter sans qu'on en sache la raison. Beaucoup d'esprit, beaucoup de paresse, de la méchanceté, une forte dose de vanité, tels sont les traits sous lesquels on s'accorde généralement à peindre cet écrivain, dont le style est tantôt brillant et tantôt amphigourique. Sa veuve, Mme *Louise Materflint*, a traduit de l'anglais un ouvrage sur l'agriculture, dont le titre n'est pas connu de nous. (N° 947.)

3178. *Rizhaub*, 18e siècle. (N° 199.)

3179. *Roard* (*J.-L.*), directeur des teintures des manufactures impériales, a écrit sur la culture de la vigne et sur l'œnologie, en 1805. (N° 11.)

3180. *Robert*, 18e siècle. (N° 1443.)

3181. *Robichon de la Guérinière*, 18e siècle. (N° 539.)

3182. *Robin*, cultivateur, 19e siècle. (N° 1419.)

3183. *Robinet* (*Joseph*), artiste vétérinaire, a écrit en 1779 et 1789 sur les maladies des chevaux et celles des bêtes à cornes. (Nos 427, 455, 1007.)

3184. *Roch* (*Barthélemy*), 18e siècle. (N° 1111.)

3185. *Rohr* (*J. P. B. de*), inspecteur de l'agriculture dans l'île Ste-Croix, Danois, 18e siècle. (N° 1444.)

3186. *Roland de la Platière*, né à Villefranche, se tua en 1793 près du bourg de Baudoin, à 4 lieues de Rouen (moins pour éviter de mourir sur un échafaud, que dans la crainte de compromettre des amis qui voulaient le cacher). Il a fait des mémoires sur l'éducation des troupeaux et la culture des laines, 1779 et 1783, in-4°. (Nos 141, 1128.)

3187. *Romieu*, 18e siècle. (N° 1142.)

3188. *Romme* ( *G.* ), 18e et 19e siècles. ( Nos 79, 80. )

3189. *Rondella* ( *Prosper* ), 17e siècle. ( No 419. )

3190. *Rose* ( *Louis* ), ancien échevin de Béthune, de l'académie d'Arras, né en Artois, mort à Lille en 1776. ( Nos 193, 741. )

3191. *Rose* ( *Jean* ), jésuite. ( No 1547. )

3192. *Rosny* ( *N.* ), 18e siècle. ( No 1508. )

3193. *Rosny* ( *A. J.* ), homme de lettres, né à Paris en 1771. ( No 192. )

3194. *Rosset* ( *Pierre Fulcran de* ), conseiller à la cour des aides de Montpellier sa patrie, est auteur d'un poëme sur l'*agriculture*, en deux parties in-4o. M. *de Rosset* est mort en 1788, à Paris. Son but a été de mettre en vers toutes les opérations champêtres. ( No 21. )

3195. *Rossiamatis de Savillan* ( *Joseph* ), 19e siècle. ( No 1254. )

3196. *Rossignol*, 18e siècle. ( No 886. )

3197. *Roubaud*, ou *Roubeau*, professeur d'économie politique et de législation aux écoles centrales, coopéra à la rédaction de la *Gazette d'Agriculture, du Commerce, etc.*, et au *Journal d'Agriculture*, 18e et 19e siècles. ( Nos 900, 1671. )

3198. *Roubo*, maître menuisier et architecte, mort à la fin du 18e siècle, a publié plusieurs ouvrages sur la menuiserie, et entre autres, en 1775, in-folio, sur celle des jardins ou l'art du treillageur. ( No 143. )

3199. *Rougier de la Bergerie*, né à Bonneuil, département de la Vienne, en 1758, proprietaire de Bleneau, membre du conseil d'agriculture et de plusieurs sociétés savantes, aujourd'hui préfet du département de l'Yonne, a rendu, par ses ouvrages et ses travaux, des services aux cultivateurs. ( Nos 591, 731, 1068, 1120, 1179, 1447, 1645, 1668, 1850. )

3200. *Roulhac de Cluzaud*, procureur du roi au bureau des finances de la généralité de Limoges, associé honoraire de la société royale d'agriculture, publia en 1779 sa traduction de Vanière. (No 1837.)

3201. *Roussel*, médecin de l'armée d'Italie, 19e siècle. ( No 1829. )

3202. *Roussel de la Cour*, conseiller au parlement de Paris, maître en la chambre des comptes de Dijon, 18e siècle. ( No 1706. )

3203. *Roux* ( *Augustin* ), né en 1726, mort en 1776, membre de la société royale d'agriculture, etc. ( Nos 1869, 1973. )

3204. *Rozier* ( *François* ), né à Lyon en 1734, fut tué le 29 septembre 1793, pendant le siége de cette ville, dans son lit, par une bombe qui enfouit les lambeaux de son corps dans les débris de l'appartement qu'il occupait. Il commença par travailler au *Journal de Physique et d'Histoire naturelle*, que rédigeait *Gauthier Dagoty*. Ce Journal le fit connaître et lui donna plus d'aisance. Il s'occupa alors d'un corps complet de doctrine rurale, qu'il publia sous le titre de *Cours d'Agriculture*.

Nous allons rapporter un passage d'*Arthur Young*, relatif à l'abbé *Rozier*, et nous terminerons par quelques réflexions (1).

« Sachant que M. l'abbé *Rozier*, le célèbre éditeur du *Journal* » *de Physique*, qui publie maintenant un dictionnaire d'agricul- » ture fort renommé en France, demeurait près de Béziers, où il » cultivait des terres, je m'informai à l'auberge de l'endroit de sa » résidence. On me dit qu'il y avait deux ans (c'était au mois de » juillet qu'*Arthur Young* se trouvait à Béziers) qu'il avait quitté » cette ville; mais qu'on pouvait voir sa maison de la rue, et en » conséquence on me montra une espèce de carré ouvert du côté » de la campagne, en ajoutant que ce terrain appartenait mainte- » nant à M. l'abbé *de Rieuse*, qui avait acheté le bien de l'abbé. » Voir la ferme d'un homme célèbre par ses écrits, était pour » moi un objet intéressant; au moins c'était propre à me faire » mieux entendre, en lisant son ouvrage, les allusions qu'il pou- » vait faire au sol, à la situation et aux autres circonstances. Je » fus fâché de voir à la table d'hôte, qu'on jetait beaucoup de ri- » dicule sur l'agriculture de l'abbé *Rozier*, en disant qu'il avait » beaucoup de fantaisies, mais rien de solide. Ils traitaient parti- » culièrement d'absurde son idée de paver ses vignobles. Une pa- » reille expérience me parut remarquable, et je fus bien aise de » l'apprendre afin de voir ces vignobles pavés. L'abbé a ici, » comme cultivateur, le caractère que tout homme qui s'écarte » de la pratique de ses voisins est sûr d'avoir: car il n'est pas dans » la nature des paysans de croire qu'il puisse venir parmi eux des » gens assez présomptueux pour penser pour eux-mêmes. Je » demandai pourquoi *Rozier* avait laissé le pays, et on me ra- » conta une anecdote curieuse de l'évêque de Béziers, qui fit un » chemin à travers la ferme de l'abbé, aux dépens de la province, » pour conduire à la maison de sa maitresse; ce qui avait occa- » sionné une telle querelle, que M. l'abbé *Rozier* n'avait pu res- » ter plus long-tems dans le pays. Voilà un petit trait caractéris- » tique du gouvernement: un homme est forcé de vendre son » bien et de quitter la province, parce qu'il plait à des évêques » de faire l'amour aux femmes de leurs voisins (2). M. *de Rieuse* » me reçut très-poliment et répondit autant qu'il lui fut possible » aux questions que je lui fis, car il ne connaissait guère plus de » l'agriculture de l'abbé, que ce que le bruit commun et la fer- » me elle-même lui en avaient appris. Quant aux vignobles pavés, » cela était faux. Il faut que ce bruit ait pris naissance d'un vi- » gnoble de raisin de Bourgogne, que l'abbé avait planté d'une » nouvelle manière. Il avait courbé les vignes dans un fossé et

(1) Voyages en France pendant les années 1787, 88, 89 et 90, Tome I, page 111.

(2) *Young* ajoute quelques réflexions satyriques que nous omettons. D'ailleurs l'anecdote peut être aussi controuvée que celle sur l'abbé *Rozier*, ainsi qu'on le verra plus bas.

» les avait seulement couvertes de cailloux au lieu de terre : cela » avait bien réussi. »

On voit que nul n'est prophète dans son pays, et que les fables les plus invraisemblables s'accréditent dans le lieu même où il est le plus aisé de vérifier leur fausseté, et où elle est le plus palpable. Rien de plus facile à Béziers que de voir si la vigne de *Rozier* était pavée ou non : mais comme une opinion absurde, qui donne du ridicule ou de la singularité, plait davantage, on croirait encore aujourd'hui que *Rozier* pavait ses vignes, s'il n'était venu d'Angleterre un cultivateur qui a voulu vérifier le fait.

*Arthur Young*, dans un autre passage de son livre, maltraite *Rozier*. On lit, page 487, même volume, ces mots :

« Un seigneur voulut parler avec moi d'agriculture, voyant » que j'en faisais grand cas. Il m'assura qu'il avait le Cours com» plet de l'abbé *Rozier*, et qu'il croyait que, selon lui, le pays » (un canton de la Bourgogne) n'était bon que pour du seigle. » Je lui demandai si l'abbé *Rozier* ou lui connaissaient la droite » d'avec la gauche d'une charrue? Il me répondit que c'était un » homme d'un rare mérite, un grand cultivateur. »

En rapportant l'impertinente plaisanterie dont il a l'air de s'applaudir, *Young* ne nous dit pas, si celui qui en était l'objet lui fit la réponse qu'il méritait.

C'est ici le moment de parler du doute exprimé par le voyageur anglais, et partagé par quelques-uns de nos compatriotes.

Pour diminuer le mérite de *Rozier* et de son ouvrage, on a dit qu'il n'avait point réuni la pratique à la théorie, et que pour faire un livre utile sur l'agriculture, il fallait joindre l'une à l'autre. D'abord il est des parties de la culture et de l'économie domestique qu'il a pratiquées et dont il parle par expérience et avec connaissance de cause : ainsi l'assertion qui lui refuse la pratique est au moins exagérée. Ensuite, les autres parties auxquelles on peut le supposer étranger, il les a rédigées sur des mémoires fournis par ceux à qui leur propre expérience donnait l'instruction suffisante ; enfin, il a puisé dans des sources déjà connues, et fait entrer dans son *Cours* des extraits d'ouvrages dont le mérite n'était pas contesté. Certes, on ne pouvait mieux faire, et si l'on exigeait un cultivateur versé également dans les nombreuses parties de l'économie rurale et domestique, sans en excepter les constructions rurales, les maladies des bestiaux, etc., on exigerait l'impossible. Ce ne serait pas le tout encore que de réunir la pratique à la théorie ; il faudrait, pour l'utilité publique, savoir rendre compte de l'une et de l'autre, et se faire lire : autre condition qui rend pareille réunion chimérique. Si l'on fait jamais mieux que *Rozier*, c'est uniquement dans ce que de nouvelles expériences auront appris, et dont il ne pouvait pas plus parler que ses successeurs ne le pourront sur une découverte qu'on fera après eux. (Nos 11, 30, 109, 138, 292, 1014, 1063, 1145, 1189, 1614, 1682, 1899, 2004, 2005, 2051.)

3205. *Rubigny*, 18e siècle. (N° 1418.)

3206. *Ruccellai* (*Jean*), né à Florence en 1475, mourut vers 1526; a fait un poëme sur les abeilles, *in*-8°, 1539. Ce poëme italien a été traduit en 1770. (Nos 1, 1495.)

3207. *Rudbeck* (*O*), 17e siècle. (No 1485.)

3208. *Ruelle* (*Jean*), né à Soissons en 1476, mort en 1537, était chanoine de Paris et médecin de François Ier. Outre l'ouvrage que nous indiquons, il en publia un autre, en 1530, intitulé: *Veterinariæ medicinæ scriptores græci*, *in-fol*. Ces deux ouvrages supposent une vaste érudition. On les recherche encore aujourd'hui. (No 373.)

3209. *Rumfort* (*le comte de*), connu par son zèle philanthropique et des travaux constamment utiles. (Nos 650, 2060.)

3210. *Ruscellius*, 16e siècle. (No 1345.)

3211. *Ryding* (*William*), Anglais, 18e siècle. (No 1513.)

3212. *Rymon* (*Jean*), médecin, 18e siècle. (No 1669.)

# S.

3213. *Sabatier*, de Montpellier, oratorien, 18e siècle. (No. 2072.)

3214. *Saboureux-de-la-Bonnèterie* (*Charles-François*), avocat au parlement; mort en 1781. (Nos 384, 542, 915, 1835.)

3215. *Sachs* (*Philippe-Jacques*), de Levenhain, médecin de Silésie, membre de l'académie des curieux de la nature, a écrit, en 1661, un traité sur la vigne. Son plan est vaste, bien conçu, et l'ouvrage contient des choses extraordinaires et d'autres erronées. Il mourut en 1672 à 44 ans. (No 56.)

3216. *Sachtleben* (*J.-A.*), Allemand, 18e siècle. (No 110.)

3217. *Sacy* (*Claude-Louis-Michel*), censeur royal, de plusieurs académies et sociétés savantes; né à Fécamp en 1746. (No 455.)

3218. *Sage* (*B.-C.*), ci-devant consul royal et apothicaire-major de l'hôtel-royal des Invalides, membre des académies de Paris, de Stockholm, etc., né à Paris en 1750 (suivant d'autres notices, en 1740), membre de l'institut, directeur et fondateur de la première école des mines à la monnaie depuis 1801. (Nos 66, 354.)

3219. *Saint-Amans* (*Jean-Florimond*), professeur d'histoire naturelle à l'école centrale du département de Lot-et-Garonne, membre de plusieurs sociétés littéraires; né à Agen en 1748. (Nos 1643, 1650, 1969.)

3220. *Saint-Auban* (*Guy Pape de*). Ce nom est recommandable aux amis de l'agriculture. *Saint-Auban* était au nombre des croisés, qui, en 1291, furent obligés de se rembarquer 192 ans après que *Godefroy de Bouillon* eut conquis la Palestine. *Saint-Auban* rapporta un *mûrier* qu'il planta près de Montélimart, et qui existe encore. Voyez l'article *Mûrier*, dans la seconde Partie.

3221. *Saint-Aulaire*, 17e siècle. (N° 700.)

3222. *Saint-Blaise* (*Blaise, dit le chevalier de*), né à Remiremont en 1707, membre de l'académie des arcades de Rome.

L'ouvrage sur l'agriculture, qui porte le nom de cet auteur, est de 1788 : s'il est réellement de *Saint-Blaise*, on est fondé à croire qu'il l'avait composé bien avant sa publication. (N° 1848.)

3223. *Saint-Clair*, 19e siècle. (N° 924.)

3224. *Saint-Etienne* (*Claude de*), 17e siècle. (Nos 804, 1390, 1861.) Ce sont des titres différens du même ouvrage.

3225. *Saint-Martin-la-Motte* (*Félix de*), a publié un mémoire sur la culture des rizières dans le Piémont, 19e siècle.

3226. *Saint-Péravi* (*Guermeau de*), né en Beauce, 18e siècle. (Nos 1212, 1867.)

3227. *Saint-Pierre* (*Charles-Irénée Castel* de), connu par ses rêveries politiques. Il contribua à l'établissement de la taille proportionnelle ; mourut à Paris en 1743. (N° 1709.)

3228. *Saint-Simon*, aide-de-camp du Prince de Conti, mort en 1794. (Nos 735, 868.)

3229. *Saint-Yon*, 17e siècle. (N° 556.)

3230. *Salins*, médecin, 18e siècle. (N° 1627.)

3231. *Salme*, 19e siècle. (N° 483.)

3232. *Salnove* (*Robert de*), fut page de Henri IV et de Louis XIII. Il mourut vers 1665. Il est auteur d'un ouvrage sur la chasse. Il fut pendant plus de 35 ans lieutenant de la grande louveterie de France. (N° 2030.)

3233. *Salviat*, écrivait, en 1799, sur la culture du lin, 18e siècle. (N° 1991.)

3234. *Sarcey-de-Sutières*, ancien capitaine au régiment de Bretagne infanterie, et gentilhomme servant du roi, a écrit sur l'agriculture de 1765 à 1768. (Nos 26, 291, 296, 331, 529.)

3235. *Saulnier*, principal du collége de Joigni, 18e siècle. (N° 231.)

3236. *Saunier* (*Jean de*), 18e siècle. (Nos 120, 1512, 1862.)

3237. *Saussay*, jardinier à Anet, 18e siècle. (N° 1935.)

3238. *Saussure* (*Nicolas de*), né en 1709 à Genève ; il fut membre du conseil des 200 de cette ville. Il se livra à l'étude de l'agriculture. Il est père du fameux M. *de Saussure*, à qui l'histoire naturelle et les arts doivent des découvertes précieuses et des instrumens utiles (l'*électromètre*, l'*hygromètre* à cheveux, etc.). Ce dernier est mort en 1800. Tous ses ouvrages offrant des recherches sur la nature, doivent être dans la bibliothèque des cultivateurs qui font succéder la lecture aux travaux de la campagne. Il en est un qui rentre dans leur sphère, c'est celui intitulé : *Recherches sur l'écorce des feuilles*, 1762, *in*-12.

M. *de Saussure*, père de l'auteur du *Voyage dans les Alpes*, est mort en 1790. Il a remporté un prix à la Société économique d'Auch, par un mémoire sur la manière de cultiver les terres. Le recueil de la Société de Berne contient plusieurs de ses mémoires sur l'agriculture. Il y a encore à Genève, ville si féconde en savans modestes et en observateurs de la nature, un fils de M. *Horace Bénédict de Saussure*, le célèbre voyageur ; il marche sur les traces de ses pères.

Voyez les titres des ouvrages de M. *Nicolas de Saussure*, sous les Nos 602, 619, 710, 942, 984, 1588.)

3239. *Saussure* ( *Théodore de* ), fils d'*Horace Bénédict de Saussure*, dont il est parlé dans l'article précédent. ( N° 1657. )

3240. *Sautel*, jésuite, 17e siècle. ( N° 1547. )

3241. *Sauvages*, 18e siècle. ( Nos 1134, 1139, 1220. )

3242. *Sauvages* ( ... *Boissier de* ), abbé à Nimes ; a écrit, en 1763, sur les mûriers.

3243. *Sauvegrain*, 19e siècle. ( N° 276. )

3244. *Savary* ( *Jacques* ), né à Caen en 1607, mort en 1670 ; a fait trois poëmes latins que le célèbre *Huet* l'engagea à publier, et qui sont devenus très-rares : 1° *Sur la chasse du lièvre*, 1655, *in*-12. 2° Sur celle du *Renard et de la Fouine*, 1658, *in*-12. 3° Sur celle du *Cerf*, etc., 1659, *in*-12.

3245. *Scévole* ( *D. L. J. R.* ), propriétaire et cultivateur à Argenton, département de l'Indre, a écrit, en 1805, sur l'agriculture. ( N° 1677. )

3246. *Schabol* ( *Jean-Roger* ), diacre, qui s'occupa toute sa vie de jardinage. Il était fils d'un sculpteur. Il mourut en 1768, âgé de 77 ans. Ses ouvrages sont estimés ; mais il manque à l'auteur le talent de bien écrire. Il rachète ce défaut par des préceptes utiles, résultat de l'expérience. Il n'écrivait pas sur le jardinage avec les livres des autres, mais d'après une pratique constante. ( Nos 433, 570, 1015, 1470, 1482, 1564, 1825. )

3247. *Scheuchzerus* ( *Joh.* ), 18e siècle. ( N° 1753. )

3248. *Schirach* ( *Adam Gottlob* ), pasteur à Klein-Bautzen, dans la Haute-Lusace en Saxe, a le premier découvert que les abeilles ouvrières, ayant perdu leur reine, ont la faculté de s'en procurer d'autres en donnant une nourriture particulière à des larves qui, dans le principe, n'étaient destinées qu'à devenir des abeilles ouvrières. ( N° 1830. )

3249. *Schmid* ( *Albert* ), 16e siècle. ( N° 751. )

3250. *Schoockius* (*Mart.*), 17e siècle. (N° 1833.)

3251. *Schroenius* (*Wolf-Adol.*), savant du 18e siècle. D'après les désirs du duc de Saxe-Weimar, il rédigea sur l'agriculture un volume qui fut mis au nombre des livres classiques du duché de Weimar, et mériterait de l'être partout. (N° 1803.)

3252. *Scoockius* (*Martinus*), 17e siècle. (N° 1044.)

3253. *Scoff* (*baron de*), capitaine de dragons à la suite des troupes légères; écrivait, en 1775, sur les communaux. (N° 590.)

3254. *Schwarz*, interprète juré au Châtelet, 18e siècle. (N° 739.)

3255. *Secondat de Montesquieu*, fils du célèbre auteur de l'*Esprit des lois*, est mort en 1796, âgé de 79 ans. Il s'occupa d'histoire naturelle et d'agriculture. Il a fait l'*Histoire naturelle du chêne*, 1785, *in-fol.* Il a mis dans cet ouvrage des notes sur les différentes espèces de raisins cultivés aux environs de Bordeaux. Plein de vénération pour la mémoire de son père, il n'a jamais voulu porter le nom qu'il avait illustré. Il a religieusement conservé au château de la Brède les meubles et la bibliothèque dans l'ordre où Montesquieu les avait mis. (N° 1283.)

3256. *Ségauld*, 18e siècle. (N° 267.)

3257. *Segrais* (*Jean-Regnault de*), né à Caen en 1624, mort en 1701; de l'académie française. Il a traduit en vers français les Géorgiques de Virgile : traduction à laquelle celle de *Delille* a fait le plus grand tort. (N° 729.)

3258. *Seguin* (*Etienne*), 18e siècle. (N° 946.)

3259. *Séguret* (*F.-L.*), directeur des contributions directes du département de Vaucluse; a écrit sur le cadastre en 1802. (N° 204.)

3260. *Selebran*, 18e siècle. (Nos 466, 1073.)

3261. *Selincourt* (*Jacques Épée de*), 17e siècle. (N° 1505.)

3262. *Senebier* (*Jean*), né à Genève en mai 1742, membre de plusieurs Sociétés savantes; cet auteur modeste et savant a fait un grand nombre d'ouvrages utiles. Il était associé-correspondant de l'institut de France. Il est mort en 1809. (N° 1278.)

3263. *Serain* (*Pierre-Eutrope*), chirurgien au château de Canon en Normandie, né à Saintes en 1748, correspondant de la Société libre d'agriculture du département du Rhône; a écrit, en 1802, sur les abeilles. (N° 825.)

3264. *Serres* (*Olivier de*), seigneur de Pradel en Languedoc, dédia à Henri IV, en 1606, son *Théâtre d'agriculture*. C'était le livre le plus complet qui eut paru sur ce sujet. L'auteur le divise en huit *lieux*. 1° Observations pour connaître le terrain qu'on veut acquérir, sur la manière de se loger et de bien conduire son ménage.

2° Instruction sur la manière dont la terre doit être cultivée, afin d'avoir toutes sortes de blés et de légumes.

3° Manière de planter, de cultiver la vigne, de faire le vin et les autres boissons.

4° L'homme retirant du bétail tout ce qui lui est nécessaire pour se vêtir et s'habiller ; l'auteur s'occupe des bestiaux, des prés, des pâturages, des manières d'élever toutes sortes de quadrupèdes.

5° Le poulailler, le pigeonnier, la garenne, le parc, les étangs, les ruches, sont le sujet du cinquième lieu ; ainsi que les vers à soie, la culture du mûrier, et l'utilité qu'on peut retirer de l'écorce des arbres en l'employant à faire des cordages et des toiles pour le service de la maison,

6° Le jardin, sa culture, son embellissement, le verger, sont traités dans ce livre. Il y est pareillement question du safran, du lin et du chanvre.

7° L'eau et le bois font le sujet de ce livre.

8° Le huitième et dernier est consacré à tout ce qui intéresse l'économie domestique, tels que les moyens de conserver les fruits, les distillations, le traitement des bestiaux, etc. Cet ouvrage est terminé par les amusemens du père de famille, tels que la chasse et les différentes manières de se livrer à cet exercice. Ce célèbre agronome, qu'on peut appeler le père de l'agriculture française, était né en 1539. Il fut chargé par Henri IV de faire une plantation de mûriers blancs dans le jardin des Tuileries. On lui doit la culture de cet arbre. Il mourut, en 1619, à 80 ans, laissant une mémoire honorée et des ouvrages utiles. (Nos 304, 1494, 1760, 1816, 1817.)

3265. *Serres*, de la Roche des Arnauds, a écrit, en 1805, sur les jachères. (N° 1167.)

3266. *Servières* (*B. de*), 18e siècle. (N° 822.)

3267. *Serviez*, général et préfet, 19e siècle. (N° 1088.)

3268. *Sesseval*, maître des eaux et forêts de Clermont en Beauvoisis ; a écrit, en 1779, sur les forêts. Voyez *Pannelier*. (N° 667.)

3269. *Siauve* (*Etienne-Marie*), a écrit, en 1804, sur diverses constructions économiques.

3270. *Sickler* (*F.-Ch.-L.*), 19e siècle. (N° 1778.)

3271. *Siégel*, 18e siècle. (N° 393.)

3272. *Sieuve*, 18e siècle. (Nos 1067, 1227, 1281, 1305, 1401, 1456.)

3273. *Simon* 18e siècle. (Nos 267, 1327.)

3274. *Simon* (*J.*), 18e siècle. (N° 1733.)

3275. *Simond cadet*, d'Yverdun en Suisse. (N° 387.)

3276. *Simonde*, (*J.-C.-L.*), de Genève, du conseil de commerce, arts, etc, du Léman : membre de l'académie royale des géorgophiles de Florence, et de la Société d'agriculture de Genève, 19e siècle. (N° 1808.)

3277. *Sinclair* (*John*), Anglais, 18e siècle. (No 1591.)

3278. *Sinety* (*André-Louis-Esprit*), membre de l'academ. de Marseille, du conseil d'agriculture, arts et commerce du département des Bouches-du-Rhône, etc., 19e siècle. (No 24.)

3279. *Sionest*, 19e siècle. (No 1240.)

3280. *Soleysel* (*Jacques Labessée de*), gentilhomme du Forez et célèbre écuyer, né en 1617 dans une de ses terres, nommée *Le Clapier*, près de Saint-Etienne; fit à Lyon ses premières études. Un goût décidé pour le manége l'entraina à acquérir des connaissances analogues, et à former une académie d'équitation qui eut beaucoup de vogue. Il a retouché, augmenté et amélioré la méthode de dresser les chevaux, par le duc de Newcastle; (voyez *Cavendish.*) *Soleysel*, à ces talens, réunissait beaucoup d'instruction et une grande réputation de probité. Il mourut le 31 janvier, en 1680, à l'âge de 63 ans. (Nos 1042, 1510.)

3281. *Sommerville*, lord anglais, 18e siècle. (No 951.)

3282. *Sonnini de Manoncourt* (*Charles-Sigisbert*), né à Lunéville, département de la Meurthe, en 1751, ancien officier de marine et correspondant du cabinet du roi, membre de plusieurs sociétés savantes; a publié un grand nombre d'ouvrages importans sur l'histoire naturelle et l'agriculture, parmi lesquels il faut distinguer sa belle édition de Buffon, le Dictionnaire d'histoire naturelle, dont il fut le principal collaborateur, etc. Il a visité l'Egypte, la Grèce et l'Amérique méridionale; on possède déjà la narration de ses voyages dans les deux premières contrées, et l'on attend avec impaticnce celle qui doit avoir pour objet la partie la moins connue du Nouveau-Monde, dans laquelle il a rendu des services importans pour la colonie de la Guiane et pour la métropole; c'est à ses travaux qu'est due la communication par eau, inutilement tentée avant lui, à travers les immenses savonnes noyées de Cayenne à la montagne *la Gabrielle*, où prospèrent aujourd'hui les épiceries des Moluques. Ce savant se distingue par son style où règnent cette élégance, cette chaleur et cet intérêt qui caractérisent les bons écrivains du 18e siècle. (Nos 309, 1005, 1118, 1780, 1855, 2010.)

3283. *Soulès*, 18 et 19e siècles. (No 2045.)

3284. *Soumille*, était du Languedoc; il est mort en 1780. C'était un grand calculateur. (No 396.)

3285. *Stanislas*, roi de Pologne, né en 1677, mort en 1766 des plaies que lui fit le feu qui avait pris à sa robe-de-chambre; prince aussi célèbre par ses talens littéraires, son esprit, ses malheurs, que par ses vertus; du petit nombre de souverains qui voulurent faire le bonheur de leurs sujets. Il fut deux fois détrôné. (No 1404.)

3286. *Stengeline*, 17e siècle. (No 781.)

3287. *Strosse*, 17e siècle. (No 463.)

3288. *Swammerdam* (*Jean*). Ce célèbre et savant médecin d'Amsterdam vivait dans le 17ᵉ siècle. Les ouvrages qu'il publia firent faire beaucoup de progrès à la médecine et à l'histoire naturelle des insectes. (N° 896.)

3289. *Sylvestre* (*A.-F.*), membre du conseil des arts et du commerce du département de la Seine, chef du bureau d'agriculture au ministère de l'intérieur, secrétaire de la Société d'agriculture de Paris, membre de plusieurs Sociétés savantes. (Nᵒˢ 639, 1361, 1454, 1654.)

# T.

3290. *Tabourot* (*Jean*), chanoine de Langres, mort en 1595; a publié, sous le nom de *Thoinot-Arbeau*, un *Calendrier des bergers*, *in-8°*, 1588.

3291. *Tacquet* (*Jean*), 17ᵉ siècle. (N° 745.)

3292. *Tarboichier* (*Pierre*), 18ᵉ siècle. (N° 1604.)

3293. *Tardif* (*J.-Guillaume*), né au Puy en Vélai, *liseur de* Charles VIII, vivait dans le 15ᵉ siècle. Il a fait un *Traité de la chasse*. Il était professeur d'éloquence au collége de Navarre. A la mort de M. *Gaignat*, on a vendu un manuscrit sur vélin avec miniature, intitulé : *Divers traités de l'art de vénerie et de fauleonnerie, extraits de divers auteurs, et translatés de latin en français, par Jean-Guillaume Tardif, en* 1487. Ce manuscrit fut imprimé, en 1567, à Poitiers, avec un Traité, de *Jean de Franchières*, sur la chasse. (Nᵒˢ 963, 1911.)

3294. *Tatham* (*William*), Anglais, a fait un ouvrage excellent sur l'irrigation. Son livre a été copié, comme celui de *Gilbert*, par des auteurs qui n'ont point cité ceux qu'ils copiaient. Le traité de *Tatham*, quoique particulièrement consacré à l'Angleterre, renferme beaucoup de préceptes qui conviennent à plusieurs pays. (N° 1971.)

3295. *Tatin*, 19ᵉ siècle. (N° 228.)

3296. *Terrier-du-Cleron*, 18ᵉ siècle. (N° 1602.)

3297. *Tessier* (*Henri-Alexandre*), professeur d'agriculture et de commerce aux écoles centrales, membre de l'institut national, docteur-régent de la faculté de médecine de Paris, de l'académie des sciences, de la Société d'agriculture de Paris, censeur royal, de l'académie de Lyon, membre de la Société philomathique, membre du conseil des arts et du commerce de la Seine, membre de la légion d'honneur, etc.

M. *Tessier* a publié un grand nombre d'ouvrages utiles sur l'agriculture. De concert avec *Thouin*, il a fait l'article *Agriculture* dans l'Encyclopédie méthodique. (Nᵒˢ 62, 166, 264, 820, 842, 898, 1288, 1340, 1361, 1414, 1471, 1591, 1816, 1937.)

3298. *Teulières* (*A.-F.-R.*), jadis avocat à Toulouse; a écrit, en

1772, sur l'agriculture, un mémoire couronné par l'académie de Pau. (N° 1147.)

3299. *Thibaut-de-Pierrefite* (*Jacques*). Voyez *Graville*. (N° 907.)

3300. *Thiébault*, 18e siècle. (N° 649.)

3301. *Thiébaut-de-Berneaud* (*Arsenne*), membre de plusieurs académies tant nationales qu'étrangères, et ancien correspondant du bureau consultatif d'agriculture du ministère de l'intérieur, né à Sédan, département des Ardennes, le 14 janvier 1777. M. *Thiébaut* a voyagé en observateur, conséquemment avec fruit. Il s'est livré à des recherches utiles; il a publié quelques résultats de ses études: on en désire la continuation. Il est auteur de plusieurs ouvrages littéraires, et de quelques opuscules agronomiques, savoir: d'un mémoire sur le cirier de Pensylvanie, arbrisseau qu'il a cultivé avec succès à Nanci;

D'un autre sur le tournesol (en italien), lu à l'académie de Lincei à Rome, et depuis inséré dans la Bibliothèque des Propriétaires ruraux;

D'un sur les différentes espèces de genêt;

D'un autre sur l'état actuel de l'agriculture en Corse.

L'un des collaborateurs du Cours d'agriculture, publié par *Buisson*, et de la Bibliothèque des propriétaires ruraux.

3302. *Thiérat*, garde-marteau de la maîtrise des eaux et forêts de Chaulni en Picardie, de la Société d'agriculture de Soissons, maire de Nanci; a écrit, en 1752, sur les pommiers, et, en 1763, sur la culture des terres. (Nos 801, 854, 1442.)

3303. *Thierry-de-Beauvoisis*, 16e siècle. (N° 915.)

3304. *Thierry-de-Menonville*, né à Saint-Mihiel en Lorraine, fut destiné au bareau par sa famille, et envoyé à Paris. Mais au lieu d'étudier le droit, il suit les cours de *Jussieu* et devient botaniste. Il forme le projet d'aller conquérir la cochenille et de la transporter dans nos Colonies. Il arrive à Saint-Domingue, en 1776, part pour le Mexique, se déguise, joue le rôle d'un aventurier, ne voyage qu'à pied, parcourt l'intérieur du Mexique, dont les Espagnols interdisent l'entrée à tous les étrangers, observe la culture de la cochenille, enlève la plante et l'insecte, et parvient, après mille dangers, à les transporter à Saint-Domingue, où par des soins assidus il fait plusieurs essais couronnés de succès. La mort le frappa au moment où il allait recueillir le fruit de ses travaux. Pour se faire une idée des peines qu'il avait prises, il faut lire son *Traité du nopal*, et son *Voyage à Guaxaca*. Les contrariétés qu'il éprouva abrégèrent ses jours. Il fallait, pour la réussite de son entreprise, cette ténacité nécessaire que l'on a pour l'exécution d'un projet que soi-même on a conçu. (N° 1881.)

3305. *Thiroux*, 19e siècle. (N° 1478.)

3306. *Thomas*, jardinier anglais, 18e siècle. (N° 42.)

3307. *Thomé*, négociant de Lyon, mourut en 1780. Il s'occupa beaucoup d'agriculture. Le Lyonnais lui doit la culture du mûrier blanc. Il a publié un traité sur cet arbre, et sur la manière d'élever les vers à soie. On lui doit un mémoire sur la *Pratique du semoir*, *in*-12, 1760. (Nos 1114, lisez *Thomé*. 1137, 1163.)

3308. *Thorius* (*Raphael*), 18e siècle. (No 785.)

3309. *Thou* (*Jacques-Auguste de*), né à Paris en 1553, mort en 1617; parcourut, dans sa jeunesse, l'Italie, l'Allemagne et la Flandre. Il fit commencer la construction du collége royal. Il est célèbre par son *Histoire* en 138 livres, qui comprend l'espace compris entre 1545 et 1607. Elle est malheureusement écrite en latin, et les noms d'hommes et de villes y sont défigurés et méconnaissables. L'abbé *Desfontaines* l'a traduite, mais il eût mieux valu que l'auteur l'eût écrite en français. Le président *de Thou* a fait des poésies latines sur *le chou*, *la violette*, *le lis*, *in*-4o, 1611; et un poëme sur la fauconnerie. (Nos 379, 2057.)

3310. *Thouin* (*André*), ci-devant jardinier au jardin du roi, professeur d'agriculture au Muséum d'histoire naturelle, membre de l'académie des sciences, de la Société d'agriculture, membre de l'institut, de la légion d'honneur; a, de concert avec M. *de Buffon*, dirigé le choix et la plantation de l'école d'arbres forestiers indigènes et exotiques qu'on voit au jardin des plantes; a rédigé, avec M. *Tessier*, l'article *Agriculture* dans l'*Encyclopédie méthodique*; a coopéré aux XI et XIIe tomes du Cours d'agriculture de *Rozier*.

Le nom de cet auteur est une autorité dans la science agronomique, comme celui de *Buffon* dans l'histoire naturelle. On lui doit des observations sur les moyens de tirer un parti avantageux des végétaux grimpans dans la confection des prairies artificielles; un mémoire sur les arbres et arbrisseaux; un autre sur l'utilité d'une école de plantes d'usage dans l'économie rurale et sur les moyens de l'organiser; des réflexions sur une manière de cultiver le seigle de Russie; un grand nombre de mémoires publiés dans le recueil de ceux de l'institut et de la Société d'agriculture de Paris, ainsi que dans les annales du Muséum d'histoire naturelle, etc., etc. (Nos 80, 1361.)

3311. *Tifaud-de-Lanoue* (*Jérôme*), 18e siècle. (No 1693.)

3312. *Tillet* (*du*), né à Bordeaux, fut membre de l'académie des sciences. Il s'occupa beaucoup de tout ce qui peut contribuer à améliorer l'agriculture. Il a fait plusieurs mémoires sur la mouture économique, les avantages du commerce des farines préférablement à celui des blés, etc. Cet homme savant et laborieux est mort en 1791 âgé d'environ 60 ans. Ses essais agronomiques, les soins exacts et minutieux avec lesquels il les faisait, la patience qu'il mettait dans ses recherches et ses expériences, lui ont fait obtenir des résultats avantageux.

M. *Duhamel-du-Monceau* contribua à la publication d'un ouvrage de M. *du Tillet*, intitulé: *Histoire d'un insecte qui dévore les grains dans l'Angoumois*, *in*-12, 1762. (Nos 332, 491, 601, 675, 756, 1184, 1415, 1567, 1781.)

3313. *Tilly*, 18e siècle. (N° 1171.)

3314. *Tiphaigne-de-Laroche* (*Charles-François*), médecin de la faculté de Caen, membre de l'académie de Rouen, né à Montebourg, diocèse de Coutances, mort en 1774 à 45 ans; a écrit, en 1765, sur l'agriculture. (Nos 643, 1432, 1630.)

3315. *Toaldo* (*Joseph*), né en Italie en 1719, mort à Padoue en 1797, était un habile physicien. Il a fait un *Mémoire* sur l'application de la météorologie à l'agriculture. Ce mémoire a été couronné par l'académie de Montpellier. (N° 1613.)

3316. *Tode* (*Clément*), 18e siècle. (N° 754.)

3317. *Toggia* (*François*), professeur de l'art vétérinaire à Turin; a écrit, en l'an XI, un ouvrage sur l'éducation et l'amélioration des porcs, couronné par la Société d'agriculture du département de Paris.

3318. *Tollard* (*Claude*) aîné, membre du comité d'agriculture, de la Société d'encouragement pour l'inductrie nationale, médecin de l'université de Pavie, membre de plusieurs Sociétés d'agriculture, savantes et littéraires. Cet auteur de plusieurs ouvrages relatifs à l'économie rurale, a, pendant ses voyages en Italie, en Allemagne et en France, observé les diverses méthodes de cultiver la terre et les établissemens ruraux. Possesseur d'une pépinière située près de Paris, il y cultive un grand nombre de végétaux, et particulièrement ceux dont la naturalisation promet d'accroitre avantageusement le domaine de l'agriculture. Il s'est livré au commercé des graines, et dans l'exercice de cette profession, il apporte l'instruction et les connaissances qu'elle exige et qui sont propres à mériter la confiance du public. (Nos 188, 1954.)

3319. *Toupet*, de Givet, a écrit sur le *seigle de Russie*.

3320. *Toustain-de-Limesy* (*Charles-François*), ancien officier au régiment de Champagne, membre de la Société d'agriculture de Rouen; a écrit, en 1769, sur les plantations. (N° 1287.)

3321. *Trant* (*Patrice*), médecin, mort en 1736; il était de l'académie royale des sciences. Son poëme *Connubia florum* parut séparément, ainsi que les autres poëmes qui font partie du recueil de l'abbé d'*Olivet*. M. Hérissant croit que le docteur *Trant* n'est que le traducteur du *Mariage des fleurs*, qu'il attribue à *Démétrius de la Croix*, opinion adoptée par M. *Barbier*. (N° 1547.)

3322. *Trehan*, 17e siècle. (Nos 476, 499.) *Nota*. Le même ouvrage sous deux titres différens.

3323. *Trew* (*Ch.-J.*), 18e siècle. (N° 2073.)

3324. *Triquel* (*R.*), 17e siècle. (N° 807.)

3325. *Trother*, 18e siècle. (N° 117.)

3326. *Trottier*, docteur-agrégé à Angers, jadis avocat, 18e siècle. (N° 254.)

3327. *Tschiffeli* (*Jean-Rodolphe*), secrétaire du consistoire de Berne, sa patrie; fondateur et vice-président de la Société économique de Berne; né le 21 décembre 1716, mort à Berne en 1780. C'est par erreur qu'on lui a attribué l'ouvrage indiqué sous le numéro 532, et qui fut publié avant la naissance de cet auteur. (N° 935.)

3328. *Tschoudi* (*Jean-Baptiste-Louis-Théodore, baron de*), mort à Paris en 1784; a donné sur l'histoire naturelle des arbres quelques articles dans l'Encyclopédie. Il a traduit le traité des *arbres résineux conifères de Miller* (Nos 1920, 2009.)

3329. *Tull* (*Jethro*), né dans le comté d'Yorck, mort en 1740. Il voyagea pour observer l'art de cultiver la terre chez les diverses nations. But louable, exemple imité depuis par *Arthur-Young*. Il consigna ses observations, en 1733, dans un volume *in-folio*, et dans un autre, *in-8°*, publié en 1778, par *Forbès*. Voyez l'article de M. *Duhamel-du-Monceau*, et le renvoi à celui de ses ouvrages où il parle du système de *Tull*. (Nos 316, 992, 1875, 2005.)

3330. *Tupputi* (*D.*), Napolitain, 19e siècle. (N° 1703.)

3331. *Turbilly* (*Louis-François-Henri de Menon, marquis de*), mort en 1776 à 59 ans. Il avait été lieutenant-colonel de cavalerie. Retiré dans sa terre, en Anjou, il s'occupa de défrichechement, et publia, sur cet objet, deux ouvrages qui ont été traduits en anglais, et lui ont procuré une grande réputation dans la Grande-Bretagne. *Arthur Young*, en partant de son pays pour visiter le nôtre, eut le projet d'aller voir les défrichemens de M. *de Turbilly*: projet qu'il exécuta avec recueillement. Il croyait entrer dans le sanctuaire de l'agriculture; mais il éprouva un très-grand mécompte. Nous allons le laisser parler, son récit interrompra la monotonie de notre nomenclature.

« 28 octobre 1787 (1). Voir la ferme où le marquis de *Turbilly* » avait fait ces admirables améliorations, dont il parle dans ses » *Mémoires sur les défrichemens*, était pour moi un objet si important, que j'étais déterminé à y aller, quelle qu'en fût la distance. Je m'informai dans tout l'Anjou de la résidence du marquis. Je répétai mes demandes tant que j'appris qu'il y avait un » endroit pas bien éloigné de la Flèche, appelé *Turbilly*; mais » ce n'était pas ce que je cherchais, car il n'y avait pas là de M. » *de Turbilly*, mais un marquis *de Gallway* qui avait hérité Turbilly de son père. Cela m'embarrassa de plus en plus, et je renouvelai mes recherches avec tant d'anxiété, que je crois que » plusieurs personnes me prirent pour un fou. A la fin, je rencontrai une vieille dame qui fut en état de résoudre cette difficulté. Elle m'apprit que *Turbilly*, à environ quatre lieues de la » Flèche, était l'endroit que je cherchais; qu'elle appartenait au

(1) Voyages d'Young en France, Tome premier, pages 294, 297, 298, etc.

» marquis de ce nom, qui, à ce qu'elle croyait, avait écrit quelques livres; qu'il était mort insolvable, il y avait vingt ans; que le père du présent marquis de *Gallway* avait acheté la terre. Cela était suffisant pour mon projet. Je résolus le lendemain de prendre un guide et de voir les restes des travaux de M. *de Turbilly*. Son insolvabilité, à sa mort, me fit beaucoup de peine; c'était un mauvais commentaire de son livre, et je prévis que le nouveau possesseur de la terre ne manquerait pas de tourner en ridicule l'agriculture qui avait ruiné celui qui l'avait mise en pratique. Le lendemain 29, j'exécutai ma résolution. Mon guide avait de bonnes jambes, il me conduisit à travers des landes dont le marquis parle dans son ouvrage. Elles paraissent sans bornes; quel vaste champ à l'amélioration! A la fin nous arrivâmes à Turbilly, pauvre village, composé de quelques maisons éparses, dans une vallée, entre deux collines qui ne sont que des bruyères. Le château est au milieu, avec des plantations de beaux peupliers qui y conduisent. Je ne puis exprimer le désir inquiet que je sentis d'examiner les plus petites parties de cette terre. Il n'y avait pas une haie, pas un arbre, pas un buisson qui n'eut de l'intérêt pour moi. J'avais lu la traduction de la relation des améliorations du marquis, dans l'*agriculture de M. Miller*. Je la regardais comme le morceau le plus intéressant que j'eusse encore vu, long-tems avant de m'être procuré les *Mémoires* originaux *sur les défrichemens*, et j'étais résolu, en cas que j'allasse en France, d'examiner des améliorations dont la lecture m'avait fait tant de plaisir. M. *de Gallway* me reçut avec beaucoup de cordialité, de politesse et d'égard. Il donna des ordres pour me faire accompagner dans ma promenade. Je désirai que ce fût le plus ancien laboureur du feu marquis *de Turbilly*. Je fus charmé d'apprendre qu'il en existait encore un, qui avait travaillé avec lui depuis le commencement de ses travaux.

» M. *de Gallway* me conta que son père apprenant que le marquis *de Turbilly* était ruiné, et que ses créanciers avaient mis sa terre d'Anjou en vente, il l'avait été voir, et trouvant qu'on pouvait améliorer les terres, il l'avait achetée quinze mille louis; prix très-avantageux, quoiqu'il eût aussi acheté quelques procès avec la terre. Elle donne environ trois cents arpens contigus, la seigneurie de deux paroisses, haute justice, etc. Il s'y trouve un beau château, grand et commode, des dépendances, et plusieurs plantations, ouvrage de l'homme célèbre que j'avais tant cherché.

» J'étais presque suffoqué lorsque je demandai comment un aussi grand cultivateur s'était ruiné? M. *de Gallway* me soulagea bientôt en m'apprenant que si le marquis n'avait fait que le métier de cultivateur, il ne se serait jamais ruiné. Un jour, en creusant pour trouver de la marne, sa mauvaise étoile lui fit rencontrer une veine de terre parfaitement blanche, qui ne fermentait que par le moyen d'acides. Il s'imagina que c'était une bonne terre pour faire de la porcelaine. Il la montra à un manu-

» facturier qui la trouva excellente. L'imagination du marquis prit » feu, et il conçut le projet de transformer le pauvre village de » Turbilly en ville, par le moyen d'une manufacture de porce- » laine. Il commença à faire travailler pour son compte ; éleva » des bâtimens et rassembla tout ce qui était nécessaire, excepté » la connaissance et les capitaux. A la fin il fit de bonne porce- » laine, fut trompé par ses agens, ses ouvriers et finalement ruiné. » Une manufacture de savon, qu'il avait aussi établie, et quel- » ques procès, contribuèrent aussi à son malheur. Ses créanciers » saisirent le bien, mais lui permirent de l'administrer jusqu'à sa » mort, et alors le vendirent. La seule partie de la relation qui » diminua mes regrets, fut qu'il n'avait pas laissé d'enfans, quoi- » qu'il fût marié ; de sorte que ses cendres reposeront en paix, » sans que sa mémoire soit attaquée par une postérité indigente. » Ses ancêtres avaient acquis ce bien, par mariage, dans le qua- » torzième siècle. M. *de Gallway* m'observa que ses travaux d'a- » griculture n'avaient fait aucun tort à sa fortune. Ils n'étaient pas » bien entendus, bien soutenus, mais ils avaient amélioré le bien » et il n'avait jamais entendu dire qu'ils l'eussent mis dans aucun » embarras. Le vieux laboureur, qui se nomme *Piron*, étant ar- » rivé, nous sortîmes pour marcher sur des endroits qui étaient » pour moi une espèce de terre classique. Je ne m'arrêterai » que très-peu sur les particularités : elles sont beaucoup mieux » exposées dans les *Mémoires sur les défrichemens* qu'à Turbilly. » Les prairies, même près du château, sont encore fort rudes » mais les peupliers des allées sont bien poussés et font honneur » à sa mémoire. Ils sont de 60 à 70 pieds de hauteur et enclos par » le pied, ainsi que les saules. Pourquoi ne sont-ce pas des chê- » nes, moins périssables que les peupliers ? La chaussée près du » château a dû coûter beaucoup de travail. Les mûriers sont né- » gligés. Le père de M. *de Gallway* n'aime pas cette culture, ca » détruit plusieurs, mais il en reste encore quelques centaines, » et l'on m'a dit que les pauvres avaient fait jusqu'à 26 livres de » soie ; mais on n'en fait plus actuellement. Il y a près du châ- » teau 50 à 60 arpens de prés défrichés et améliorés ; ils sont main- » tenant pleins de joncs. Près de ces prairies est un bois de pins de » Bordeaux, semé il y a 35 ans ; ils valent six liv. la pièce. J'al- » lai dans la partie marécageuse qui produisait les grands choux » dont il fait mention. Elle a un bon fonds susceptible d'améliora- » tion. *Piron* m'informa que le marquis en avait brûlé environ » cent arpens en tout, et qu'il avait fait parquer deux cent cin- » quante moutons.

» A mon retour au château, M. *de Gallway* voyant que j'étais » enthousiaste d'agriculture, chercha dans ses papiers un manus- » crit du marquis *de Turbilly*, écrit de sa main, dont il eut la » bonté de me faire présent, et que je conserverai parmi mes cu- » riosités d'agricultures. »

On voit qu'en agriculture, comme dans les autres arts, les lettres, les sciences, on est souvent beaucoup mieux apprécié par les étrangers que dans son propre pays. M. *de Turbilly* n'a point excité dans sa patrie l'enthousiasme qu'éprouva le cultivateur anglais à la lecture de ses ouvrages, quoique l'on convienne en France de leur mérite. Au lieu de garder le manuscrit comme une *curiosité agricole*, *Arthur-Young* aurait dû le publier, ou nous apprendre s'il n'était recommandable qu'à cause de l'écriture du marquis.

M. *François-de-Neufchâteau* a rendu au marquis *de Turbilly* la justice qu'il mérite. Voici comme il s'exprime dans son *Rapport sur le perfectionnement des charrues*. « En 1760, *de Turbilly* fit » paraître le *Mémoire sur les défrichemens*, où il propose une » charrue d'une grande proportion pour labourer les terres neu- » ves. Cet ouvrage attachant par la franchise du récit des expé- » riences de l'auteur, eut un grand succès. Il excita en France et » en Europe même une fermentation salutaire. Ceux qui nient ou » qui contestent l'influence des livres et l'utilité des sciences, se- » raient bien étonnés du calcul qu'on pourrait leur offrir de l'im- » mense quantité de terrain que le petit volume du marquis *de* » *Turbilly* a fait restituer à l'agriculture. Plusieurs millions d'ar- » pens incultes ont contribué, depuis ce livre, à augmenter la » masse des subsistances. Peut-être même la manie de défricher » a-t-elle été poussée trop loin, sur-tout à l'égard des bois, qui » auraient dû être sacrés. Mais enfin, on ne peut disconvenir que » les exemples et les idées du livre de *Turbilly* n'aient fait, dans » le milieu du siècle dernier, une grande impression sur l'esprit » des peuples, et sur la politique économique des gouvernemens. » (Nos 282, 991, 1209, 1562.)

3332. *Turgot* (*Anne-Robert-Jacques*), né en 1727, mort en 1781, fut contrôleur-général des finances. Il s'attacha aux principes de *Quesnay*, chef des économistes. C'était un homme qui avait les vues les plus droites. Il fit beaucoup de bien, et quelques ridicules qu'on lui ait donnés de son vivant, sa mémoire sera toujours chère. M. *Turgot* et moi, disait le célèbre *Malesherbes*, étions de fort honnêtes gens ; nous avons mal administré, parce que nous ne connaissions les hommes que par les livres. (Nos 280, 629, 955.)

3333. *Tylkowski* (*Aldebert*), 17e siècle. (No 380.)

# V.

3334. *Walerius*, professeur célèbre à Upsal. En 1774, on publia dans notre langue un ouvrage intitulé : *l'Agriculture réduite à ses vrais principes*. C'était une thèse soutenue à Upsal en 1761, par M. le comte *Gustave-Adolphe de Gyllenborg*, sous la présidence de *Wallerius*. (Nos 563, 565, 1584.)

3335. *Wallafrid-Strabon*, bénédictin du 9e siècle, mourut en 849; a fait un petit poëme sur la culture des fleurs. (No 783.)

3336. *Vallée* (*Alexandre*), a traduit, en 1806, l'ouvrage de *Fabroni*. Cette traduction, faite avec beaucoup de soin et d'intelligence, est précédée d'une préface où l'on trouve des observations intéressantes. Le traducteur a approprié à notre sol l'ouvrage italien. ( Voyez *Fabroni*. ) ( Nos 478, 851. )

3337. *Vallemont*, 18e siècle. ( No 319. )

3338. *Vallet*, 18e siècle. ( Nos 125, 1026. )

3339. *Valnay*, 17e siècle. ( No 269. )

3340. *Walpole* ( *Horace* ), Anglais, 18e siècle. ( No 623. )

3341. *Vander-Groen*, jardinier du prince d'Orange, 17e siècle. ( No 881. )

3342. *Vanières* ( *Jacques* ), né en 1664, près de Béziers, de parens qui vivaient à la campagne, et s'y livraient à l'agriculture. Il fut jésuite, il mourut en 1739. Il a développé, en beaux vers latins, toute l'économie rurale, que son compatriote *Olivier-de-Serres* avait traitée en prose. M. *de Rosset* était aussi du Languedoc. Ainsi l'on voit sous Henri IV, Louis XIV et Louis XV, une succession d'écrivains agronomes estimés. Mais le premier, supérieur aux deux autres, est, à juste titre, regardé comme le père de l'agriculture française. ( Nos 544, 1557, 2024. )

3343. *Van-Kampen*, 18e siècle. ( No 1931. )

3344. *Van-Swinden*, 18e siècle. ( No 1235. )

3345. *Varenne-de-Fenille* ( *P.-C.* ), né en Bresse ; fut condamné à mort par le tribunal révolutionnaire de Lyon, en 1794 ; il mourut avec courage, emportant l'estime de ceux qui l'avaient connu. Zélé pour l'agriculture, il publia plusieurs traités ou mémoires qui ont rapport à cet art. On en a recueilli quelques-uns en 2 vol. *in*-12, 1792. Il s'est porticuliérement occupé de l'administration des forêts. Son éloge a été mis au concours, en 1809, par la Société d'agriculture du département de l'Ain. ( Nos 275, 1086, 1174, 1426, 1463, 1480. )

3346. *Varenne-de-Béost*, 18e siècle. ( No 793. )

3347. *Varlo* ( *C.* ), 18e siècle. ( No 1371. )

3348. *Varron* ( *Marcus-Terentius* ), né 118 ans avant J. C., fut lieutenant de Pompée dans la guerre contre les pirates ; il mourut 29 ans avant J. C. *Quintilien* et *Cicéron* le regardent comme le plus docte des Romains. Ils assurent qu'il avait composé plus de cinq cents volumes.

Il descendait de ce *Varron*, collègue de *Paul-Emile*, que le peuple romain remercia pour n'avoir pas désespéré de la république, après la défaite de Cannes.

Après avoir publié un grand nombre d'ouvrages, il écrivit à 80 ans sur l'économie rurale, à la prière de Fundania sa femme, qui ayant acheté un fonds de terre négligé depuis long-tems, désira que son mari lui apprit à en tirer le meilleur parti possible.

Après une longue énumération des auteurs grecs, qu'il exhorte Fundania à consulter, s'il mourait avant d'avoir achevé son ouvrage, *Varron* divise son Traité en trois livres : le premier sur les opérations rurales, le second sur les bestiaux, et le troisième sur les animaux qu'on élève à la campagne. Il a donné à ce traité la forme du dialogue.

*Premier livre.* Objet principal de l'agriculture ; définition de cet art ; ses principes. Salubrité de l'air. Considérations sur le terrain ; ses qualités. Des préceptes sur la situation de la métaierie ; la distribution des bâtimens ; les différentes clôtures ; les objets qu'on emploie pour la culture. Les esclaves ; les animaux ; les instrumens ; les grains ; les travaux de chaque saison ; les observations lunaires ; le fumier ; les semences ; la greffe ; la récolte des fruits ; la fenaison ; la moisson ; les vendanges ; la position des greniers. Tels sont les principaux articles traités dans le premier livre.

*Second livre.* Le second contient ce qui est relatif à l'engrais des bestiaux ; la science des pâtres ; la division du bétail ( bœufs, vaches, moutons, chèvres, etc ), les maladies ; les remèdes ; la tonte des brebis, le lait des troupeaux.

*Troisième livre.* Le dernier traite des fruits que l'on peut se procurer par l'engrais des animaux qu'on nourrit dans l'intérieur des métairies. Les volières ; les paons qui, en Italie, sont d'un revenu considérable ; les pigeons ; les tourterelles ; les poules ; les oies ; les canards ; les parcs et les rivières terminent le traité de *Varron* sur l'économie rurale. (Nos 153, 1318, 1486, 1719, 1720, 1721, 1757, 1758.)

3349. *Watelet* ( *Claude-Henri* ), receveur-général des finances, de l'académie française, de plusieurs Sociétés savantes ; né à Paris en 1718. Célèbre par son amour pour les arts et les lettres. Il enjoliva, près de Paris, une campagne nommée *le Moulin joli*, où il créa un jardin anglais. C'est là qu'il composa son *Essai sur les jardins*. Il mourut en 1786. ( N° 634. )

3350. *Wathely*, Anglais, 18e siècle. ( N° 119. )

3351. *Vauban* ( *Sébastien le Prestre, maréchal de* ), mort en 1707. Un des plus grands hommes du siècle de Louis XIV qui dut au génie de *Vauban* une partie de sa splendeur. Grand militaire et grand homme d'état, *Vauban* réunissait aux talens les vertus et la modestie. Il a beaucoup écrit. On conserve dans la bibliothèque du dépôt des fortifications, des manuscrits de *Vauban*, écrits ou corrigés de sa main, et auxquels il a donné le titre d'*Oisivetés*.

Le 26 mai 1808, on a transporté dans l'église des Invalides, d'après les ordres de S. M., le cœur du maréchal de *Vauban*, présenté par M. *Lepelletier d'Aunay* ( qui descend d'une fille de ce grand homme ), et déposé dans un monument élevé devant celui où repose Turenne. L'éloge de *Vauban*, composé par l'un de ceux qui pouvaient le mieux apprécier son mérite, puisque parcourant la même carrière, il est parvenu au même rang ( le général Marescot, premier inspecteur du génie ), a été prononcé dans cette cérémonie, également imposante et par l'objet et par les personnages qui y assistaient. (Nos 1592, 1709.)

3352. *Vaudray*, directeur de la monnaie à Dijon ; a publié, en 1766, des mémoires sur l'agricultur . (Nos 1211, 1367.)

3353. *Vaugency* (*André-Guillaume-Nicolas France*), des académies de Châlons, Metz, etc. ; a écrit, en 1764, sur le sainfoin.

3354. *Végèce* (*Flavius-Renatus*), vivait dans le 14e siècle, sous l'empereur Valentinien ; a écrit sur l'art militaire. Il a pareillement composé un traité sur l'*Art vétérinaire*, qui se trouve dans le *Rei rusticæ scriptores* (Voyez ce titre), et dont la traduction est dans le tome VIe de l'*Economie rurale*, de M. *Saboureux de la Bonneterie*. La première traduction qu'on ait faite dans notre langue, de l'ouvrage de *Végèce*, parut vers 1564, sous le nom de *Bernard du Poymonclar*. En 1565, *Charles Etienne* revendiqua fortement, dans son *Agriculture et Maison rustique*, in-4°, liv. 1er, les honneurs de cette traduction. Il termine sa réclamation par le *Sic vos non vobis*, de *Virgile*. (Nos 151, 543, 1605, 2026.)

3355. *Veian*, abbé, 18e siècle. (N° 1880.)

3356. *Veillard*, 19e siècle. (N° 293.)

3357. *Wenekeler* (*Jean-George*), 18e siècle. (N° 835.)

3358. *Venel*, professeur de médecine à l'université de Montpellier, 18e siècle. (N° 836.)

3359. *Verhambes*, 16e siècle. (N° 1495.)

3360. *Veron-du-Verger*, cultivateur au Mans, 18e siècle. (N° 1541.)

3361. *Verrier de la Conterie*, né en Normandie, vivait dans le dernier siècle. Il a fait un ouvrage curieux sur la chasse. (Nos 351, 2029.)

3362. *Veschambez*, jésuite, 17e siècle. (N° 1547.)

3363. *Vétillard-du-Ribert* (*Michel-Noël-Patrice*), médecin au Mans ; correspondant de la Société royale de médecine, et de la Société d'agriculture de la généralité de Tours ; mort en 1783. Ecrivait, en 1769, sur le seigle ergoté. (Nos 1193 (lisez *Vétillart*), 1685, 1789.)

3364. *Veyrother*, 18e siècle. (N° 2022.)

3365. *Viborg* (*Erik*), docteur en médecine, professeur de l'art vétérinaire, chef de l'école vétérinaire à Copenhague, associé étranger de la Société d'agriculture de Paris, a écrit sur l'éducation des porcs un mémoire couronné en l'an XI par cette Société.

3366. *Vicq-d'Azyr* (*Felix*), célèbre médecin, né à Valonne en 1748, mort en 1794. Il succéda à M. de *Buffon*, à l'académie française ; il était de celle des sciences. (Nos 459, 686, 1050, 1465, 1684.)

3367. *Victorin* (*Pierre*), dont le nom est *Vettori*, était de Florence. *Côme de Médicis* le fit professeur de morale et d'éloquence. Il mourut en 1585 à 87 ans. Il a fait des notes critiques sur les ouvrages de *Caton*, de *Varron* et de *Columelle*. Il a laissé un *Traité de la culture des oliviers*, qui est ordinairement réuni avec celui de *Davanzati sur la vigne*, Florence, *in*-4°, 1734; il est écrit en toscan, et il n'a pas été traduit. (N° 962.)

3368. *Vida* (*Marc-Jérôme*), né à Crémone en 1470, fut évêque; il mourut en 1566. Célèbre par une poétique, *Vida* ne l'est pas moins par un *Poëme sur les vers à soie*, imprimé à Lyon et à Basle en 1537. (N° 1495.)

3369. *Wiegand*, 18e siècle. (N° 993.)

3370. *Vigi* (*J.-Bernard*), 18e siècle. (N° 2018.)

3371. *Wildman* (*Thomas*), surnom d'un Anglais. (N° 739.)

3372. *Vilin*, curé de Corbeil, de la Société royale d'agriculture de Paris, bureau de Beauvais; écrivait, en 1774, sur les melons et la conservation des grains. (N° 1101.)

3373. *Villaine* (*de*), 18e siècle. (N° 1810.)

3374. *Willemet*, 18e siècle. (Nos 646, 1045)

3375. *Villeneuve*, correspondant de la Société d'agriculture de Paris. Il avait envoyé à cette Société, depuis 1788 jusqu'en l'an VII, vingt-six mémoires d'un grand intérêt pour l'agriculture; on distingue entr'autres ceux sur le chanvre, la soie, la culture du coton herbacé, la culture de l'espèce de froment appelée *épeautre*, introduite depuis peu d'années dans notre agriculture; sur les constructions rurales, les vaches, le beurre, le fromage, les forêts. Enfin, il a publié un traité complet sur le tabac, 19e siècle. (N° 1840.)

3376. *Villiers*, 18e siècle. (N° 1789.)

3377. *Vilmorin* (*Philippe-Victoire-Lévêque*), marchand grainier et pépiniériste à Paris membre de la Société d'agriculture du département de la Seine, de la commission et ensuite du conseil d'agriculture du ministère de l'intérieur; a donné au commerce des graines une telle extension, qu'on pourrait dire qu'il a créé ce commerce en France. Il a introduit et éminemment contribué à propager un grand nombre de plantes et d'arbres utiles, qui n'existaient que dans les jardins botaniques d'un petit nombre d'amateurs.

Appuyé du crédit de M. de Malesherbes, qui l'honorait d'une estime particulière, il fit venir de l'Amérique septentrionale une grande quantité de graines des arbres les plus utiles de ce pays, tels que le cyprès de la Louisiane, le tulipier, le mûrier rouge, le liquidambar, le cirier, différens chênes et noyers. Ce fut la première importation de ce genre qui eut lieu en France par le commerce; et c'est de cette époque que date la multiplication de ces divers arbres, devenus pour nous des acquisitions précieuses.

Il a rédigé plusieurs mémoires et instructions sur divers sujets d'agriculture et de jardinage. Il a été un des coopérateurs de la nouvelle édition d'Olivier-de-Serres, publiée par la Société d'agriculture de Paris ; il a fourni à l'auteur du *Nouveau la Quintynie* les matériaux de plusieurs chapitres de son ouvrage, et c'est en grande partie sur ses notes que M. *de Grace* rédigea les premières éditions de l'*Almanach du bon jardinier*.

*Vilmorin* est un des hommes qui, de nos jours, ont le plus contribué à répandre le goût de l'agriculture et du jardinage. La disposition à communiquer les fruits de sa longue expérience, la loyauté et la droiture de son caractère lui avaient fait des amis de tous ses correspondans. Le Catalogue raisonné qu'il a publié, des objets de son commerce, est devenu un livre classique, par la synonymie et les notes instructives dont il l'a enrichi.

Le public retrouve dans la personne de M. *Vilmorin* fils, qui a succédé à son père dans le commerce des graines, le zèle et l'instruction qui ont fixé dans cette maison la considération et la confiance dont elle jouit.

3378. *Vinding* (*Erasme*), savant du Danemarck, à qui l'on doit l'édition de la paraphrase du sophiste grec *Eutecnius* sur un poëme d'*Oppien* intitulé : *La chasse aux oiseaux*, qui s'est perdu. Cette paraphrase contient des recherches savantes. (N° 2566.)

3379. *Vinet* (*Elie*), savant professeur à Bordeaux ; a publié *La manière de faire des solaires* ou *cadrans*, *in*-4o ; et l'*arpenterie*, *in*-4o. (Nos 970, 972.)

3380. *Winter*, 17e siècle. (N° 580.)

3381. *Virey*, pharmacien en chef de l'hôpital du Val-de-Grace. Savant connu par plusieurs ouvrages, entr'autres par l'*Histoire naturelle du genre humain*. Comme il est l'un des principaux collaborateurs d'un ouvrage qui a un rapport direct avec l'agriculture, et dont nous avons oublié de parler, nous saisissons cette occasion pour réparer cette omission inexcusable. C'est le *Nouveau dictionnaire d'histoire naturelle*, *appliquée aux arts*, *principalement à l'agriculture et à l'économie rurale et domestique*, 23 vol. *in*-8°. *Paris*, *Déterville*, 1803. M. *Virey* s'est chargé des articles relatifs à l'homme, aux quadrupèdes, aux oiseaux et aux cétacées, de concert avec M. *Sonnini*. Il a fait le *Discours préliminaire*, qui réunit à l'instruction, à la clarté, les charmes du style. Le succès de ce dictionnaire ne laisse aucun doute sur son mérite, qui d'ailleurs était garanti par les talens des collaborateurs.

3382. *Virgile*, surnommé le prince des poëtes latins, dont les vers sont sus de tout le monde. Voyez, au N° 728, des réflexions sur l'usage où l'on est de mettre les Géorgiques entre les mains des jeunes gens ; occasion dont on devrait profiter pour leur donner quelques notions sur l'économie rurale. (Nos 728, 2039.)

3383. *Vitalis*, professeur de chimie ; 19e siècle. (Nos 1251, 2193.)

3384. *Vitet* (*L.*), médecin, ancien professeur de chimie et d'anatomie à Lyon, médecin de la Société royale de médecine de de Paris; député à la convention nationale par le département du Rhône; membre de la Société d'agriculture de Paris. Sa *Médecine vétérinaire*, publiée en 1771, a été traduite en allemand en 1773, et en italien en 1803. Le docteur *Vitet* est mort à Paris, à la fin de mai 1809, presque subitement. (N° 1053.)

3385. *Vivens* (*François, chevalier de*), mort en 1780, à Clairac; a publié un ouvrage *Sur les moyens de soutenir l'agriculture en Guyenne*, 2 vol. *in*-12, 1744. Il se livra à l'étude de la physique et de l'histoire naturelle. C'était un savant distingué; il était de plusieurs académies. (N° 1436.)

3386. *Vogel* (*Bernard-Chrétien*), professeur de botanique à Altsdorff, 18e siècle. (N° 2073.)

3387. *Voisin*, 19e siècle. (N° 1173.)

3388. *Volckemer* (*Jean-Christophe*), savant botaniste de Nuremberg; mourut en 1720. (N° 749.)

3389. *Vonkausch*, médecin allemand, 18e siècle. (N° 1431.)

3390. *Voorhelm* (*George*), 18e siècle. (N° 1991.)

3391. *Voyron*, 19e siècle. (N° 888.)

3392. *Vrinaud*, 18e siècle. (N° 1408.)

# X.

3393. *Xénophon*, fils de Gryllus, né à Athènes, fut disciple de Socrate. Il prit le parti des armes, et marcha au secours de Cyrus le jeune. A écrit, sur l'agriculture, un livre, dont M. *Dumas* a donné, en 1768, une traduction française, sous ce titre: *Les économiques*, *in*-12. Il a fait un traité sur l'*Art de dreser les chevaux, sur la manière de les nourrir*; un autre sur *la chasse*. La description du lièvre et de ses mœurs passe pour un chef-d'œuvre. Il nous manque une traduction complète des œuvres de ce guerrier philosophe, appelé par les Athéniens, tantôt l'*abeille grecque*, et tantôt la *muse athénienne*. (Nos 415, 551, 1858.)

# Y.

3394. *Yart*, abbé, 18e siècle. (N° 1552.)

3395. *Yauville* (*N. d'*), 18e siècle, (N° 1913.)

3396. *Young* (*Arthur*), cultivateur anglais, célèbre par sa passion pour l'agriculture, et par les progrès qu'il a fait faire à cet art dans sa patrie. Il a entrepris des voyages de long cours pour comparer les différens systèmes de culture; approprier à l'Angleterre ce qui pouvait convenir au sol ; enfin, adopter les meilleures méthodes. Considérant l'art agronomique comme appartenant à toutes les nations, il a publié des observations générales, et ne s'est pas borné à son île, quoiqu'il ait beaucoup des préjugés de sa nation. Consultez les articles *Rozier* et *Turbilly*, où il est question d'*Arthur Young*. Il a commencé à écrire, sur l'agriculture, en 1770. (Nos 91, 308, 1797, 2005, 2044, 2045.)

3397. *Yvart* (*Victor*), membre de la Société d'agriculture du département de la Seine. Ayant toujours eu un goût décidé pour l'agriculture, M. *Yvart* s'y livra de bonne heure, et parcourut l'Angleterre, la Belgique et la France pour acquérir les notions nécessaires. Il est du petit nombre d'hommes utiles qui réunissent la pratique à la théorie.

Voyez l'*Aperçu*, qu'il a publié, *sur les efforts faits pour l'amélioration de l'agriculture dans le département de la Seine*. Ce morceau intéressant se vend chez madame Huzard. Il résulte de ce mémoire, et des certificats qui l'accompagnent, que la commune de *Maison-Alfort*, dans laquelle demeure M. *Yvart*, a doublé, par les soins de ce cultivateur, ses produits agricoles. L'un des derniers volumes du *Nouveau cours d'agriculture*, publié par *Déterville*, contient un article sur les *Successions de cultures*, qui ne laisse rien à désirer. M. *Yvart*, par ses voyages agronomiques, par sa pratique éclairée, peut être, à juste titre, appelé l'*Arthur Young* de la France. Il est exempt des préjugés de l'auteur anglais. (Nos 288, 1245, 1361, 1642, 1816.)

## Z.

3398. *Zeigérus* (*Antoine*), 18e siècle. (No 865.)

3399. *Zuingérus* (*Theodorus*), 16e siècle. (No 1318.)

---

# TABLE RAISONNÉE
## DES MATIÈRES.

*Nota*. Cette Bibliographie devant servir à ceux qui veulent se former une bibliothèque agronomique, ou connaître les progrès de l'art, nous avons cru devoir leur offrir un moyen facile d'abréger leurs recherches. Une Table raisonnée des matières nous fait parvenir à ce but. D'un coup-d'œil on voit quels ouvrages ont été publiés sur quelque branche que ce soit de l'économie rurale et domestique; et l'on peut recourir au titre d'après l'indication des Numéros qui terminent chaque article. Cette indcation est précédée, tantôt d'une définition, tantôt d'une courte notice sur l'objet auquel elle a rapport, quelquefois de développemens que la matière semblait exiger. Il nous a paru qu'il était de notre devoir de satisfaire, autant qu'il dépendait de nous, la curiosité louable du lecteur, et que cette table, rédigée comme elle l'est, complétait notre ouvrage.

## A.

Abeilles. *Swammerdam*, célèbre naturaliste hollandais, qui vivait au 17e siècle, est le premier qui, disséquant avec soin les abeilles, découvrit et assura que sur les trois espèces de mouches à miel qu'on voit dans les ruches, il y avait dans chacune une seule mère abeille; quinze cents à deux mille mâles, et une quantité innombrable d'abeilles qu'il regarde comme *neutres*, parce qu'il ne leur découvrit aucun sexe. Ces observations ont été confirmées par *Réaumur*. Mais comme on admettait avec répugnance les *abeilles neutres*, on a fait des recherches plus exactes; et un Allemand a découvert que cette espèce était des abeilles femelles non-développées et hors d'état de pondre (Voyez *Schirach*). Mais on ignorait la manière dont les mères abeilles étaient fécondées. M. *Huber*, naturaliste genevois, a découvert qu'elles l'étaient, dans les airs, par les mâles.

Selon M. *Grégoire*, on ne s'était presque pas occupé des abeilles, en France, avant *Olivier-de-Serres*. « Il est le premier, dit ce savant, qui en ait parlé en détail, et ce n'est qu'au milieu du 17ᵉ siècle qu'on publia des ouvrages sur ces insectes utiles. » Cependant, en 1600, pendant qu'on imprimait pour la première fois le *Théâtre d'agriculture*, il parut un ouvrage sur les abeilles (V. N° 2), de *Pierre Constant*. (Nᵒˢ 1, 2, 121, 312, 322, 478, 593, 608, 658, 691, 735, 739, 765, 766, 768, 825, 855, 896, 940, 944, 994, 1030, 1034, 1125, 1136, 1195, 1196, 1296, 1302, 1320, 1321, 1326, 1363, 1377, 1387, 1402, 1407, 1495, 1527, 1532, 1553, 1686, 1733, 1744, 1752, 1790, 1830, 1831, 1832, 1841, 1842, 1885, 1886, 1887, 1915, 1939, 1968, 1979.)

*Acacia* (*le faux*) ou *Robinier*, fut apporté du Nouveau-Monde, en France, en 1600, par *Jean Robin*, professeur de botanique.

Cet arbre vient naturellement dans l'Amérique septentrionale : il y croît promptement, et y sert à beaucoup d'usages. La culture de l'acacia a fait beaucoup de progrès en France. On s'est livré à des essais heureux en général ; cependant quelques propriétaires trouvent qu'il casse facilement. (Nᵒˢ 371, 1383, 1419, 1993.)

*Administration d'un bien rural.* Il ne suffit pas de savoir bien cultiver, il faut encore faire un emploi sagement ordonné des produits de ses récoltes. Sous ce rapport, la culture n'est qu'une partie de l'administration, puisqu'il résulte de celle-ci les moyens d'améliorer celle-là. (Nᵒˢ 98, 595, 645, 792, 802, 857, 858, 926, 1534, 1658, 1905.)

*Administration en général.* (Nᵒˢ 1244, 1712.)

*Agriculture ancienne.* Outre les ouvrages de *Caton*, *Columelle* et des Géoponiques anciens, qui montrent que l'agriculture était honorée chez les anciens, il y a plusieurs ouvrages écrits *ex-professo* sur cette matière. (Nᵒˢ 657, 753.)

*Agriculture anglaise.* L'agriculture passe pour être en Angleterre dans un état florissant. Les ouvrages volumineux d'*Arthur Young*, de *Marshall*, de *Miller*, celui de *Tath...n*, etc., ne laissent, en effet, aucun doute sur cette assertion. M. *Pictet* publie, dans ce moment, un *Cours d'agriculture anglaise*, qui n'est pas encore achevé. (N[os] 91, 1798, 2044.)

*Agriculture d'Egypte*. (N° 274.)

*Agriculture d'Italie*. (N[os] 181, 930, 1703, 1801, 1808.)

*Agriculture de Pologne*. (N° 1264.)

*Agriculture de Suisse*. (N° 2055.)

*Agriculture en général*. Nous indiquons ici les ouvrages qui traitent de l'agriculture considérée sous un point de vue général, et ceux qui renferment les différentes parties dont cet art est composé. (N[os] 19, 20, 21, 22, 23, 25, 26, 28, 29, 30, 32, 33, 34, 38, 97, 117, 129, 153, 155, 158, 159, 170, 182, 184, 185, 187, 188, 189, 194, 199, 217, 218, 229, 231, 232, 234, 235, 247, 283, 284, 285, 286, 290, 291, 301, 302, 303, 307, 308, 319, 320, 328, 329, 331, 332, 344, 345, 346, 349, 352, 353, 360, 361, 368, 376, 380, 384, 385, 407, 458, 461, 466, 473, 484, 490, 529, 537, 559, 560, 561, 562, 563, 564, 565, 577, 581, 594, 596, 597, 598, 614, 638, 647, 648, 651, 725, 727, 728, 729, 730, 736, 787, 801, 827, 850, 851, 854, 911, 913, 970, 1004, 1087, 1089, 1250, 1263, 1264, 1276, 1289, 1361, 1371, 1372, 1404, 1418, 1428, 1432, 1538, 1617, 1628, 1629, 1704, 1706, 1848, 1849, 2050.)

*Agriculture française*. Honorée ou négligée à différentes époques, suivant les guerres civiles ou étrangères, elle paraît avoir fait beaucoup de progrès depuis quelques années, et jouir de l'attention qu'elle mérite. (N[os] 72, 73, 74, 288, 362, 411, 412, 441, 470, 479, 719, 720, 731, 776, 1088, 1121, 1275, 1454, 1460, 1807, 1816, 1817, 1850, 1954, 2045, 2046, 2052, 2053.)

*Ajonc* ou *Genêt épineux*. Arbuste maudit par ceux qui ne savent pas qu'on peut tirer parti de toutes les productions ; il fait de bonnes clôtures, et est employé utilement pour nourrir les bestiaux pendant l'hiver. (N° 1122.)

*Amandier*. Arbre que les uns croyent venu de Barbarie, tandis que les autres le font originaire de l'Asie. Il prospère difficilement dans les climats tempérés. (Nos 512, 513.)

*Amélioration*. Par une erreur malheureusement trop générale, on aime mieux agrandir l'étendue de son bien, que d'améliorer l'espace que l'on cultive; il en résulte une culture quelquefois mal entendue et souvent médiocre. (Nos 47, 54, 599, 600, 643, 653, 1011, 1058, 1060, 1090, 1091, 1156, 1251, 1286, 1290, 1473, 1480, 1537, 1594, 1689, 1691, 1788, 1854, 1980, 2069.)

*Animaux nuisibles à l'agriculture*. Après les insectes qui rongent les plantes, les blés, les vignes; les lapins sont les animaux qui font le plus de dégâts. Voyez *Insectes*. (Nos 842, 1316, 1317.)

*Apocin*. Cette plante a été apportée du nord de l'Amérique où on la prépare comme le chanvre. (N° 594, note.)

*Arachide* ou *Pistache de terre*. Plante légumineuse, originaire d'Afrique, et cultivée dans le midi de la France. Son fruit se mange. (N° 1855.)

*Arbre cirier*. Ainsi nommé parce qu'autour de ses graines se trouve la cire végétale. Il est indigène en Amérique. Il y en a une espèce acclimatée en France qui croît à la hauteur du lilas. Pendant l'impression de cette Bibliographie, M. *Tiébaut-de-Berneaud* a publié un mémoire instructif sur cet arbre qu'il a cultivé. (N° 1175.)

*Arbres nains*. Il y en a de deux espèces. La première est l'effet de la taille, la seconde est un jeu de la nature. (N° 12.)

*Arbres d'ornement*. Ils sont en grand nombre. Le caprice fait souvent donner injustement la préférence à des plantes exotiques, qui ne valent pas plusieurs de celles qui croissent sur notre sol, et qui, pour cette raison, ont peu de prix. (N° 629.)

*Arbres verds*. On appelle ainsi ceux qui conservent leurs feuilles pendant l'hiver. (Nos 1753, 1920, 2025.)
(Même ouvrage sous les deux Nos 324, 1518.)

*Arbres à épiceries*. (N° 941.)

*Arbres*. La culture des arbres fruitiers assujétie à des principes réguliers, ne paraît dater que du siècle d'Auguste. On croit qu'avant cette époque on se contentait de plein-vents, d'espèces peu perfectionnées, greffées sur des sauvageons.

Les arbres les plus anciennement et les plus généralement cultivés, sont ceux qui fournissent le plus de variétés. (Nos 6, 27, 88, 130, 171, 271, 299, 325, 326, 386, 617, 721, 722, 804, 807, 876, 895, 978, 1311, 1312, 1350, 1363, 1386, 1443, 1550, 1551, 1735, 1813, 1814, 1843, 1869, 1870, 1871, 1918, 1919, 1947.)

*Arbres de nos forêts.* (Nos 1917, 1973.)

*Arbres étrangers* (en général). (N° 1368.)

*Arbustes d'agrément.* (N° 1472.)

*Argiles.* Mélange de plusieurs terres si intimement combinées, qu'elles forment un tout homogène. On peut améliorer un sol argileux, en ajoutant une substance propre à le diviser. (N° 1197.)

*Arpentage.* Mesurage des terres par arpent : opération que tout cultivateur doit savoir faire. Les variations qu'il y avait dans les mesures, étaient une absurdité que la routine et l'ignorance défendent encore. (Nos 93, 132, 999, 1166, 1254, 1364, 1381, 1565, 1754.)

*Art de faire éclore les poulets.* Se pratiquait dans l'ancienne Egypte. M. *de Réaumur* s'est livré à beaucoup d'expériences pour naturaliser cet art. (Nos 1499, 1560.)

*Art vétérinaire. Végèce* a fait prévaloir ce mot sur celui d'hippiatre. En 1761, un arrêt du conseil permit à *Bourgelat* d'établir à Lyon une école vétérinaire. Cet artiste célèbre ouvrit, l'année suivante, un Cours auquel assistèrent des étrangers envoyés par les rois de Suède, de Prusse, de Danemarck, et par les Cantons suisses. En 1764, on appela cette école l'*Ecole royale*. En 1765, le château d'Alfort, à Charenton, près de Paris, fut acheté pour y recevoir une seconde école. En 1769, chaque régiment de cavalerie y envoya un sujet pour être instruit. Cet établissement n'a rien perdu de son importance, ni de sa réputation.

*Médecine vétérinaire* On appelle vétérinaires les médecins des animaux. Les chevaux, les mulets et les bœufs étaient nommés par les latins (*veterini* ou *ad vecturam idonei*), propres aux transports. (Nos 45, 84, 87, 94, 150, 151, 457, 459, 474, 509, 568,

569, 688, 699, 726, 737; 744, 754, 797, 798, 799, 819, 820, 829, 834, 843, 844, 848, 853, 928, 966, 1040, 1041, 1042, 1047, 1048, 1049, 1051, 1052, 1053, 1351, 1353, 1355, 1360, 1362, 1605, 1763, 2026.)

*Arts économiques*. Ainsi nommés parce qu'ils ont exclusivement pour objet l'économie domestique. (N^os 639, 650.)

*Asperge*. Plante indigène, qui fournit un des meilleurs légumes et des plus sains. (N^os 310, 311.)

*Assainissement*. Opération par laquelle on donne un écoulement aux eaux croupissantes. Elle a un double objet d'utilité, la santé de l'homme et la culture. (N° 1135.)

*Assolemens*. Succession de cultures. L'expérience a prouvé qu'en remplaçant les plantes à racines pivotantes par celles à racines fibreuses, le sol conservait sa fertilité. M. *Ivart* a fait un traité complet des assolemens. Il offre, et les résultats de sa propre expérience, et les observations des autres.

*Tarello* proposa le premier d'alterner les cultures. Ce fait se trouve dans un livre imprimé à Venise en 1567. (*Ricordo d'agricoltura*.) (N° 1921.)

*Atmosphère*. Masse de fluides qui environnent la terre. Leur influence sur la végétation est reconnue généralement. (N^os 339, 687, 1612, 1613.)

*Aunis* (*agriculture de l'*). (N° 1279.)

# B.

*Bail à ferme*. Contrat par lequel on donne une terre à ferme. Tout propriétaire devrait se mettre au fait des conditions et clauses d'un bail, afin de prévoir les procès. (N^os 251, 1066.)

*Bail à cheptel*. Bail de bestiaux, dont le profit doit ordinairement se partager entre le preneur et le bailleur. Quelquefois il y a d'autres conditions que celle du partage. (N^os 1065, 1974, 2077.)

*Baromètre*. Instrument qui sert à faire connaître la pesanteur de l'atmosphère. Il remplit cet objet, et l'instrument n'est pas trompeur : mais nous avons conclu que tel degré de pesanteur indiquait le beau ou le mauvais tems, et cette conclusion, qui est souvent fausse, a décrédité les baromètres. (N° 1922.)

*Basse-Cour (oiseaux de)*. Voici sur ces oiseaux quelques recherches plus curieuses qu'utiles. La pintade, connue des Grecs et des Romains, et originaire d'Afrique, ne reparut en Europe qu'au 16e siècle, époque à laquelle cet oiseau était très-commun : son cri désagréable le fait bannir par beaucoup de cultivateurs.

Quelques écrivains prétendent que nous sommes redevables des dindons au roi René, mort en 1480. Ce roi nourrissait les siens, suivant la tradition du pays, au lieu dit *la Galinière*, près de *Rosset*. Ce prince aimait l'agriculture ; on lui doit l'introduction des perdrix rouges qu'il tira de l'île de Chio. D'autres écrivains veulent que le dindon ait été introduit sous François Ier, par l'amiral *Chabot*. Enfin, il en est qui croyent l'introduction de cet oiseau postérieure à cette époque, et prétendent que le premier dindon qu'on ait mangé en France, parut aux noces de Charles IX, en 1570 ; et qu'ils ne devinrent communs qu'en 1585. On voit, en 1566, les magistrats d'Amiens offrir douze dindons à Charles IX. Si ce fait prouve la rareté de ces oiseaux, il fait croire que le roi en mangea probablement avant 1570.

Suivant Belon, qui écrivait en 1554, les *coqs d'Inde* étaient connus des anciens sous le nom de *méléagrides* et de *gibberas*. Méléagre, roi de Macédoine, les apporta en Grèce l'an du monde 3559.

*Perdrix*. D'après plusieurs témoignages, il paraît que cet oiseau a été jadis au nombre des oiseaux domestiques. Le cardinal de *Châtillon* avait, près de Lisieux, des troupeaux de perdrix qui, tous les matins, allaient aux champs, et le soir revenaient à la basse-cour. *Tournefort* raconte avoir vu, près de Grasse, un Provençal qui avait des compagnies de perdrix privées. Cet usage est commun dans l'île de Chio, d'où l'on croit que René, roi de Naples, les apporta, vers 1440, en Provence.

*Le Paon*, originaire des Indes orientales, passa delà dans l'Asie mineure et dans la Grèce. Il était rare du tems de Périclès. Il parut à Rome dans la décadence de la république. *Hortensius* en fit manger le premier à Rome. En 1468, aux noces de Charles le Téméraire avec la reine Marguerite d'Angleterre, on servit cent paons, tous les jours, pendant une semaine, et deux cents cygnes, plus par ostentation que par gourmandise; car la chair de ces oiseaux, et particulièrement celle du cygne, est fort mauvaise. Dans le 16e siècle, il y en avait de nombreux troupeaux près de Lisieux. Cet oiseau est peu fécond, sauvage et difficile à multiplier.

*L'oie* était, avant la découverte du Nouveau-Monde, bien plus commune qu'elle ne l'est. On la servait sur la table des rois. Le dindon a pris sa place. On mangeait jadis en France une oie le jour de la St.-Martin. *Frommes* a écrit, en 1720, sur cette coutume, un livre *in*-4°, intitulé: *Tractatus curiosus de ansere martiniano*.

*Le faisan* fut apporté des bords du Phase, de la Colchide, dans la Grèce, par les Argonautes, lorsqu'ils revinrent de la conquête de la Toison-d'or. Il est farouche et peu susceptible d'être apprivoisé.

*La poule*, le plus commun des oiseaux de basse-cour, est, dit-on, originaire des Indes. Cependant, il y a peu de ressemblance entre les poules de ce pays et les nôtres. (Nos 468, 1484, 1966, 2016.)

*Bestiaux*. Ce mot signifie la même chose que *Bétail*. Ce sont les animaux à quatre pieds que l'on conduit dans les pâturages et qu'on élève pour les diverses besoins de l'homme. (Nos 3, 276, 668, 723, 741, 742, 1329, 1967.)

*Bêtes à laine*. L'éducation des bêtes à laine, au 16e siècle, était très-suivie, d'après le témoignage de *Quiqueran*. Il parle de propriétaires qui avaient jusqu'à quinze mille moutons, et de l'affluence des marchands étrangers pour en acheter les toisons. (Nos 165, 180, 263, 264, 280, 350, 589, 616, 681, 698, 755, 808, 809, 824, 847, 1079, 1092, 1093, 1094, 1097, 1126, 1127, 1128, 1129, 1133, 1148, 1162, 1168, 1203, 1421, 1434, 1435, 1458, 1555, 1561, 1621, 1651, 1677, 1713, 1732, 1924, 1925, 1995, 2048.)

*Betterave*. Plante cultivée pour l'homme et les animaux domestiques. On la croit originaire de Bohême. (Nos 489, 805, 864, 1116.)

*Beurre*. Partie huileuse et inflammable du lait; elle forme la crême qui, par l'agitation et la percussion, se sépare en beurre et en lait de beurre. Il fut long-tems inconnu des Grecs et des Romains. *Pline* en parle comme d'un remède en usage chez les Parthes. (Nos 1044, 1833.)

*Bière*. Boisson composée avec une décoction d'orge, ou de blé germé, qu'on fait fermenter en y ajoutant un principe amer extrait des fleurs de houblon. On attribue aux Egyptiens l'invention de la bière. (Nos 101, 742, 831, 954, 1834.)

*Bird-grass* (*graine d'oiseau*). Plante fourragère apportée de la Virginie en Angleterre. (No 1111.)

*Blanchiment des toiles*. (Nos 133, 624, 625.)

*Blanchissage*. (No 833.)

*Blé*. Les uns le font venir d'Egypte, les autres de Tartarie. *Bailly* et *Pallas* prétendent qu'il vient sans culture en Sibérie. Les Phocéens l'apportèrent à Marseille. Avant l'invasion des Gaules par les Romains, les Gaulois mangeaient le blé cuit ou écrasé sous des pilons. Le blé est susceptible de se conserver très-long-tems. En 1707, on découvrit dans la citadelle de Metz une grande quantité de blé placé, en 1528, dans un souterrain. Le pain qu'on en fit, fut trouvé très-bon. (Nos 66, 162, 172, 176, 177, 423, 424, 491, 602, 665, 669, 673, 675, 676, 714, 771, 828, 864, 929, 932, 1204, 1205, 1500, 1588, 1700, 1701, 1710.)

*Blé de Smyrne*. (Nos 937, 1177.)

*Blé moucheté*, (No 845.)

*Blés* (*maladie des*). (Nos 975, 1567, 1781.)

*Bois*. Nom donné aux lieux plantés d'arbres qui ne sont pas fruitiers. (Nos 110, 363, 631, 677, 684, 816, 838, 983, 1190, 1440, 1619, 1900, 1926.)

*Boissons*. Tous les peuples ont essayé, dans tous les tems, de faire des boissons fermentées. Depuis le dégoûtant *chica*, dont *Goguet* donne la description dans l'*Origine des lois*, *arts*, etc., jusqu'aux délicieux vins de France, il y a beaucoup de boissons intermédiaires. Le cidre et la bière sont au second rang. Sous la première race de nos rois, on faisait des boissons avec les mûres, les coings, les grenades, etc. En 1420, les

Parisiens furent réduits à boire du *prunelet*, fait avec des prunelles de haie fermentées. (N^os 330, 682, 2037.)

*Bornages*. Par ce mot, on entend l'action de planter des bornes dans une terre. Le bornage a donné lieu à beaucoup de procès, et pour les empêcher à l'avenir il faudrait un nouvel arpentage et des bornes mieux placées. (N° 125.)

*Boulangerie*. Nom donné à l'art de faire le pain, et au lieu où on le fait. (N^os 912, 1330, 1503.)

# C.

*Cadastre*. Registre où sont inscrits la quantité et la valeur des biens-fonds. Le cadastre sert de règle pour les impositions. Voyez *Impôt*. (N^os 204, 205, 1590.)

*Cadran solaire*. Inventé par le philosophe *Anaximandre*, l'an 547 avant J. C.

734, *montre solaire*; 778, *horloge*; 779.

*Café*. Cette fève, dont on a tant de peine à se passer aujourd'hui, fut apportée en france, en 1644, par des voyageurs de Marseille. Le *chocolat* ne nous vint qu'en 1661. Le *thé* est antérieur au chocolat et au café. Madame *de Sévigné*, dans une de ses lettres à sa fille, lui parle du café au lait, comme d'une chose extraordinaire, qu'elle trouvait excellente, mais si nouvelle qu'elle n'osait en prêcher l'usage.

Voici ce qu'on lit dans le *Traité sur les propriétés et les effets du café*. « Vers le milieu du 15^e siècle, le muphti d'Aden, voyageant dans la Perse, y vit employer le café. A son retour il le fit connaître dans son pays. D'Aden, il se répandit dans l'Arabie et dans les autres parties de l'empire Ottoman. Il commença à être en crédit à Constantinople, sous Soliman le Grand, en 1554; et environ un siècle après, on l'adopta à Londres et à Paris. On dit qu'un Français, des environs de Dijon, planta le premier, en 1670, et avec succès, des graines qui produisirent le cafier, mais le fruit n'eut aucun goût. »

En 1718, les Hollandais cultivèrent le café à Surinam; en 1727, les Français commencèrent à la Martinique; et les Anglais, en 1728, à la Jamaïque.

M. *de Ressons*, officier d'artillerie, apporta le premier pied de café qui ait été cultivé au jardin des plantes : ce pied ayant gelé, M. *Brancras*, bourguemestre d'Amsterdam, envoya en 1714, à Louis XIV, un pied de cafier qui a été le père des premières plantations de nos îles de l'Amérique. Dès 1716, de jeunes plants élevés des graines de ce pied, furent confiés à M. *Isambert*, médecin, pour les transporter aux Antilles. Mais ce médecin étant mort presqu'à son arrivée, la plantation n'eut pas de succès. En 1720, M. *de Clieux*, enseigne de vaisseau, partit pour la Martinique avec un rejeton du cafier du jardin du roi. La traversée fut longue ; l'eau manqua ; pendant un mois M. *de Clieux* partagea la faible portion qui lui en était délivrée, avec ce pied de café, sur lequel il fondait tout son espoir, et qui n'étant pas plus gros qu'une marcotte d'œillet, exigeait beaucoup de soins. Arrivé à la Martinique, il plante le pied de café dans le lieu le plus favorable à son accroissement ; et dans la crainte qu'il ne lui fût enlevé, il y établit une garde jusqu'à sa maturité. Le succès répondit à son attente : il obtint deux livres en graines, qu'il distribua aux personnes capables de soigner cette plante ; et au bout de quelques années, la culture en devint générale. (N^os 369, 501, 502, 503, 504, 606, 661, 761, 922, 1498, 1547, 1663, 2001.)

*Calendrier, Almanach*. Par le premier mot, on entend plus particulièrement l'indication des mois et jours de l'année : le second est plutôt relatif aux observations astronomiques. Souvent on emploie l'un pour l'autre. Il serait très-utile d'avoir un bon calendrier agronomique. (N^os 207, 208, 210, 211, 212, 213, 214, 257, 1576.)

*Canne à sucre*. Cultivée, en 1551, par les Provençaux, et avec succès. Ce roseau est indigène en Sicile ; l'empereur Fréderic II céda aux Juifs ses jardins de Palerme, pour y cultiver le palmier et la canne à sucre.

Sous la date 1281, il parut un rescrit de Charles d'Anjou, dans lequel il est question de cette plante. Dans les archives de l'hôtel de la monnaie, à Naples, il existait un titre de l'an 1242, dans lequel un certain *Pietro* est qualifié de *magister Saccherarius*. (N° 1792.)

*Carie* ou *charbon des blés*. Maladie qui détruit le froment.

Elle se manifeste vers la fin de mars. (Nos 1099, 1340, 1856.)

*Carotte*. Plante qui croît naturellement en France. En 1763, M. *Billing*, et en 1766, M. *Guerwer*, le premier en Angleterre, et l'autre en Suisse, cultivèrent la carotte comme fourrage : expérience qui a considérablement accru le domaine de l'agriculture. (N° 1981.)

*Cassis*. Nom sous lequel on distingue le groseiller à fruits noirs, des autres espèces. (Nos 1601, 1955.)

*Castration des animaux*. On ignore l'époque où, pour la première fois, elle fut pratiquée en France. Dans le 16e siècle, on faisait subir cette opération aux lapins qu'on lâchait ensuite dans les garennes, où leur chair devenait plus délicate. Cet usage s'est perdu. La castration des poissons date de 1754; *Tull* en est l'auteur.

*Catalogues* relatifs à l'agriculture. (Nos 219, 220, 221, 222, 223, 224, 225, 226, 227, 228, 1348.)

*Cèdre*. Arbre résineux, de la famille des conifères. Il ne croît naturellement que dans une plaine située entre les plus hauts sommets du Mont-Liban. (N° 505.)

*Cerisier*. L'an 680 de la fondation de Rome, Lucullus apporta de Cérasunte dans cette ville le premier cerisier qu'on y eût vu. L'abondance des cerisiers dans nos bois, a fait nier, à plusieurs auteurs, ce fait rapporté par *Ammien-Marcellin*. Voyez *Arbres*.

*Champagne*. Les plaines stériles de cette ancienne province ont fixé, dans le dernier siècle, l'attention du gouvernement. Il paraît que les essais que l'on a faits ont réussi en partie. (Nos 1228, 1237, 1583, 1596.)

*Chanvre*. Plante originaire des Indes; l'une des plus précieuses acquisitions que l'agriculture d'Europe ait faite. (Nos 68, 849, 1120, 1191, 1253, 1682, 1956.)

*Charbon*. Combustible végétal qui, pour être bien fait, doit être bien noir, léger, luisant et sonore. Tous les bois ne donnent pas du charbon de même qualité. (N° 134.)

*Charbon de terre*. Substance minérale combustible et bitumineuse. (Nos 1154, 1171, 1502.)

*Charançon*. Petit scarabée qui dévore les blés. On n'a pas

encore trouvé de moyens efficaces de s'en garantir. (N° 1615.)

*Charpenterie*. Art de travailler en charpente, dont il est utile d'avoir quelques notions pour les constructions rurales. (Nos 142, 1851, 1866.)

*Charrue*. L'instrument le plus ancien, le plus utile et le plus répandu de ceux de l'agriculture. On tâche de le perfectionner. La charrue de M. *Guillaume* passe pour la meilleure.

M. *Dessaux-le-Breton* a inventé une charrue du second ordre, qu'il appelle *binot à trois socs*. Il résulte des expériences faites avec cet instrument, qu'on exécute trois fois plus d'ouvrage que n'en fait l'autre charrue ; ou, ce qui revient au même, en trois fois moins de tems. Cet avantage n'a encore été reconnu que par la Société d'agriculture de Boulogne : mais il paraît incontestable. (Nos 395, 951, 1648, 1652.)

*Chasse*. Les Francs étaient passionnés pour la fauconnerie et la chasse. On ferait une bibliographie considérable des ouvrages sur la chasse, et l'éducation des oiseaux de vol amenés à la domesticité. Dans le 13e siècle on trouve des traités de l'empereur *Frédéric II* et d'*Albert* dit *le Grand*, sur la fauconnerie : plusieurs autres sur la chasse, datent du 14e siècle, entr'autres celui de *Modus* (nom *Pseudonyme*), et de *don Alphonse*, roi de Castille et de Léon. Ensuite, on traduisit les ouvrages des anciens sur la chasse ; puis, *Charles IX* composa le sien, qui ne fut pas publié sous son règne. Quand on vit que les rois écrivaient sur cet amusement, qui delà acquit le nom de *royal*, on inonda le public d'une foule d'ouvrages sur la chasse. Nous rapportons les titres de quelques-uns, comme objet de pure curiosité. Il existe un manuscrit de plus de 700 pages *in-folio*, composé de 1636 à 1641, par le comte de *Ligneville*, grand veneur de Lorraine et Barrois, contemporain d'*Olivier de Serres*. Ce manuscrit est intitulé *Les meutes et véneries de Jean de Ligneville*, comte de Bey. *Gaston Phébus*, dont le titre de l'ouvrage est rapporté dans cette bibliographie, nourrissait seize cents chiens de chasse. Il résulta de cette manie que l'agriculture fut négligée, parce que les champs sont dévastés quand la chasse a une étendue illimitée.

Voici les noms de quelques écrivains qui se sont occupés de la chasse.

*Noel le Comte*, de Venise, 16e siècle.

*Jérôme Fracastor*, de Vérone.

*Pierre Angeli*, de Berga en Toscane, 16e siècle.

*Michel-Ange Blendus*, 16e siècle.

*Jean de Kaie*, de Norwick, en 1510.

*Jean Darcci*, de Venose, lieu de naissance d'Horace, royaume de Naples, 14e siècle; sur les chiens de chasse. *Déthoui*, 1553.

*Jacques Timent Savari*, Normand, 17e siècle; a écrit des poëmes sur la chasse et l'hippiatrique.

*Vanière*, 17e siècle, de Béziers.

*Philippe d'Inville*, de Paris, 17e siècle; a écrit un poëme sur la chasse, de 450 vers, pendant qu'il professait la rhétorique à Rouen.

*Jacques le Paulmier*, seigneur de Granteménil, de Caen, 17e siècle; a écrit en grec sur la chasse.

*Æneas Sylvius Pie II*, 15e siècle; *De studio venandi*, qu'il ne voulut pas faire imprimer; mort à Ancone en 1464.

*Sébastien de Médicis*, 16e siècle.

*Jules-César Boulanger*, de Loudun, 17e siècle.

*Franç. Pomey*, 17e siècle; des traités de venerie et de fauconnerie, non imprimés séparément. (Nos 18, 40, 57, 58, 131, 145, 154, 157, 183, 198, 237, 238, 239, 240, 379, 391, 402, 416, 417, 429, 453, 463, 531, 571, 585, 588, 603, 700, 701, 702, 750, 914, 1009, 1345, 1372, 1375, 1376, 1391, 1392, 1505, 1517, 1521, 1531, 1548, 1724, 1747, 1748, 1767, 1857, 1858, 1859, 1914, 2007, 2008, 2027, 2028, 2029, 2030, 2059.)

*Châtaigne*. Originaire de Sardes en Lydie. Ce fruit est d'une grande ressource dans plusieurs cantons de la France. (Nos 604, 1860.)

*Chaux*. Substance qui entre dans la composition des cimens et les durcit. Un sol calcaire s'amende avec l'argile; un sol argileux avec de la chaux. Employée modérément, la chaux est un très-bon engrais, qui active la végétation. (No 348.)

*Chemins*. On commence à s'occuper des chemins ruraux si nécessaires pour l'exploitation des propriétés. Ils seront plantés et entretenus. C'est l'effet d'une administration sage et éclairée. (N° 243.)

*Chêne*. Le plus beau, le plus vivace et le plus utile de nos arbres forestiers. Il croît naturellement en France. Il y en a de nombreuses variétés. Celles qu'on regarde comme les meilleures, sont le *chêne blanc* et le *chêne rouvre*. (Nos 894, 1283, 1877.)

*Chenilles*. Un des fléaux de l'agriculture. On n'a pas encore trouvé de moyen certain pour les détruire. L'échenillage est le meilleur, mais il demande des soins et de la vigilance. (Nos 244, 1838.)

*Cheval*. De tous les animaux domestiques, c'est celui qu'on emploie à un plus grand nombre d'usages. Il traîne, il porte; ce qui le rend propre aux travaux de l'agriculture, du commerce et de la guerre. Il est intelligent et susceptible d'éducation. Voyez *Haras*. (Nos 16, 863, 1161, 1307, 1337, 1400, 1403, 1420, 1459, 1478, 1506, 1510, 1512, 1513, 1631, 1641, 1805, 1862, 1889, 1916, 1927, 1958, 1984, 2015, 2022, 2049.)

*Chèvres*. Animal utile, en même tems qu'il fait le plus grand tort aux cultivateurs. Il y a des cantons où les chèvres sont proscrites. (N° 1555.)

*Chien*. Il y en a d'innombrables variétés, qu'on suppose toutes produites par le chien de berger, la plus utile de toutes, avec les chiens de basse-cour et de chasse. (Nos 506, 893, 1451.)

*Chimie*. Cette science, qui apprend à connaître l'action intime et réciproque de tous les corps de la nature les uns sur les autres, a fait beaucoup de progrès depuis un demi-siècle. Applicable à tous les arts et à l'agriculture, le premier de tous, elle est essentielle aux cultivateurs instruits qui veulent se rendre compte de leurs procédés. (Nos 1584, 1657.)

*Chou-navet*. Espèce dont la racine se mange. (Nos 1118, 1119.)

*Cidre*. Boisson vineuse faite avec la pomme. Elle n'est bien fabriquée que dans dix-huit départemens français. On prétend que ce sont les Biscaïens qui apprirent aux Normands la fabrication du cidre, long-tems après que ceux-ci eurent cultivé les pommiers. (Nos 114, 1743, 2038.)

*Cire*. Matière fabriquée par les abeilles, et qu'on sépare du miel. En général, les cires de France ne blanchissent pas bien. (Nos 135.)

*Citronnier*. Date probablement de la même époque que les orangers. La culture de cet arbre a été soignée à *Menton*, qui, pendant 113 ans et jusqu'à sa réunion, a eu un *magistrat des citrons*, pour la récolte et la vente de ce fruit, qui s'élevait à 30 millions de citrons. (N° 1839.)

*Clôtures*. Voyez le mot *Haie*. Il y a un vieil adage qui démontre l'utilité des clôtures, et qui dit : *Pour néant plante, qui ne clost*. (Nos 249, 404, 1100, 1208, 1384.)

*Cochon*. Quelques cultivateurs prétendent que, de tous les animaux domestiques, le cochon est celui dont l'éducation est la plus lucrative.

Le maréchal de *Vauban* a fait des expériences curieuses sur la fécondité des cochons. (N° 507.)

*Code rural*. La diversité des usages et des coutumes champêtres, donne lieu à une infinité de procès. On s'occupe de la rédaction d'un code uniforme qui est attendu avec impatience. Ce sera un bienfait réel. (Nos 253, 1005, 1452, 1637, 1739.)

*Coignassier*. Arbre du genre du poirier. Il est originaire des bords du Danube, suivant les uns, et selon les autres, de Cydon dans l'île de Crète. Voyez *Arbres fruitiers*.

*Collections* ou *Recueils* dans lesquels on trouve des objets d'économie rurale. (Il n'est pas question de *Journaux*. V. ce mot.) (Nos 8, 35, 49, 50, 202, 265, 282, 292, 293, 298, 425, 437, 1256, 1258, 1259, 1260, 1261, 1262, 1267, 1268, 1269, 1270, 1273, 1277.)

*Colombier*. Bâtiment rond ou carré garni de trous pour nicher les pigeons.

La destruction des colombiers a privé la France d'un comestible évalué à quatre millions deux cent mille livres pesant de viande par an. Il y avait quarante-deux mille

mille colombiers. Ce calcul a été fait par la Société d'agriculture. (Nos 1395, 2078.)

*Colsa*. Espèce de chou qui ne pomme pas et qu'on cultive en grand. Il fournit de l'huile, et nourrit le bétail. (N° 1899.)

*Combustible*. La diminution des bois a fait rechercher des moyens de se procurer d'autres combustibles. On a fait des essais pour perfectionner les cheminées de manière à diminuer la consommation du bois. La tourbe et le charbon de terre offrent des ressources immenses auxquelles on commence à avoir recours. (N° 762.)

*Communes*. Nom donné à des terrains vagues où l'on menait paître des bestiaux. La suppression des communes a été utile à l'agriculture. (Nos 387, 590, 628, 1095, 1487, 1587, 1928, 1975.)

*Connaissance des terres*. Regardée avec raison, par *Olivier de Serres*, comme la base de l'agriculture. *Réaumur*, en 1730, *Pluche* et *Buffon*, exprimèrent quelques idées à ce sujet; mais les deux premiers, en considérant cette connaissance, moins sous le rapport de l'économie rurale, que relativement à l'architecture. Ce ne fut qu'en 1749, qu'*Eller* lut à l'académie de Berlin un mémoire sur les causes de la fertilité de la terre. En 1761, l'académie de Metz mit cette question au concours. L'analyse chimique est le moyen le plus sûr de parvenir à la connaissance des terres, et conséquemment à la connaissance des causes de leur fertilité. M. *de Beunie* a démontré cette vérité. M. *Dumont-Courset*; dans le *Botaniste-cultivateur*, *Kirwan*, etc. ont écrit sur cette matière.

*Constructions rurales*. Elles sont moins avancées que celles de ville, et l'architecture des campagnes est loin de la perfection que cet art a atteint dans les cités. *Duhamel du Monceau* a mis sur cet article des observations intéressantes dans ses *Elémens d'agriculture*. Il avait fait construire, à Denainvilliers, une ferme qui offrait plusieurs exemples des améliorations que l'on peut introduire dans la manière de bâtir et de distribuer les habitations des champs. L'art de loger les hommes, les animaux et les récoltes, avec simplicité, solidité, économie, est, suivant la remarque de M. *François de*

*Neufchâteau*, le premier problème que l'on ait à résoudre dans la science des campagnes. Outre les traités directs faits sur les constructions rurales, on trouve, dans beaucoup d'auteurs qui ont écrit sur l'agriculture, des observations relatives à cet article; entr'autres, dans *Olivier de Serres*, dans *Vanières*, etc. M. *de Menjot d'Elbenne*, propriétaire de Couleon, département de la Sarthe, s'est particulièrement occupé de l'art de perfectionner les toits et les tuiles. (Nos 17, 89, 99, 256, 281, 297, 409, 530, 1027, 1176, 1281, 1385, 1812, 1853, 1890, 1891, 1923, 1929.)

*Cornouiller*. A la propriété de repousser par ses racines, lorsqu'il est desséché. On connaît des pieds qui ont plus de 600 ans. Voyez *Arbres*.

*Corvée*. Travail que les laboureurs devaient, soit en journées de corps, soit en journées de chevaux, de bœufs ou de harnois. (N° 1695.)

*Coton*. L'une des plantes les plus utiles. Il y en a plusieurs espèces originaires d'Asie, d'Afrique et d'Amérique. On fait des essais pour le cultiver dans le midi de la France, et l'on n'est pas sans espoir d'y réussir. (Nos 123, 523, 694, 1444.)

*Coupe des bois entre deux terres*. Elle se fait en formant la section dans la terre, aux points où les racines se réunissent à la base de la souche. Cette méthode avantageuse, pratiquée en grand par M. *Douette Richardot*, cultivateur à Langres, paraît préférable à celle dont on fait usage ordinairement. (Nos 340, 1640.)

*Cuisine*. Nous allons ajouter quelques observations à celles que nous avons insérées sous le N° 1074; elles sont de *Bélon*, qui, dans un livre imprimé en 1553, s'exprime ainsi :

« Les Français ne conviennent en l'esprit des viandes avec les Italiens, non plus que les Allemands aux Espagnols, et ainsi des autres. Les Anglais ont été contraints, par leur roi, à manger du poisson trois fois la semaine, pour ne perdre nourriture de poisson et profit de pescherie. Les Français, de tous les peuples soumis à l'église romaine, ont plus grand appareil dans leurs repas; ils ont majesté plus grande. On leur sert mille petits déguisements de chair pour l'entrée de table en diverses pièces de vaisselles qui est plus pour la cerémonie qu'autrement : esquelles on met l› plus souvent ce qui est mol et liquide et qui se doit servir chaud ; comme sont potages, fricassées, hachis et salades. Ce premier service est ce qu'on nomme *l'entrée de table*. Le second service est du rôti et bouilli de diverses espèces de chairs, tant oiseau que d'autres diverses animaux terrestres, (point de poisson à jours de chairs). L'issue de table ordinairement nous est de choses froides, comme de fruictages, laictages et doulceurs. C'est à s'esmerveiller des Français qui se délectent si fort en la variété des viandes, tellement qu'au repas d'un simple bourgeois, l'on verra deux, trois ou quatre douzaines de vaisselles salies, qui sont assez pour empêcher deux hommes un jour pour les nettoyer. L'abondance est ce qui émeut l'homme à rechercher les friandises des viandes. Quant à notre part, nous estimons que les autres nations ne sauraient tant nommer de mets en leur langue que les Français. La manière de servir les princes français, à notre jugement, excède toutes les autres en honnêteté et cérémonies bien ordonnées. Aux mesnages et mesmement de personnes privées, l'on ne met vaisseau ne voirre dessus table pour boire ; car, si quelqu'un a soif, on lui en apporte du buffet ». (Extrait de l'*Histoire de la nature des oiseaux*, etc., par *P. Bélon*, du Mans, 1555.)

On vient de publier pendant l'impression de cette Bibliographie un ouvrage intitulé : *Le cuisinier anglais universel*, ou *le nec plus ultra de la gourmandise*, par *F. Colling Wood et J. Woolams*, *chefs de cuisine*, 2 gros vol. *in*-8°. La cuisine anglaise n'a jamais passé pour la meilleure ; c'est la nôtre. Il n'y a guère que le *beefsteck* qui ait reçu un bon accueil sur le Continent. Avec leur viande crue, leurs sauces épicées, leur *ale*, leur *beer* et leur *porter*, les Anglais, qui n'ont d'autres fruits mûrs que des pommes cuites, ne méritent pas plus de nous être comparés sous le rapport de l'art gastronomique, que sous d'autres rapports plus essentiels. Les comparer aux Français, c'est vouloir mettre en parallèle le *beer* ou le *porter* avec le vin de Bourgogne ou celui de Frontignan.

M. *Mercier* a dit qu'un cuisinier était un médecin qui guérissait radicalement deux maladies mortelles, la faim et la soif. Il y aurait autant de justesse à dire que ce médecin remplace souvent la première de ces maladies par une autre qu'on appelle indigestion, et que, grâces aux assaisonnemens, il augmente la seconde bien loin de la guérir. Jamais un cuisinier n'a fait passer la soif. (Nos 95, 1074, 2068, 2070, 2071.)

*Cultivateurs*. Ce sont ceux qui cultivent par eux-mêmes, ou dirigent une exploitation. Dans l'idée attachée à ce mot, on suppose qu'ils connaissent l'art qu'ils exercent, ce qui les distingue du laboureur. On appelle encore *cultivateur*, une charrue légère à une roue. En France on en fait peu d'usage. (Nos 48, 53, 54, 77, 79, 80, 81, 82, 377, 1211, 1332, 1367, 1572, 1579.)

*Culture* (*grande et petite*). On est partagé d'opinion sur la préférence qu'on doit donner à l'une des deux. *Young* blâme la petite, et ne veut que de grandes fermes. La population gagne à la petite. Je crois qu'il y a de bonnes raisons pour l'une comme pour l'autre, et que cette discussion tient à la manie de trop généraliser les questions. *Tout est relatif* est un mot plus sensé qu'on ne pense. (Nos 1228, 1234, 1399, 1568, 1875, 1895.)

## D.

*Défrichement*. Opération par laquelle on met en valeur un terrain inculte. Voyez l'article de M. de *Turbilly*, qui a fait un excellent ouvrage sur les défrichemens. (Nos 788, 969, 1058, 1068, 1209, 1398, 1536, 1540, 1562.)

*Désinfectement*. Ce mot, qui n'est point admis par le Dictionnaire de l'académie, a été employé en 1668. (No 1940.)

*Desséchement*. Opération par laquelle on facilite l'écoulement des eaux stagnantes pour assainir un terrain. MM. *de Chassiron*, *Brémontier* et *Douette-Richardot* ont publié d'utiles ouvrages sur cette matière. (Nos 156, 475, 557, 584, 919, 1172, 1181, 1182, 1266, 1310, 1480.)

*Dîmes*. C'était la dixième partie des récoltes qu'on payait à l'église. Il y a des pays où l'on ne dîmait que le vingtième. La suppression de cet impôt en nature a été avantageuse à l'agriculture. (Nos 1582, 1592.)

*Dindon*. Voyez *Basse-cour* et le N° 357.

*Distillateur, distillation*. Opération par laquelle on recueille, à l'aide d'un degré de chaleur convenable, les principes volatils des corps. M. *Chaptal* a fait faire des progrès à l'art du distillateur. (Nos 136, 137, 1143, 1614, 2062.)

*Domaines, propriété, bien-fonds*. La portion de terre que le propriétaire se réserve pour la faire exploiter sous ses yeux, s'appelle *domaine*. Il est rare de gagner à cette méthode. (N° 1957.)

*Dunes*. Collines sablonneuses sur les bords de la mer. Les Hollandais ont trouvé le moyen de les rendre productives ; et M. *Brémontier* a fait les essais les plus heureux dans ce genre. (N° 695.)

## E.

*Eau*. L'un des plus puissans agens de la végétation. Elle joue un rôle dans presque tous nos usages domestiques. (Nos 626, 690.)

*Eau* la plus propre à la végétation. (N° 1611.)

*Eau-de-vie*. On en obtient avec du cidre et du poiré : elle se prépare comme celle qu'on tire du vin, excepté qu'on la distille deux fois. *Aix*, *Andaye*, *Cognac*, *Montpellier* et *Orléans* sont des villes renommées par la bonté de leurs eaux-de-vie. (Nos 115, 1143, 1884.)

*Eaux et forêts*. Juridiction qui connaissait de la chasse, de la pêche, des bois et rivières, tant au civil qu'au criminel. Les propriétaires devraient connaître les ordonnances des eaux et forêts. (Nos 250, 252, 259, 267, 287, 438, 439, 442, 447, 554, 555, 556, 692, 791, 810, 965, 1085, 1086, 1365, 1391, 1411, 1429, 1496, 1716, 2007.)

*Ecoles vétérinaires*. Etablissemens de la plus grande utilité. Les deux plus célèbres sont à Alfort, près de Charenton, à deux lieues de Paris, et à Lyon. (N° 1715.)

*Economie domestique*. On doit entendre par ces mots l'administration intérieure d'une maison ; l'ordre, la règle qu'on apporte dans la recette et la dépense ; le système du gouvernement d'une fortune concerté pour l'entretien, la conservation et l'amélioration de la chose. Il est des articles qui semblent appartenir également à l'économie *rurale* et à l'économie *domestique*. (Nos 193, 215, 241, 242, 245, 246, 266, 268, 270, 305, 306, 381, 382, 397, 430, 431, 432, 444, 445, 540, 541, 547, 548, 573, 574, 908, 948, 971, 988, 990, 995, 996, 1024, 1025, 1029, 1038, 1292, 1474, 1509, 1688.)

*Economie politique*. Voyez l'article *Economistes*.

*Economie rurale* Administration extérieure d'un bien de campagne, c'est-à-dire, tous les travaux de l'agriculture. *L'économie rurale* et *domestique* comprend l'administration intérieure et extérieure. (Nos 41, 186, 190, 542, 543, 544, 545, 546, 549, 550, 551, 818, 865, 867, 915, 962, 964, 967, 968, 972, 973, 974, 993, 1001, 1224, 1280, 1318, 1373, 1393, 1394, 1491, 1492, 1493, 1507, 1508, 1519, 1522, 1660, 1679, 1688, 1718, 1719, 1720, 1721, 1722, 1723, 1745, 2033, 2054, 2064.)

*Economistes*. Dénomination donnée, au milieu du dernier siècle, à une classe d'hommes d'état et d'écrivains qui ont fait de l'économie politique l'objet de leurs études et de leurs recherches. Critiqués amèrement par des gens qui ne voulaient pas les entendre (1), exaltés avec excès par des partisans peu réfléchis, ils ont été et sont peut-être encore peu connus, parce que la calomnie et l'enthousiame donnant dans deux excès opposés, inspirent aux personnes sensées une juste défiance. Tâchons donc de présenter les économistes sous leur véritable jour ; et s'il y eut au milieu d'eux des hommes dont la conduite était en contradiction avec les principes, n'oublions pas que ce n'est point une raison pour condamner, et la doctrine, si elle était bonne, et ceux qui la propagèrent, s'ils étaient de bonne foi.

D'après la définition donnée dans l'Encyclopédie,

(1) On les a accusés d'avoir amené la révolution ; et il parut, en 1796, à Brunswick, un ouvrage, en 2 vol., intitulé : *L'esprit des économistes, ou les économistes justifiés d'avoir posé, par leurs principes, les bases de la révolution française*, par le prince *Gallitzin*.

la *science économique embrasse l'ensemble des sociétés politiques* : c'est-à-dire, « tout ce qui concerne la force et la durée des empires et le bonheur physique et moral de l'humanité. C'est proprement cette science nouvelle, quant à la forme, aux principes et aux résultats, qui a fait naître cette expression *économie politique*, et ce sont ses sectateurs qu'on a appelés *économistes*. »

On voit, d'après cela, combien la science économique embrasse de choses.

Les économistes nous présentent plusieurs principes de leur doctrine. En voici quelques-uns :

1° Selon eux, tout sort de la terre productive des biens, qui, seuls, peuvent devenir richesses par leurs valeurs d'échange entre les hommes : mais cependant il faut des richesses pour forcer la terre à produire des biens. Pour concilier cette contradiction, ils appellent les premières richesses, *avances* confiées à la terre, qui les double dans son sein. Les fruits épars et spontanés du sol en des climats fertiles fournirent au cultivateur les premières avances. Ces fruits se sont progressivement accrus.

2° L'excédent par delà la mise est le *produit net* : mot de ralliement dont le sens a occasionné beaucoup de discussions et de plaisanteries. Le cultivateur ne peut faire d'avances pour le produit futur, qu'autant qu'on lui aura payé le produit passé.

3° L'échange continuel entre la consommation et la production, est le lien général de toute société, attendu que toutes les branches de l'industrie et tous les genres de travaux arrivent directement ou indirectement à ce centre général de tous les biens, pour obtenir leur part de subsistances et les biens propres à leurs besoins.

4° Le commerce étant l'agent des communications entre les consommateurs et les producteurs, il faut le laisser absolument libre, etc.

M. *Quesnay*, que plusieurs personnes regardent comme le fondateur de la secte économique (titre qui lui a été contesté), a mis en avant trente maximes, dont la vérité et l'utilité sont reconnus. Nous regrettons de ne pouvoir les insérer ici. On les trouvera au mot *Agricole*, dans l'*Economie politique* de l'Encyclopédie.

Suivant cet auteur, *les fortunes pécuniaires sont des richesses clandestines qui ne reconnaissent ni roi, ni patrie*.

Les nouveautés des économistes, leur *produit net*, qu'on se plut à tourner en ridicule avant de vouloir l'entendre, leur nomenclature, effarouchèrent les opinions, l'amour-propre et les intérêts de plusieurs. Mais, en général, on ne tarda point à reconnaître leurs bonnes intentions, et tout en les plaisantant, on convint qu'ils avaient respecté dans tous leurs écrits, la religion, les mœurs et toutes les autorités reçues. Quelques écrivains s'emparant de plusieurs résultats de la doctrine, se mirent au nombre des économistes. Un, entr'autres, maniant assez habilement l'arme du ridicule, mais la craignant trop pour la braver, voulut, quand la secte était hors de l'atteinte de cette arme, s'inscrire au nombre des économistes, et même réclamer le premier rang. Prétention mal fondée de l'abbé *Galiani* qui n'embrassa qu'une des parties du système.

On doit compter les économistes au nombre de ceux qui révèrent le bonheur du genre humain : projet estimable sans doute, mais qui suppose toujours dans ceux qui veulent sincérement l'exécuter, plus d'esprit que de jugement, plus d'enthousiasme que de raison, et qui n'est entre les mains des fripons qu'un moyen de plus de tromper les hommes. C'est aux souverains qu'il appartient de penser avec fruit au bonheur des peuples. Tout projet sans moyens d'exécution est une chimère, pour ne pas dire un acte de folie.

Si les partisans d'une même religion ont rarement été d'accord entr'eux sur tous les articles de cette religion, s'ils se disputèrent souvent après avoir discuté long-tems, on ne doit point s'étonner de voir les économistes divisés en deux partis. Nous allons extraire d'un ouvrage récent (*Œuvres de Turgot*), un passage qui fera voir la nuance qu'il y avait entre les économistes, et connaître les noms des plus célèbres.

« Les économistes français, fondateurs de la science moderne de l'économie politique, ont eu pour précurseurs le duc de *Sully*, qui disait, *le labourage et le pâturage sont les mammelles de l'état*; le marquis d'*Argenson*, de qui est la belle maxime, *ne pas trop gouverner*, et M. *Trudaine* le père qui, dans la pratique, opposait avec courage cette utile maxime aux préventions des ministres et aux préjugés de ses collègues, les autres conseillers d'état. Les Anglais et les Hollandais avaient entrevu quelques vérités qui n'étaient qu'une faible lueur au milieu d'une nuit obscure : l'esprit de monopole arrêtait la marche de leurs lumières. Dans les autres pays on n'avait considéré l'agriculture et le commerce que pour les soumettre à des opérations fiscales. Vers 1750, MM. *Quesnay* et *de Gournay* examinèrent si l'on ne trouverait pas dans la nature des choses des principes de l'économie politique, et si l'on ne pouvait point les lier de manière à en faire une science. Ils arrivèrent par deux routes différentes aux mêmes résultats qui leur parurent positifs, et quoique chacun regardât la méthode de l'autre comme la démonstration de la même vérité, ils formèrent deux écoles qui eurent chacune des disciples zélés et même célèbres.

» M. *de Gournay*, fils de négociant, et négociant lui-même, s'attacha au principe de la *liberté* et *de la concurrence* du commerce. M. *Quesnay*, fils d'un cultivateur instruit, s'occupa plus particulièrement de l'agriculture et de ses produits, qu'il considérait comme les véritables sources de la richesse et de la prospérité des nations. Il fit cet adage : *Pauvres paysans, pauvre royaume ; pauvre royaume, pauvres paysans.* Et il parvint, par un hasard singulier, à faire imprimer ce même adage, de la propre main de Louis XV, à Versailles.

» Les principaux disciples de l'école de *Gournay* furent M. *de Malesherbes*, l'abbé *Morelet*, *Herbert*, *Trudaine* père, *Trudaine de Montigny*, d'*Invau*, le cardinal de *Boisgelin*, *Champion de Cicé*, archevêque d'Aix, *Dangeul*, le docteur *Price*, le doyen *Josias Muscher*, *David Hume*, *Beccaria*, *Filanghiéri*, *etc.* Dans l'école de *Quesnay*, on comptait le marquis de *Mirabeau*, *Abeille*, *Fourqueux*, *Bertin*, *Dupont de Nemours*, le chancelier de *Lithuanie*, le comte *Verri*, *Tavanti*, ministre d'état à Florence, l'abbé *Roubaud*, le *Trosne*, *Saint-Péravy*, *Vauvilliers*, le margrave de *Bade* (aujourd'hui grand-duc), l'archiduc *Léopold* depuis empereur d'Autriche, qui fit sur la Toscane l'application de la doctrine. *Le Mercier de la Rivière* et l'abbé *Beaudeau*, se détachèrent de l'école de *Quesnay*, pour en établir les principes, et en obtenir les résultats d'une autre manière.

» D'autres personnages célèbres, sans adopter aucun système, sans autre motif que l'amour de la vérité, et ne voulant appartenir à aucune école, sont rangés parmi les économistes ; ce sont *Turgot*, *Condillac*, *Adam Smith*, *Germain Garnier*, aujourd'hui sénateur, *Sismonde*, *Say*, de Genève, etc. »

Telle est l'idée qu'on peut se faire des économistes, dont la doctrine et l'histoire seraient susceptibles d'un long développement. Forcés de nous renfermer dans des bornes que nous craignons même d'avoir franchies, nous avons tâché de présenter les traits et les faits principaux, dans un article auquel il n'était guère possible de donner plus d'étendue, et qu'il était de notre devoir de ne point abréger davantage.

Sous les numéros suivans on indique les ouvrages qui ont rapport soit à la doctrine, soit à la personne des économistes. (N^os 83, 552, 583, 910, 943, 1580, 1581, 1599, 1600, 1625, 1671, 1692, 1693, 1853, 2020, 2023, 2060.)

*Education des animaux domestiques*. Elle a été jusqu'à ce siècle un objet particulier de l'économie rurale anglaise. Depuis dix ans elle a fait de grands progrès en France. (N^os 1888, 1889, 1967)

*Engrais*. On appelle *engrais* toute substance qui ajoutée à un sol, le fertilise et l'améliore. Tout, dans la nature, peut servir d'engrais ; il s'agit d'appliquer chaque substance dans les cas convenables. L'art d'amender un terrain consiste dans la connoissance de ce terrain, dans celle de l'engrais qui lui convient et dans la manière de l'employer. (N^os 31, 61, 167, 354, 355, 356, 359, 632, 672, 708, 1153, 1164, 1199, 1213, 1229, 1291, 1358, 1422, 1427, 1647, 1677, 1797, 1930, 1997.)

*Engraissement*. Action d'engraisser les bestiaux. Le mot *engrais*, dont se servent quelques écrivains pour exprimer cette action, désigne une opération agronomiqui n'a aucun rapport avec l'engraissement. (N° 2006.)

*Ensemencement*. Opération par laquelle on a jeté la semence dans un champ en quantité suffisante. Ce mot désigne tout ce qui est relatif à cette opération. (N° 1144.)

*Ente.* Synonyme de *greffe.* Opération par laquelle on insère une petite branche ou un rouleau d'écorce boutonné, ou un bourgeon appartenant à un arbre qu'on veut multiplier, dans la tige ou les branches de celui qu'on veut greffer. L'inventeur de cet art est inconnu. (Nos 15, 980.)

*Epizooties.* Maladies contagieuses des bestiaux. Elles étaient plus fréquentes et plus désastreuses dans les 15 et 16e siècles, qu'elles ne l'ont été dans le dernier; ce qui s'explique par l'imperfection dans la manière ancienne d'élever et de soigner les bestiaux. Ces maladies ont été, dans le dernier siècle, la cause de l'établissement de la *Société royale de médecine*, fondée pour entretenir sur tous les objets utiles à l'art de guérir, une correspondance suivie avec les médecins les plus habiles. En 1775 et 1776, pendant l'épidémie répandue sur les bestiaux, M. *Turgot*, forcé de signer l'ordre d'égorger tous les animaux qui en étaient atteints ou menacés, s'occupa des moyens d'arrêter les ravages de l'épizootie; et pour y parvenir, voulant attacher à la théorie de leur traitement des personnes de l'art, il établit une commission composée d'un certain nombre de médecins sous la direction du contrôleur général. La faculté de médecine fut d'abord alarmée en voyant se former une compagnie qui semblait se séparer d'elle et chercher des distinctions particulières : mais elle a bientôt été rassurée par l'utilité dont ce nouvel établissement pouvait être. Depuis 1776, la Société royale a publié plusieurs volumes, et distribué des prix sur des sujets d'une grande importance. M. *Vicq-d'Azir* a été secrétaire perpétuel de cette société.

Voyez, pour les ouvrages qui traitent des épizooties, (Nos 24, 168, 174, 485, 493, 494, 495, 579, 652, 670, 686, 861, 862, 1061, 1075, 1252, 1423, 1431, 1451, 1461, 1659, 1667, 1938.)

*Erable*, à feuilles de frêne. Cet arbre, originaire de la Virginie, s'élève à une hauteur considérable. (N° 1183.)

*Ergot.* Nom d'une maladie qui attaque le seigle. Le pain fait avec du seigle ergoté, est un aliment dangereux. (N° 1685.)

*Espaliers*. Presqu'ignorés des anciens ; n'ont été bien pratiqués qu'à la fin du 16ᵉ siècle. Ce n'était d'abord qu'une espèce de haie, soutenue par des pieux, d'où l'espalier prit son nom, qu'il a gardé lorsqu'on l'a adossé contre un mur. C'est *Laquintinie* qui a mis les espaliers à la mode.

*Etablissemeut d'Hofwill*. Cet institut célèbre où l'on enseigne l'agriculture, doit son existence à M. *Fellemberg*. Il est à quelque distance de Berne. (N° 1635.)

*Etangs*. On ne doit conserver que ceux qui ne sont pas mal sains, et qui sont plus productifs qu'ils ne le seraient, s'ils étaient desséchés et rendus à l'agrciulture. (Nᵒˢ 656, 1214, 1426, 1462, 1463, 1520, 1645.)

## F.

*Farine*. Grain moulu, réduit en poudre. On a fait beaucoup d'essais sur la conservation des farines. (Nᵒˢ 678, 1130, 1198, 1309, 1424.)

*Fauconnerie*. On a écrit pour savoir si la fauconnerie avait été connue des anciens. Ce qui me paraît prouver mieux que tous les raisonnemens possibles qu'elle ne l'était pas, c'est qu'il n'existe point dans la langue latine de mot qui corresponde à celui-là. Les latinistes modernes sont obligés d'employer une périphrase. Ils traduisent le mot *fauconnerie* par *instituendorum accipitrum ars*. Les Grecs employaient plutôt la ruse que la force pour se rendre maître des animaux : il est étonnant qu'ils n'ayent point imaginé le moyen de se servir des oiseaux de proie pour s'emparer des autres, ou la *fauconnerie* qui date du moyen âge. Voyez *Chasse*. (Nᵒˢ 959, 963, 1319, 1717, 1911, 2032.)

*Fécondité de la terre*. Elle s'épuise si on ne la répare par des engrais : une bonne rotation de récoltes ne suffit pas pour l'entretenir. (N° 1609.)

*Ferme expérimentale*. On entend par ces mots un terrain sur lequel on ferait des essais d'agriculture pour fixer les progrès de cet art. Il n'y a guère qu'un gouvernement qui puisse se livrer à ces expériences. (N° 1591.)

*Feuilles en fourrage*. Elles suppléent avantageusement à la disette des foins. (N° 822.)

*Figuier*. Cet arbre a passé de la Grèce en Italie, et de l'Italie en Provence, où il est devenu indigène. On le cultive en plein air à une latitude bien plus froide, et l'on en voit beaucoup dans les environs de Paris. (N^os^ 1389, 1655, 1878, 1970.)

*Fleurs*. Dans le 16^e^ siècle on ignorait l'art de rendre les fleurs doubles. C'est aux Hollandais qu'on doit ce secret. (N^os^ 104, 179, 269, 313, 333, 538, 706, 715, 803, 877, 878, 1027, 1726, 1867, 1872, 1874, 1882, 1931, 1932, 1976, 2057.)

*Forêts*. Grande étendue de pays couverte de grands arbres. Ce fut sous Philippe le Hardi, en 1280, que le gouvernement confia la régie des forêts à une administration particulière. Voyez *Eaux-et-Forêts*. (N^os^ 85, 93, 611, 667, 997, 998, 1012, 1013, 1028, 1033, 1071, 1174, 1180, 1206, 1294, 1295, 1335, 1438, 1570, 1707, 1734, 1909, 1917, 2002.)

*Fourneaux à la Rumfort*. M. le comte de *Rumfort*, en perfectionnant l'art de construire les fourneaux, a rendu un service réel, puisqu'il a réduit la consommation du combustible. M. *Curaudeau* a fait dans ce genre des essais heureux. (N° 1800.)

*Fourneaux*. (N° 1821.)

*Fourrages* (disette des). (N° 846.)

*Fraisier*. Plante qui croît naturellement dans les bois, et qui, par le moyen de la culture, donne un grand nombre de variétés. M. *Duchesne* s'est occupé particulièrement de la culture du fraisier. (N^os^ 769, 1933.)

*Frêne*. L'un des plus beaux de nos arbres forestiers. Il est propre au charronage, au tour, à faire d'excellens cercles, etc. (N° 1602.)

*Fruits*. La plupart de nos bons fruits sont venus d'Asie, l'abricot, la prune, l'aveline, la figue, la noix, l'olive, le coing, la grenade, etc. (Voyez *Arbres à fruits*, et les N^os^ 6, 334, 804, 1390, 1409, 1410, 1861.)

*Fumée*. Moyen usité avec succès pour garantir les végétaux des gelées du printems. (N° 2021.

# G.

*Galega*. Plante légumineuse, originaire des parties méridionales de l'Europe et dont on fait un bon fourrage (N° 1084.)

*Garance*. Cette plante, quoiqu'originaire des pays chauds, croît dans ceux du nord et y est cultivée avec succès. Elle sert à teindre en rouge les laines, et à fixer plusieurs couleurs simples ou composées. Elle teint pareillement en rouge les os des animaux qui en mangent. Les vaches aiment beaucoup les feuilles de cette plante. Elle était cultivée en France en 1275, sous le règne de Philippe-le-Hardi, ainsi que l'atteste un acte passé, dans cette année, par le prieur de Saint-Denis. Cet acte est relatif à la dîme de la garance. (Nos 1105, 1131, 1349, 1893, 1894.)

*Garde champêtre*. Officier de police chargé de la garde des fruits et des champs. (N° 717.)

*Genêt*. Arbuste très-commun, et dont nous ne parlerions pas, s'il n'avait été l'objet d'une brochure publiée pendant l'impression de cet ouvrage, intitulée : *Du genêt, considéré sous le rapport de ses différentes espèces, de ses propriétés et des avantages qu'il offre à l'agriculture et à l'économie domestique*.

L'auteur, M. *Thiébaut-de-Bernaud*, qui n'a rien laissé à désirer sur ce sujet, passe en revue toutes les différentes espèces de genêts, leurs usages, leur culture, et termine par la synonymie et la *bibliographie* de cette plante. Vingt-neuf auteurs en ont parlé : mais leurs mémoires sont, en grande partie, dans des collections ou des ouvrages volumineux.

*Géoponiques* (auteurs). Voici ceux dont les noms se trouvent dans le recueil des *Géoponiques*.

*Africanus* (*Julianus*), auteur chrétien, sous Alexandre-Sévère. *Photius* en parle. *Suidas* prétend qu'il avait écrit neuf livres sur les remèdes qui consistent en paroles et en caractères.

*Anatolius*, contemporain de l'empereur Théodose. On ne sait rien de certain sur cet auteur. L'extrait des

Géorgiques d'*Anatolius* est dans la bibliothèque de *Photius*.

*Apsyrthus*, vivait sous l'empereur Constantin. Traité sur l'art de guérir les chevaux.

*Apulée*. On ne sait si c'est *Lucius*, auteur de l'*Ane d'or*, ou *Celsus*, médecin fameux, sous l'empereur Tibère.

*Aratus*, vivait sous Antigonus Gonatus, roi de Macédoine. Il a écrit sur l'astronomie. Il était de Cilicie.

*Aristote*, précepteur d'Alexandre.

*Asclépius*, n'est que cité.

*Bérytius*, vivait sous l'empereur Adrien. *Photius* le nomme *Bérytus*, vétérinaire.

*Damogeron*, inconnu; copia *Palladius*.

*Démocrite*, surnommé le rieur, contemporain d'Hippocrate. *Columelle* prétend qu'il a écrit sur l'agriculture. Il ne faut pas le confondre avec un autre *Démocrite*, moins ancien, qui composa plusieurs choses ridicules insérées dans le recueil.

*Denys d'Utique*, fit des géorgiques dont parle *Athénée*. Il traduisit les vingt livres de *Magon* sur l'agriculture.

*Didyme d'Alexandrie*. *Suidas* rapporte qu'il a écrit quinze livres sur l'agriculture.

*Diophanes de Nicée*, contemporain de *César* et de *Cicéron*. *Columelle* rapporte qu'il réduisit en six livres, pour le roi Déjotarus, les ouvrages de *Magon*, traduits par *Denys d'Utique*.

*Florentinus* ou *Florentius*, vécut sous l'empereur *Macrin*. *Photius*, cite les commentaires que *Florentius* donna sur l'agriculture.

*Fronton*, fameux rhéteur, qui vivait à Rome sous l'empereur Sévère. Il était d'Emisène.

*Hésiode*, le premier poëte géorgique.

*Hiérocles*, jurisconsulte, composa deux livres sur l'art de guérir les chevaux. Il était préfet d'Alexandrie sous Dioclétien.

*Hippocrate*, non le père de la médecine, qui vivait sous la 80me Olympiade, mais un autre moins ancien, dont parle *Salmasius*, et qui vivait sous Constantin-le-Grand.

*Homère*, le prince des poëtes.

*Juba*, fils de Juba, roi de Mauritanie. *César* le prit, l'emmena en triomphe dans son enfance, et le fit instruire dans toutes les sciences. *Captivité avantageuse*, dit *Plutarque*. L'abbé *Sévin* a fait, sur *Juba*, une savante dissertation dans les *Mémoires de l'académie des belles-lettres*, tome VI, pag. 144.

*Léontinus* ou *Léontius*, mentionné par *Photius*. *Fabricius*, dans sa *Bibliothèque grecque*, tome VII, p. 455, parle de plusieurs *Léontius*.

*Manéthon*, grand-prêtre d'Héliopolis. Cité dans les *Géoponiques*.

*Nestor*, poëte ; vivait sous Alexandre-Sévère. Il était de Lara en Lycie.

*Oppianus*, poëte et grammairien ; vivait sous *Antonin-Caracalla*. Il composa cinq livres sur l'art de pêcher, quatre sur la chasse au chien (commentés savamment il y a plus de deux siècles, par *Conrad Rittershusius*), enfin deux autres livres sur la manière de prendre les oiseaux à la glu. Ce zoologiste était de Cilicie.

*Orphée*, cité dans les *Géoponiques*.

*Pamphile* d'Alexandrie, disciple d'*Aristarque* ; vivait au 2e siècle. Grammairien d'Alexandrie.

*Paxamus*, donna un traité sur l'agriculture, un autre sur la teinture, et sur l'art de la cuisine.

*Pélagonius*, auteur inconnu ; souvent cité par *Végèce*, dans les *Géoponiques*, pour les maladies des chevaux.

*Philostrate*. Sa patrie est inconnue. *Eusèbe*, *Suidas*, le font Athénien, et *Photius*, Tyrien. C'est peut-être celui de Lemnos.

*Platon*, l'abeille attique. Cité dans les *Géoponiques*.

*Plutarque*, l'historien. *Idem*.

*Ptolomée*, philosophe d'Alexandrie. A écrit sur la mécanique et l'astronomie.

*Pythagore*, de Samos. Le philosophe mystique.

*Quintilien* (*Gordianus* et *Maximus*). Ces deux frères, fameux par leur érudition, écrivirent sur l'agriculture. Au rapport de *Dion-Cassius*, l'empereur Commode les fit mourir.

*Sotion*. Ce philosophe dont parle *Diogène Laerce*, écrivit

écrivit sur les fleuves, les lacs et les fontaines. *Vossius* le fait vivre sous l'empereur Tibère.

*Tarentinus*. On ignore si c'est *Archytas-Tarentinus* qui, suivant *Columelle*, écrivit sur l'agriculture, ou bien *Heraclides-Tarentinus*, dont parle souvent *Galien*. Ce dernier *Tarentinus* était médecin empyrique.

*Théomnésius*, auteur sur lequel on n'a rien de certain. Cet hippiatre est cité par *Pline*.

*Théophraste*, successeur d'*Aristote*.

*Varron*, l'un des plus savans romains; composa trois livres d'agriculture, cités dans les *Géoponiques*. M. *François* soupçonne que ce pourrait être *Tyranius Varro*, plus moderne que *Terentius*, et qui a écrit en grec.

*Vindanionius*, ou, suivant *Photius*, *Vindonius*, inconnu.

*Virgile*, le chantre des Géorgiques. Cité dans les *Géoponiques*.

*Xénophon*, élève de *Socrate*. Cité dans les *Géoponiques*.

*Zoroastre*, célèbre astronome; vivait, au rapport de *Suidas*, cinq cents ans avant la guerre de Troye. On ne sait si c'est cet astronome dont le nom se trouve dans le recueil des *Géoponiques*.

*Gibier*. Terme générique sous lequel on comprend les animaux qui servent à-la-fois aux plaisirs du chasseur et à la nourriture de l'homme. Dans ce sens, le loup, le renard, l'ours, etc., ne sont pas du gibier, quoiqu'ils soient l'objet de la chasse. (N^os 1327, 1334, 1902.)

*Glanage*. Les lois sur le glanage sont, en général, mal exécutées. (N° 277.)

*Grains*. Leur culture, leur commerce et leur conservation. (Voyez le mot *Législation*.) Colbert ayant voulu affranchir sa patrie du tribut qu'elle payait aux étrangers, multiplia les manufactures; il fallut, afin de faciliter aux ouvriers le moyen de vendre pendant plusieurs années à meilleur compte, assurer leur subsistance en leur fournissant le blé à un prix modique et presque uniforme. Pour atteindre ce but, on défendit d'exporter les grains à l'étranger. Cette défense changea tout le système adopté par Sully ; et la multitude des impôts indirects, dont, par le malheur des tems, la France avait été grévée depuis 1666, porta un coup funeste à notre agriculture. La circulation des grains ne fut plus libre de province à province : les agens subalternes du gouvernement trouvèrent souvent de grands avantages à la permettre pour un tems et à la défendre ensuite, et ils obtinrent facilement du conseil, les ordres qu'il leur plut de solliciter. La compagnie des vivres, les intendans des armées, les approvisionneurs de la marine firent valoir des prétentions, et se créèrent même des droits qui tous furent très-onéreux pour le cultivateur. L'agriculture sacrifiée au négoce, et torturée par la finance, s'était affaiblie, avait éprouvé de grandes pertes, lorsqu'enfin quelques bons esprits parvinrent à se faire écouter en plaidant la cause du laboureur. Depuis 1736, on éprouvait plus qu'auparavant la nécessité de faire de grands changemens dans l'assiette et la perception des impôts ; la nature de plusieurs semblait vitieuse. Les uns nuisaient au commerce, d'autres étaient préjudiciables à l'agriculture ; toutes les contributions directes en particulier étaient mal réparties, parce qu'elles l'étaient inégalement, et qu'il y avait trop de privilégiés. Les vœux pour une prompte réforme dans le système des finances étaient ardens, mais on n'osait les exprimer. Protecteur du clergé par état, tenant à la noblesse par sa naissance, le cardinal de Fleuri régnait sous le nom de Louis XV, son élève ; et aux yeux du cardinal, les financiers étaient les colonnes de l'état. Cependant le goût pour l'histoire naturelle et pour la physique, ramenait de riches propriétaires à considérer avec moins d'indifférence qu'on ne le faisait sous Louis XIV, les travaux de la campagne. On se rappelait que Sully, qui avait su contenir l'avidité des traitans, ne connaissait que deux véritables sources de richesses. *Labourage et pâturage* étaient, selon lui, les deux mamelles de l'état. A la paix de 1748, les esprits se portèrent avec une nouvelle ardeur à l'examen des questions relatives aux finances et à l'administration. Les ouvrages qui parurent sur l'agriculture, furent accueillis avec une sorte d'enthousiasme. Les écrits de l'anglais

Tull excitèrent la curiosité. M. de Buffon se chargea d'abord de les traduire ; le gouvernement applaudit à cette entreprise, qui fut suivie et terminée par *Duhamel du Monceau*. C'est depuis cette époque qu'on s'est occupé du commerce et de la législation des grains. En 1742, on présenta à M. le Contrôleur-général des finances un mémoire sur les blés, avec un projet d'édit, pour maintenir en tout tems la valeur des grains à un prix convenable au vendeur et à l'acheteur. En 1753, on publia l'Essai sur la police des grains, dans lequel on établit d'excellens principes sur la même matière. (Nos 103, 122, 178, 273, 364, 576, 601, 615, 685, 709, 756, 811, 912, 918, 936, 953, 955, 960, 1101, 1178, 1188, 1202, 1274, 1309, 1314, 1388, 1424, 1448, 1403, 1585, 1595, 1643, 1685, 1698, 1777, 1785, 1791, 1796, 1799, 1864, 1865, 1949, 1977, 2005, 2066.)

*Grains (maladie des)*. (N° 1937.)

*Greffe en flûte*. Inventée au 16e siècle. (Voyez *Ente.*) (Nos 336, 641, 981.)

*Greniers d'abondance*. (N° 949.)

*Guède* ou *Pastel*. Plante bisannuelle qui croît naturellement en France, et dont les feuilles donnent une matière colorante, qui rend cette plante précieuse. (N° 1446.)

# H.

*Haies*. Clôture naturelle ou artificielle. Il y en a de deux sortes : la *haie vive*, faite avec des arbustes enracinés, et la *haie morte*, construite avec des fagots, des pieux ou des planches, etc. L'utilité des haies n'est plus contestée. Tout propriétaire a droit de clôre son domaine. On peut dans la plantation d'une haie réunir l'agrément à l'utilité. (N° 1216.)

*Hanneton*. L'un des insectes les plus nuisibles à l'agriculture. (N° 1152.)

*Haras*. Lieu destiné à loger des étalons et des jumens. L'établissement des haras est très-utile pour l'amélioration des chevaux. (Nos 633, 745, 859, 860, 1050, 1217, 1370, 1478, 1699, 1711, 1714, 1934, 1982.)

*Haricot.* Plante légumineuse, si généralement cultivée en Europe, qu'on ne se douterait pas qu'elle est originaire des Indes. (N° 1425.)

*Hippiatrique.* Art de connaître les maladies des bestiaux, et en particulier celles des chevaux. Les modernes ne commencèrent à s'occuper de cette science qu'en 1530, époque à laquelle *Ruel* publia une version latine des vétérinaires grecs, qui, en 1563, furent traduits en français par *Massé*, et retraduits en 1647 par *Jourdain*. (Voyez *Art vétérinaire*.) (N^os 120, 236, 248, 272, 289, 300, 343, 405, 406, 415, 427, 448, 449, 457, 510, 539, 553, 566, 580, 751, 752, 812, 837, 957, 1000, 1008, 1366, 1369, 1994, 1996.)

*Histoire de l'agriculture.* Le 20 messid. an VIII, M. *Ameilhon* a lu à la Société d'agriculture de Paris le projet d'un ouvrage dans lequel il se propose de donner une histoire complète de l'agriculture ancienne et d'en comparer les procédés avec la pratique de l'agriculture momoderne. L'utilité de cet ouvrage, impatiemment attendu, ne peut être mise en doute. (N° 644.)

*Hortensia.* Arbuste, originaire du Japon et apporté en Angleterre en 1790; il est magnifique, mais sans odeur. (N° 1132.)

*Houblon.* Plante vivace et sarmenteuse, cultivée en grand pour son fruit qui entre dans la composition de la bière. (N° 830.)

*Houille.* Espèce de charbon de terre, commun dans les environs de Liége. (N^os 86, 666, 836, 1413, 1427, 1661.)

*Huile.* Substance grasse, onctueuse et inflammable, tirée de différens végétaux. (N^os 378, 2051, 2072.)

*Hydraulique.* L'art de conduire, d'élever les eaux, et de construire des machines qui servent à atteindre ce but. (N° 693.)

*Hygienne.* Partie de la médecine qui traite de la conservation de la santé. Par *hygienne vétérinaire*, on entend tous les soins qu'exigent les animaux domestiques pour leur prospérité ou leur amélioration. (N^os 460, 1940.)

# I.

*Impôt, contribution*, etc. Charge imposée, selon la nature des choses, sur les revenus particuliers, pour former un revenu public. (N^os 13, 14, 233, 254, 315, 789, 790, 917, 1103, 1212, 1535, 1709, 1755.)

*Incombustibles*. Il serait précieux de trouver un moyen de rendre les édifices incombustibles. M. *de Menjot* y a réussi pour la toiture. (N° 985.)

*Incendie*. (N^os 1324, 1333.)

*Incubation*. Mot par lequel on désigne l'action des volailles qui couvent. Il y a l'incubation artificielle qu'on obtient en graduant la chaleur, et en la faisant parvenir au degré de l'incubation naturelle. (Voyez *Poulets*.) (N° 148.)

*Inondations*. Avec de l'industrie et de l'activité l'on peut arrêter les dégâts qu'elles causent et les réparer. (N^os 620, 839, 840, 1210, 2019, 2056.)

*Insectes nuisibles à l'agriculture*. Ils ont été l'objet d'un grand nombre de mémoires qui se trouvent dans les collections ou dans les cours d'agriculture. (N^os 756, 757, 758, 1184, 1240.)

*Insectes utiles*. Le ver à soie et la mouche à miel sont les plus utiles. (N° 759.)

*Instrumens aratoires*. On ignore le nom de ceux qui ont inventé les plus utiles. (N^os 395, 396, 442.)

*Irrigation*. Opération au moyen de laquelle on arrose un terrain : ce qui suppose la facilité de se procurer de l'eau, et une pente nécessaire pour l'écoulement. Les rizières ont besoin d'être arrosés. (N^os 1896, 1971.)

# J.

*Jachères*. Nom donné à un terrain qu'on laisse reposer pendant une année pour le cultiver de nouveau. L'inconvénient des jachères parait être généralement senti. Ceux qui les ont supprimées ont un revenu tous les ans, et ceux qui les ont conservées, se passent de revenu tous les trois ans. (N$^{os}$ 654, 1090, 1104, 1106, 1167, 1225, 1231, 1702.)

*Jacinthes*. Plante cultivée à cause de la beauté de ses fleurs et de leurs parfums. (N$^{os}$ 868, 1983, 1991.)

*Jardinage*. Art de cultiver les jardins. C'est une des parties les plus importantes de l'économie rurale. (N$^{os}$ 7, 10, 36, 37, 42, 43, 44, 51, 52, 76, 92, 97, 278, 294, 337, 338, 365, 383, 426, 428, 429, 433, 434, 435, 436, 454, 480, 532, 534, 535, 570, 780, 781, 782, 783, 784, 835, 883, 884, 1002, 1003, 1014, 1016, 1017, 1018, 1296, 1297, 1406, 1439, 1482, 1564, 1787, 1825, 1847, 1960, 2061.)

*Jardin*. Espace de terrain ordinairement clos et consacré à la culture des arbres à fruits, des légumes et des fleurs. *Bacon* a fait un petit traité sur les jardins. Il se trouve dans *Opera omnia. Londini*, 1638, *in-fol. Sermones fideles*, dont le 44$^{me}$ traite *De hortis*.

*Division des jardins*. (N° 882.)

*Poëmes sur les jardins*. (N$^{os}$ 887, 888, 889, 891, 892, 947, 1730, 1795, 2017.)

*Jardins en général*. (N$^{os}$ 1935, 1936.)

*Jardins botaniques*. Etablis en Europe dans le 16$^{e}$ siècle; à Padoue en 1533; et dans les années suivantes, à Florence, à Pise, à Parme, à Bruxelles, etc. En 1591, il y en avait un à Paris; celui de Montpellier date de 1598. Le fondateur est le médecin *Richer-de-Belleval*. *Houel* établit, en 1600, celui des apothicaires à Paris. (N° 2063.)

*Jardins d'agrément*. Cette espèce de jardins a subi bien des métamorphoses. Ce n'était jadis qu'un espace bordé en buis; ensuite on y traça des allées droites; aujourd'hui on tâche de se rapprocher de la nature. Un jardin d'agrément dépend du goût et du caprice de celui qui le plante. (N$^{os}$ 111, 119, 128, 143, 261, 393, 398, 623, 634, 716, 743, 869, 870, 871, 872, 874, 1497, 1782, 1818, 1820, 1822, 1824, 2017.)

*Jardins fruitiers*. C'étaient les *vergers*. (N° 841, 856, 875, 885, 886.)

*Journaux d'agriculture*. Un des plus anciens, si même ce n'est le plus ancien, est celui que nous indiquons

N° 906 ; il est intitulé : *Journal économique, ou Mémoires, Notes et Avis sur les arts, l'agriculture, le commerce et tout ce qui peut y avoir rapport, ainsi qu'à la conservation et à l'augmentation des biens des familles*, etc. Il parut pour la première fois au mois de janvier 1751, en un vol. *in*-12, de 144 pag. : celui de février en avait 188 : celui de mars 186, etc. Ce Journal fut continué dans le même format, jusqu'au premier janvier 1758 ; il forme 28 vol. *in*-12. Au premier janvier 1758, on le publia sous un grand format *in*-8°, chaque page étant divisée en deux colonnes. De cette époque, il ne parut plus qu'un gros vol. par an, de près de 600 pages, composé de 12 cahiers publiés par mois. Il finit en 1762 au cinquième vol., ou du moins fut interrompu et repris. M. *Guettard* passe pour avoir été le principal rédacteur. Ayant embrassé dans son plan beaucoup d'objets d'arts, dont quelques-uns n'ont avec la science économique qu'une liaison très-indirecte, il a eu plus de ressources et une plus grande abondance de matières qu'il n'eu aurait eu sans cette précaution.

*Les Ephémérides du citoyen*, par l'abbé *Baudeau*, sont un ouvrage périodique qui commença le 4 novemb. 1765. Il forme 6 vol. *in*-8°.

*Le Journal* ou *la Gazette d'agriculture*, commença le premier janvier 1782. M. *Milcent* en fut le premier rédacteur.

*La Bibliothèque physico-économique instructive et amusante*, *recueillie en* 1782, commença cette année, jusqu'en 1786. Il en parut un vol. tous les ans, et 2 à dater de 1786. Interrompue pendant quelques années de la révolution, elle a été reprise et continuée de nouveau, et se publie aujourd'hui par cahiers, qui paraissent tous les mois. En 1770, on publia un *Calendrier intéressant*, ou *Almanach physico-économique*, par M. *S. D.* ; il parut pendant plusieurs années. L'auteur était M. *Sigaud de Lafont*.

N° 188, article de la *Bibliothèque des Propriétaires ruraux* ou *Journal d'économie rurale et domestique*, ajoutez au nombre des rédacteurs M. *Thiébaut-de-Berneaud*. Ce journal offre quelquefois des morceaux précieux ; telle est la *Topographie agronomique de la France*, dont l'auteur plein d'érudition, exerce aujourd'hui des fonctions importantes. (Nos 184, 188, 189, 711, 712, 724, 897, 898, 899, 900, 901, 902, 903, 904, 906, 907.)

*Julienne*. Plante utile par la quantité d'huile que donnent ses graines. M. *Delys*, chanoine d'Arras, est le premier qui ait cultivé cette plante en grand. Ses expériences ont été confirmées par M. *Sonnini*. (N° 309.)

# L.

*Laines*. L'amélioration des troupeaux de moutons, et conséquemment de la laine, est due à d'*Aubenton*. (Voyez *Bêtes à laines* et les Nos 1185, 1218, 1239, 1251, 1305, 1687, 1697.)

*Lait bleu*. On désigne par ces mots une altération produite dans le lait, et qui se manifeste par des taches bleues, larges comme des lentilles. Le beurre produit par un lait de cette espèce, est huileux et rance. C'est un symptôme de *phthisie*, qui n'étant découvert que depuis 1787, demande de nouvelles observations. (Nos 46, 524.)

*Lait de vache*. Le meilleur traité que l'on ait sur cette substance, est de MM. *Parmentier* et *Déyeux*. (Nos 392, 958, 1566.)

*Landes*. Grande étendue de terrain où il ne croît que des bruyères, des genêts et une herbe maigre et courte. On peut les convertir en bois, et les discussions qui se sont élevées sur les landes, n'auraient pas eu lieu si l'on eût indiqué ce moyen, au lieu de s'occuper de les changer en terres arables. (Nos 1146, 1594, 1596, 1616.)

*Lapin*. Mis par quelques agronomes modernes au nombre du *menu bétail*, vu l'utilité qu'on retire de cet animal. C'est, lorsqu'il est libre, un des plus grands fleaux de l'agriculture. Suivant *Pline* et *Varron*, Terragone, ville d'Espagne, fut renversée par le nombre considérable de lapins qui avaient creusé leurs terriers sous les maisons de cette ville, qui écrasèrent la plupart des habitans. Si ce n'est pas une fiction, c'est au moins une exagération.

*Laurier*. Originaire d'Espagne, du Levant et de l'Italie. (N° 513.)

*Législation des grains*. (N$^{os}$ 62, 64, 67, 582.)

*Lin*. La graine de lin, si commun en Bretagne, se tirait jadis du Nord. En 1758, on soupçonna que les marchands étrangers faisaient acheter secrètement, et par des commissionnaires, toutes les graines de lin de la Bretagne, pour les revendre dans le même pays. L'art de ces marchands se réduisait à bien imiter les barrils de graines étrangères, à vendre dans le Léonnais celles du pays de Tréguier, et à Tréguier celles de Léon.

Le lin de Sibérie est une espèce dont la culture paraît être plus avantageuse que celle du lin commun. (N$^{os}$ 511, 1113, 1120, 1990.)

*Liqueurs de table*. (N° 102.)

*Lorraine* (*agriculture de*). (N° 660.)

*Loup*. Il attaque non-seulement les animaux domestiques, mais les femmes et les enfans, quand il est pressé par la faim. (N$^{os}$ 1303, 1308.)

*Lumière*. Influe sur toute l'économie végétale. *Sénebier* a fait sur ce sujet des expériences très-curieuses. (N° 1278.)

*Luzerne*. Plante qu'on croit originaire d'Espagne. On en compte huit espèces. (N$^{os}$ 317, 1238.)

## M.

*Machines*. On s'est beaucoup occupé des machines hydrauliques. Il en est une nouvellement connue qu'on attribue à un serrurier de Provins, que l'on vante beaucoup, qu'on regarde comme la meilleure, mais qui reste dans l'obscurité, soit qu'on l'ait plus préconisée qu'elle ne mérite, soit qu'on en ait fait un objet de spéculation. (N$^{os}$ 610, 1359, 1678, 2057.)

*Maïs*, ou *blé de Turquie*. Plante originaire d'Amérique, et conséquemment inconnue des anciens. (N$^{os}$ 500, 817, 1102, 1186, 1480, 1961.)

*Maladie des bestiaux*. (N$^{os}$ 1007, 1050, 1075, 1134,

1160, 1219, 1220, 1221, 1378, 1449, 1471, 1650, 1665, 1683, 1684, 1727, 1728, 1810, 1892.)

*Marais salans*. (N° 1222.)

*Marne*. Mélange de terre calcaire, sableuse et argileuse. (Nos 1043, 1142, 1151.)

*Marronier d'Inde*. Cet arbre indigène en Asie et dans le pays des Illinois, passa du nord de l'Asie en Angleterre, en 1550, et de là à Vienne en 1588. Un curieux, nommé *Bachelier*, l'apporta en France, à son retour du Levant, en 1615. On a tâché de tirer parti du fruit de ce bel arbre. M. *Parmentier* s'en est occupé. M. *Puymorin* l'emploie avec succès pour la nourriture de ses moutons pendant l'hiver. M. *Jean-Erasme Baumgartinge*, cultivateur allemand, passe pour avoir trouvé un procédé avec lequel il enlève au marron son amertume. (N° 1223.)

*Mélanges*. Nous entendons par ce mot plusieurs objets relatifs à l'économie rural et domestique réunis ensemble, de manière qu'on ne pouvait les classer sous un autre titre. (Nos 813, 814, 1055, 1056, 1331, 1672.)

*Mélèze*. Bel arbre, toujours vert, qui s'élève à la hauteur de 125 pieds (40 mètres), et croît naturellement en France, sur les montagnes. Son bois se conserve très-long-tems. (N° 1466.)

*Melons*. Dus probablement aux conquêtes de Charles VIII en Italie. Communs en France vers 1580. On croit que primitivement ce fruit est venu d'Afrique en Espagne, d'où il aura passé en Italie. (Nos 989, 1057, 1773, 1880.)

*Méphitisme*. C'est l'exhalaison, le gaz de la terre. (Nos 1141, 1339.)

*Météorologie*. Ce n'est que dans le dernier siècle qu'on a acquis assez de données pour en former un corps de de doctrine.

M. *Cotte* a publié un mémoire intéressant sur la période lunaire. Il résulte de ses observations, que toutes les dix-neuvièmes années ont une température générale à-peu-près semblable, parce que la lune se trouve tous les 19 ans à-peu-près dans la même position à l'égard de la terre. Le célèbre *Duhamel du Monceau* sentant l'importance des observations météorologique, avait établi dans la cour de sa ferme à Denainvilliers, un baromètre que les cultivateurs de son canton allaient consulter. *Duhamel* voulait les familiariser avec les instrumens météorologiques. (Nos 321, 578, 746, 1235, 1284, 1299, 1300, 1301, 1523, 1589, 1597, 1598, 1610, 1912.)

*Meunier, Moulins*. Les meules de moulin furent, dit-on, inventées par le prince *Mileta*, fils du roi *Lelex*, ainsi que le secret de moudre le blé. Ce ne fut qu'aux premières croisades que les chrétiens trouvèrent les moulins à vent établis chez les Sarrasins. On les introduisit en France en 1040. Les moulins à eau étaient plus anciens. On prétend qu'ils furent inventés par *Bélilaire*, lors du siége de Rome par les Goths. *Pomponius-Sabinus* fait remonter leur origine au tems de *Jules-César*. (Nos 139, 1020, 1021.)

*Montagnes*. L'agriculture des pays de montagnes est moins avancée que celles des plaines. On a publié plusieurs ouvrages sur l'amélioration dont la première serait susceptible. (Nos 107, 161, 1623.)

*Morsure de bêtes enragées*. (Voyez *Rage*.) (No 794.)

*Mouture économique*. Cette mouture, qui consiste à faire repasser plusieurs fois les sons sous la meule, était déjà usitée en 1546; mais elle n'était pas générale. Cette méthode a été perfectionnée. (Nos 100, 1149, 1198, 1232, 1233, 1450.)

*Mûrier*. *Olivier-de-Serres* prétend que la culture de cet arbre, en France, date du règne de Charles VIII. On voit, en 1554, un édit qui ordonne la plantation des mûriers. M. *Faujas-de-Sainfond* a vu le premier mûrier planté en France, et apporté de la dernière croisade, par un *Guy-Pape de Saint-Auban*, seigneur d'Allan, à une lieu de Montélimar. Ce savant rapporte que M. *de Latour-Dupin-Lachaux*, qui avait la terre d'Allan, fit respecter ce mûrier, en l'entourant d'un mur, et en défendant qu'on en recueillît la feuille. « Il est encore sur pied, (dit M. *Faujas* dans une lettre en date du 26 nivose an x); ses grands bras sont maigres et caducs, et son tronc est séparé en trois parties; mais il se couvre encore à chaque printems, de bourgeons, de fruits et de feuilles, malgré tant d'hivers qu'il a bravés. Ses descendans couvrent à présent le sol de la France, et produisent à l'état un revenu de plus de cent millions en soie brute, et de plus de quatre cent millions en soie industrielle. Voyez, d'après cela, combien, un seul homme, ami de l'agriculture, a mérité de son pays et lui a fait du bien, sans faire répandre une larme, et cet homme est à peine connu! »

Au commencement de l'année 1601, *Olivier-de-Serres*, sur l'invitation de Henri IV, fit conduire à Paris 15 à 20 mille plants de mûriers, « lesquels, dit ce célèbre agronome, furent plantés en divers lieux, dans les jardins des Tuileries, où ils se sont heureusement élevés... Et pour d'autant plus accélérer et avancer la dicte entreprinse, et faire connaître la facilité de cette manufacture, sa majesté fit exprès construire une grande maison au bout de son jardin des Tuileries à Paris, accommodée de toutes choses nécessaires, tant pour la nourriture des vers, que pour les premiers ouvrages de la soie »

La partie du jardin appelée l'orangerie, du côté de la rue Saint-Florentin, au bout de la terrasse des Feuillans, était alors destinée à élever les vers à soie, et à loger les hommes qui en étaient chargés : on les nommait les *magnaniers*. Depuis long-tems cette plantation faite par *Olivier-de-Serres* lui-même, n'existe plus. Un petit monument élevé dans le magnifique jardin des Tuileries, pour rappeler cette utile entreprise, ne serait point déplacé. M. *François-de-Neufchâteau* a formé ce vœu, qui ne peut être que partagé par les amis de l'agriculture. (Nos 106, 314, 607, 697, 793, 796, 826, 916, 952, 1054, 176, 1114, 1137, 1170, 1200, 1271, 1272, 1323, 1344, 1346, 1412, 1494, 1541, 1575, 1690, 1760, 1941, 1986, 1987, 1998.)

## N.

*Naturalisation de plantes*. On ne saurait trop encourager les tentatives qui ont pour but d'agrandir le domaine de l'agriculture ; et la naturalisation des végétaux étrangers est du nombre.

—— *des arbres forestiers d'Amérique*. M. *Michaud*

a fait un voyage pour recueillir les graines des arbres de ce pays. ( Voyez *Pépinière.* ) ( Nos 1124, 1150. )

*Naturalisation des animaux.* ( N° 1257. )

*Nielle.* Maladie du froment. M. *Giraud-Chantrans* la regarde comme formée par les animaux microscopiques réunis en grand nombre. Il a reconnu dans cette substance un acide particulier, qui diffère de tous les acides végétaux connus. ( N° 1669. )

*Nivellement.* Opération qu'il est utile de pouvoir faire à la campagne, soit pour empêcher le séjour des eaux, soit pour disposer plus avantageusement les productions dont on veut couvrir un terrain. ( Nos 627, 1962, 1963. )

*Nopal.* Nom qu'on donne à tous les cactiers. Nous ne parlons de cette plante que pour rappeler le dévouement héroïque de M. *Thierry de Menonville*, qui, pour enrichir la France, alla dans le Mexique, s'exposant à tous les dangers, pour conquérir la cochenille. Voyez l'article *Thierry* et le Discours préliminaire. ( N° 1881. )

*Noyer.* De tous les arbres exotiques cultivés en Europe, c'est celui qui présente des avantages plus nombreux.

## O.

*Œillet.* Plante cultivée pour la beauté de sa fleur et le parfum qu'elle exhale. On en compte, en France, dix-neuf espèces. ( Nos 873, 1379, 1942. )

*Ognon.* Plante originaire d'Egypte, d'où elle passa en Grèce. ( N° 987. )

*Oiseaux de volière.* ( Nos 59, 60, 1547. )

*Olivier.* On connaît vingt-une espèces d'oliviers. Il se reproduit très-facilement. Il est rare que son tronc périsse ; et quand cela arrive, si on le coupe, il repousse toujours du pied. ( Nos 1067, 1098, 1227, 1456, 2076. )

*Oranger.* C'est à tort qu'on a cru que l'introduction de l'oranger en Europe était due aux découvertes des Portugais dans les Grandes-Indes : assertion démentie par un fait consigné dans *Valbonnais*, qui, sous l'an 1333, mentionne cet arbre. L'oranger nommé le *grand*

*Bourbon*, et qui est à Versailles, a 300 ans. Il avait été saisi, en 1523, sur le connétable de Bourbon. Il a 54 pouces de circonférence. A Bruxelles, on voit encore des orangers nommés les *Isabelles*, parce qu'ils sont contemporains de cette princesse. (Nos 372, 707, 748, 749, 800, 1380, 1495, 1547, 1839.)

*Orchis*. Plante dont la bulbe est alimentaire. (N° 1466.)

*Ouvrages périodiques* relatifs à l'économie rurale et domestique. (Voyez *Journaux*.) (N° 2065.)

## P.

*Pacage, Pâturage, Parcours*. On entend ici par ces trois mots le droit qu'avaient et qu'ont encore certains propriétaires d'envoyer leurs troupeaux dans les prairies après la première coupe de foin ; droit contre lequel on a beaucoup écrit pour prouver qu'il était nuisible à l'agriculture. (N° 1586.)

*Pain, Panification*. Peu avancée en Angleterre et en Hollande : excellente en France, en Italie et en Allemagne. Le levain est une découverte due au hasard. La levure de bière, connue des Gaulois, ne reparut à Paris que dans le 16e siècle. (Nos 160, 164, 525, 1450, 1680.)

*Parterre*. Espace décoré par des compartimens tracés soit avec du buis, soit avec des fleurs. Ce genre, de mauvais goût, est devenu rare. (Nos 871, 881.)

*Patate*. Plante originaire de l'Amérique qui ressemble à la pomme-de-terre. (N° 1989.)

*Pêcher, Pêche*. Arbres originaire de Perse. Il nous vient des Romains. (Nos 512, 1110, 1470, 1873.)

*Pécher, Pèche*. Exercice. (Nos 58, 1207, 1372, 1391, 1489, 1490, 1859, 1901, 1943, 1972, 2007, 2027.)

*Peinture au lait, au fromage*, etc. (Nos 149, 1157.)

*Pépinière*. On appelle aujourd'hui pépinière l'endroit où on sème la graine des arbres, celui où on élève leurs produits, où l'on fait les boutures, les marcottes, etc.

MM. *de Malesherbes* et *Duhamel* firent des tentatives heureuses pour naturaliser en France diverses espèces d'arbres forestiers de l'Amérique septentrionale. En 1784, l'ancien gouvernement chargea M. le Co. d'*Angivillier* d'une pareille naturalisation en grand. Le parc de Rambouillet fut choisi pour faire les semis et l'on confia la direction de cette pépinière à MM. *Nolin* et *Lézermes*. Comme les graines et les plants arrivaient par l'Angleterre, qui les faisait payer au poids de l'or, on se détermina, pour s'affranchir de cette imposition, à envoyer en Amérique un homme habile capable de faire un bon choix de plantes et de graines, et de prendre les précautions nécessaires pour les faire parvenir sans accident en France. On ne pouvait mieux choisir que M. *Michaux*, qui partit en 1785 pour New-Yorck, accompagné d'un garçon jardinier que lui donna M. *Thouin*. M. *Michaux* resta plusieurs années en Amérique, fit beaucoup de voyages dans l'intérieur de ce pays, et envoya en France un grand nombre d'arbres, qui malheureusement furent distribués, à leur arrivée, à des particuliers, de manière que la pépinière destinée à les élever, fut loin d'être suffisamment alimentée. En 1805, M. *Michaux*, membre de la Société d'agriculture de Paris, a provoqué un nouvel établissement de ce genre, et démontré les avantages immenses qui en résulteraient, et la possibilité de la naturalisation qui ne peut plus être contestée.

La plus belle pépinière a été pendant un tems celle *de la Rochette*, fondée par M. *Moreau*. (Voyez son article.) Sur 200 hectares d'un sol stérile, il avait tracé en grand des divisions étendues de près de 20 hectares chacune, qu'il sema à la charrue, ou planta à la pioche, en pepins, graines et boutures d'arbres de toute espèce. Toutes les parties sont liées à un plan général qui les rapproche et les combine pour en former un bel ensemble. Malgré toutes les révolutions qu'elle a éprouvées, cette pépinière est encore aujourd'hui une des plus vastes; elle appartient à MM. *de la Rochette* et *d'Olibon*, fils de M. *Moreau*, qui l'entretiennent et l'améliorent. (N^os 147, 169, 446, 986, 1023, 1070, 1255, 1354, 1846.)

*Perfectionnement*. L'agriculture, ainsi que tous les arts, sera toujours susceptible de perfectionnement. (N^os 1147, 1591, 1617, 1618.)

*Peuplier d'Italie*. Cet arbre croît en très-peu de tems;

indigène à l'Italie, mais il a été naturalisé en France. (Nos 108, 607, 1638.)

*Pins.* On en compte quinze espèces qui réussissent en France. Cet arbre vient dans les landes et dans les terrains sableux qui refusent de produire d'autres végétaux. Il est précieux sous ce rapport. (N° 1466.)

*Pisé.* Construction faite en terre, de laquelle l'architecte *Cointereaux* s'est beaucoup occupé. Elle est simple et économique. (Nos 138, 1910.)

*Plantation.* On emploie ce mot quelquefois pour le blé et pour d'autres plantes : mais, en général, il s'applique aux arbres. (Nos 410, 1032, 1083, 1250, 1248, 1287, 1288, 1766.)

— *des routes.* (Nos 1285, 1542.)

*Plantes*, en général, leur culture, etc. (Nos 4, 55, 65, 69, 70, 78, 90, 195, 255, 394, 451, 476, 499, 508, 680, 689, 760, 763, 1382, 1432, 1467, 1468, 1524, 1525, 1620, 1729.)

*Plantes étrangères.* Injustement préférées aux nôtres. (Nos 201, 216, 496, 784, 1045, 1626.)

*Plantes fourragères.* Ce sont celles qui servent à former les prairies artificielles. (Nos 1731, 1740.)

*Plantes nuisibles.* (N° 1759.)

*Plantes usuelles.* (Nos 5, 452, 456, 1526.)

*Plantes utiles aux manufactures.* (N° 465.)

*Platane.* Pline va nous donner l'histoire de cet arbre. *Sed quis non jure miretur arborem umbræ gratiâ tantùm ex alieno petitam orbe ? Platanus hæc est, etc.* (Liv. XII.) « Qui verra sans étonnement qu'on soit allé chercher un arbre au-delà des mers, seulement à cause de son ombre ! Cet arbre est le platane. Il traversa d'abord la Mer ionienne, et vint dans l'île de Diomède orner le tombeau de ce héros. Delà il passa en Sicile, et c'est un des premiers arbres étrangers donnés à l'Italie. Déjà il est parvenu chez les Morins. Le terrain qu'il occupe est sujet à un tribut, et des nations payent un tribut pour la jouissance de l'ombre. *Denys*, l'ancien tyran de Sicile, fit planter des platanes dans sa capitale, où ils devinrent la merveille de son palais. C'est le lieu où depuis on a établi le gymnase.

nase. Ceci se passa vers le tems de la prise de Rome. Par la suite, on a donné tant de prix aux platanes, qu'aujourd'hui nous les arrosons avec du vin pur. Il existe aujourd'hui en Lycie un platane fameux, qui offre pour asyle une grotte de 81 pieds, creusée dans le tronc. Sa cime est une forêt. *Mucien*, consul, mangea dans cette grotte avec dix-huit personnes. »

Le lord *Bacon* est le premier qui ait fait transporter le platane dans ses jardins à Vérulam. Louis XV en fit venir en 1754.; on le planta aux environs de Trianon où il a réussi. Il est assez commun aujourd'hui.

*Plâtre* ou *Gypse*. Est un excellent engrais pour les trèfles. Il se sème comme du grain. (N° 1293.)

*Poëmes sur l'agriculture*. (N^os^ 191, 192, 347, 1749.)

*Poids et mesures*. Rien ne montre mieux l'absurdité de la routine, que la répugnance avec laquelle l'uniformité des poids et mesures a été adoptée. (N° 1415.)

*Poissons*. La patrie de la carpe est le midi de l'Europe. Ce poisson a été porté en Hollande et en Suède. En 1514, *Mascell* la procura à l'Angleterre; et en 1560, *Pierre Oxe* la porta au Danemarck.

Ce ne fut qu'au 12^e^ siècle qu'une compagnie de marchands entreprit d'approvisionner Paris de marée. (N° 1547.)

*Pomme-de-terre*. *Bowles* prétend qu'elle vint d'Amérique en Galice, puis en Irlande : d'autres assurent que *Walter-Rawleigh* l'apporta d'Amérique en Irlande, d'où elle passa dans le Lancashire : c'est l'opinion du célèbre *Parmentier*, qui, en vengeant cette plante du mépris où elle a été trop long-tems, a mérité que le *solanum tuberosum*, très-improprement appelé *pomme-de-terre*, reçût le nom de *Parmentière*. C'est le vœu de M. *François-de-Neufchâteau*. (N^os^ 173, 522, 664, 852, 982, 1107, 1226, 1236, 1328, 1506, 1681, 1879, 1985, 1989, 1999.)

*Pommier*. Arbre indigène à la France. Il se multiplie par semis. On le greffe presque toujours sur lui-même, dans les environs de Paris. Les variétés de pommes sont innombrables. (N^os^ 109, 526, 1108, 1442, 1549, 1802.)

*Potager*. Terrain consacré à la culture des herbages et

des légumes. (N^os 75, 738, 806, 875, 877, 879, 885, 886, 1363, 1554, 1845, 1964.)

*Poulets (l'art de faire éclore les).* Avant *Réaumur* on avait tenté de faire éclore les poulets à la manière égyptienne. François I^er fit construire, pour cet objet, des fours à Montrichard, en Touraine.

On n'a pu parvenir au point atteint par les Chinois et les Egyptiens. Les fours ou couvoirs inventés par les prêtres de l'Egypte, fournissaient autrefois cent millions de poulets par an; ils en produisent encore trente millions. Les tentatives pour découvrir leur secret, n'ont point eu, jusqu'à présent, d'heureux résultats. Peut-être trouvera-t-on dans le voyage annoncé de l'institut d'Egypte, quelques éclaircissemens à ce sujet: peut-être, outre la manière dont sont construits ces couvoirs, et les procédés dont se servent les Egyptiens, faut-il faire entrer en ligne de compte la température du climat moins variable, plus constamment chaude, et plus propre à maintenir la chaleur intérieure des fours, et à empêcher son évaporation, etc. Soupçon qu'a eu *Réaumur*. (N° 148.)

*Prairies.* L'adoption des prairies artificielles a considérablement augmenté le domaine de l'agriculture, en donnant plus de moyens de multiplier les animaux domestiques, et en occasionnant la suppression des jachères. (N^os 118, 605, 640, 1080, 1096, 1237, 1336, 1559, 1655, 1666, 1944, 1945, 1946, 1969, 2000.)

*Propriétaires.* Quand ils cultivent ou font exploiter sous leurs yeux, la culture en est mieux entendue. (N° 1081.)

*Propriétés médicales des plantes.* C'est un article sur lequel on a fait peu de progrès. Il demande beaucoup d'essais qui peuvent être quelquefois dangereux. (N^os 642, 1039.)

*Proverbes ruraux.* Ils méritent, en général, plus d'importance qu'on ne leur en donne, parce qu'ils sont le fruit de l'observation et de l'expérience. (N° 1827.)

*Putier.* C'est un espèce de cerisier. (N° 513.)

# R.

*Rage*. Maladie qui a été l'objet de beaucoup de remèdes infructueux. On n'a pas guéri d'animal attaqué de la rage et qui eût eu des accès. Les cures vantées se sont faites après la morsure, mais avant les accès. La maladie se serait-elle développée sans les remèdes? C'est ce qu'on ne peut affirmer. On sait que la morsure d'une bête enragée n'est pas toujours suivie de la rage. (N° 794.)

*Rave*. Il y a des cantons où l'on confond les navets et les raves. Ces dernières ont été chantées par un poëte latin dans le 16ᵉ siècle. (N° 1632.)

*Ray-grass*. On ne s'accorde point sur le gramen auquel on a donné ce nom. On le confond avec une espèce d'avoine et le fromentale. *Cretté-Palluel* me paraît avoir dissipé tous les doutes dans son excellent traité des prairies artificielles. (N° 1189.)

*Recueils* d'objets relatifs à l'économie rurale et domestique. (Voyez *Journaux*.) (Nᵒˢ 1673, 1674, 1675, 1676, 1677, 1678, 1679, 1680, 1681, 1682, 1683, 1684, 1685, 1686, 1687, 1688.)

*Remèdes*. Les Propriétaires-cultivateurs devraient toujours avoir une petite pharmacie dans leurs campagnes. (N° 662.)

*Renoncules*. Fleur qui a beaucoup de variétés. Cultivée à Constantinople, avec fureur, en 1662, elle passa à Marseille, puis en Hollande où elle est devenue, ainsi que les tulipes, un objet de commerce. (N° 1948.)

*Riz*. Plante originaire de l'Inde et de la Chine. Elle est cultivée de toute antiquité. (Nᵒˢ 342, 1500.)

*Robinier*. Espèce d'acacia originaire de l'Amérique septentrionale. En 1600, *Jean Robin*, botaniste célèbre, le cultiva le premier et le fit connaître en France. (Nᵒˢ 938, 939, 1705.)

*Rose*, *Rosier*. Il y en a une multitude d'espèces. (Nᵒˢ 517, 1322.)

# S.

*Safran*. Les uns veulent que cette plante nous vienne des Maures : les autres prétendent que nous en sommes redevables à un pélerin venu du Levant. La date de son introduction n'est pas connue. Au 16ᵉ siècle on la cultivait plus qu'à présent. (Nᵒˢ 1192, 1750.)

*Sainfoin*. Plante qui croît spontanément dans les montagnes du département de l'Isère. Elle donne un excellent fourrage. (Nᵒˢ 316, 317, 521, 1109, 1115.)

*Sarrasin*. On conjecture que ce n'est que dans le 16ᵉ siècle que cette plante a été connue et cultivée dans quelques contrées de l'Europe ; en France, vers 1525 ; en Angleterre, en 1580. On croit que nous le tenons des Maures ou Sarrasins d'Espagne, à qui nous devons également le *maïs*.

*Seigle*. On a cru que les anciens ne connaissaient pas cette plante, qui, au 16ᵉ siècle, forma une branche considérable de l'agriculture, et qui convient mieux que le froment aux terres sablonneuses. (N° 921.)

*Seigle ergoté*. (Nᵒˢ 1193, 1765, 1789, 1965.)

*Semailles*. Travaux d'automne et du printems, pendant lesquels on ensemence les grains. (Nᵒˢ 942, 1241, 1642.)

*Semis*. (N° 1898.)

*Semoir*. Instrument au moyen duquel on distribue la semence avec plus d'exactitude et d'économie. (N° 1163.)

*Sociétés d'agriculture*. La première Société d'agriculture établie en Europe, celle qui a servi de modèle à toutes les autres, est la société fondée en 1731 à Dublin, par le docteur *Samuel Madan*. Dès son origine elle publia toutes les semaines des feuilles qui contenaient ses observations.

En France, la première Société d'agriculture est celle fondée par les états de Bretagne en 1757, d'après un mémoire de M. *Montaudouin* : mais elle n'était point uniquement bornée à l'agriculture.

Voici ce qu'on lit dans les *Mémoires sur les défrichemens*, par M. *de Turbilly*, édit. de 1760, p. 312.

« L'institution de diverses Sociétés d'agriculture dans

les provinces du royaume, qui correspondraient avec une principale, que l'on placerait à Paris, serait de la plus grande utilité. L'on composerait ces sociétés de citoyens distingués, connus par leurs lumières sur un objet aussi intéressant, et par leur zèle. »

Le vœu de M. *de Turbilly* a été réalisé. Il provoqua et obtint l'organisation de la Société d'agriculture de Tours en 1761. D'après ce que nous avons dit dans le Discours préliminaire, à l'article *Turbilly*, et à ceux de ses ouvrages, on pourrait en quelque sorte représenter cet estimable cultivateur comme le fondateur des Sociétés d'agriculture, puisqu'il avait, long-tems avant ces établissemens, distribué des prix d'agriculture.

En 1759, la Société économique de Berne fut instituée par *Tschiffeli*, ainsi que les Sociétés correspondantes dans toutes les parties de la Suisse.

Le premier mai 1761, arrêt du conseil d'état, contenant trois articles, qui établit, dans la généralité de Paris, une Société divisée en quatre bureaux (à Paris, Meaux, Beauvais et Sens); laquelle fera son unique occupation de l'agriculture et de tout ce qui y a rapport. Cette Société arrêta ses réglemens les 12 mars 1761 et 20 janvier 1763.

Le 28 janvier 1757 on communiqua aux états de Bretagne un mémoire de M. *Montaudouin* sur l'agriculture, les arts et le commerce; et dans lequel l'auteur propose l'établissement d'une Société qui ferait son étude de ces trois objets. Le 2 février suivant on fit lecture du réglement en quatorze articles, pour l'organisation de cette Société; le 15 les états approuvèrent l'établissement proposé. Enfin, le 20 mars suivant (1757), le roi, par un brevet, a confirmé les délibérations de l'assemblée des états, et permis aux associés aggréés par lesdits états, de s'assembler en la manière prescrite par le réglement.

Le 26 février 1786, le contrôleur-général des finances présenta, au roi et à la reine, la Société royale d'agriculture de Paris, qui fit hommage à leurs majestés du premier volume de ses mémoires.

La Société royale d'agriculture de Rouen, établie par arrêt du conseil d'état du roi en 1761, a publié 3 volum. *in*-8° de délibérations et de mémoires, utiles pour les cultivateurs.

Voici ce que dit *Arthur Young* de la Société d'agriculture de Limoges (Voyage en France, tom. I, p. 37). « Il y a ici une Société d'agriculture qui doit son origine au célèbre *Turgot*. Cette Société fait comme toutes les autres. Les membres s'assemblent, conversent, offrent des prix et publient du galimathias. Cela n'est guère important, car le peuple, loin de lire leurs mémoires, ne sait même pas lire. Il a cependant la faculté de *voir*, et si on cultivait une ferme de manière à lui servir d'exemple, cela lui offrirait un modèle à étudier.. Je m'informai particuliérement si les membres de cette Société possédaient des terres, d'où l'on pourrait juger s'ils entendent leur sujet. On m'assura qu'ils en avaient : mais la conversation ne tarda pas à éclaircir la question. Ils avaient des métayers autour de leurs maisons de campagne, et c'était considéré comme s'ils cultivaient leurs propres terres : de sorte qu'ils tirent une espèce de mérite de la véritable circonstance qui fait le malheur et la ruine du pays. »

Les Sociétés d'agriculture ne sont plus ce qu'elles étaient du tems où *Arthur Young* voyageait en France. Il y en a aujourd'hui dans presque tous les départemens. La première est celle de Paris, elle correspond avec toutes les autres. (Nos 74, 81, 152, 166, 190, 203, 282, 283, 659, 695, 813, 839, 858, 902, 1259, 1260, 1261, 1262, 1267, 1268, 1269, 1270, 1273, 1277, 1633, 1634, 1636, 1637, 1638, 1639, 1640, 1641, 1642, 1654, 2010.)

*Soie*. *Sully* s'opposa, dans le conseil, à l'introduction de la soie, et à la culture des mûriers en France. Il regardait cette introduction comme un luxe et une dépense inutile. Heureusement son avis ne fut pas suivi. (Voyez *Mûriers*.) (Nos 126, 200, 304, 637, 1344, 1412, 1417, 1708.)

*Sorbier*. Arbre indigène à la France. (N° 518.)

*Spergule*. Plante qui croît naturellement en Europe. Elle fournit un très-bon fourrage aux vaches. (N° 671.)

*Statistique*. Science qui apprend à connaître un Etat dans toutes ses parties et dans tous ses rapports. (Nos 63, 388, 389, 390, 399, 400, 401, 587, 659, 660, 1780.)

*Stramoine*. Plante de la famille des solanées. On en

distingue sept espèces ; plusieurs sont des poisons. (N° 1356.)

*Sucre de pomme*. Sirop avec lequel on remplace le sucre dans certaines compositions. (N° 1123.)

## T.

*Tabac*. A porté différens noms, dont voici l'origine. Venu du Brésil en Portugal, il fut introduit en Italie par le cardinal de *Sainte-Croix*, nonce à Lisbonne ; delà on l'appela *herbe de Sainte-Croix*. En 1535, l'ambassadeur *Nicot* l'envoya en France ; de là *herbe à Nicot* ou *Nicotiane*.

Cette plante est cultivée en grand et avec succès, dans la commune de Castelnau de Médoc (Gironde), par M. *Dupeuty*. (N^os 166, 335, 341, 464, 492, 630, 696, 764, 785, 795, 1036, 1725, 1806, 1840, 2058.)

*Taille des arbres*. Elle a ses partisans et ses détracteurs, depuis que l'arqûre a été pratiquée et enseignée par M. *Cadet-de-Vaux*. (N^os 295, 617, 618, 1249, 1374, 1813.)

*Taupe*. Animal nuisible, dont on ne peut se défaire qu'en lui tendant des piéges. M. *Lecourt* est le plus grand ennemi des taupes, qu'il détruit avec une heureuse habileté. M. *Cadet-de-Vaux* a publié les moyens dont il se sert. (N^os 140, 497, 609, 1313, 1342, 1343.)

*Thé*. Connu depuis 1636, au moins. (N^os 514, 772, 1547.)

*Toisé*. Tout propriétaire doit savoir faire un toisé. Cette connaissance est souvent nécessaire à la campagne. (N° 9.)

*Topinambour*. Plante cultivée en France depuis la fin du 16^e siècle. Elle fournit au bétail une bonne nourriture. M. *de Musset de Cogners* la cultive en grand dans sa terre, depuis plus de vingt années et toujours avec des succès constans. (N^os 1238, 1989.)

*Topographie*. Description exacte et détaillée d'un canton. Les productions et la culture doivent être comprises dans cette description. (N^os 1828, 1829.)

*Tourbe*. Substance formée par des plantes herbacées réunies en masse et altérées dans l'eau. Elle sert d'engrais. (N^os 141, 498, 1159, 1242, 1243, 1358, 1427.)

*Trefle*. Plante généralement cultivée, et qui donne un très-bon fourrage. M. *Tschiffeli* l'apporta d'Angleterre en Suisse. (Nos 317, 935, 1077, 1112, 1819, 2012.)

*Truffe*. Plante du genre des champignons, qui n'a ni racine apparente, ni base radicale. (Nos 956, 2018.)

*Tubéreuse*. Due à un minime, envoyé en Perse par le savant *Peyresc*, qui mourut en 1637. Cette opinion est combattue, 1° par le P. *Dardenne*, qui veut que cette fleur soit passée des Indes en Italie, et 2° par *Papon*, qui attribue l'introduction de la tubéreuse en Europe à *Tovar*, médecin espagnol, qui l'apporta, selon lui, avant 1594.

*Tuile*. M. *de Menjot* a trouvé les moyens de rendre les tuiles plus légères et plus lisses. (N° 144.)

*Tulipe*. Parut pour la première fois, en 1559, à Augsbourg. (Nos 1951, 1952.)

*Tulipier*. C'est un des plus beaux arbres que l'Amérique ait donné à l'Europe. (N° 1194.)

*Turneps*. Le 26 janvier 1786, M. *de Thosse*, ancien officier de cavalerie, seigneur d'Annonville, a lu à la Société royale d'agriculture un mémoire sur un fourrage d'hiver et d'été, très-connu en Alsace sous le nom de *Turlibs*, et nouvellement cultivé avec succès près de Joinville. Ce sont, dit le mémoire, de très-grosses betteraves.

Dans le Journal politype du 31 mai 1786, on lit une lettre dans laquelle on dit que M. *de Thosse* a été induit en erreur par la prononciation, et que le turlibs est le turneps.

On avait parlé du turneps comme d'un navet, et du turlibs comme d'une betterave.

En 1786, il y avait plus de 20 ans que cette plante était cultivée en Alsace sous le nom de turneps. (Nos 815, 1988.)

## V.

*Vaccination*. Nom que l'on donne à l'opération par laquelle on vaccine les moutons pour les garantir du claveau. Expérience qui paraît avoir réussi, mais qui a besoin d'être répétée et confirmée. (N° 1173.)

*Vaches*. L'un des plus utiles parmi les animaux domestiques ; et si, comme tout porte à le croire, on parvient par le virus que fournit la vache, à détruire la petite vérole, ce sera bien incontestablement l'animal qui aura été le plus utile au genre humain. (Nos 635, 821.)

*Végétation*. (N° 2003.)

*Végétation extraordinaire*. C'est un des phénomènes de la nature dans lesquels elle s'éloigne de la marche qu'elle a coutume de suivre. Il y a près du château de Cogners, arrondissement de Saint-Calais, un poirier qui produit deux fleurs tous les deux ans. La première se ferme, et au lieu de former un fruit, elle pousse une autre fleur. C'est la regularité de ce phénomène qui le rend plus singulier. (N° 945.)

*Végétaux*, considérés pour les usages. (Nos 770, 774, 1245, 1396, 1603, 1687.)

*Végétaux* (*naturalisation des*). Leur transplantation, leur perfectionnement. (N° 2009.)

*Ver-à-soie*. La seule chenille qui soit utile. C'est, avec l'abeille, le plus précieux de tous les insectes. (Voyez *Mûrier*.) (Nos 200, 327, 1031, 1070, 1072, 1076, 1114, 1137, 1138, 1139, 1170, 1282, 1412, 1495, 1569, 1768.)

*Verger*. Espace clos ordinairement et consacré aux arbres fruitiers. Il y avait des vergers (*viridaria*) sous les premières races des rois de France. (N° 2031.)

*Véronique*. Plante dont on compte soixante espèces. La véronique officinale infusée comme le thé, est agréable. (N° 2075.)

*Vendange*. Récolte des raisins et fabrication du vin. (N° 1826.)

*Vignes*. Suivant Plutarque, la vigne fut transplantée dans les Gaules par un Toscan banni de Clusium. Domitien fit arracher toutes les vignes dans la Gaule ; deux siècles après, l'an 282, l'empereur *Probus* permit d'en replanter. Les Gaulois abusèrent de la permission, et sans consulter le sol, l'exposition, le climat où prospère la vigne, ils en plantèrent dans les provinces septentrionale ; ce qui produisit un vin détestable, parce que le raisin ne pouvait parvenir à une parfaite maturité. Le

roi *Philippe-Auguste* possédait des vignes à Laon, à Soissons, à Compiègne, à Verberies, à Beauvais, etc. L'auteur des *Fabliaux* représente le chapelain de ce prince, *cervelle un peu folle, excommuniant formellement, l'étole au cou, toute boisson faite en Flandre, en Angleterre et par delà l'Oise*.

On compte huit cent mille hectares de vignes en culture, et leur revenu est estimé 761, 270, 000 francs. D'après le registre des douanes de Bordeaux, il est prouvé qu'en 1350, il sortait de ce port 13400 tonneaux de vin environ, et qu'en 1372, suivant *Froissard*, on y chargea deux cents navires seulement de vins.

*François Ier* croyant avoir du vin de Chypre, en faisant venir du plant de cet île, fit planter près de Fontainebleau, et à Couci dans le Soissonnais, deux vignes, formées de ceps venus de Chypre et de la Grèce: mais il n'obtint que du vin de Fontainebleau et de Couci.

Nous sommes loin d'avoir rapporté les titres de tous les ouvrages sur la vigne, qui, dans la bibliothèque de *Boëhmer*, occupent 43 pages, sans que la nomenclature soit complète. Mais nous nous bornons plus particulièrement aux écrivains de notre pays, soit originaux, soit traducteurs. (Nos 11, 12, 39, 56, 124, 175, 370, 482, 920, 976, 977, 984, 1006, 1010, 1117, 1246, 1304, 1397, 1441, 1445, 1469, 1511, 1604, 1624, 1630, 1655, 1741, 1776, 1793, 1844, 1876, 1906, 1992, 2004, 2034, 2074.)

*Vigogne*. Animal dont la laine est d'une extrême finesse. Il est originaire du Pérou. (No 1247.)

*Vin*. Les anciens l'attribuaient à *Oreste*, fils de *Deucalion*, à *Saturne* qui remplit la première cuve en Crète, à *Bacchus* qui fit les premières vendanges dans l'Inde, à *Osiris* qui, le premier, pressa la grappe en Egypte, à *Gérion*, roi d'Espagne. On sait que les Juifs et les Chrétiens réclament cet honneur pour Noé. Il y a une opinion assez commune sur laquelle il est bon de donner quelques éclaircissemens. Elle est relative à la réputation du vin de *Surène*, village situé sur le bord de la Seine à deux lieues de Paris. On croit communément que le vin produit par les vignes plantées près de ce village, a jadis été d'une bonne qualité, et que même il a paru sur la table de nos rois. Voici ce qui a donné lieu à cette opinion. Il y a aux environs de Vendôme, dans l'ancien patrimoine de Henri IV, une espèce de raisin que, dans le pays, on appelle *Suren*. Il produit un vin blanc très-agréable à boire, que les gourmets conservent avec soin, parce qu'il devient meilleur en vieillissant. Henri IV faisait venir de ce vin à la cour ; il le trouvait très-bon. C'en fut assez pour qu'il parut délicieux aux courtisans, et l'on but, pendant le règne de ce monarque, du vin de Suren. Il y a encore dans le Vendômois un clos de vigne qu'on appelle *clos de Henri IV*. Louis XIII n'ayant pas pour le *Suren* la prédilection du roi son père, ce vin passa de mode et perdit sa renommée. Dans la suite on crut que c'était le village de Surène qui avait produit le vin qu'on buvait à la cour. La ressemblance des noms avait causé cette erreur.

Les vins de France passent pour être les meilleurs, les plus agréables et les plus sains. Les Anglais mêmes en conviennent. La privation de ces vins est plus grande pour eux, que ne le serait pour nous celle du sucre et du café, si elle avait lieu.

La manière de faire le vin influe tellement sur cette boisson, qu'elle pourrait être médiocre quand il n'entrerait dans sa composition que du raisin de meilleure qualité. (Nos 71, 96, 104, 112, 113, 116, 127, 260, 375, 413, 419, 421, 519, 528, 622, 679, 705, 732, 832, 1035, 1062, 1063, 1082, 1145, 1158, 1304, 1338, 1352, 1430, 1477, 1511, 1627, 1794, 1823, 1992, 2038.)

*Vinaigre*. C'est le second produit de la fermentation que subit le moût du raisin. On obtient du vinaigre avec le cidre, le poiré, la bière, le lait, etc. La préparation du vinaigre consiste à exposer du vin au contact de l'air, et à la température de 20 à 22 degrés, dans des tonneaux non entièrement remplis. (N° 146.)

FIN.

www.ingramcontent.com/pod-product-compliance
Lightning Source LLC
Chambersburg PA
CBHW050550270326
41926CB00012B/1992
* 9 7 8 2 0 1 2 5 2 5 8 0 1 *